Encyclopedia of Bioscience and Human Health

生命と健康百科

鈴木孝弘

駿河台出版社

はじめに

グローバル化の中で、さまざまな社会問題が存在し混迷する現代、私たちにとって、最も大きな関心事は、まず第一に〝健康や生命〟に関することではないでしょうか。

生命科学の分野では「ヒトゲノム解析計画」により、ヒトゲノムの解読が完了し、21世紀の医療は大きく変化しようとしています。一方、病気が多様化し、メタボリックシンドロームが話題になったり、2010年7月、改正臓器移植法が施行され、本人の意思が書面で確認できないまま家族の承諾だけで脳死後に臓器提供する事例が相次いでいます。これに対して新型万能細胞を用いる「再生医療」も大変注目を集めています。また、既存のほとんどの抗生物質が効かない〝スーパー（多剤）耐性菌〟が世界各地で広がっています。

最近は、インターネット、テレビ、雑誌、新聞などの各種メディアの影響で、玉石混交の種々の情報があふれています。なかには健康や食品、医療に関して疑わしい情報も数多くあり、それによって何らかの被害を受けた人々も少なくない状況にあります。医療の分野では、患者中心の医療の考え方が広まって来ており、医療者は十分に説明をし、患者は説明を理解し納得した上で、自らの医療を選ぶことが求められています。

しかし、「病院での言葉」が分かりにくくなり、患者の理解と判断の障害になっています。生命科学の分野でも、専門の細分化が進み、カタカナ用語が多くなり、専門領域が異なる研究者や一般人にとって、理解しにくくなってきています。

生命現象と関連したライフサイエンスやバイオサイエンスの分野では、用語を解説した事典類が既にいくつか刊行されています。しかし、それらのほとんどは、個々の用語解説は必ずしも一般向けではなく、この分野の研究者や学生が、これまでの知識を整理・確認する上では有用であっても、初学者や一般読者にはやや難解でとっつきにくい内容になっています。

そこで、本書は、生物学の基本から、最先端医療まで生命科学の基礎と応用が、一般の読者の方々にもわかるように、２００９年に出版された『新・地球環境百科』（日本図書館協会選定図書）のシリーズの1冊として企画されたものです。著者のこれまでの教育・研究に基づく経験などをベースに、最新の重要なキーワード約３５０項目を選定しました。単に50音順ではなく、内容によって8章にまとめ、豊富な図表を入れて、やさしく解説した1冊となっております。著者は医療の専門家ではありませんが、「4章　身のまわりの感染症」と「5章　家庭の医学」など病気に関する内容は、さまざまな情報源から最新の情報をとりまとめ、原因、症状、治療法をできるだけ客観的に記述するよう試みました。

本書の内容については、できるだけ新しく、また誤りがないよう細心の注意を払いましたが、1人で編集・執筆作業を行ったため、思わぬミスや勘違いがあるかもしれません。読者諸賢のご叱正、ご批判をいただければ幸いです。最後に、本書の刊行にあたって、たいへんご尽力いただいた駿河台出版社の石田和男氏と井田洋二氏に厚く感謝の意を表します。

二〇一一年夏

鈴木孝弘

Encyclopedia of Bioscience and Human Health

本百科を使うにあたって

Ⅰ 本書の構成は、第1章「細胞と生命現象」、第2章「バイオテクノロジーと先端医療」、第3章「生物の進化と集団」、第4章「身のまわりの感染症」、第5章「家庭の医学」、第6章「薬・化学物質と健康」、第7章「医療と社会・倫理」、第8章「生物の機能と利用」の8章の構成とし、最新の重要度の高い見出し語を選んだ。

Ⅱ 見出し用語は、ゴシック体で示した。

Ⅲ 用語は、生物、薬学、医学環境関連の学術雑誌や高等学校検定教科書の選定用語などを参考にしたが、読者の便宜のために慣用語（「環境ホルモン」など）も用いた。

Ⅳ 見出し用語は、50音順ではなく、各章の内での他の見出し語との関連性を考慮して配列している。索引を参照することにより、50音順での見出し語の検索が可能である。

Ⅴ 見出し用語は、英語表記（略語を含む）と、同義語がある場合には［ ］内に示した。

Ⅵ 本文中で関連のある見出し用語と重要な用語については、太字で示した。

Ⅶ 難読なものや誤読されやすい用語には、「かな」を付した。また、必要に応じて同義語や記号表記も付してある。

Ⅷ 生物学名、遺伝子、ラテン語など、イタリック表記が慣用のものはこれに従った。

Ⅸ 生物名、外国人名は原則として「カタカナ」で表記したが、外国人名は英語表記も併記した。

目次

生命と健康百科

Encyclopedia of Bioscience and Human Health

はじめに……004

第1章 細胞と生命現象……018

生命……020
細胞……020
単細胞生物……022
多細胞生物……023
核酸……023
DNA……024
RNA……026
転写……027
セントラルドグマ……028
プラスミド……028
翻訳……029
コドン……029
アミノ酸……030
タンパク質……032
酵素……033
ゲノム……034
ヒトゲノム……035
ショットガン法……035
ATP……036
代謝……037
リン脂質……037
染色体……038
染色体異常……039
トランスポゾン……039
スプライシング……040
長寿遺伝子……041
がん抑制遺伝子……041
老化……042
寿命……043
アポトーシス……043
微生物……044
ウイルス……047

抗原抗体反応 …… 048
セルライン …… 048
細胞周期 …… 049
細胞分裂 …… 050
細胞増殖 …… 051
培養 …… 052
オルニチン回路 …… 053
サイトカイン …… 054
光合成 …… 054
光周性 …… 055
生殖 …… 055
発生 …… 056
最小養分律 …… 057
ホメオスタシス …… 057

第2章 バイオテクノロジーと先端医療

…… 060

バイオテクノロジー …… 062
バイオマス …… 063
バイオ燃料 …… 064
バイオリアクター …… 065
バイオセンサー …… 066
バイオレメディエーション …… 067
バイオフィルム …… 067
バイオアッセイ …… 068
細胞融合 …… 069
プロトプラスト …… 070
遺伝子組換え技術 …… 070
遺伝子組換え作物 …… 071
カルタヘナ法 …… 073
制限酵素 …… 074
パーティクルガン法 …… 074
アフィニティークロマトグラフィー …… 075
アデノウイルス …… 075
ファージ …… 076
アグロバクテリウム …… 077
ベクター …… 077

キメラ……078
トランスジェニック生物……078
ノックアウトマウス……079
体細胞クローン牛……079
GFP……080
DNAシークエンサー……081
PCR……082
アガロースゲル電気泳動……083
RNA干渉……084
遺伝子サイレンシング……085
DNA鑑定……085
遺伝子診断……087
スニップ……088
テーラーメイド医療……088
DNAマイクロアレイ……089
細胞シート……089
がん幹細胞……090
ティッシュ・エンジニアリング……090
再生医療……090
幹細胞……092
万能細胞……093
ES細胞……093
iPS細胞……093
p53遺伝子……094
テロメア……095
モノクローナル抗体……096
バイオハザード……096
分子イメージング……097
ポジトロン断層法……097
核磁気共鳴画像法……098
コンピュータ断層撮影……098
手術支援ロボット……099

第3章 生物の進化と集団……100

化学進化……102
RNAワールド……102

分子進化……103
突然変異……103
分子時計……104
人類の進化……104
進化学……105
メンデルの法則……106
血液型……107
伴性遺伝……107
ドメイン……107
二名法……108
生態系……109
生態ピラミッド……110
生物濃縮……111
生物多様性……112
遺伝子資源……113
レッドデータブック……115
外来生物……116
侵略的外来生物……117
富栄養化……119
アオコ……119
赤潮……120
シアノバクテリア……121
里地里山……121
里海……123
干潟……123
刷り込み……124
すみわけ……125
共生……125
生態的地位……126
擬態……127
縄張り……127
密度効果……128
順位制……128
群れ……129
渡り……129
社会性昆虫……130
蜂群崩壊症候群……130
ネオニコチノイド系農薬……131
人口爆発……132
再導入……134

第4章 身のまわりの感染症 136

感染症 138
エマージング感染症 138
再興感染症 139
SARS 140
肝炎 141
B型肝炎 141
C型肝炎 143
結核 144
エイズ 145
動物由来感染症 147
インフルエンザ 148
新型インフルエンザ 149
パンデミック 151
かぜ症候群 152
百日ぜき 152
ウェストナイル熱 153
デング熱 154
マラリア 155
チクングニヤ熱 155
細菌性赤痢 156
コレラ 156
エキノコックス症 157
クリプトスポリジウム 157
レジオネラ菌 158
狂牛病 158
口蹄疫 160
ハンセン病 161
手足口病 161
病原性大腸菌O157 162
ノロウイルス 163
世界保健機関 163
感染症サーベイランス 164

第5章 家庭の医学

第5章 家庭の医学 …… 166
健康寿命 …… 168
基礎代謝 …… 168
生活習慣病 …… 169
高血圧症 …… 169
動脈硬化 …… 170
コレステロール …… 171
糖尿病 …… 172
グリセミック指数 …… 174
血液 …… 174
人間ドック …… 175
中性脂肪 …… 176
肥満 …… 177
メタボリックシンドローム …… 179
がん …… 180
腫瘍マーカー …… 182
重粒子線がん治療 …… 183
がん検診 …… 184
がん免疫療法 …… 184
脳 …… 185
肺 …… 186
肺がん …… 186
慢性閉塞性肺疾患 …… 187
胃 …… 188
ピロリ菌 …… 189
胃がん …… 190
胃・十二指腸潰瘍 …… 191
食道 …… 192
食道がん …… 193
膵臓 …… 193
膵臓がん …… 195
大腸 …… 195
大腸がん …… 196
肝臓 …… 197
肝機能障害 …… 198
腎臓 …… 199
前立腺がん …… 200
乳がん …… 201
子宮頸がん …… 202

リンパ系 202
骨 203
骨粗鬆症 204
筋肉 205
アスベスト 206
中皮腫 208
漢方 208
貧血 209
ドライマウス 210
アレルギー 211
花粉症 212
食物アレルギー 213
アナフィラキシーショック 214
熱中症 214
水中毒 215
依存症 216
認知症 217
アルツハイマー病 218
ロコモティブシンドローム 219
摂食障害 219
アンチエイジング 220
湿潤療法 221
AED 222
ロングフライト症候群 223
川崎病 223

第6章 薬・化学物質と健康 224

抗がん剤 226
分子標的薬 227
H_2 ブロッカー 227
抗生物質 228
薬剤耐性菌 229
ジェネリック医薬品 230
OTC医薬品 231
漢方薬 232

抗うつ薬……232
バイオ医薬品……233
抗体医薬品……233
生物学的製剤……234
抗インフルエンザウイルス薬……234
ワクチン……236
がんワクチン……237
ポリオワクチン……237
サリドマイド……238
ホルモン療法……239
シトクロム P450……240
薬物血中濃度モニタリングシステム……240
時間治療……241
多剤併用療法……241
創薬……242
ゲノム創薬……243
ハイスループットスクリーニング……243
薬物送達システム……244
プラセボ効果……245
活性酸素……245
受動喫煙……246
急性毒性……248
テトロドトキシン……249
薬物乱用……250
ドーピング……250
環境ホルモン……251
特定保健用食品……252
食塩……253
アルコール……254
カロテノイド……255
ベータカロテン……256
ポリフェノール……257
食品添加物……257
サプリメント……258
ニュートリゲノミクス……259
コエンザイム Q10……259
トランス脂肪酸……260
ビタミン……261
アスパルテーム……261
キシリトール……262
イソフラボン……263
離乳食……263
アミノ酸スコア……263
ヒアルロン酸……264
コラーゲン……264
フードファディズム……265

アロマテラピー …… 266
プロバイオティクス …… 267
抗菌 …… 267
温泉 …… 269
紫外線 …… 270
化学物質過敏症 …… 271
エコチル調査 …… 272

第7章 医療と社会・倫理

第7章 医療と社会・倫理 …… 274
インフォームド・コンセント …… 276
セカンドオピニオン …… 276
プライマリーケア …… 277
緩和ケア …… 277
ホスピス …… 277
クオリティーオブライフ …… 278
診療ガイドライン …… 278
根拠に基づいた医療 …… 279
セルフメディケーション …… 279
疫学調査 …… 279
医療事故 …… 280
ソリブジン …… 281
実験動物 …… 282
脳死 …… 282
臓器移植 …… 283
生体肝移植 …… 285
骨髄バンク …… 285
生殖医療 …… 286
介護保険 …… 287
ADL …… 288
救急救命士 …… 288
電子カルテ …… 289
世界禁煙デー …… 289
column 1 塩と砂糖の防腐効果 …… 292

第8章 生物の機能と利用 294

バイオミメティクス 296
ゆらぎ 297
合成生物学 298
生体認証 298
生物農薬 300
生分解性プラスチック 301
ビオトープ 301
環境エンリッチメント 302
生態系サービス 303
アニマルセラピー 304
ロボットセラピー 305
味覚 305
味覚障害 306
嗅覚システム 307
錯覚 308
生物時計 309
バイオインフォマティクス 309
人工生命 310
ニューラルネットワーク 310
遺伝的アルゴリズム 311
進化回路 312
ブレイン・マシン・インターフェース 312

column 2
天然物は安全、合成化学物質は危険？ 314

索引 215

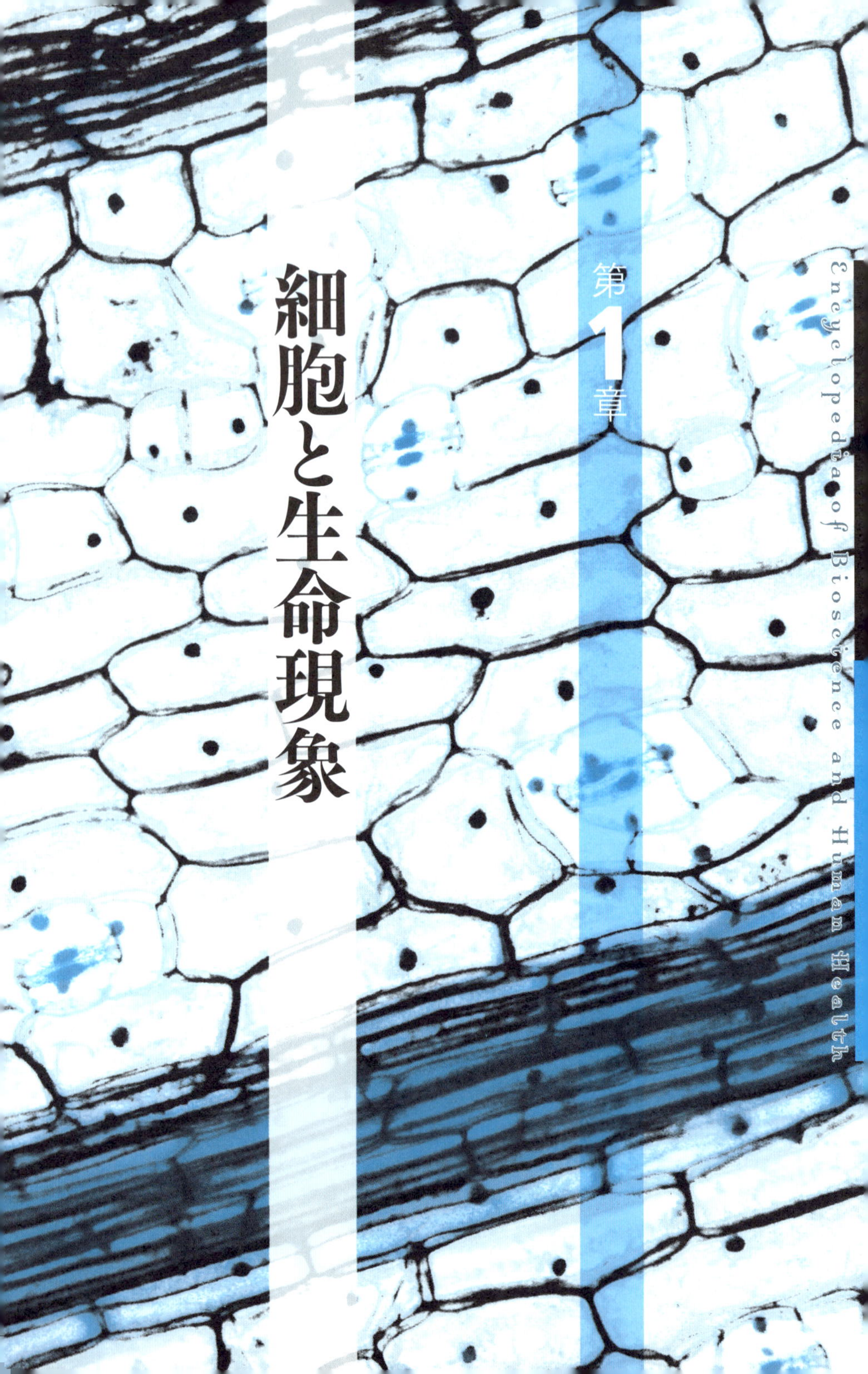

Encyclopedia of Bioscience and Human Health

第1章 細胞と生命現象

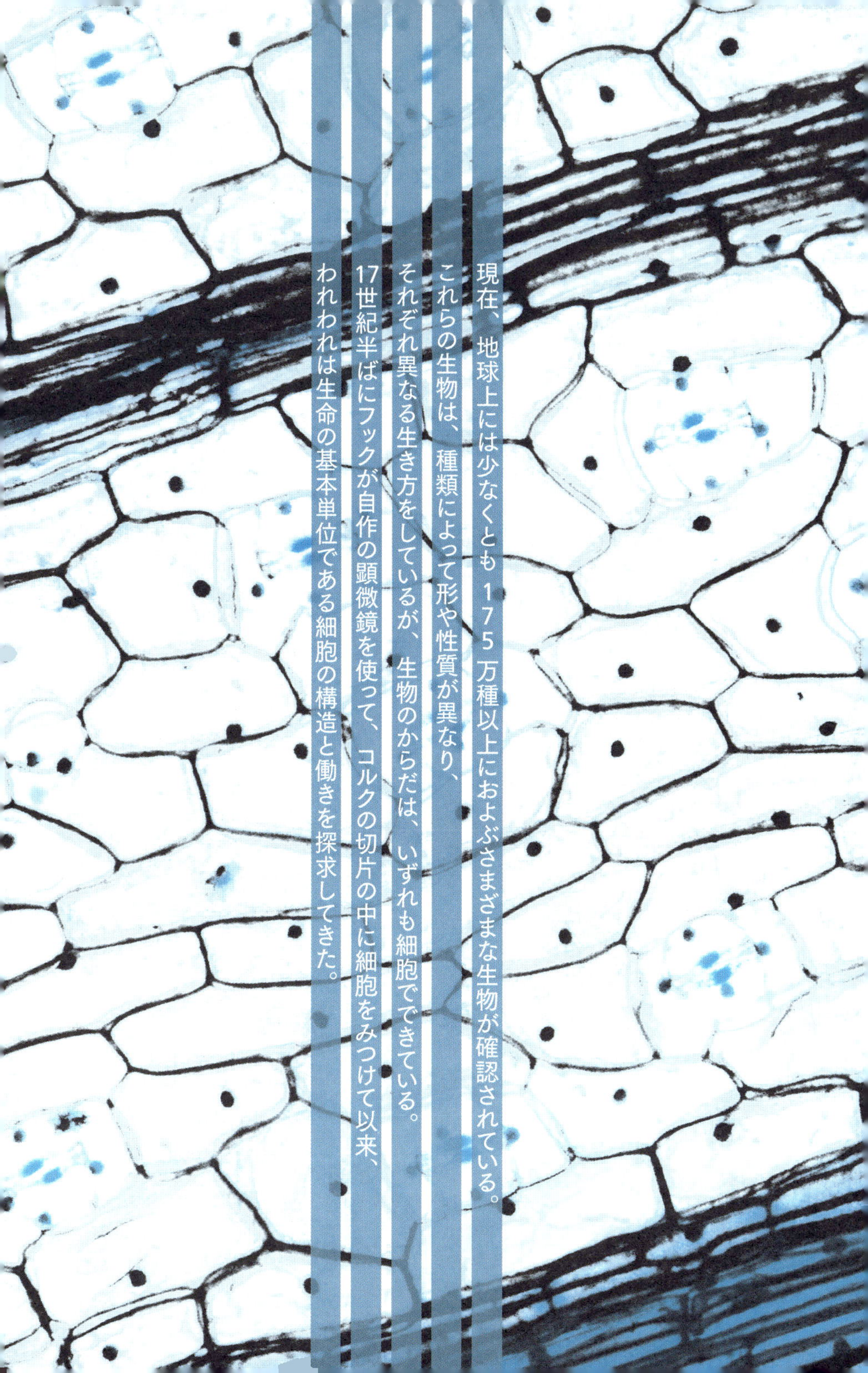

現在、地球上には少なくとも175万種以上におよぶさまざまな生物が確認されている。
これらの生物は、種類によって形や性質が異なり、
それぞれ異なる生き方をしているが、生物のからだは、いずれも細胞でできている。
17世紀半ばにフックが自作の顕微鏡を使って、コルクの切片の中に細胞をみつけて以来、
われわれは生命の基本単位である細胞の構造と働きを探求してきた。

生命 Life

全ての生物に共通な本質的特性であり、「生命とは何か?」についての考え方が、生命観または生命論である。生命と非生命との区別は難しく、生命の厳格な定義は未だ存在しない。地球上には、1つの細胞からなる**単細胞生物**から、多数の細胞の固まりとして存在する**多細胞生物**まで、さまざま大きさや形の生物が存在する。生物の3大特徴は次のようになる。

①細胞膜で外界と仕切られた構造物、細胞を持つ。
②代謝機能（食事や光合成などでエネルギーを得る）を有する。
③自己複製能（自分と同じ姿の子孫をつくる）がある。

ウイルスは、細胞構造を持たず（たんぱく質と核酸の固まりからなる粒子）、代謝機能がなく、また宿主細胞の外部では増殖できない。したがって、上記の3つの特徴を1つも持たないため、一般には生物とはみなされない。ウイルスは、本質的には分子の集合体で、化学物質のように結晶化が可能である。

２０１０年12月、米航空宇宙局（ＮＡＳＡ）などの研究者が、リンの代わりにヒ素をＤＮＡに取り込み成長する細菌を発見し、生命の在り方について新知見を公表した。

現在、生物学の関連領域の研究において、個々の研究者がどのような生命観をいだいているかは、研究の方向性に影響する重要な問題である。

細胞 Cell

地球上には、種々の生物が生活している。人間、犬、猫、鳥、魚、植物、アメーバやヒドラ、細菌類など、いずれの生物も形や大きさ、性質が違っていても「細胞」からできており、生命活動は細胞の働きによって成り立っている。

細胞は、１６６５年、ロバート・フック（Robert Hooke）によって発見された。生物は、それをつくる細胞の数により、2種類に分かれる。アメーバやゾウリムシ、大腸菌などのように1つの細胞からできている生物を**単細胞生物**といい、植物や動物のように多くの細胞からできている生物を**多細胞生物**という。

１人の人間の平均的な細胞の数は、約60兆個といわれている。人体を構成する細胞は、血液の中の赤血球、白血球、神経細胞、骨細胞など、約２００種類の細胞が集まって**組織**（tissue）を構成している。組織の組み合わせによって**器官**（organ）が作られる。

細胞には、**原核細胞**と**真核細胞**の2種類がある。原核細胞は、乳酸菌や大腸菌などの細菌類と、ユレモやネンジュモなどのシアノバクテリア（藍藻類）に分類され、核がなく環状のＤＮＡがむき出しのまま存在している細胞である。原核細胞は、真核細胞に比べて構造が簡単で小さく、真核細胞にみられるミトコンドリア、葉緑体やゴルジ体などのさまざまな細胞内の構造がみられない。電子顕微鏡（electron microscope）で観察しても、細胞の内部にははっきりとした構造がみられない。原核細胞の大きさは、通常1〜10㎛であるが、１００㎛以上の巨大な原核細胞も発見されている。

一方、真核細胞は核のある細胞で人間、犬、鳥、魚、植物などの高等生物を構成している。通常の細胞の大きさは１〜60㎛で、特殊な場合を除いては肉眼で見ることはできない。電子顕微鏡で真核細胞を観察すると、図のように細胞のしきりとなる**細胞膜**（cell membrane）と**細胞小器官**（オルガネラ：organelle）が見える。細胞膜はリン脂質が二層になっており、細胞の内側と外側で物質の交換をするゲートや、外からの情報を受け取る受容体などが埋め込まれている。

細胞の内部を**細胞質**（cytoplasm）といい、その中心に**核**（nucleus）がある。膜構造には、**ミトコンドリア**、**小胞体**、**ゴルジ体**、**リソソーム**、**ペルオキシソーム**、**葉緑体**などがあり、それぞれ固有の働きを持っている（次表参照）。

真核細胞では、細胞質、ミトコンドリア、または葉緑体でエネルギーが生産される。最も多く存在するエネルギー貯蔵体であるＡＴＰは、解糖などの**異化作用**によって細胞質内

◇真核細胞の微細構造の模式図

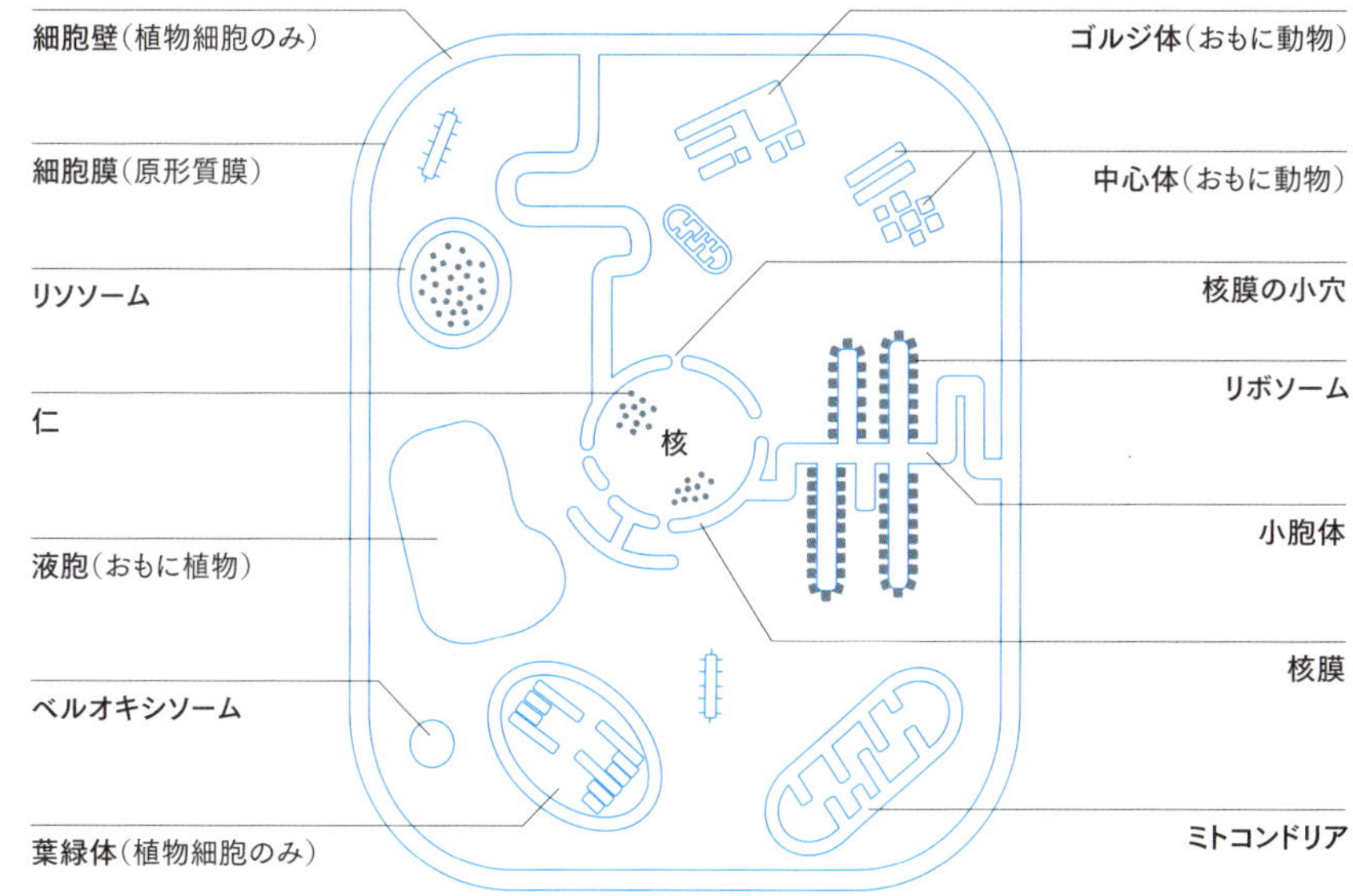

で生産され、また動物ではミトコンドリア、植物では葉緑体の中で合成される。

ミトコンドリアが存在しないと、細胞は1分子のブドウ糖から2分子のATPしか生産できないが、ミトコンドリアの働きによって、1分子のブドウ糖から38分子ものATPが得られる。

◈ 細胞小器官の機能

細胞内小器官	機能
核（nucleus）	ゲノムの収納
核小体（nucleolus）	リボソームRNA合成
ミトコンドリア（mitochondria）	ATP合成
小胞体（endoplasmic reticulum）	タンパク質・脂質合成
ゴルジ体（Golgi body）	タンパク質・脂質の選別・輸送
リソソーム（lysosome）	細胞内消化
ペルオキシソーム（peroxysome）	物質酸化
細胞骨格（cytoskelaton）	構造維持、運動

葉緑体は太陽の光エネルギーを利用し、二酸化炭素と水から、酸素と炭水化物をつくる光合成を行う器官である。葉緑体には、緑色のクロロフィル（葉緑素）や、黄色のキサントフィル、橙色のカロテンなどの色素が含まれている。これらの色素によって太陽光のある領域の波長を吸収し、光合成反応を進める。葉緑体は、独自のDNAを持っている。

単細胞生物 Unicellular organism

1つの細胞で1つの個体となっている生物のことである。大腸菌などの**細菌**や、ゾウリムシやアメーバなどの**原生生物**がある。原生生物は、真核細胞（核をもつ細胞）でできている生物のうち、動植物でも菌類でもない生物である。

地球上の最初の生命は、約38億年前に現れた原核細胞（核をもたない）1つからなる単細胞生物であったと考えられている。

単細胞生物は、1つの細胞が、1個の生物として生活するのに十分な働きを備えている。原生動物には、大きさが0.1㎜を超えるものや、泳ぐための機能や他の原生動物を捕食する機能などを、1つの細胞の中に発達させているものがある。ミドリムシは、光合成を行う単細胞生物で、光の受容に関係する**眼点**や移動のためのべん毛などの構造をもっている。ゾウリムシには、食物を取り込む**細胞口**、消化のための**食胞**、水分を排出して浸透圧を調節する**収縮胞**がある。またゾウリムシでは**繊毛**が、運動器官として使われている。

単細胞生物が集まり群体をつくり、1つの個体のように生活する**細胞群体**とよばれるものがある。ため池や水田でみられるオオヒゲマワリ（ボルボックス）は、1つの細胞から体細胞分裂で生じた数万個の細胞が球形の群体をつくっている。群体は、単細胞生物から多細胞生物への移行段階と考えられ、オオヒゲマワリでは、細胞による機能の分担がみられる。

多細胞生物 Multicellular organism

個体が多数の細胞からなる生物のこと。多細胞生物は約10億年前に現れたと考えられている。

多細胞生物の個体を構成する細胞は、単独では生活できない。受精卵から体細胞分裂によって増殖した細胞は、すべて同じ遺伝子をもっているが、発生が進むにつれて個々の細胞の形や働きに違いが現れる。

多細胞生物の形や働きの異なる各細胞は、互いに結合したり、ホルモンなどによる細胞どうしの連絡機構が発達し、1つの個体としてまとまっている。

細胞間の情報伝達には、さまざまな物質が信号として使われ、各細胞は特定の信号だけに応答して機能するようになっている。

ヒトの場合には、約60兆個の細胞がヒトの個体をつくりあげ、これらの細胞は筋肉、神経、皮膚などさまざまな組織を構成している。

核酸 Nucleic acid

C、H、O、N、Pからなる高分子有機化合物で、遺伝やタンパク質合成をコントロールしている。核酸には、DNA（デオキシリボ核酸）とRNA（リボ核酸）とがあり、ともに構成単位である**ヌクレオチド**が多数、鎖状につながっている。ヌクレオチドは左図のようにリン酸、糖、有機塩基からできている。糖部分がデオキシリボースという糖でできき

核酸の基本構造（ヌクレオチド）

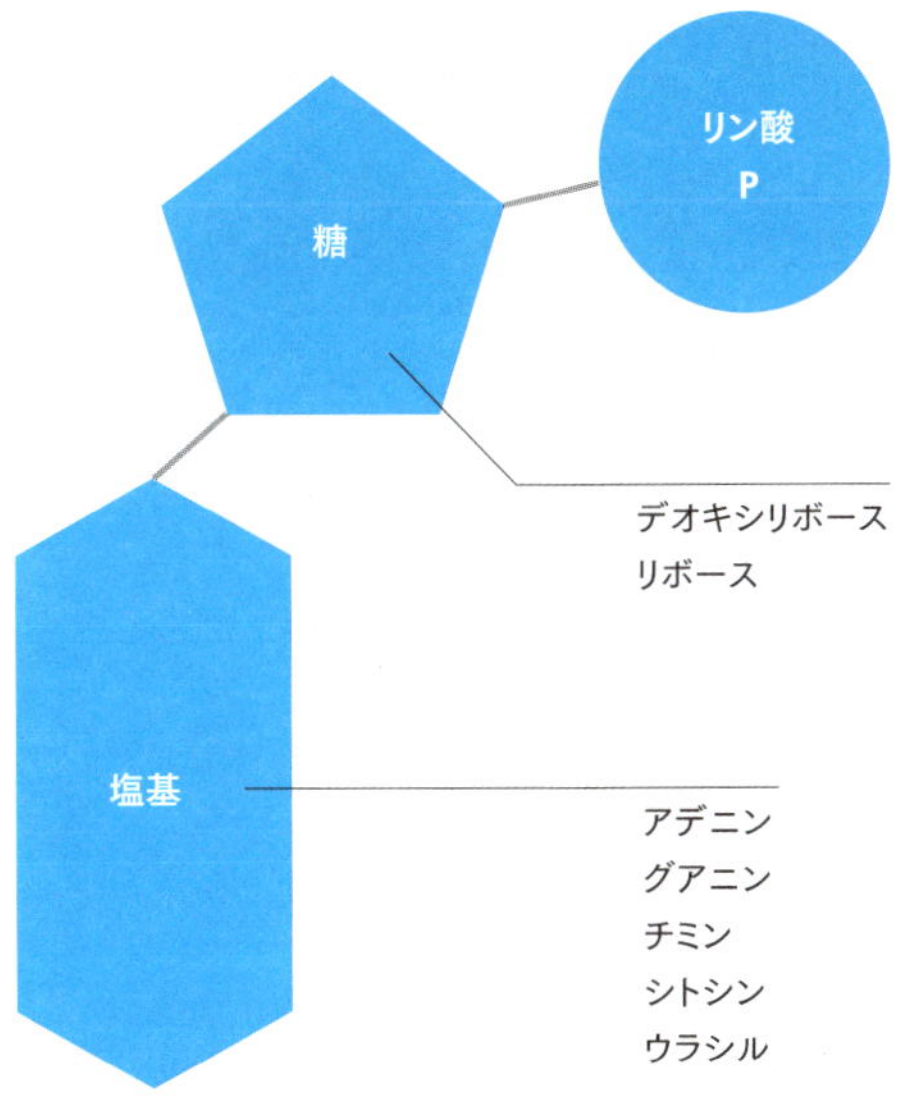

ている核酸が**ＤＮＡ**、糖部分がリボースという糖でできている核酸が**ＲＮＡ**である。

生命は、遺伝情報をＤＮＡに記録し、その遺伝情報をもとにＲＮＡがタンパク質を合成する際などに使われる。

DNA ［デオキシリボ核酸］ Deoxyribonucleic acid

生命体の誕生、維持、遺伝に不可欠な遺伝子は、化学物質**ＤＮＡ**（デオキシリボ核酸）である。このＤＮＡは、塩基、糖、リン酸の3つの部分からできていて、この繰り返し単位を**ヌクレオチド**という（図参照）。これは、炭素原子5つが環状につながった糖類に、窒素原子を含む環状構造の塩基とリン酸が結合した化合物である。塩基にはアデニン（A）、グアニン（G）、チミン（T）、シトシン（C）の4種類がある。

DNAの基本構造

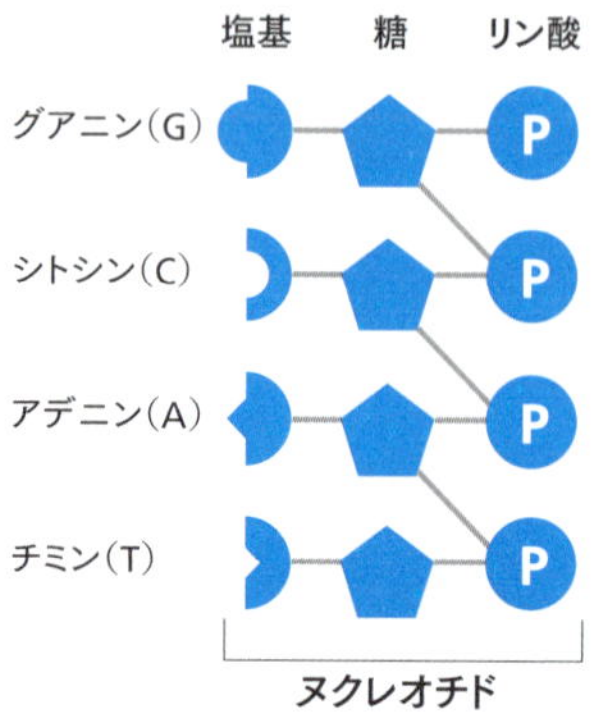

これらの塩基間には、**水素結合**が形成され、AとT（2つの水素結合）、CとG（3つの水素結合）がかならずペア（塩基対）を組み、らせん階段のようになって糖とリン酸でできた2本の鎖をつないでいる。このような構造のＤＮＡは、分子量が100万以上であり、**ポリヌクレオチド**とよばれる。

このＤＮＡは、1953年にワトソン（Watson, J.D.）とクリック（Crick, F.H.C.）らによって、右回りに2本のポリヌクレオチドが重なり合った、**二重らせん構造**であることが発表された（次図）。塩基間の水素結合は、1つ1つは弱い結合であるが、多数存在することによって、二重らせん構造が安定に保たれている。

塩基の並び（塩基配列）には、ある1個のタンパク質の合成にかかわる配列のひとまとまりがあり、それが**遺伝子**である。人間のＤＮＡは、全部で30億対の塩基がある。遺伝子は、体形、顔つきや病気などの情報を親から子に伝える役割を果たしている。

遺伝子からタンパク質ができるしくみは、まずＤＮＡの2重らせんの一部を酵素がこじ開ける。一方の鎖に**RNA**（リボ核酸）**ポリメラーゼ**という酵素が取り付き、**メッセンジャーRNA**（mRNA）を合成して、この塩基配列を写し取る。その際、GはC、CはG、TはAとして写し取られるが、AだけはU（ウラシル）という別の塩基として写しとられる。

DNA分子の二重らせん構造

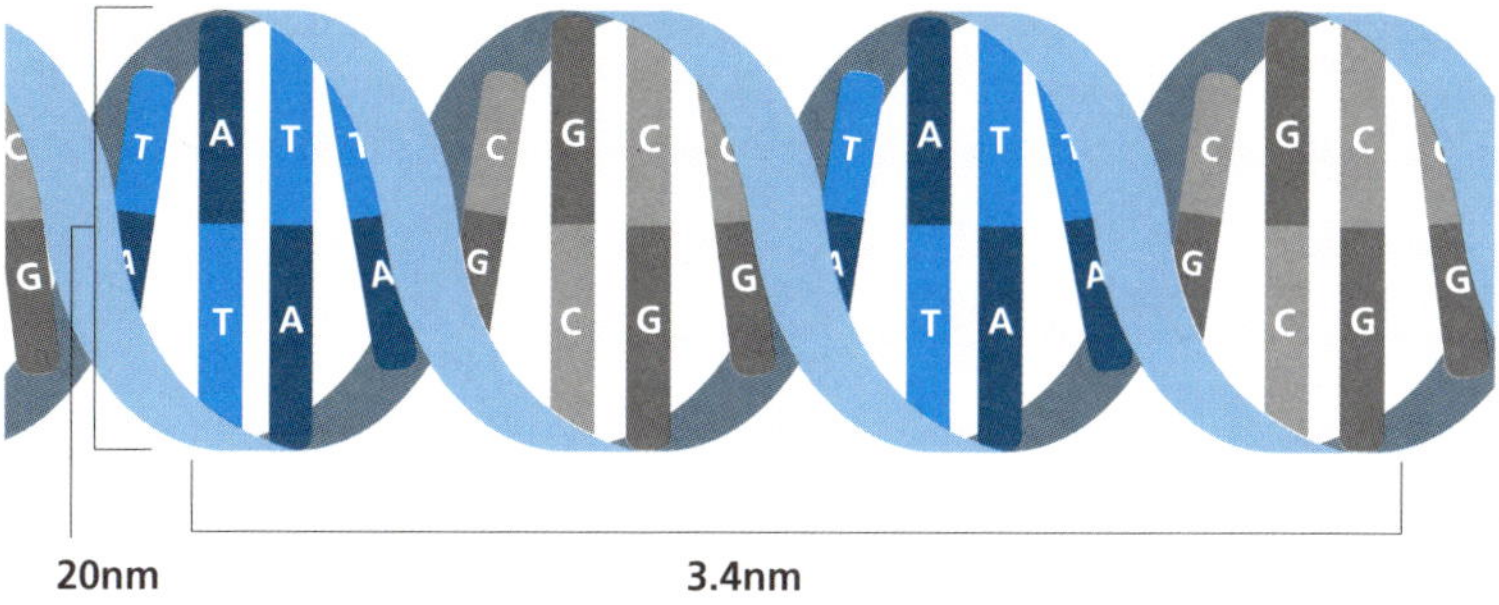

1nm（ナノメートル）＝10億分の1m

コピー情報を持ったmRNAは、核の表面に開いた穴から外に出て同じ細胞内の**リボソーム**という解読器へ移動する。

メッセンジャーRNAの塩基3個の情報を基に**トランスファーRNA（tRNA）**がアミノ酸1個をつくる。このようにして種々のアミノ酸ができ、つながってタンパク質ができる。

受精卵が分裂し、細胞が増殖するとき、DNAを合成する酵素、**DNAポリメラーゼ**が働き、DNAが複製される（下図）。このプロセスは、まずDNAを構成する2本のポリヌクレオチドから塩基間の水素結合が切れて二重らせんがほどかれていく。次に、ほどかれた2本のポリヌクレオチドの各塩基に対して、これとペアになる塩基が引き寄せられ、次々に水素結合でつながっていく。このようにして、新しく二重らせんが2組つくられる。これを**DNAの複製**という。この過程でDNA分子は2倍に増加したことになり、細胞はこのようにして増殖する。しかし、ごくまれに塩基配列のコピーミスが発生する。これが、**突然変異**である。

DNAは、**ベンゾ［a］ピレン**（酸素が不十分な条

DNAの複製

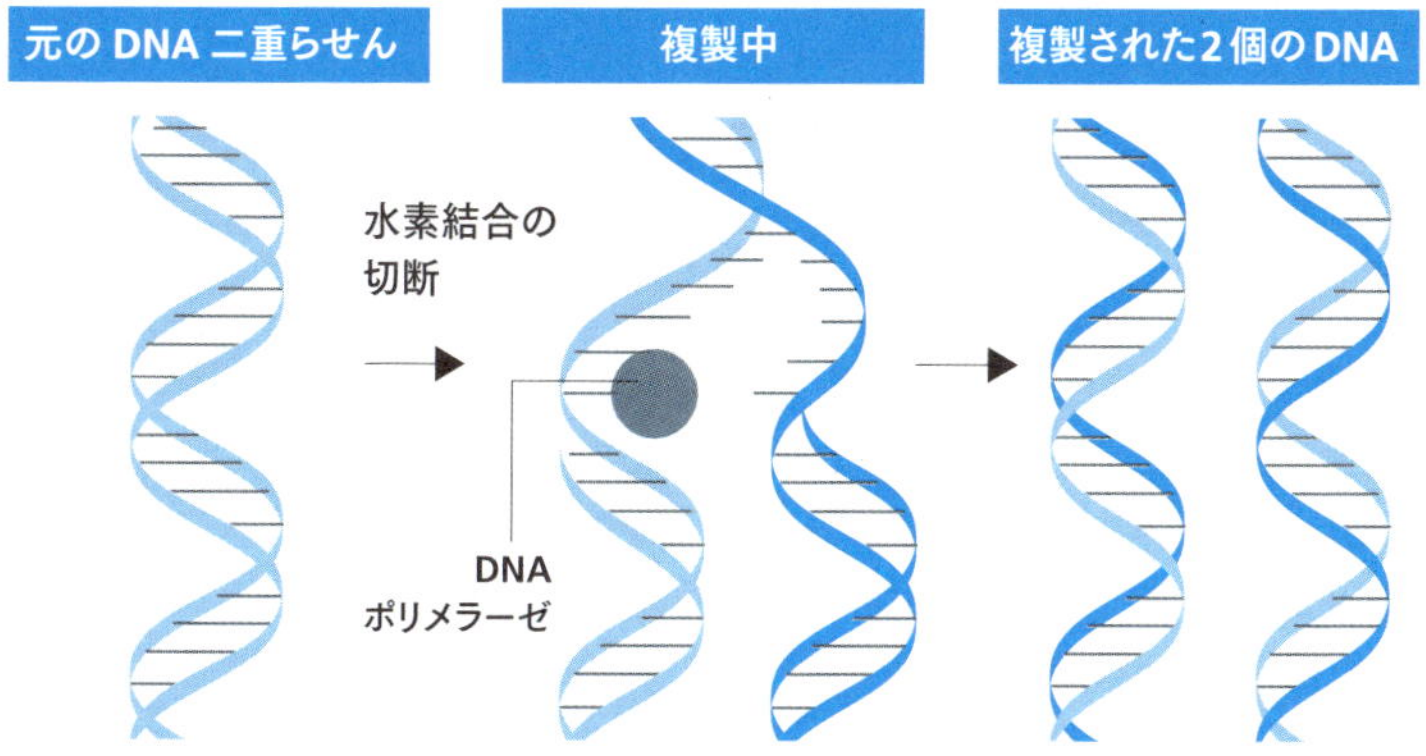

件で高温燃焼によって発生し、発がん性がある）のような化学物質や紫外線、放射線などが作用して構造が変化してしまうことがある。このようなヒトの遺伝子に傷を付け、突然変異を起こさせたり、染色体に異常をもたらす化学物質を**変異原性物質**という。変異原性物質が細胞のDNAに作用すると、がんが発生する可能性があり、このような物質を**発がん物質**という。

RNA［リボ核酸］
Ribonucleic acid

DNAと同様に、糖（リボース）、リン酸、塩基でできた基本単位**ヌクレオチド**が鎖状につながった高分子の化合物である。DNAとの違いは、糖の種類と4種類の塩基にはチミン（T）がなくて、ウラシル（U）、またRNAは1本のヌクレオチド鎖である点にある。

◆RNAの基本構造

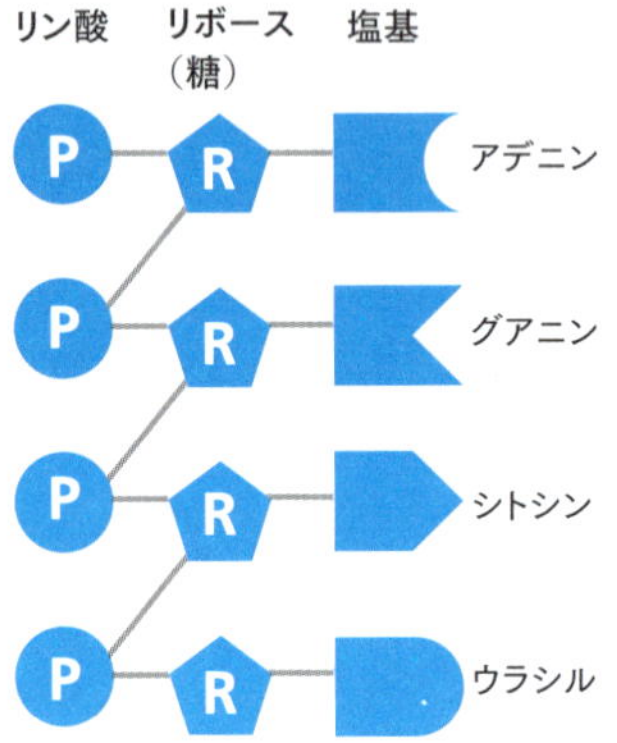

RNAはおもに、DNAから遺伝情報を転写され、タンパク質を合成する際に使われ、遺伝情報の発現に不可欠である。その役割によって**mRNA**（メッセンジャーRNAまたは伝令RNA）、**tRNA**（トランスファーRNAまたは運搬RNA）、**rRNA**（リボソームRNA）の3種類があり、それぞれ働きが異なる。

真核生物では、通常、DNAは核に含まれるが、タンパク質は細胞質中のリボソームという細胞小器官で合成される。したがって、mRNAは、DNAの遺伝情報の中から遺伝子の情報（タンパク質のアミノ酸の配列情報）を写し取り、核の外に伝える役割をする。DNAの片方の鎖を鋳型としてmRNAがつく

◆RNAの種類

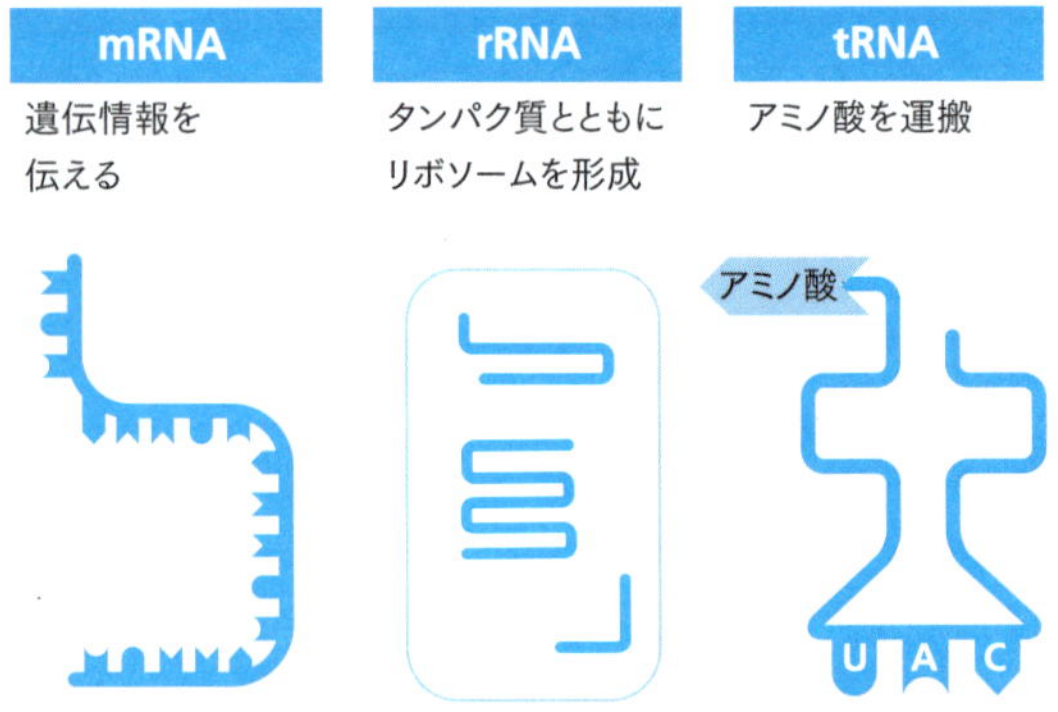

られる。tRNAは、タンパク質の合成に必要になるアミノ酸をリボソームまで運搬する。rRNAは、リボソームを構成する特殊なRNAである。

転写

Transcription

遺伝情報を発現するプロセスで、DNAの塩基配列を鋳型として**mRNA**に写し取ることである。

細胞はDNAにある遺伝子の情報に基づき、必要なタンパク質を合成する。しかし、タンパク質を合成できる場所が核の外にあるため、mRNAを使って遺伝子情報を核の外に伝達する。

転写では、まずDNAの塩基対が特定の場所から次々に切れ、1本ずつのヌクレオチド鎖になる。そのうちの片方の鎖にRNAのヌクレオチドが結合する。このとき、DNAのA、T、G、Cの4種類の塩基配列に対して、相補的（一方の鎖の塩基配列がもう一方の鎖の塩基配列の鋳型になる）な塩基配列、U、A、C、Gをもつ mRNAが**RNAポリメラーゼ**（**RNA合成酵素**）とよばれるタンパク質によって合成される。たとえば、鋳型のDNAの鎖の塩基配列がTACCGA……の場合、これを転写したRNAの塩基配

遺伝情報の転写

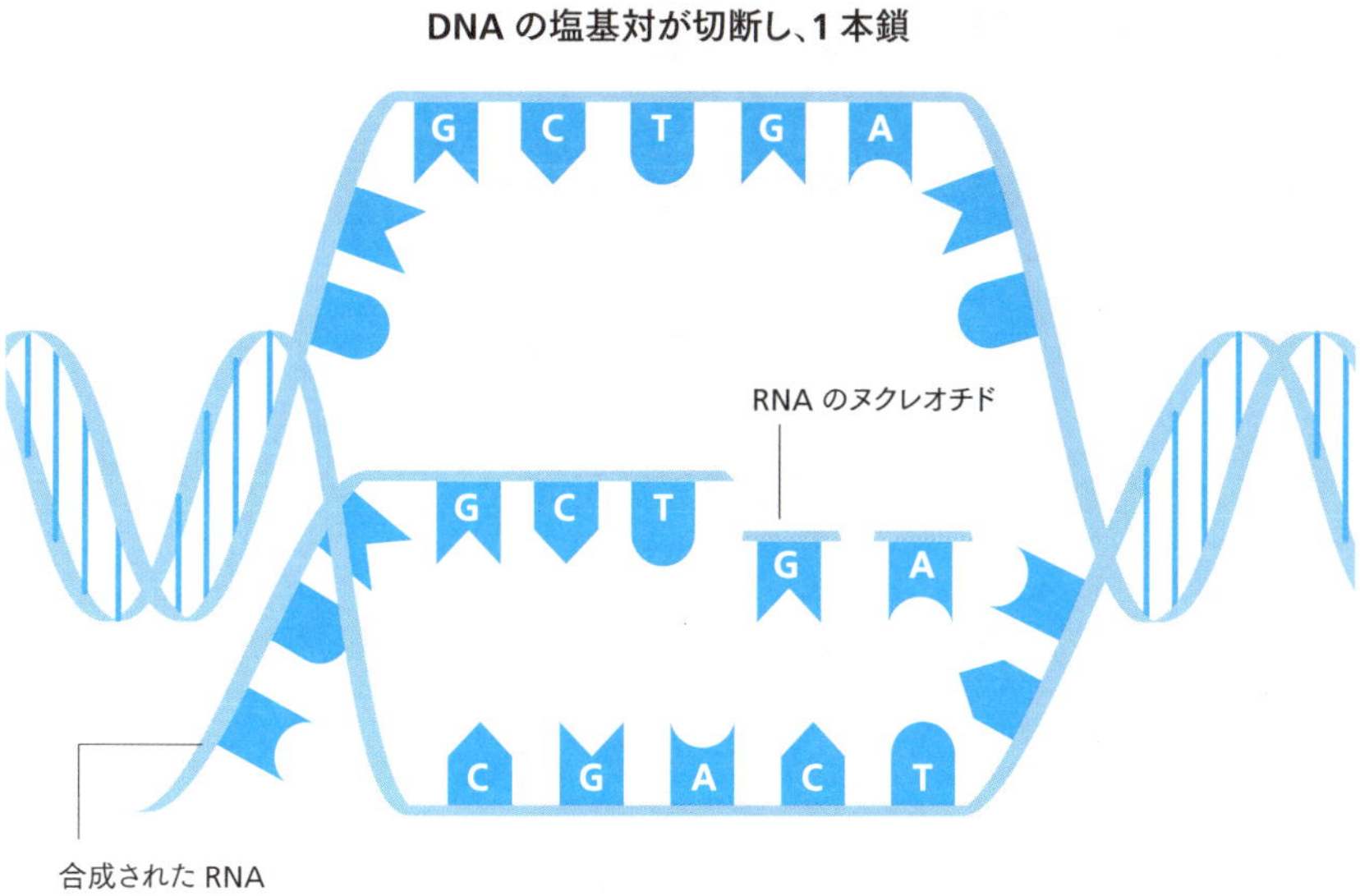

列はＡＵＧＧＣＵ……となる。
転写の開始や転写量の調節には、同じＤＮＡ鎖上の多くの転写調節要素と、それに結合する転写調節因子が関係している。

セントラルドグマ
Central dogma

核酸ＤＮＡに塩基配列という形で刻まれた生命の遺伝情報が、ＤＮＡからもう1つの核酸のＲＮＡへと伝達され、形質を発現するためにＲＮＡからタンパク質へ伝達される。

セントラルドグマの流れ

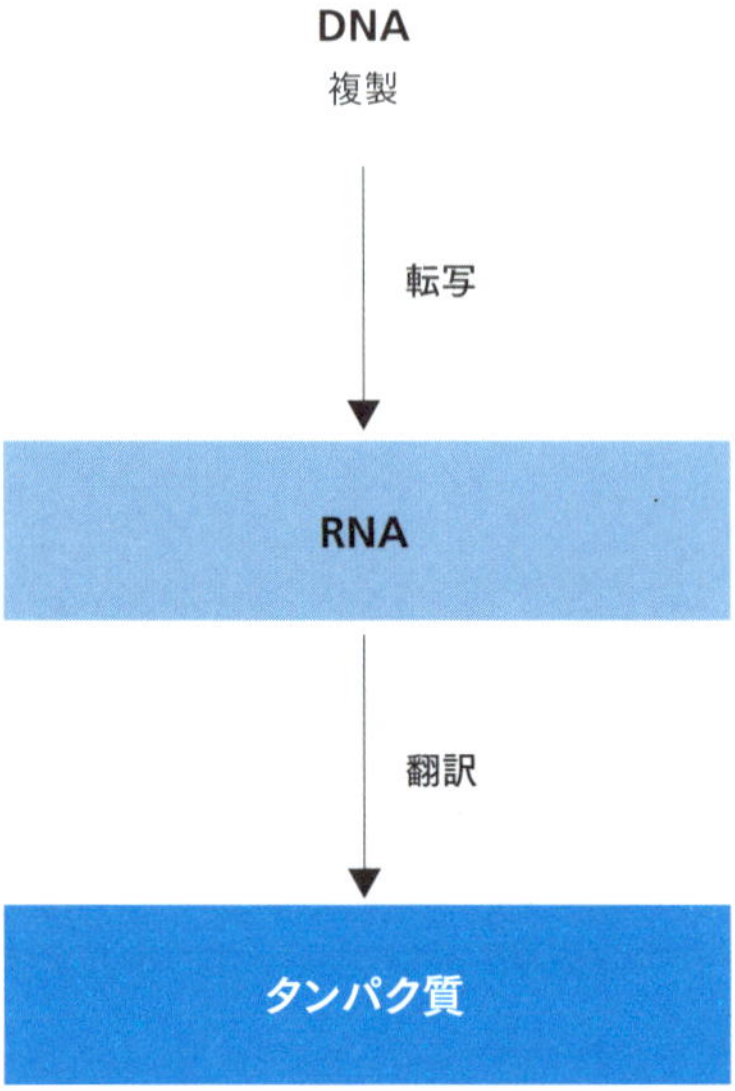

遺伝情報は、タンパク質から核酸へ戻されたり、タンパク質から他のタンパク質に移されることはない。すなわち、遺伝情報は、原則として一方向にのみ流れるという考えを「セントラルドグマ」という。ＤＮＡの二重らせん構造の発見者の1人であるクリック（Crick, F.H.C.）が１９５８年、「ＤＮＡの複製とタンパク質の合成は、生命の一般原理である」として提唱した。
多くの生物では、遺伝情報はセントラルドグマにしたがって流れるが、その原則が当てはまらない例もある。**ＲＮＡウイルス**は、遺伝情報としてＤＮＡではなくＲＮＡをもつが、ＲＮＡウイルスのある種では、遺伝情報がＲＮＡ→タンパク質ではなく、ＲＮＡ→ＤＮＡ→ＲＮＡ→タンパク質と流れる。ＲＮＡからいったんＤＮＡへ遺伝情報が伝わる現象を**逆転写**、ＲＮＡの遺伝情報をもとにＤＮＡを合成する酵素を**逆転写酵素**という。

プラスミド
Plasmid

制限酵素の遺伝子や抗生物質を破壊する酵素の遺伝子を含むリング状のＤＮＡのこと。大腸菌のような細菌に感染する性質のある一種のウイルスで、染色体とは別に存在する二

本鎖環状DNA分子である。細胞分裂や染色体DNAとは独立に自己増殖して子孫に伝わる。

プラスミドは原核生物中に広く分布しているが、一般に細胞にとって必須のものではない。そこで、別の生物の遺伝子を大腸菌など（宿主）に導入する遺伝子組換え操作で、プラスミドが**ベクター**（目的とする遺伝子である異種DNAを宿主に運搬するDNA運び役）として利用される。

プラスミドの中にDNA断片を組み込み、これを大腸菌に導入し、大腸菌を増殖させた後で、そのプラスミドを回収すると、最初に組み込んだDNA断片を純粋な形で大量に得ることができる。

翻訳 Translation

遺伝情報を発現するプロセスで、mRNAの遺伝暗号をタンパク質のアミノ酸の配列順序に読み換えていく反応のことである。

まず、DNAから**転写**というDNAの遺伝情報を写しとるプロセスでmRNAが合成される。mRNAの塩基配列は、塩基3個が1組になり、1個のアミノ酸を指定する（コドン）。タンパク質の合成装置である**リボソーム**では、tRNAがアミノ酸を運搬してきて、mRNAの塩基配列にしたがって、アミノ酸を次々につなげていく。

翻訳は、「終止」を意味するコドンによって終了し、数珠つなぎになったアミノ酸は、リボソームから離れていく。

コドン Codon

タンパク質は、DNAにある遺伝子の情報にしたがって作られ、その過程でDNAの塩基配列を写し取ったmRNAが作られる。そのmRNA中の遺伝暗号（タンパク質のアミノ酸の並び方を決めるDNAの塩基配列）では、塩基3個が1組になって、1個のアミノ酸を指定している。この3個1組の塩基配列を「コドン」という。たとえば、AAGというコドンは、リシンというアミノ酸を指定する。

DNAの塩基にはA、T、G、Cの4種類のヌクレオチドがあるため、mRNAでは4塩基（A、U〔Tではなくウラシルとなる〕、G、C）から3塩基を選択することになり、コドンの種類は全部で64種類（4×4×4＝64）ある。64種あるコドンについて、アミノ酸との対応関係を示した表を**遺伝暗号表**（コドン表）という。64種のコドンのうち、61種類はアミノ酸のコドンであるが、残る3種類（UAA、UAG、

◈ コドンと遺伝子の翻訳

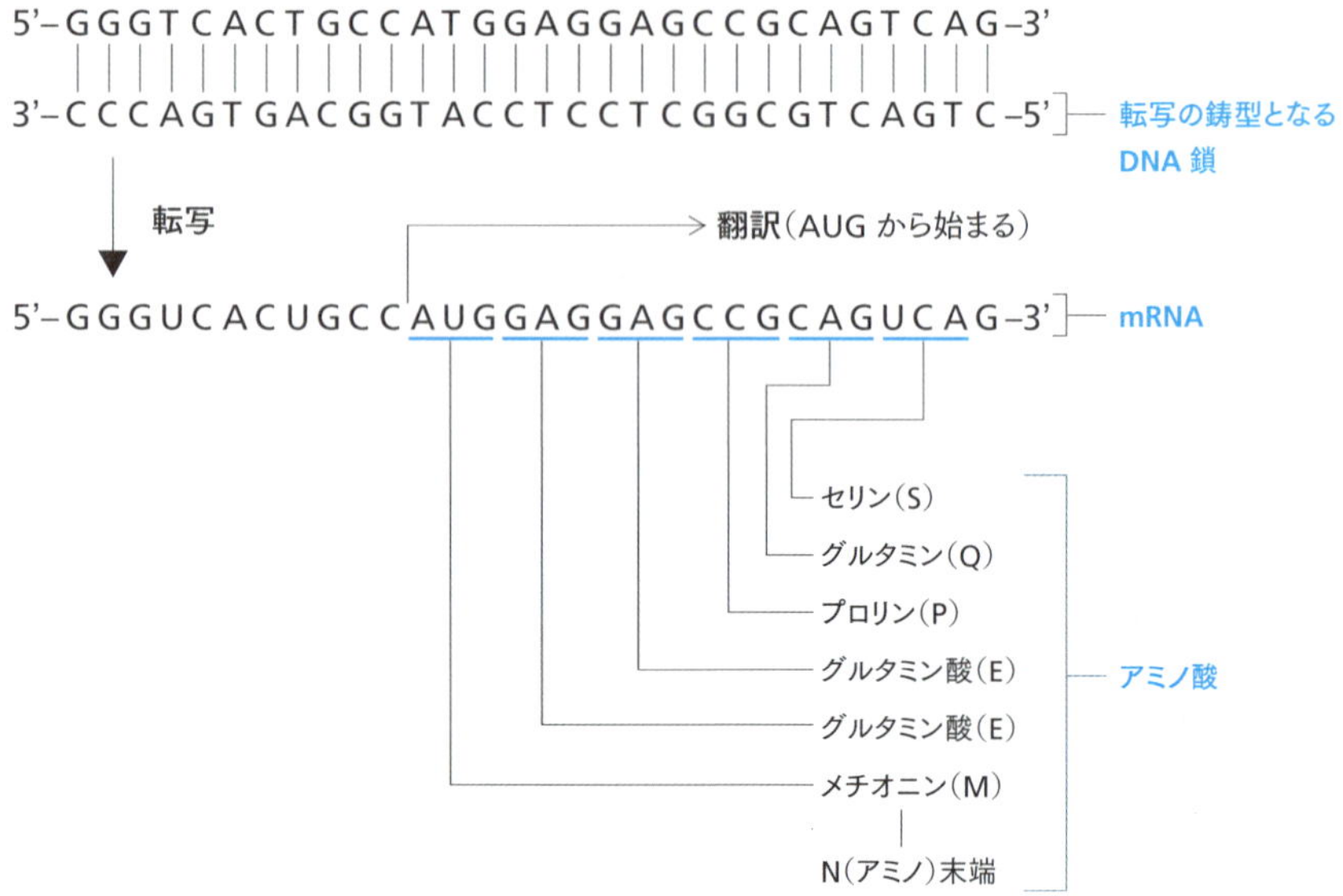

UGA）は、ポリペプチド合成の終止を示す停止信号である。これらの終止コドンは、対応するアミノ酸をもたないので、ナンセンスコドンとよばれている。

アミノ酸

Amino acids

アミノ酸は太古の時代から地球に存在する最も古い栄養成分といわれる。5億年前の三葉虫の化石からアラニンなどのアミノ酸が検出されている。また、1969年、オーストラリア・ビクトリア州のマーチソンに落下した隕石から、グリシン、アラニン、グルタミン酸などが見つかっている。この事実は、宇宙にも生命の重要な構成要素であるアミノ酸が存在している証として受け止められている。最近、飲料から栄養補助食品、化粧品などにアミノ酸を配合したものが増加している。

人間に必要なタンパク質は約10万種類であるが、これらは約20種類のアミノ酸がさまざまな組み合わせで数百から

◈ α–アミノ酸の構造

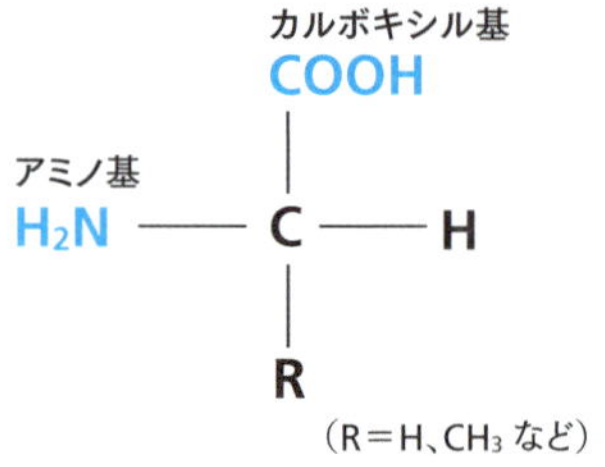

数千個つながってできている。ヒトの体内で作ることができず、食べ物から取る必要がある9種類のアミノ酸を**必須アミノ酸**、残る11種は必要に応じて体内でできることから**非必須アミノ酸**とよばれている。

天然に存在するタンパク質を構成しているアミノ酸は、1つの炭素原子にアミノ基（$-NH_2$）とカルボキシル基（$-COOH$）の両方が結合した化学物質である（図参照）。これらは、**α-アミノ酸**という（αは1つの同じ炭素に隣り合ってアミノ基とカルボキシル基が結合しているという意味）。

α-アミノ酸には、Rが水素原子Hのグリシンを除き、炭素原子に結合している4つの原子や原子団がすべて異なる**不斉炭素原子**があり、**光学異性体**が存在する。α-アミノ酸の光学異性体は、下図のように、同一の原子または原子団をすべては重ね合わせることができない異なる分子のD体とL体がある。この2つの分子は、右手と左手の関係のように、鏡に写すと互いに同じものになる鏡像の関係にあり、光学異性体という。天然には、このような光学異性体をもつ物質がたくさんあり、生物活性に大きな違いがあることが多い（〝サリドマイド〟参照）。

天然のタンパク質を加水分解して得られるα-アミノ酸の分子は、すべてL体である。最近、体内でほかのアミノ酸と結合せず、そのままの形で存在し、体内でも合成され血液に溶け込み全身を巡っている**オルニチン**が注目されている。こ

アミノ酸（アラニン）の光学異性体

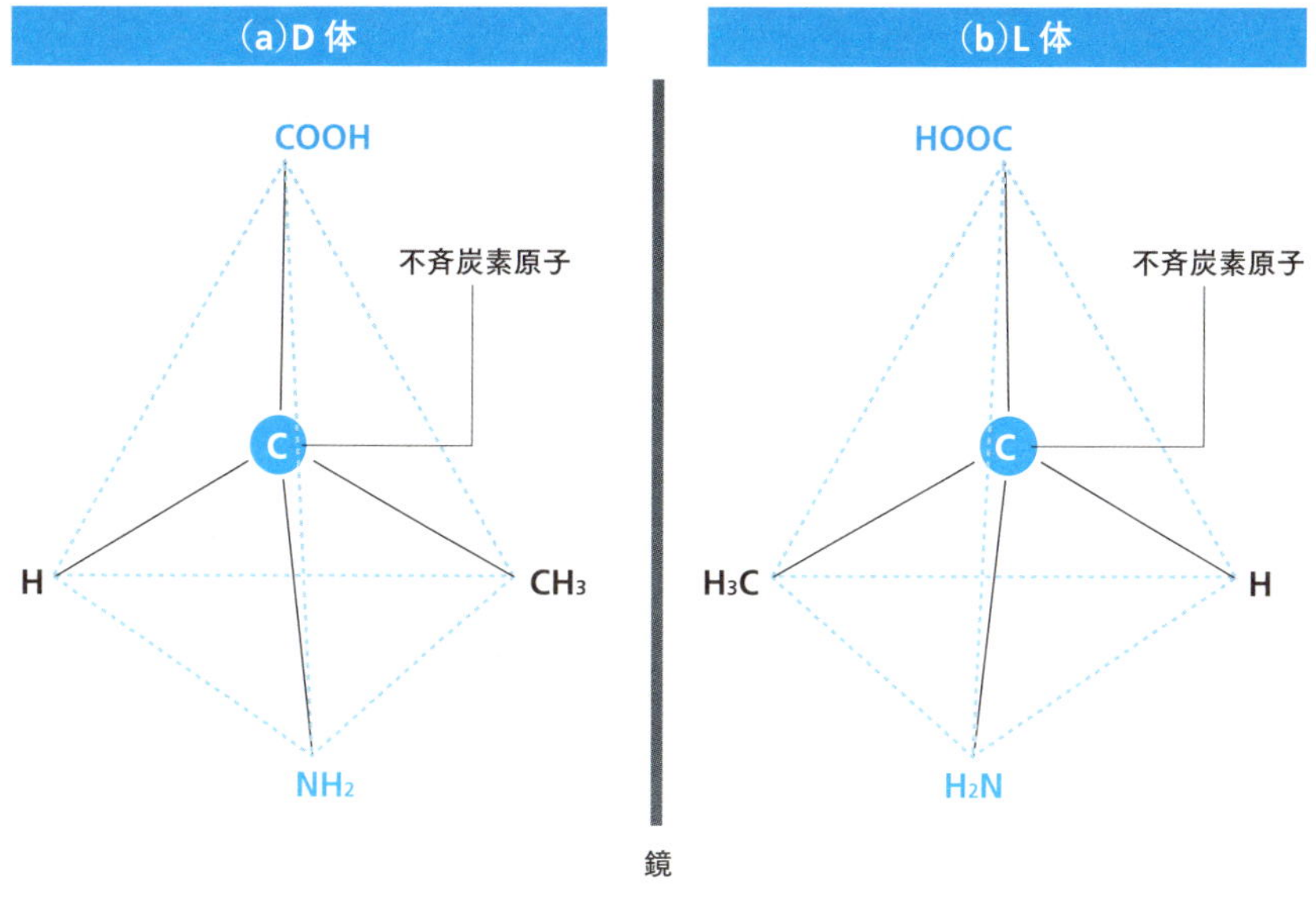

のアミノ酸は、肝臓で有害なアンモニアを分解して尿素にかえる「オルニチン回路」という代謝で重要な働きを担っており、肝臓の機能を助ける働きに着目したサプリメントが販売されている。

タンパク質

Proteins

私たちの体の約60％は水であるが、そのほかの物質で最も多いのが20％を占めるタンパク質である。水を除いた生物の細胞の約半分の重量がタンパク質であり、筋肉や消化管などの臓器、血液、皮膚といった組織のほか、酵素やホルモンなどをつくる上で欠かせない物質である。

タンパク質は、20種のα-アミノ酸が、アミノ基と別の分子のカルボキシル基が反応して水がとれてできた**ペプチド結合**によって、数百～数千個が次々に連なった**ポリペプチド**である（図参照）。

タンパク質の基本構造

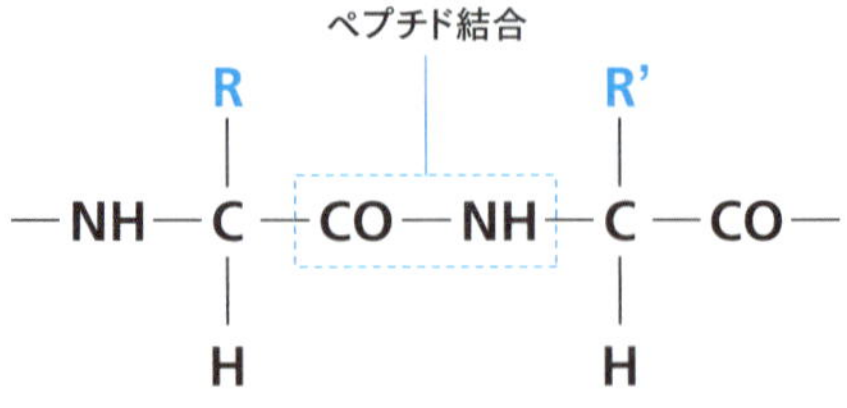

（R と R’は H、CH_3 など）

タンパク質は、ポリペプチドが特有の立体構造をもつことによって、生体内で特定の役割を果たす。タンパク質の構造は、まず、どのようなα-アミノ酸がどの順序で並んでいるかによって決まり、これをタンパク質の一次構造（平面構造）という。生体内では、α-アミノ酸が連なる順序は、DNAの塩基配列によって指令される。

タンパク質の分子では、ペプチド結合中の>NHと、分子内の別の>C=Oとの間に水素結合（>NH……O=C<）が形成される。このようなタンパク質分子は、**α-ヘリックス**とよばれるらせん状構造になる。一方、逆向きに並んだポリペプチドの間で水素結合がつくられると、**β-シート**とよばれるシート状の構造になることがある。これらの2つをタンパク質の**二次構造**という。タンパク質の立体構造は、この2つの基本的な部分と、それをつなぐ部分によって形成されている。

この折りたたまれたポリペプチドが、さらに複雑に折りたたまれ、それぞれのタンパク質に特有の、球状などの複雑な立体構造になったものが、タンパク質の**三次構造**である。さらに、三次構造をとるタンパク質がいくつか結びついてできた構造を、タンパク質の**四次構造**という。タンパク質の二次構造、三次構造、四次構造をまとめて、タンパク質の**高次構造**という。

アミノ酸の並び方（一次構造）によって、タンパク質の折りたたまれ方が決まるが、タンパク質によっては**シャペロン**（chaperone）という折りたたみ装置の補助を借りることもある。代表的なシャペロンにＨＳＰ 70とＨＳＰ 60がある。ＨＳＰ 70は、リボソームで数珠つなぎになったアミノ酸に一時的に結合し、ほかのタンパク質とかたまりになるのを防ぐ。一方、ＨＳＰ 60は、折りたたみに失敗したタンパク質を一時的に取り込み、折りたたみをやり直させる働きがある。

卵白を加熱すると、固まってゲル状になる。このとき、卵白中のタンパク質の水素結合の組み換えなどが起こり、分子の形状が変化して、性質が変化する。また、卵白や牛乳に塩酸を加えると、白色の沈殿を生じる。これをタンパク質の**変性**という。熱や酸のほか、重金属イオン（Cu^{2+}, Pb^{2+}, Hg^{2+}など）、有機溶媒（アルコールなど）の作用によってもタンパク質の変性が起こることが知られている。変性のほとんどは、アミノ酸の配列順序（一次構造）は変わらないが、高次構造が変化することに起因している。タンパク質はいったん変性すると、元の状態にもどらないことが多く、酵素などの生理的な機能をもつタンパク質が、変性によってその機能を失うことを**失活**という。

なお、アミノ酸が数個つながったものを総称して**ペプチド**という。たとえば、うま味と酸味が特徴のアスパラギン酸と苦味のフェニルアラニンがペプチド結合によってできた**アスパルテーム**は、甘味料として使われている。これ以外にも免疫強化や血圧調整作用、血中コレステロールを下げるなどの働きをするペプチドが存在することがわかっており、医療などの分野でその応用に関する研究が進んでいる。

酵素 Enzyme

生物の体内では、食物の消化などのさまざまな複雑な化学反応が、体温に近い温和な条件で起こっている。これらの化学反応の多くは、**酵素**（生体触媒）と呼ばれる一群のタンパク質が触媒として働いている。微生物の存在を人類が認識する前から、酵素はチーズの製造などに利用されてきた。酵素の中には、タンパク質に付随した小さな分子をもつものもあり、この付随した部分を**補酵素**という。亜鉛や鉄などの金属のイオンや低分子の物質が補酵素となる。

酵素は、ある特有な立体構造を持ち、特定の物質の特定の反応に対してだけ働く。たとえば、唾液中の酵素アミラーゼは、デンプンの加水分解、リパーゼは油脂の加水分解に、それぞれ選択的に作用する。このような酵素の特性を、**基質特異性**といい、その作用の概念図を図に示した。この酵素と反応する物質を**基質**という。酵素には、触媒としての作用を示す特定の部位があり、

酵素の作用

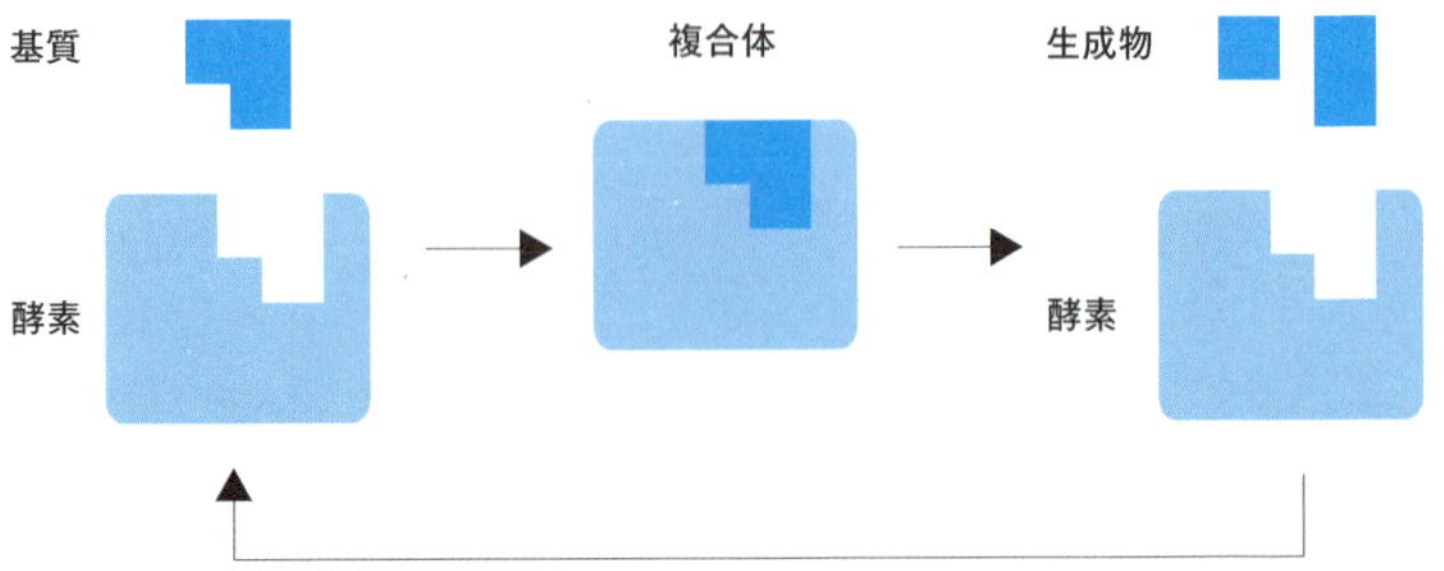

「鍵と鍵穴」の関係のように基質と選択的に反応して複合体を形成する。この複合体の生成とともに反応が進み、反応が終わると、酵素が再生され、反復して作用する。

一方、物質の中には、酵素の活性部位に適合するが、反応しないものがある。このような物質は、酵素反応を阻害する働きがあり、生命体の代謝などを妨げることができる。病原菌の生育に必要な酵素反応を妨げる物質は、サルファ剤のように利用されている。

酵素には、消化、呼吸、α-アミノ酸からのタンパク質の再合成に関係するものなど、私たちの体内では、数千にもおよぶ複雑な反応が同時に起こっている。酒類の製造や食品工業における発酵のプロセスは、いろいろな菌類に含まれている酵素の作用を利用したものである。

ゲノム Genome

1つの生命体を形作る上で必要な全遺伝情報のことである。「Genome」は、Gene（遺伝子）とChromosome（染色体）の合成語であり、生物を構成している細胞の核の中にある染色体は、DNA分子とタンパク質からなる。DNA分子は、それに書き込まれた4種類の塩基、アデニン（A）、チミン（T）、グアニン（G）、シトシン（C）の配列である遺伝情報を含んでいる。たとえば、大腸菌のゲノムは、約4.7×10^6塩基対の環状二本鎖DNAとして存在する。

ヒトゲノムは、われわれ人間のすべての遺伝情報を指す。この遺伝情報は、22個の常染色体と2個の性染色体（X染色体とY染色体）の合計24本の染色体に含まれる約30億塩基対のDNAとして存在している。このように、生物はそれぞれのゲノムを持っているが、生物の多様性はこのゲノムの違いによって引き起こされている。ヒトとチンパンジーでは、ゲノム全体で1%ほど違いが認められ、局所的に差異が多い領域があるとみられている。

ヒトゲノム
Human genome

ヒトゲノムは、人間の細胞の中にある遺伝子情報のことである。約30億の塩基対からなるが、遺伝子に相当する部分は全体のわずか3%程度で、残りはジャンク（がらくた）とよばれていた。

1990年代からゲノム全ての塩基配列を読み取る**ヒトゲノム計画**が開始された。目的は病気の診断、予防、治療など医学への応用であり、塩基配列解析技術と情報処理技術の大幅な進歩が、その背景にあった。当初の予想を大幅に短縮して2003年4月に全塩基配列の解読が完了した。

◇ヒトゲノム計画をめぐる主な動き

年代	動き
1988年	米国・国立衛生研究所（NIH）が毎年20億円を投入するヒトゲノムプロジェクトを開始
1989年	国際的なヒトゲノムの研究組織HUGO発足
1999年	日米英の共同研究チームが、22番染色体の解読を終了
2000年	ヒトゲノムの全体像が判明
2003年	ヒトゲノム完全解読終了

その結果、個人個人で遺伝子の塩基配列のごく一部に差異があり、ヒトゲノムの個人差は、わずか0.1%強だけであることが明らかになった。また、たんぱく質の合成にかかわらず、遺伝子として働くことのない**ジャンクDNA**が、進化の過程を明確に刻み込んでいることが明らかになり、最近、大きな注目を集めている。

国連の教育科学文化機関（ユネスコ）は1997年の総会で「ヒトゲノム人権に関する世界宣言」を採択した。その中で、ヒトゲノムは、人類の遺産であり、どんな人でも個人の尊厳と人権が尊重されるとしている。ゲノム研究、**遺伝子治療**は当事者の自由意思による同意が必要であり、各種データの機密保持が必要である。個人のプライバシーの保護、雇用面などでの社会的不公平の防止など多くの課題もある。

ショットガン法
Shotgun cloning, Shotgun sequencing

ゲノム構造の解析法の一つで、ゲノムDNAを**制限酵素**によって細かく断片化し、塩基配列を解析する。そのわずかに重なり合う部分をコンピュータ上でつなぎ合わせ、長い一続きの塩基配列を再構築する手法である。細菌などの小さなゲノムの場合、この方法のみで解析できるが、高等真核生物の巨大で反復配列の多いゲノムでは、**クローンコンティグ**（clone contig）法と併用する必要がある。

巨大なゲノムの解析では、まずクローンコンティグ法で、ゲノムDNAを大きな（数十kbp〜1Mbp程度）断片に切断し、ゲノム全体をカバーするクローンの集合（クローンコンティグ）を作製する。次に各クローンの塩基配列をショットガン法によって決定する。クローンコンティグの作製にはコスミド、YAC、BAC、PACなどのベクターが用いられる。

ATP ［アデノシン三リン酸］ Adenosine triphosphate

すべての生物で、タンパク質や核酸などの有機物の合成をはじめ、筋収縮や発電・発光などあらゆる生命活動を支えるエネルギー源として用いられている物質である。生物のエネルギーの受け渡しで常にATPが働いているため、「エネルギーの通貨」といわれる。

ATPは、アデノシン（アデニンとリボースという糖が結合したもの）に3分子のリン酸が結合した化学物質である。ATP分子内のリン酸どうしの結合は、これが切れるときに多量のエネルギーを遊離するため、**高エネルギーリン酸結**

ATPの構造と働き

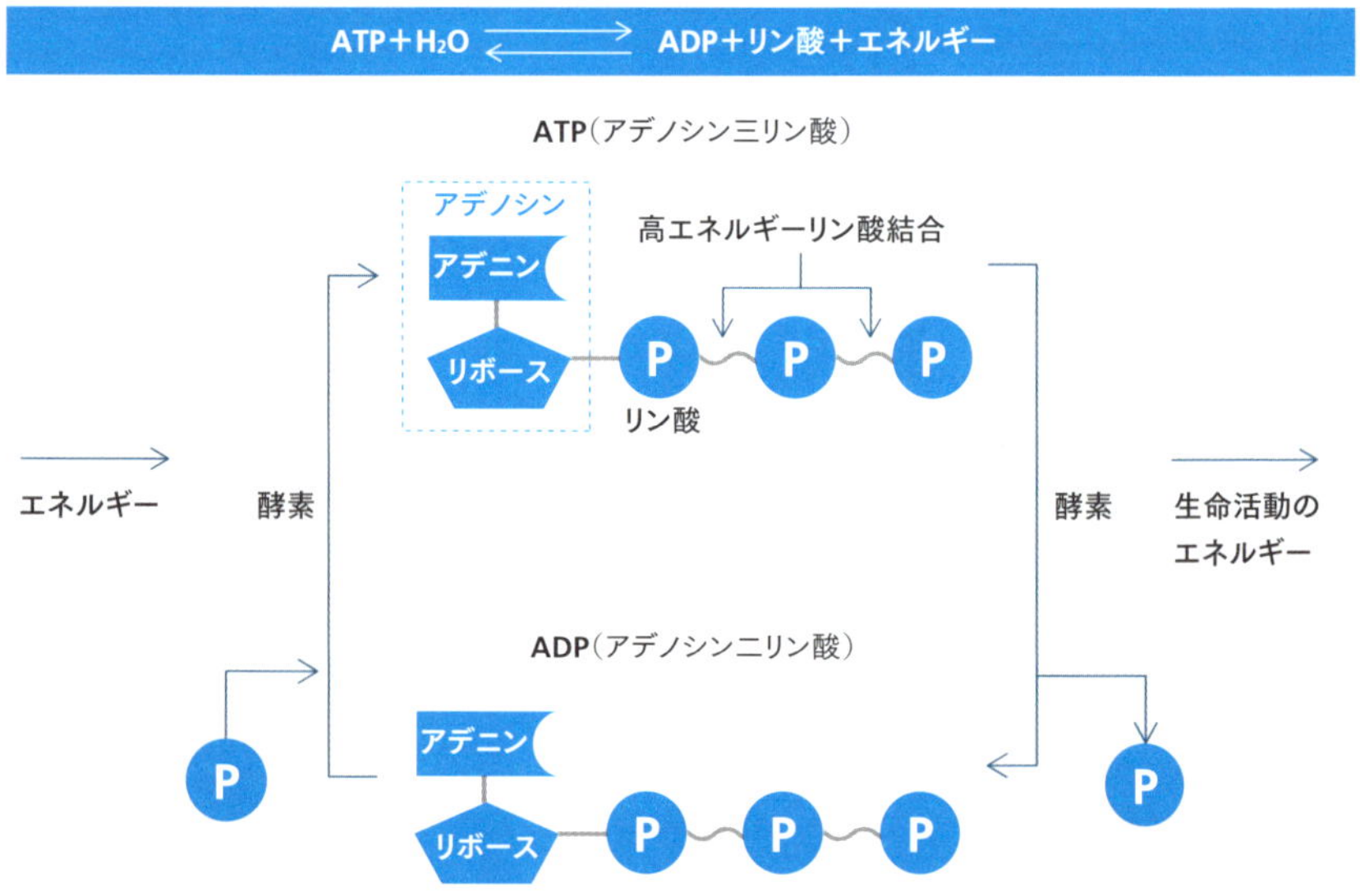

合といわれる。

ＡＴＰから1個のリン酸が外れると、ＡＴＰは**ＡＤＰ**（adenosine diphosphate：アデノシン二リン酸）になり、この際に多量のエネルギーが放出される。逆に、ＡＤＰとリン酸からＡＴＰが合成されるときは、エネルギーを吸収する（図参照）。生物は、エネルギーをＡＴＰの形で貯蔵しておき、必要なときにリン酸とＡＤＰに分解し、放出される化学エネルギーを生命活動に利用している。

ＡＴＰの合成は、おもに細胞のミトコンドリアで行われ、ヒトの細胞では、一般に、1日に約0・83 ng（ng=10^{-9}g）のＡＴＰが使われている。

代謝 Metabolism

生体内での物質の化学的変化のことであり、**同化**（物質を合成する：anabolism）と**異化**（物質を分解する：catabolism）の2つに分けられる。これらの化学反応の各段階にそれぞれ**酵素**が関与する。

「同化」は、代謝のうち、外界から取り入れた簡単な構造の物質から、体を構成する複雑な物質を合成するプロセスであり、エネルギーを必要とする。たとえば、植物が太陽の光エネルギーを利用して、二酸化炭素と水からブドウ糖と酸素をつくる反応（**光合成**）が該当する。

一方、「異化」は、体を構成する複雑な物質（有機物）を簡単な物質に分解するプロセスであり、この際にエネルギーが放出される。動物や植物が、酸素を用いてブドウ糖を水と二酸化炭素に分解し、そのとき生命活動に必要なエネルギーを生み出す反応（呼吸）が異化である。

代謝に伴って起こるエネルギーの変化や移動などを**エネルギー代謝**という。なお、ウイルスは代謝を行わないため、生物とみなされない場合がある。

リン脂質 Phospholipid

脂質の中でリン酸を含むものの総称で、タンパク質とともに、細胞の種々の生体膜、細胞膜、核、小胞体、ミトコンドリア、葉緑体などの膜の構成成分となっている。

リン脂質は、1つの分子の中に、水になじみやすい部分（**親水性**の部分）と水になじみにくい部分（**疎水性**の部分）をあわせもっている。水中に分散したリン脂質は、親水性の部分で水に接し、疎水性の部分をできるだけ水から遠ざけようとするため、疎水性の部分を内側にはさんだ、二重の膜構造が生成する。細胞の膜のリン脂質も同様に二重膜の構造をもっている。

◇ リン脂質の基本構造

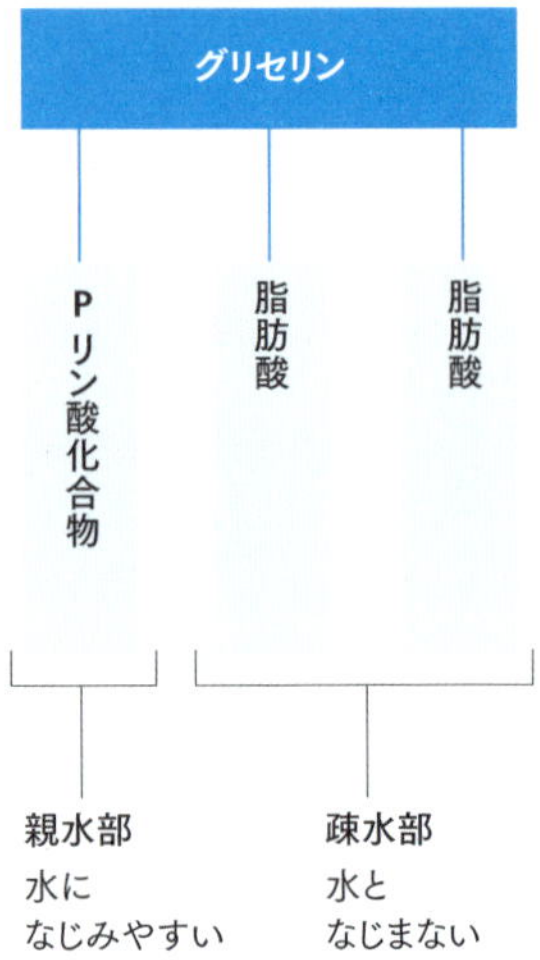

染色体

Chromosome

真核細胞の核内で折りたたまれた構造になっており、タンパク質を取り巻き、糸状になっているDNAとDNA結合タンパク質からできている。

通常、顕微鏡では観察できないが、細胞分裂のときに凝縮してX字状の太い紐のような形になり、顕微鏡で観察できる。塩基性色素に染まりやすいことから、「染色体」といわれる。

染色体の数や形は、生物の種によりさまざまである。ヒトの場合、1つの細胞の核に23対（46本）ずつある（図参照）。

◇ 人間の24本の染色体

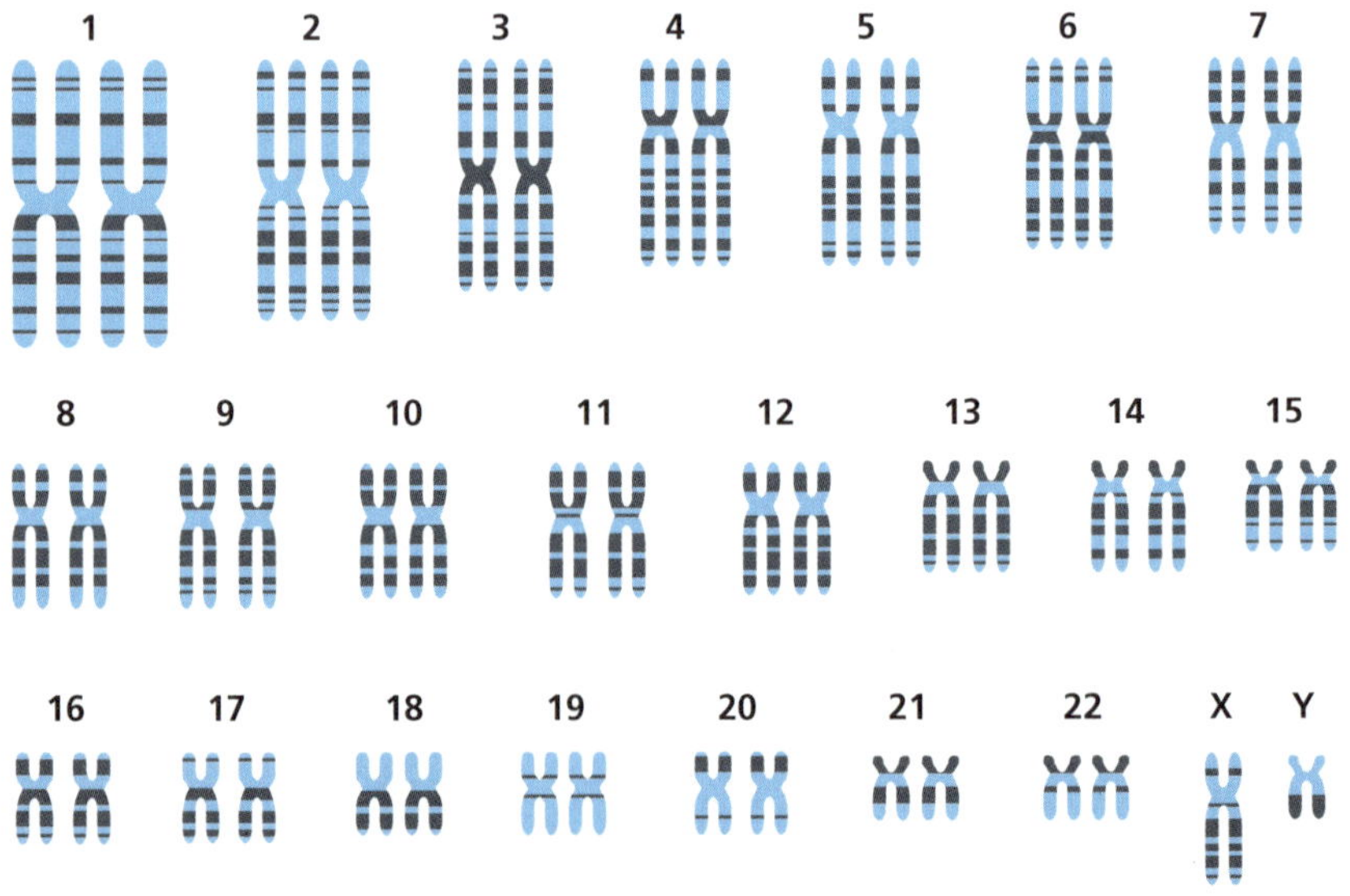

1本の染色体には1分子の直鎖状のＤＮＡがある。第1から第22までの対になっている**常染色体**とXまたはYの**性染色体**からなる。対になっている染色体は、それぞれ父親と母親から1セットずつ受け継いでおり、女性はＸＸ、男性はＸＹの性染色体を持っている。

これまでの研究で、遺伝情報が詰まった染色体と遺伝病などとの関係が解明されつつある。すべての染色体の塩基配列を解読し、健康なヒトのものと比較すれば、どの塩基配列に異常があるか明らかになり、病気の原因究明、治療方法の研究に役立つことが期待されている。

染色体異常 Chromosomal aberration

突然変異の一種で、たとえば放射線被爆や化学物質の暴露などによって、細胞分裂時に現れる染色体の数や構造の変化が起こることをいう。

発がんの原因になったり、生殖細胞に生じた場合には遺伝性の異常となる。染色体異常としてよく知られている**ダウン症**は、高齢出産で生まれやすいということが知られているが、遺伝的な背景のほか、突然変異で生まれてくると考えられている。

染色体異常は、放射性被爆の程度や化学物質の影響をみる指標としても重要である。

トランスポゾン［転移性遺伝要素］ Transposon

ヒトゲノムには、動く遺伝子、あるいは**転移因子**(transposable element)とよばれる配列が多く、ゲノムの約45%を占めている。

転移因子のうち、長い塩基対を持ち、同一細胞内の染色体上のいろいろな位置に存在し、ある染色体から別の染色体へ位置を転移することのできる特別なＤＮＡ断片のことを「トランスポゾン」という。

図に示すようにトランスポゾンは、2つの転移因子の間に他の遺伝子をはさんだものであり、これを一単位として、コピーされ挿入される。

ほかに、**転移**と**逆転写**の過程を経るＲＮＡ型がある。トランスポゾンという語は狭義には前者のみを指し、

トランスポゾンの構造

後者は**レトロポゾン**（retroposon）とよばれる。

トランスポゾンは、ヒトのほか細菌、酵母、ショウジョウバエなど多くの生物に存在している。細菌のトランスポゾンには、抗生物質や重金属に対する耐性を宿主に与える遺伝子をもっているものがある。

レトロポゾンは、植物では特に多く存在し、核ＤＮＡの主要成分となっていることが多い。例えば、トウモロコシではゲノムの80％、コムギではゲノムの90％がレトロポゾンである。

転移はゲノムのＤＮＡ配列を変化させることで**突然変異**の原因となり、多様性を増幅することで生物の進化を促進してきたと考えられている。トランスポゾンが1つのゲノムの領域内や近傍に移ると、その遺伝子の発現が抑えられたり、逆に眠っていたのが働き出したりする。

トランスポゾンは遺伝子導入のベクターや変異原として有用であり、遺伝学や分子生物学において様々な生物で応用されている。

スプライシング
Splicing

真核細胞のＤＮＡには、タンパク質の遺伝情報を担う部分（エクソン）とタンパク質の遺伝情報を持たない部分（イントロン）が交互に存在している。ＤＮＡから転写された直後のＲＮＡも、エクソンとイントロンの両方をもつ。このため、ｍＲＮＡは、転写された直後のＲＮＡから、イントロン部分だけが取り除かれ、エクソン部分だけが再結合してつくられるが、このプロセスを「スプライシング」という。

スプライシングされたｍＲＮＡは、核孔から出て細胞質基質に移動する。一方、原核生物のＤＮＡには、イントロンがなく、スプライシングは起こらず、ｍＲＮＡのスプライ

◈ スプライシング

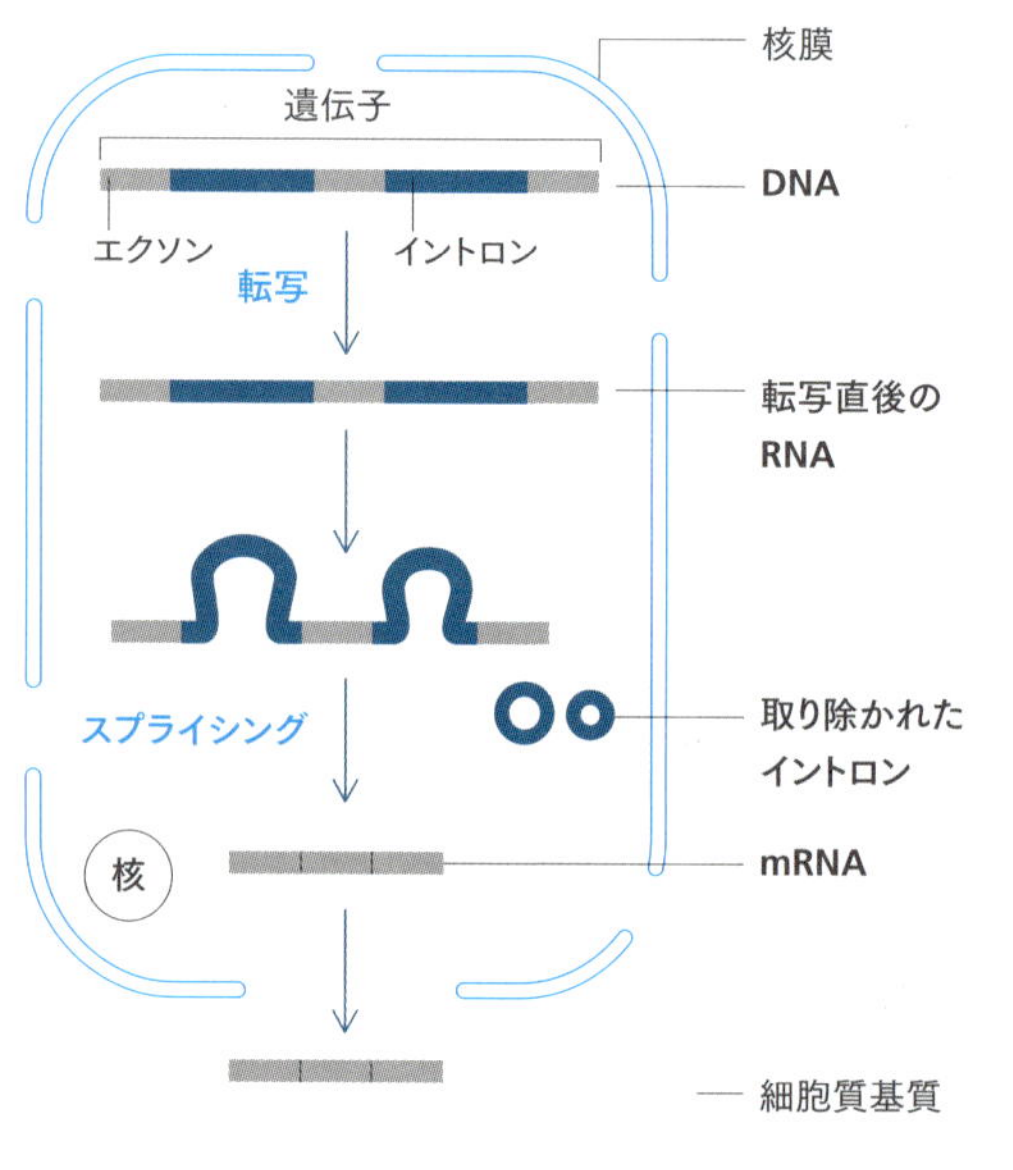

シングは真核生物特有の現象である。スプライシングのメカニズムの研究から、RNAの切断や結合にRNAが酵素として働くことが発見された。

長寿遺伝子 Longevity genes

老化を遅らせ寿命を延ばす「長寿遺伝子」は、最近の研究により動物実験などから多数発見されている。その中で、酵母で初めて存在が確認された**サーチュイン**(Sirtuins)は、ショウジョウバエで30%、線虫で50%の長寿効果が確認されている。様々な生物がこの遺伝子を持つこと

サーチュインの役割

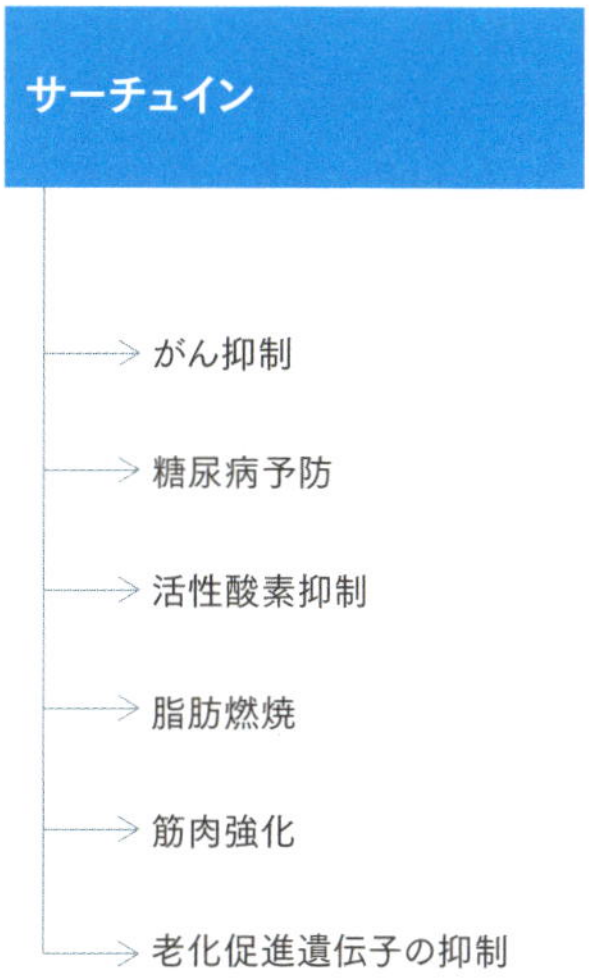

がわかっており、人の細胞では10番目の染色体にある。しかし、この遺伝子は常に働いているのではなく、あるきっかけで活性化することがわかってきた。

この遺伝子は食料不足など環境のストレス因子によって活性化され、細胞修復、エネルギー生産、アポトーシス(プログラム細胞死)などに影響を与えるといわれている。動物実験では、**カロリー制限**がこの遺伝子のスイッチを入れるのに効果的であることがわかってきている。マウスを用いた実験では、サーチュインが活性化すると周囲の遺伝子に働きかけ、がんや活性酸素を抑える働きをすることが明らかになっている(図参照)。

また、ブドウや赤ワインに多く含まれるポリフェノールの一種であるレスベラトロールが、長寿遺伝子を活性化することが知られている。

がん抑制遺伝子 Antioncogene, Tumor suppressor gene

体を構成する正常細胞は、必要な時に分裂し、増殖するが、このコントロールがうまく働かなくなり、無秩序な増殖が起こると、**発がん**に至る。正常細胞のがん化を抑制している機能を持つタンパク質(がん抑制タンパク質)をコードする遺伝

子が、「がん抑制遺伝子」といわれているもので、これまでに十種類以上が知られている。

特に有名ながん抑制遺伝子として、*RB*（retinoblastoma：網膜芽細胞腫）遺伝子、*p53*（分子量53kDのタンパク質という意味）遺伝子、*BRCA1*（家族性乳がん）遺伝子などが挙げられる。

*RB*の変異は網膜芽細胞腫、骨肉腫など、p53の変異は、大腸がん、乳がんなど、*BRCA1*変異は家族性乳がん、子宮がんなどにそれぞれ特異的にみられる。

がん抑制遺伝子群の機能は、細胞周期チェックポイント制御、転写因子制御、転写、DNA修復など多岐にわたっているが、未解明の部分が多く、今後の諸機能の解明によって、がん発生メカニズムの謎が解かれると考えられている。

がん抑制遺伝子の異常が、体の細胞すべてにコピーされるということは、その人の精子や卵子の細胞にも同じ異常がコピーされる（ただし2分の1の確率で）ことになり、遺伝性のがんになりやすい体質が伝わるということになる。

老化 Aging

「老化」とは、ヒトでは中年期、晩年期に徐々に多くの身体機能が衰えていく現象であり、脳の縮小、動脈硬化、歯茎の縮小、筋肉の縮小、骨粗鬆症、視力や運動機能の低下などがみられる。

この個体の老化には、種々の仮説が提案されている。代表的なものに、誤り蓄積仮説と細胞寿命仮説がある。

誤り蓄積仮説は、DNAやタンパク質などの分子、細胞、組織に異常がだんだん蓄積し、老化が進むというものである。一方、**細胞寿命仮説**は、細胞が増殖を停止して老化するという説である。

個体の老化に対して、細胞が分裂を停止した状態を**細胞老化**という。体の組織の一部をとって培養すると、数十回は細胞分裂をして増殖するが、やがて増殖を止めてしまう。これまでの知見では、細胞の寿命と個体の寿命との間にはある程度の相関があることが認められている。

細胞老化の原因には、遺伝子に予めプログラムされているという**プログラム説**があり、その1つに**テロメア説**がある。染色体の端のテロメアには、数塩基のユニットが千数百回反復している部分があるが、老化した細胞は若い細胞に比べて、この部分が短くなっている。ヒトの遺伝病の1つである早老病（premature senility）では、小児であるにもかかわらず、身体が老人のような様相を示し、寿命もきわめて短いが、このような患者では、テロメアの短縮率が異常に高まっていることがある。

そのほか、細胞のＤＮＡに誤りや損傷が蓄積され、細胞の機能に破綻をきたすことが細胞老化につながるという**エラーカタストロフィー説**がある。また、活性酸素がＤＮＡなどに損傷をあたえるという**活性酸素説**などがある。

寿命 Life span

生物が誕生してから生命活動が終息し、その個体が死滅するまでの生存期間のこと。生物の寿命の長さは、種類によって様々であるが、一般に成体になるまでの期間が長いほど寿命も長くなる傾向がある。

動物に比べ、一般に植物の方が長寿命であり、イチョウは千年以上である。動物でもカメは寿命が長く、ガラパゴスゾウガメの寿命は１７５年といわれるが、われわれの身のまわりの動物の寿命は、ほとんどヒトより短命である。ヒトの限界寿命は、１２０歳ぐらいと考えられている。これまでの確実な記録では、フランス人のジャンヌ・カルマン（Jeanne Louise Calment）夫人の１２２歳５ヶ月が最長である。日本では、１８７３年から95年までに生まれた女性２万２千人を対象とした調査では、最長寿命は１１４歳である。

寿命を決定する要因には、ヒトの場合、遺伝、衛生・医療福祉、気候、食生活や嗜好、運動、休養、家族などの社会環境、生活環境・習慣などがあり、老化は種々の要因に左右される。

最近、寿命の短縮・延長に関係する遺伝子（長寿遺伝子サーチュインなど）が存在することが明らかになりつつある。また、実験的にカロリー制限が動物の寿命を延ばす方向に働いていることがわかってきた。さらに、近年では、環境が遺伝に影響することも明らかになっている。

なお、大腸菌のように無性生殖で増殖する生物は栄養の枯渇などがないかぎり無限に増え、基本的に死は存在しない。

◇ 生物の寿命の例

生物	寿命
チョウザメ	152 年
インドゾウ	70 年
コンドル	65 年
アオウミガメ	33 年
トノサマガエル	15 年
繊毛虫、ナマコ	10 年
ミツバチ（女王）	5 年
ラット	3 年

アポトーシス Apoptosis

多細胞生物の細胞は、不要になった細胞を排除させるために、その生物個体の持つプログラムの指示にしたがって細胞が自ら生命を絶つ自殺機構（programmed cell death）をもっている。このプロセスによって起こる特徴的な細胞死のことを「アポトーシス（自死）」という。ギリシャ語の「秋になって、枯葉や枯花が樹木からこぼれ落ちる」という語源に由来している。

たとえば、オタマジャクシの発生に伴う尾の消失、手指形成過程における指と指の間の水かきの消失、免疫細胞の成熟の過程における自己認識する免疫細胞の除去などがその例とされる。

また、高齢者に多い造血幹細胞に異常があり、正常な血液細胞をつくれない状態（無効造血）の「骨髄異形成症候群」にみられる無効造血の本態は、アポトーシスと呼ばれる細胞死であるといわれる。

アポトーシスのプロセスの概要

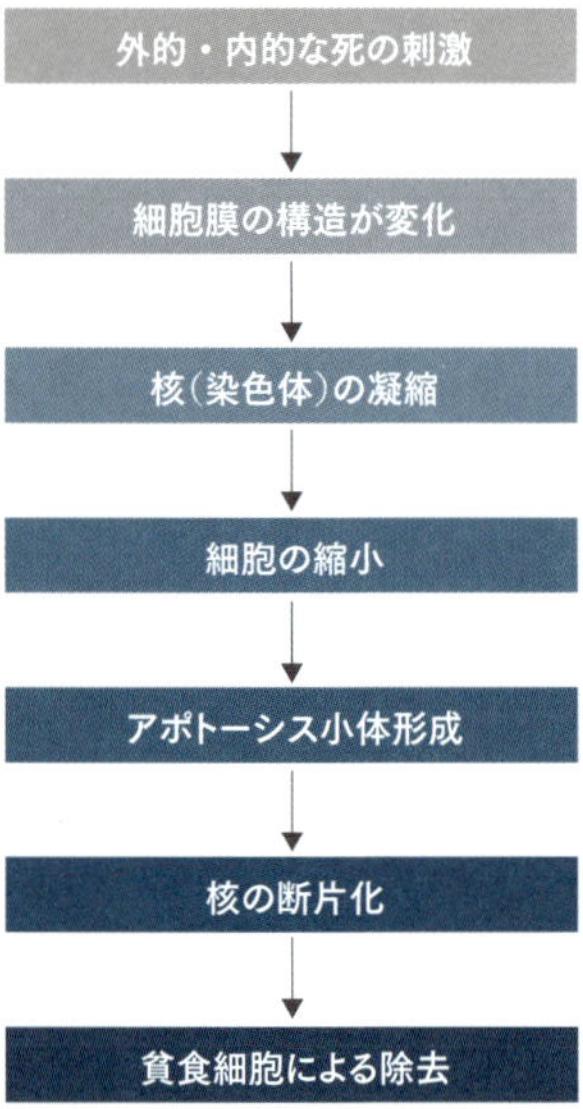

この細胞死は、がん関連遺伝子（がん原遺伝子、がん抑制遺伝子）と密接な関係があること、免疫システムの発達・調節、神経ネットワークの構築にも深く関与していることが明らかになってきている。アポトーシスは、**がん**や**エイズ**などの難病の解明の鍵を握るものとして、またさまざまな医学生物学分野で活発な研究が進められている。

一方、アポトーシスに対して、毒物・火傷などによる外因的な要因によって、細胞が膨張して死滅する現象は**ネクローシス**（necrosis：壊死）とよばれる。

ネクローシスを起こした細胞は、細胞本体をはじめ、小胞体やミトコンドリアなどの細胞内の構造が膨張する。その後、細胞膜が破れ、細胞の中身が外部に流出する。

なお、増殖することの無い細胞の細胞死は、**アプビオーシス**とよばれ、個体の死につながる。

脳の神経細胞、心臓の心筋細胞、眼のレンズの細胞や網膜の細胞、耳で音を感知する有毛細胞などの死が、これに該当する。

微生物 Microorganism

地球上には、動物、植物、微生物などさまざまな生物が共存しているが、大部分の微生物は、細胞1個の大きさが1～数μm（マイクロメータ）であり、細菌、カビ、酵母、放線菌、藻類などが含まれる。

微生物の名称は、動物、植物と同様に、**リンネの二名法**に従い、個々の微生物に万国共通の学名が与えられている。この方法では属名と種名を組み合わせたラテン語で表し、属名は常に大文字で始まり、種名が小文字で続けて記される。印刷ではイタリック体、筆記またはタイプ書きの場合には下線を付けるのが慣習である。同一種の中で変種を示すとき"var."、亜種のとき"subsp."を記してから変種名、亜種名を付け加える。微生物が公的保存機関から入手されたときは、学名の後にその機関の略号と微生物の登録番号を付け加える。微生物の学名の例を上記に示す。

◆微生物の学名の例

微生物	学名
酵母	*Saccharomyces cerevisiae*（アルコール酵母）
細菌	*Escherichia coli* ATCC 11775（大腸菌）
カビ	*Aspergillus niger* var. usami JCM1866（黒カビ）

細菌（bacteria）は、細胞1個の大きさが1～3μm×0.5～1μmの単細胞生物であり、その種類によって増殖に必要な酸素量が異なる。一般に、酸素が大量になければ増殖できない**好気性菌**と、逆に酸素があると増殖を阻害されてしまう**偏性嫌気性菌**がある。この二者の間に酸素濃度が3～15％程度の環境下で増殖可能な微好気性菌と大腸菌のように酸素の有無にかかわらず増殖できる通性嫌気性菌がある。

細菌は細胞の形状によって球形（球菌）、長方形（桿菌）、湾曲したもの（ビブリオ菌）、らせん形（ラセン菌）などがある。また、細胞には**べん毛**（移動に必要な推進力を得ることがおもな役割の毛状器官）を持つものがある。細菌の同定を行う際、細菌の染色はその菌の形態を見るのに最も有効であり、グラム染色がよく使われる。その結果が陽性か、陰性かで細菌の種類は大きく2分される。**グラム染色**は、塩基性色素のクリスタル・バイオレットで細菌を染色するもので、細胞壁や細胞膜の構造の違いが染色性に関係している。

細菌は細胞分裂によって増殖していくが、中には、生存の危機に陥ったときに増殖を停止して**胞子**を形成するものがある。一般に、グラム陽性桿菌であるバチルスやクロストリジウムなどにみられる現象で、これらの細菌はこの性質を利用して乾燥や栄養成分の不足、あるいは熱や消毒剤から身を守っている。耐熱性の強い胞子は、煮沸した程度では死滅させることができないため、食品保存や缶詰製造などにおいて常に大きな問題となっている。

おもな細胞の形状

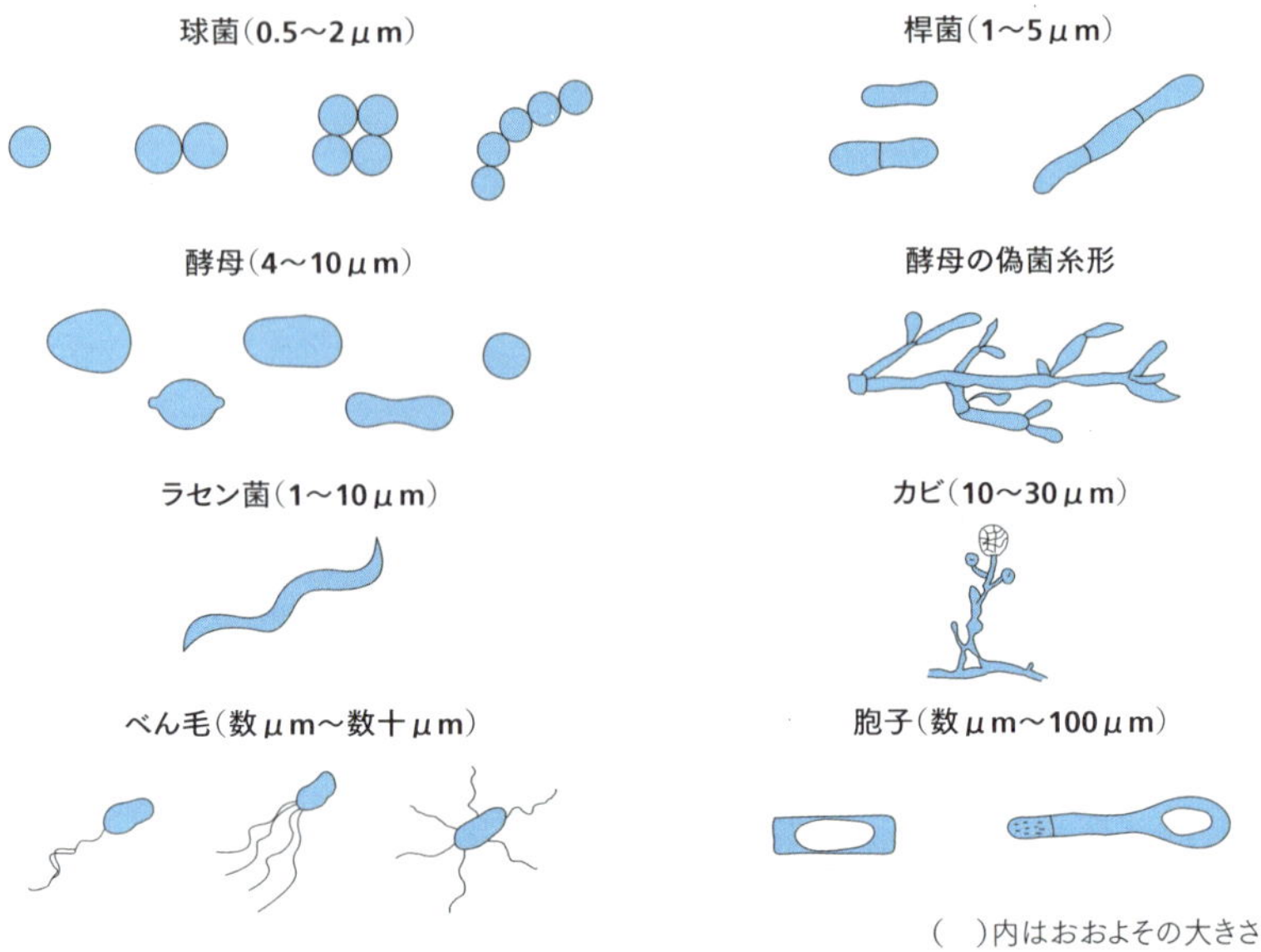

（　）内はおおよその大きさを表す

細菌の分類は先に述べたように細胞の形状、べん毛の有無、グラム染色、胞子形成、酸素要求性や核酸の塩基組成などが基準となる。細菌の中には病原菌や腐敗細菌など有害なものもあるが、発酵細菌など人間生活に有用な細菌も多い。

酵母（yeast）は細胞の大きさが4～10㎛と細菌より4～5倍大きい。細胞の形状は、球形、楕円形、卵形、レモン形、円筒形および偽菌糸形と菌種により多様である。増殖は、細菌と同様に分裂する少数の例外を除いて**出芽**によって行われ、細胞の一部がふくれて芽が出る過程を経て、新しい細胞が生まれる。酵母は、空気、土壌、海水など自然界に広く分布している。サッカロマイセス・セレビシエ（*Saccharomyces cervisiae*）はアルコール酵母と呼ばれ、ビールや清酒醸造用、パンの製造などに利用されてきた。

カビ（mold）は、菌糸という長さ10～30㎛、幅2～10㎛の糸状の細胞からなり、その形状から糸状菌ともいわれる。菌糸は細菌や酵母の細胞とは異なり多核細胞であって、その一部に生殖器官である胞子を形成する。カビの成長は菌糸の先端部が伸び、枝分かれして複雑に絡み合い菌糸体を形成する。カビは古くから利用されてきており、清酒用の麹は蒸米に〝*Aspergillus oryzae*〟が繁殖して作られる。また、ペニシリン生産に用いられる〝*Penicillium chrysogenum*〟もよく知られている。その他、チーズをおいしくしたり、みそやかつお節づくりにもカビが使われている。一方、風呂場、エアコン、コンタクトレンズ、本などがカビの繁殖で傷み、われわれにとって迷惑な面も多く、**除菌**が重要になる。
　ヒトにとって有害な微生物も多く、コレラ、赤痢などの病原細菌、肝炎ウイルスやポリオウイルスなどの病原ウイルスなどがある。

ウイルス
Virus

　生命体ではあるが、生物としての正常な細胞機能がなく、遺伝物質のDNAやRNAの複製やタンパク質合成ができない。そのため、他の生物細胞に**寄生**して増殖する。細胞の大きさは10～300nmで細菌よりはるかに小さく、光学顕微鏡では確認できず、細菌ろ過器をも通過してしまう。ウイルスの中で細菌に寄生するものをファージ（phage：または**バクテリオファージ** bacteriophage）という。

　ウイルスの構造は、DNAまたはRNAとそれを取り囲むタンパク質からなる。ファージはDNAをもつが、タバコモザイクウイルスなどの植物ウイルスはRNAをもっている。ヒトや動物の腫瘍ウイルスにはDNA型とRNA型の両タイプがある。

　ウイルスは細菌細胞に感染し、その細胞の機能を借りて増殖し個体数を増していく。大腸菌に寄生するT系ファージは、六角形の頭部に尾が付いた構造をもち、図のように尾の方から細胞に侵入することが確認されている。

代表的なウイルスの形とサイズ

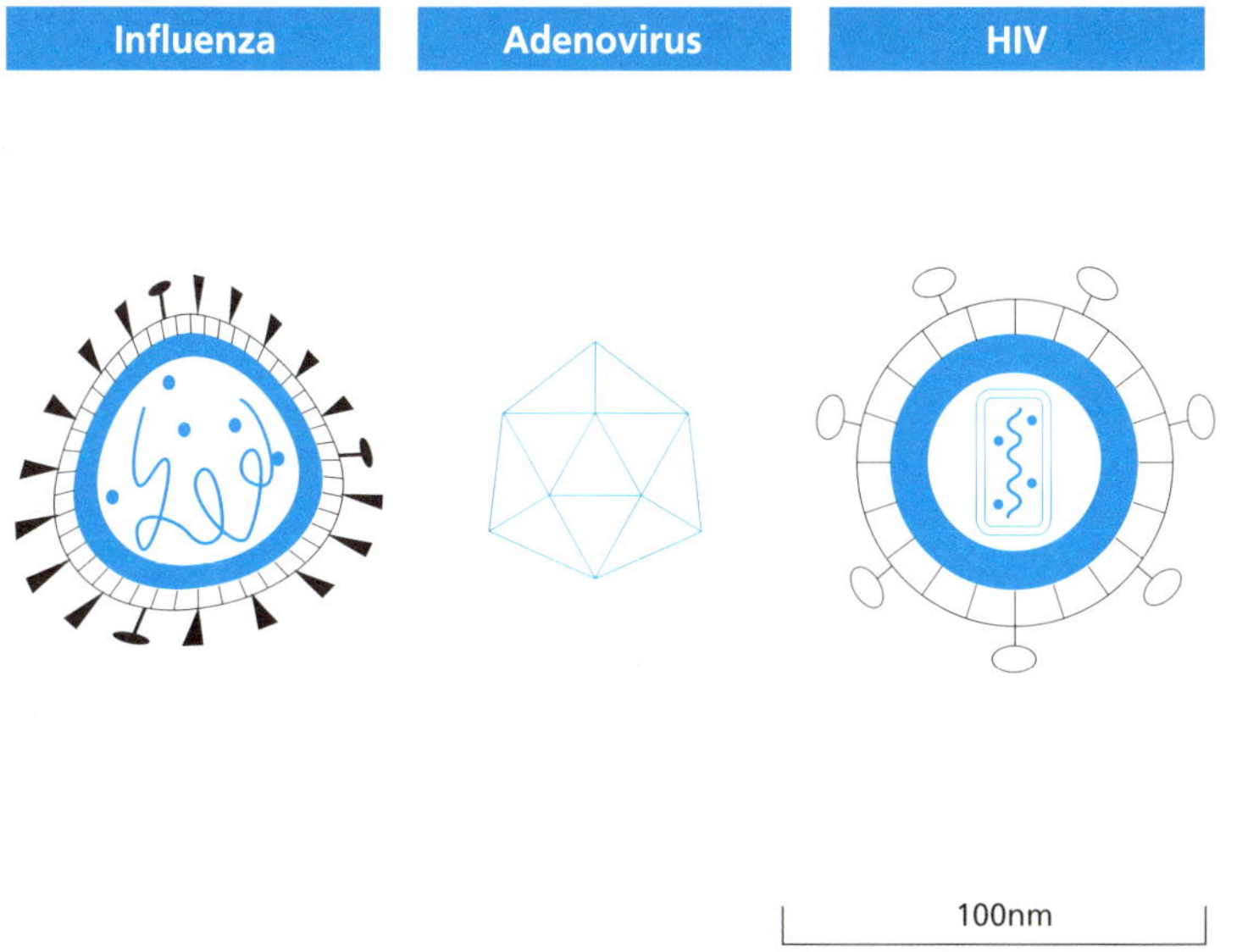

ファージに寄生された細菌細胞はやがて死滅して溶解し、同時にファージ粒子を放出する。この現象を**溶菌**（lysis）という。放出されたファージは、他の細胞に寄生して次々に溶菌を引き起こす。発酵工場では、生産に用いている細菌がファージに感染すると、溶菌によって生産がストップしてしまうため、ファージの侵入には細心の注意が払われている。

T系ファージの細胞への侵入

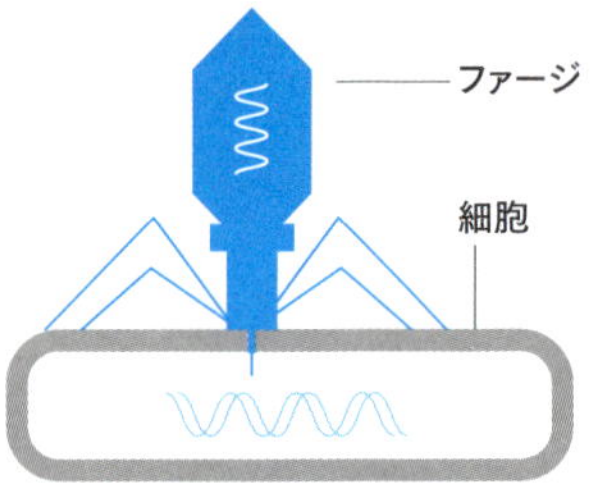

抗原抗体反応

Antigen-antibody reaction

人体に侵入した病原体などの持っているタンパク質を中心とした分子や病原体が出す毒素を**抗原**といい、それに対応するためにリンパ球がつくるタンパク分子を**抗体**という。抗原と抗体が結合し、抗原の毒素を無毒化したり、病原体を破壊するなどの免疫システムを「抗原・抗体反応」という。

この対応は、**薬物ー受容体相互作用**と同様に抗原と抗体は鍵と鍵穴にたとえられ、特異的である。通常、抗原は、その免疫注射や感染により生体内で産生された抗体とのみ選択的に結合する。

たとえば、インフルエンザウイルスが肺に侵入すると、ウイルスは肺の組織の細胞に入って増殖し始める。人間の免疫システムは、抗原（ウイルスの成分）を認識し、それに対応する抗体をリンパ球B細胞がつくり、抗原に結合して無力化する。このように免疫機能が病原体の増殖を押さえ込めば、インフルエンザや他の病気は治癒することができる。さらに、この後、同じ病原体の侵入を受けても、リンパ球に以前の感染の記憶が残っていて抗体をいっせいに作り出し、これで病原体を撃退できる。そのため、このとき発症しなかったり、また発症してもごく軽微な症状ですむことになる。

免疫には、B細胞がつくる抗体が主役になるもののほか、結核などでは**細胞性免疫**というT細胞やその他の白血球が作用する方式によるものもある。

セルライン［細胞系］

Cell line

動物細胞のクローンで**継代培養**（世代を重ねて培養続けること）によって維持・保存できる細胞系のことをいう。哺乳動物細胞などの生体の組織から摘出された正常細胞は、有限の寿命をもち、30～50代で老化して生育できなくなる。しかし、一般に、がん細胞などは不死化して永久に増殖できるようになる。そこで、おもにがん細胞から栄養さえあれば何回でも分裂し続ける細胞系が得られ、このような状態の培養細胞を「セルライン」とよぶ。

ヒト由来細胞株の中で最も古い子宮頸がん由来の**HeLa細胞**は、1951年に米国人女性から採取、細胞株として樹立されて以来、これまでにがん研究を初めとして多くの細胞レベルでの研究に利用されている。

細胞周期

Cell cycle

細胞の分裂によってできる娘細胞は、分化するか、再び分裂する。分裂をくりかえす場合、分裂開始から次の分裂開始までを「細胞周期」という。大きくは**分裂期**（M期）と**間期**から成り、間期はさらに**G_1期**（DNA合成準備期）、**S期**（DNA合成期）、**G_2期**（分裂準備期）に分けられる。

G_1期ではS期に備えて代謝が盛んになる。S期ではDNA量が倍に増える。M期（有糸分裂期）では染色体が凝縮し観察可能となり、細胞分裂が起こる。分裂を行った細胞は再びG_1期に戻り、次のサイクルに入る。したがって、細胞

◆細胞周期

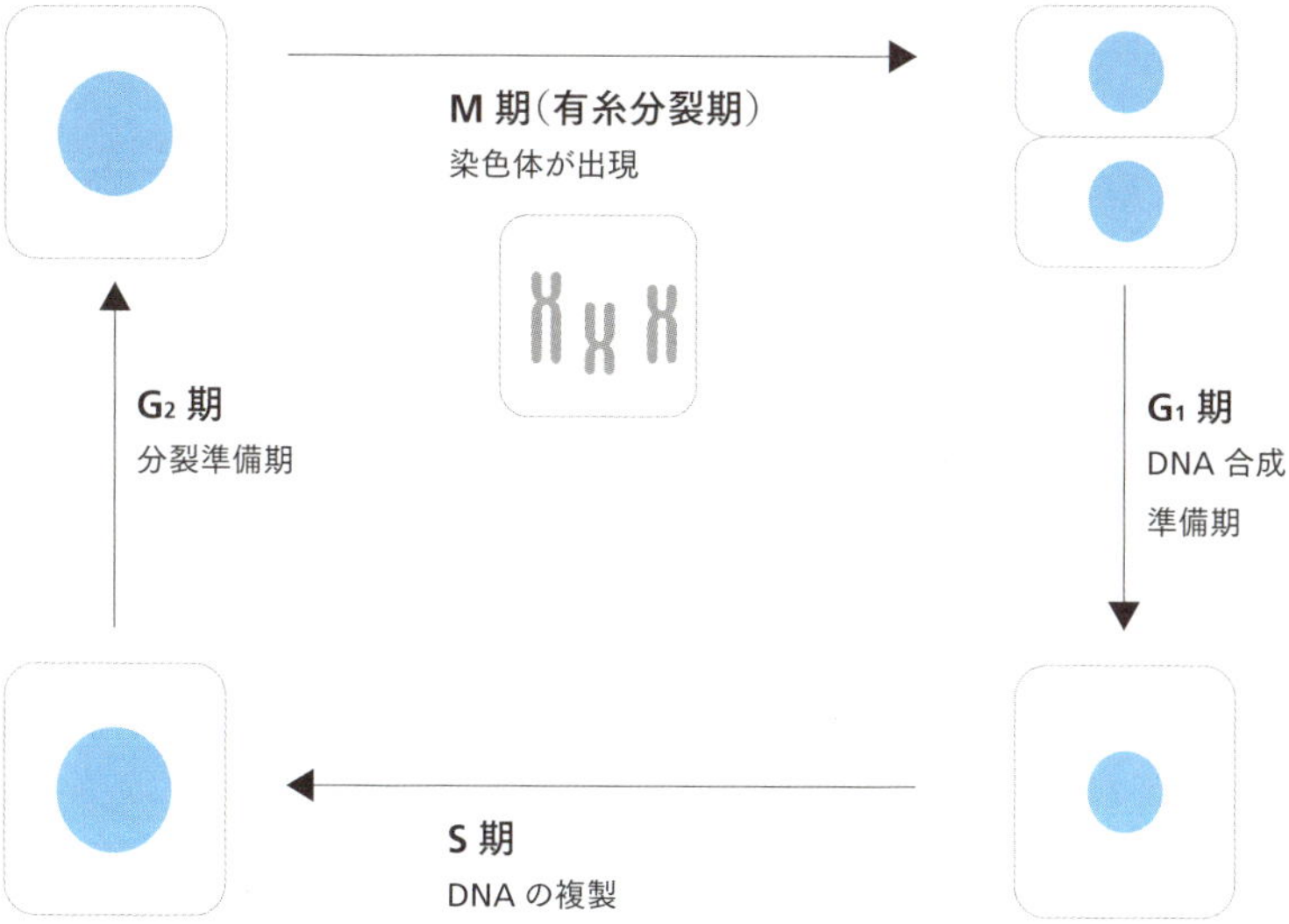

周期はG_1→S→G_2→Mの順に回転することになる。

生物の種類や体の部分によって、各細胞のS期の長さに違いはあまりないが、G_1期の長さに大きな幅があるため、細胞周期の長さは異なっている。一般的に、動植物の増殖中の細胞では、細胞周期はおよそ24時間であるが、酵母では約2時間、海水に棲むビブリオ菌は9.8分と短いことが知られている。細胞が分化して増殖能力を失うと、細胞周期から離脱することになる。また、細胞周期を進行させるおもな酵素として、ｃｄｃ２キナーゼとよばれるタンパクリン酸化酵素がG_1期の開始およびG_2期からM期への進行を制御しているが、このような制御機能が損なわれると、細胞の無秩序な増殖が起こり、細胞はがん化することになる。一方、細胞周期の各時点で回転状況をチェックする機構もあり、これを**細胞周期チェックポイント**（cell cycle checkpoint）といい、ＤＮＡに損傷が生じた場合には、一時的に細胞周期を停止して修復のための時間を確保する。

細胞分裂 Cell division

1つの細胞が2つ以上の細胞に分かれて増える現象。この場合、一般に元の細胞を**母細胞**、新しくできた細胞を**娘細胞**という。

細胞分裂には、体の細胞が増える**体細胞分裂**と、精子や卵子などの生殖細胞を形成する**減数分裂**がある。体細胞分裂は、単細胞生物が増殖するとき、多細胞生物では受精卵から個体になる過程で細胞数を増やすときや組織をつくる細胞を更新するときなどに起こる。

体細胞分裂では、まず、核が分かれる**核分裂**が起こり、続いて細胞質が2分される細胞質分裂が起こる。核分裂が終わってから次の核分裂が始まるまでの期間を**間期**という。この時期にＤＮＡやタンパク質が合成され、染色体が2倍に複製される。

体細胞分裂では、娘細胞は、母細胞と同数の染色体をもつが、減数分裂では、染色体数が半減する。減数分裂は、第一分裂と第二分裂という連続して生じる2回の細胞分裂からなる。その結果、1個の母細胞から4個の細胞が形成される。ヒトの場合、女性では減数分裂はすでに胎内で始まっており、誕生時には全ての細胞が第一分裂まで進んでいる。思春期になると、排卵という形で次の段階に進み、受精した卵だけが第二分裂を完了し、受精卵にならない方の細胞は極体として放出される。一方、男性では、思春期になって初めて減数分裂が始まる。

生物は細胞分裂の厳密な制御機構をもっており、その異常はたとえば多細胞動物のがん化と関連することになる。

細胞増殖

Cell growth

バクテリアや微細藻類などの微生物の生育状況は、種々の環境条件によって変化する。微生物が細胞の容積や重量、数を増していくことを**増殖**という。自然環境の下では、必要な栄養源が存在し、微生物に適した温度やpHにめぐり合うと増殖が始まる。実験室や発酵工場では、微生物にとっての最適な培養条件を探ることが重要になる。一方、食中毒の約90％は細菌性であり、中でも病原性大腸菌（O157を含む）、腸炎ビブリオ菌、サルモネラ菌の3種によるものが大半を占めている。

病原性大腸菌は、動物の糞尿から土壌を経て、飲み水などに混入する。有機肥料で栽培された野菜類から感染することもある。腸炎ビブリオ菌は、もともと海水中に生息していた菌が、近海ものの魚介類や刺身などに付着して感染する。温度10℃以上、塩分が2～5％で最も増殖しやすくなる。サルモネラ菌は肉や卵の調理時に感染する。

夏場に食中毒の発生が多い理由は、細菌の繁殖に適した温度と水分があるからである。原因となる菌は、あらゆる食品の中に潜み、繁殖に適した温度と水分のもとで増殖し、やがて中毒が発生するレベルを超えて繁殖し病気を引き起こす。

食品に賞味期限が定められているのは、微生物の増殖がどの程度以下まで安全であるかに基づいている。

ある一定の条件で微生物増殖の経過をたどると、増殖曲線を描くことができる。**増殖曲線**は、縦軸に培養における微生物の細胞量、横軸に時間をとり、通常、時間に対して細胞量を対数値で表す。

◇ 微生物の増殖曲線の模式図

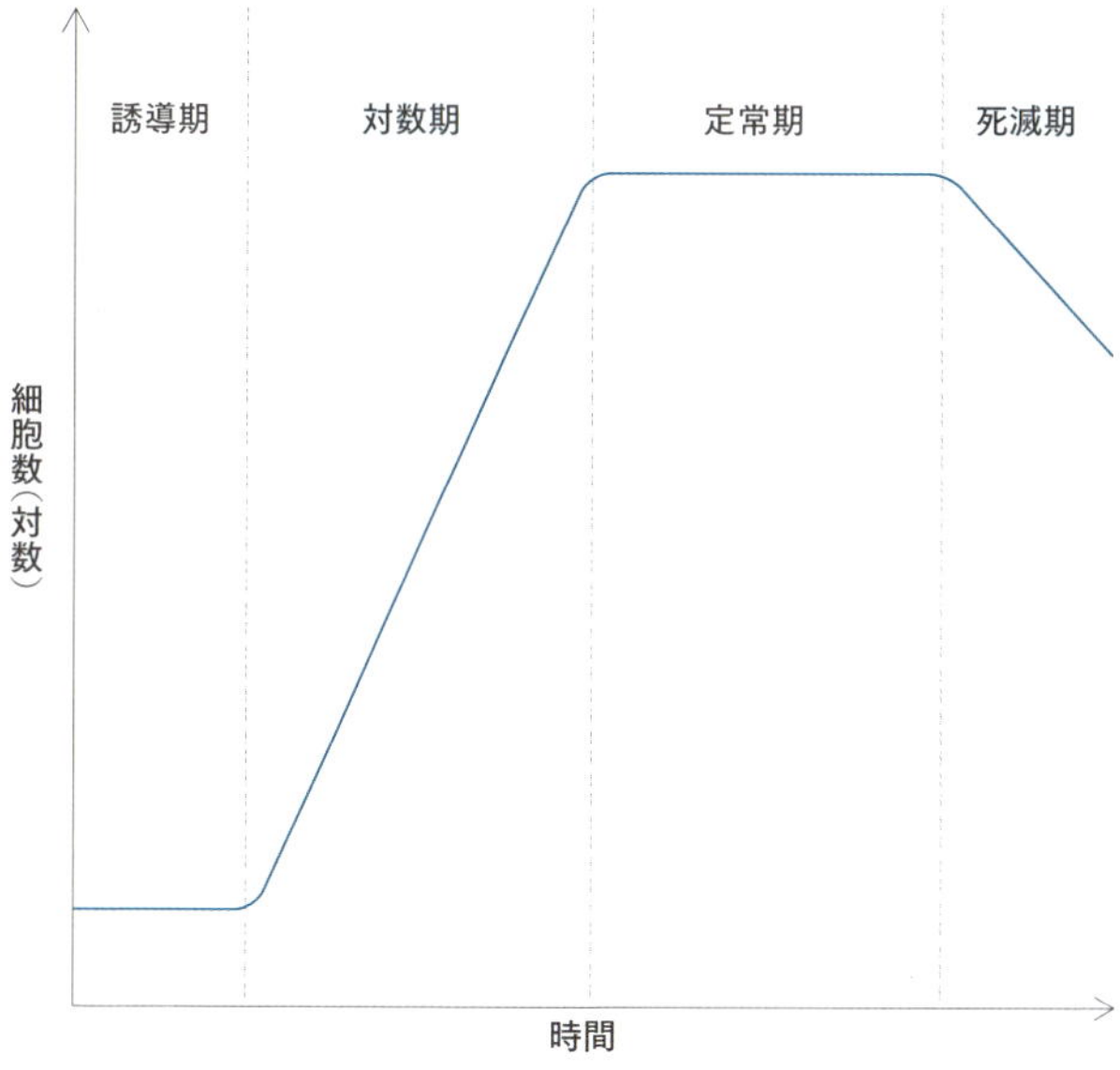

微生物は、一般に二分裂増殖で増えていくが、誘導期、対数期、定常期、および死滅期の4つの時期に大きく分けられる。**誘導期**は、微生物の培養開始直後にみられる現象で、細胞はまだ分裂し始めておらず、細胞数は変化しない。しかし、細胞内ではタンパク質合成反応が進行し、個々の細胞容積が増大し、次の増殖期に備えている。**対数期**は、細胞が盛んに分裂し始め、細胞数が指数関数的に増加して、増殖速度は最大に達する。やがて、時間の経過とともに栄養源が減少し、また有害な代謝物質などの蓄積によって増殖速度は低下し、ついには増殖が停止する。この細胞数が一定値を保つ時期を**定常期**という。細胞の代謝活性はまだ残っており、この時期に蓄積する発酵生産物もある。その後、細胞は死滅し始め、細胞数はしだいに減少に向かうが、この時期を**死滅期**という。細胞は自身のもつ酵素の作用で溶解し、細胞内物質が漏出する。

培養 Culture

微生物、多細胞生物の細胞や組織の一部を人工的な環境下で増殖させ維持することをいう。

微生物の培養は、自然界から有用な能力をもつ微生物を分離した後、古くは製パン、アルコール飲料の製造、日本の伝統的な発酵食品である味噌、醤油やアミノ酸製造などの発酵工業の基盤技術である。

動物や植物の組織分化の著しい胚・葯・花糸・カルスなど多細胞生物の組織を維持・培養する場合、特に**組織培養**(tissue culture)とよばれることがある。

培養の目的は、研究材料の維持と細胞の大量取得が最も大きなものである。そのほか、病気の原因となる微生物の種類を確定するために培養が行われることもある。

培養は主に寒天や**培養液**(液体の培地)を入れたシャーレや試験管・培養機の中で行われる。培養過程で空気中のカビや雑菌の混入が問題になるため、サンプルの選定や**殺菌**・**滅菌**の手段が重要である。また、培養する組織が必要とするもの(栄養・ホルモン〔植物ホルモンを含む〕・温度・光など)を豊富にする必要がある。一般に細胞を扱う操作では、無菌操作をするために内部が陽圧に保たれているクリーンベンチが使われる。

たとえば、皮膚などの組織を培養する場合、皮膚から組織を採取し、ハサミなどによって組織を細かく切り刻む。これを滅菌したプラスチックのシャーレに入れて、そこに培養液を添加して37℃で、二酸化炭素濃度が5%に維持できる装置で培養する。やがて組織から細胞が遊離し、シャーレに細胞が付着して増えてくる。定期的に培養液を新しいものに入れ換えて、細胞を増殖させることができる。

ウイルスは人工的な培地では増殖しないため、動物や卵を使って増殖させる。なお、多細胞生物を個体単位で育てる場合は、培養とはいわず、**飼育**や**栽培**とよばれる。

オルニチン回路

Ornithine cycle

アミノ酸が呼吸基質で使われたり、タンパク質が分解されるとき、有毒なアンモニアが生じる。哺乳類は、これを肝臓で尿素に変えて排出する。このときの反応経路が「オルニチン回路」（尿素回路）とよばれる。

図のように肝臓において、アンモニアとCO_2から2分子のATPを用いてカルバモイルリン酸が生じ、これがアミノ酸の一種である**オルニチン**と結合してシトルリンをつくる。一方、アンモニアを取り入れて生成したアスパラギン酸がATPのエネルギーを使ってシトルリンと結合してアルギノコハク酸になり、フマル酸を分離してアルギニンになる。

アルギニンは、さらに酵素によって加水分解され、尿素を作るとともにオルニチンを再生する。人間では1日に15〜30gの尿素ができ、腎臓に運ばれて尿とともに体外に排出される。

◈ 肝臓でのアミノ酸代謝の仕組み

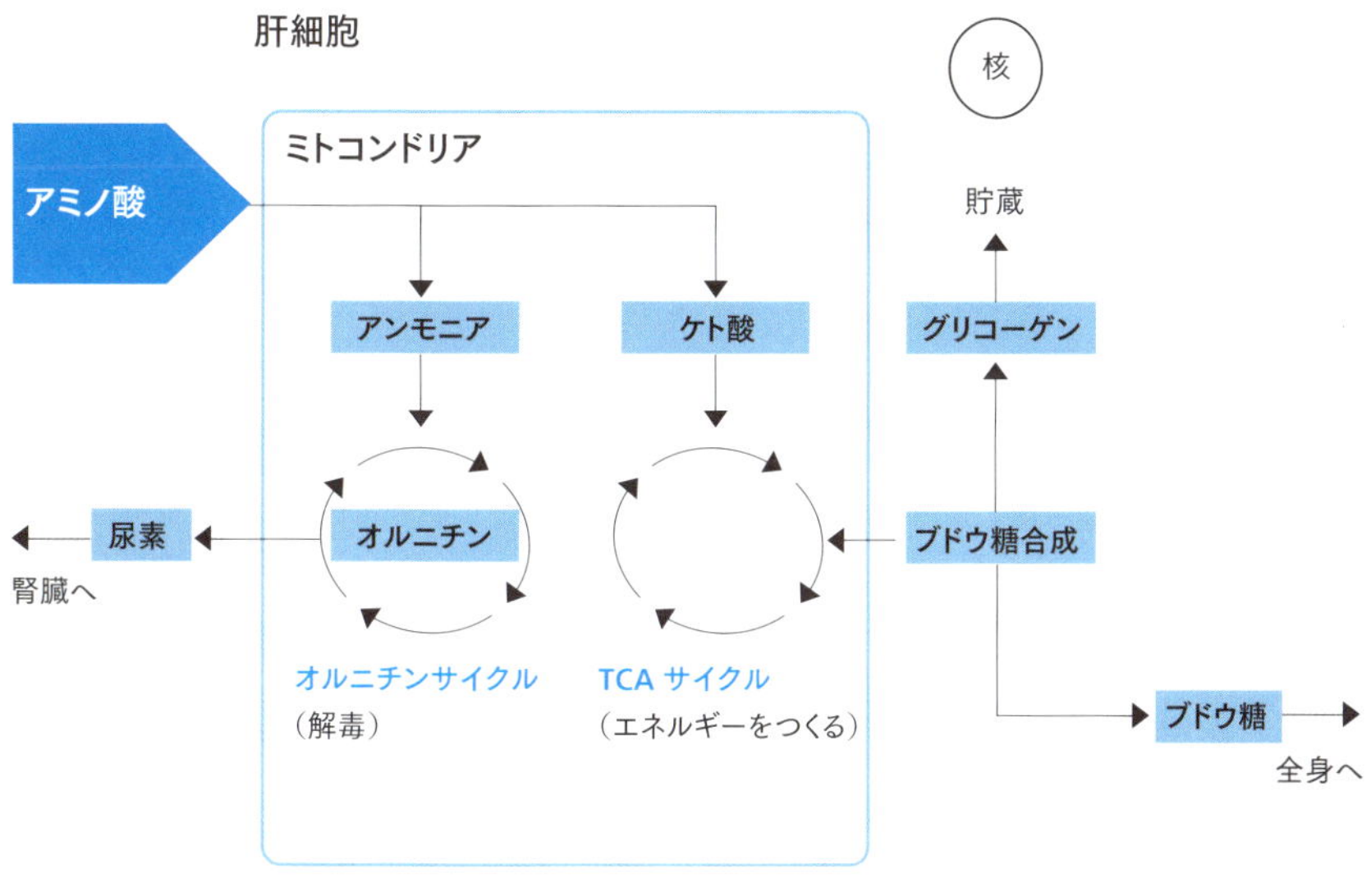

サイトカイン

Cytokine

おもに免疫系の細胞の増殖や分化を制御する生理活性物質の総称で、小さなタンパク質である。種々のタイプがあるが、炎症、生体防御に関係するものが多く、ほかに**細胞増殖**、分化、**細胞死**や創傷治癒などに関係するものがある。

リンパ球で産生されるものをリンホカイン、単球やマクロファージより分泌されるものをモノカインとよぶこともあるが、現在知られているサイトカインは１００種類以上ある。そのほとんどは、アミノ酸配列が決定され、遺伝子工学的に大量生産されるようになっている。また、それぞれのサイトカインに特異的なレセプターが同定されている。

よく知られているサイトカインには、インターフェロンγ、インターロイキン２（ＩＬ－２）、腫瘍壊死因子（ＣＳＦ）、トランスフォーミング増殖因子（ＴＧＦ）などがある。

光合成

Photosynthesis

クロロフィルをもつ植物、**シアノバクテリア**（ラン藻類）や**光合成細菌**が光のエネルギーを用いて、水（H_2O）と二酸化炭素（CO_2）から炭水化物（$C_6H_{12}O_6$）などの有機物を作り（**炭酸同化**）、酸素を放出する働きのことである。

光合成は大きく分けて、光のエネルギーで進行する明反応と酸素の働きで進む暗反応の２つの経路から構成される。**明反応**（**光化学反応**）では、光エネルギーで水分子を水素と酸素に分解し、不要な酸素が排出される。このように光合成によって放出される酸素はCO_2ではなく、水に由来する。

光合成に用いられる光エネルギーは、いくつかの異なる吸収スペクトルを持つ異なる色素が、光合成に用いられるエネルギーを吸収する。これらの色素には、クロロフィル、カロテノイド、フィコビリンが含まれる。

植物の光合成の仕組み

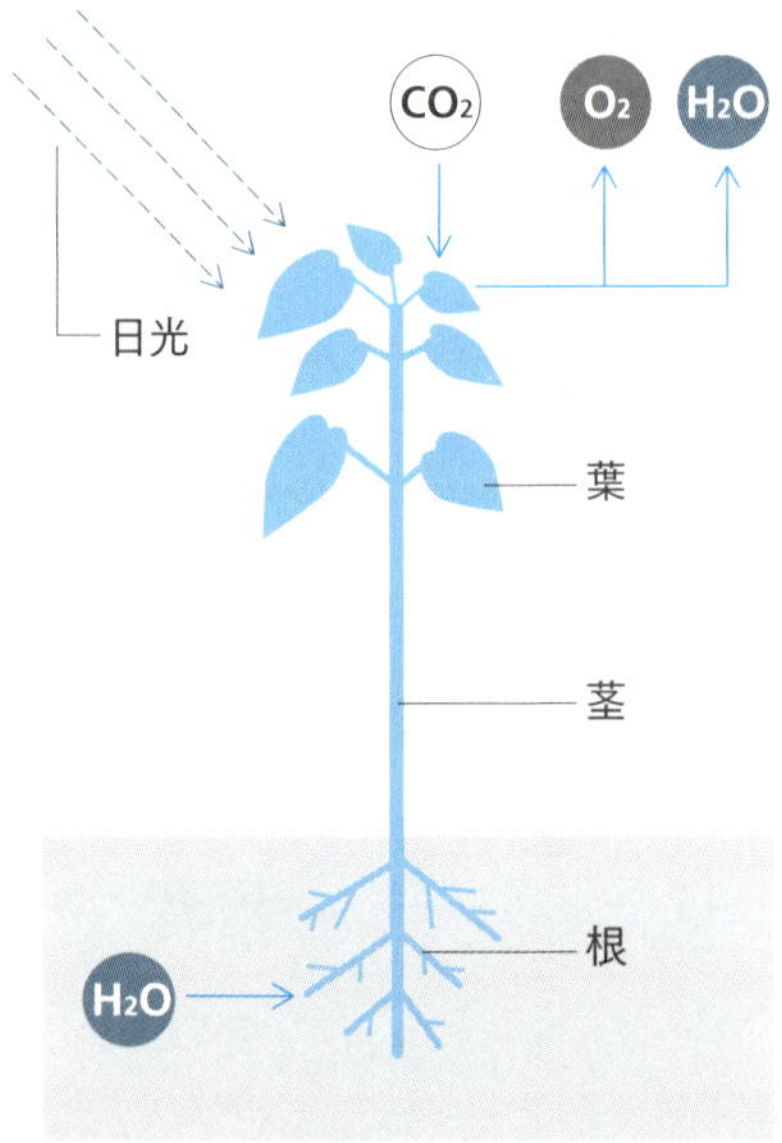

暗反応（光非依存性反応）では、光を直接に利用せず、水素と二酸化炭素から有機物が作られる。光の強さ、大気中の二酸化炭素濃度、および温度などの環境要因は、光合成に大きな影響を与える。

光周性 Photoperiodism

生物が日長（1日の昼間の長さ）の長短の周期的変化の影響を受けて反応する性質のこと。「光周性」は、植物では、花芽形成、茎の伸長、塊根の形成、休眠などを誘導するしくみとしてガーナー（W.W.Garner）とアラード（H.A.Allard）により１９２０年に発見された。その後、植物ばかりでなく、節足動物、軟体動物や脊椎動物など、さまざまな動物でも、繁殖や休眠などの生理活動の調節が光周性によって調節されることが認められた。

アブラナ、ホウレンソウ、コムギなどは、日長が長くなると花芽を形成し、**長日植物**という。

一方、ダイズやコスモスのように、日長が短くなると花芽を形成する植物を**短日植物**という。また、花芽の形成に日長が関係しない植物を**中性植物**といい、トマトやトウモロコシなどが知られている。このような植物の花芽形成に影響を与えるのは、明期の長さでなく、連続した暗期の長さであることが確認され、花芽形成の起こり始める暗期の長さを**限界暗期**という。

光周性は、日長の変化が、動植物のホルモン生成と分泌に影響して生じる現象であると考えられている。短日植物や長日植物は、暗期の長さを葉で感知し、葉の中に花成ホルモン（フロリゲン）が合成され、芽の部分に移動して花芽の形成を促進していると考えられている。

なお、花芽形成が温度によって調節される植物もある。たとえば秋まきコムギの場合、発芽後に一定期間低温にさらされることが必要である。

生殖 Reproduction

生物には**寿命**がある。個々の生物は、一生の間に自己と同じ種類の新しい個体をつくることによって子孫を残すことによって次の世代に生命を伝えていく。このような働きを「生殖」という。

生殖には、生物によって種々の方法がみられるが、大きく分けて性に関係しない**無性生殖**と、性に関係した**有性生殖**がある。

細菌や単細胞生物のアメーバ、ミドリムシは、**分裂**によって増殖する。腔腸動物のイソギンチャクやクラゲ、酵母やヒドラなどで、体の一部が**出芽**したり、ちぎれて1個体になる場合や、高等植物で地下茎や〝むかご〟から新しい個体が増殖する場合が無性生殖である。

このような無性生殖では、新しい個体の遺伝的な形や性質は親と全く同じになる**クローン**である。

無性生殖は個体の増殖は速いが、遺伝的には同一である個体の集団しかつくることができないため、環境の変化などに対応しにくいと考えられる。

一方、多くの動植物では、生殖に雌雄の性が関係し、雌と雄はそれぞれと特別に分化した**配偶子**といわれる生殖細胞をつくる。雌雄の配偶子は、合体（接合）して新しい個体に成長する。動物の場合には、雌の配偶子を**卵子**、雄の配偶子を**精子**とよぶ。このような配偶子の合体によって新しい個体が生じる生殖を有性生殖という。

有性生殖では、配偶子の組み合わせの結果、性質が親とは異なるさまざまな個体を生じることができる。

ギンブナという魚では、精子は卵を活性化するだけで遺伝子としては寄与しないが、これを**雌性生殖**という。また、卵子が精子なしで成長し、新しい個体をつくる生殖方法を**単為生殖**という。ミツバチやアリマキ、ミジンコには単為生殖をするものがある。単為生殖にはさらに、人工的に引き起こせるものもある。たとえば、カエルの卵子は、針で外部から刺激を与えると成長し始める。これら雌性生殖と単為生殖では、誕生する子どもは同じ遺伝子構成をもつクローンである。

発生 Development

受精卵から親と同じ形をした個体になるまでの過程を「発生」という。

発生の初期、受精卵は**卵割**とよばれる細胞分裂が連続して起こり、受精卵は2細胞から**桑実胚**《そうじつはい》まで変化する。

卵割が終わると、胚は次に**原腸**という将来、個体の腸になる部分をつくる。この段階の胚は、**原腸胚**とよばれ、体の頭尾、背骨、左右などの方向の軸が決まる。さらに、胚は、将来、個体の脳や脊髄になる部分の**神経板**をつくる。この段階の胚を**神経胚**とよぶ。

原腸胚や神経胚のように細胞が分裂をしながら、形を変えて特殊な機能や構造をもつようになることを分化(differentiation)という。ヒトの体では、二百数十種以上の分化した細胞がみられる。どの細胞もすべて受精卵から分裂してできた細胞で、持っている遺伝情報は受精卵と同じであるが、それぞれの細胞で特定の遺伝子だけが働いている。1個の受精卵が個体になるには、細胞の分化が連鎖的に秩序だって起こる必要がある。

発生の基本的なしくみは種々の動物に共通であることがわかっており、現在ではウニ、ショウジョウバエ、線虫、ニワトリ、マウスなどを材料にした研究が実施されている。

最小養分律
Law of minimum nutrient

植物の生育は、栄養分や水、温度などの要因のうち、必要量に対して供給される割合が最も小さいものに支配されるという施肥の基本原理。植物の無機栄養説を確立したドイツの化学者リービッヒ（Justus von Liebig, 1840）により提唱された。

この原理をわかりやすく説明するため、上図に示した**ドベネックの桶**が知られている。桶の板を養分などとして、中の水の量を作物の収穫量とすると、水の量は一番低い板によって決まる。

たとえば、窒素やリン、カルシウムなどが図のように十分に存在していても、植物はカリウムが必要量に対して不足していると、土壌中のカリウムの量に見合った生育しかできず、農作物の収穫量が減少する。このような場合、カリウムを含む肥料が有効であるが、適正なカリウム量があり、肥料が過剰になると収穫量が増加しなかったり、低下する。

最小養分律を説明するドベネックの桶

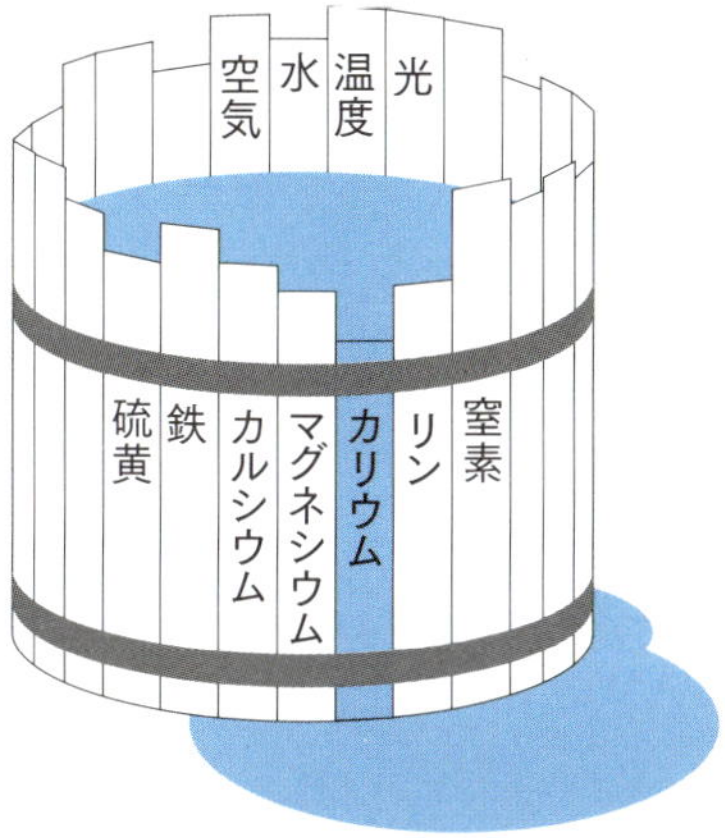

ホメオスタシス［恒常性］
Homeostasis

生物が外部環境が変化しても、自分自身の内部環境、すなわち生体内の状態や機能をほぼ一定に保って活動する性質のこと。

たとえば、生物の体液中の水、無機塩類、酸素、糖、pH、体温などは生物をとりまく環境が絶えず変化しても、一定に

ホメオスタシスのしくみ（脊つい動物）

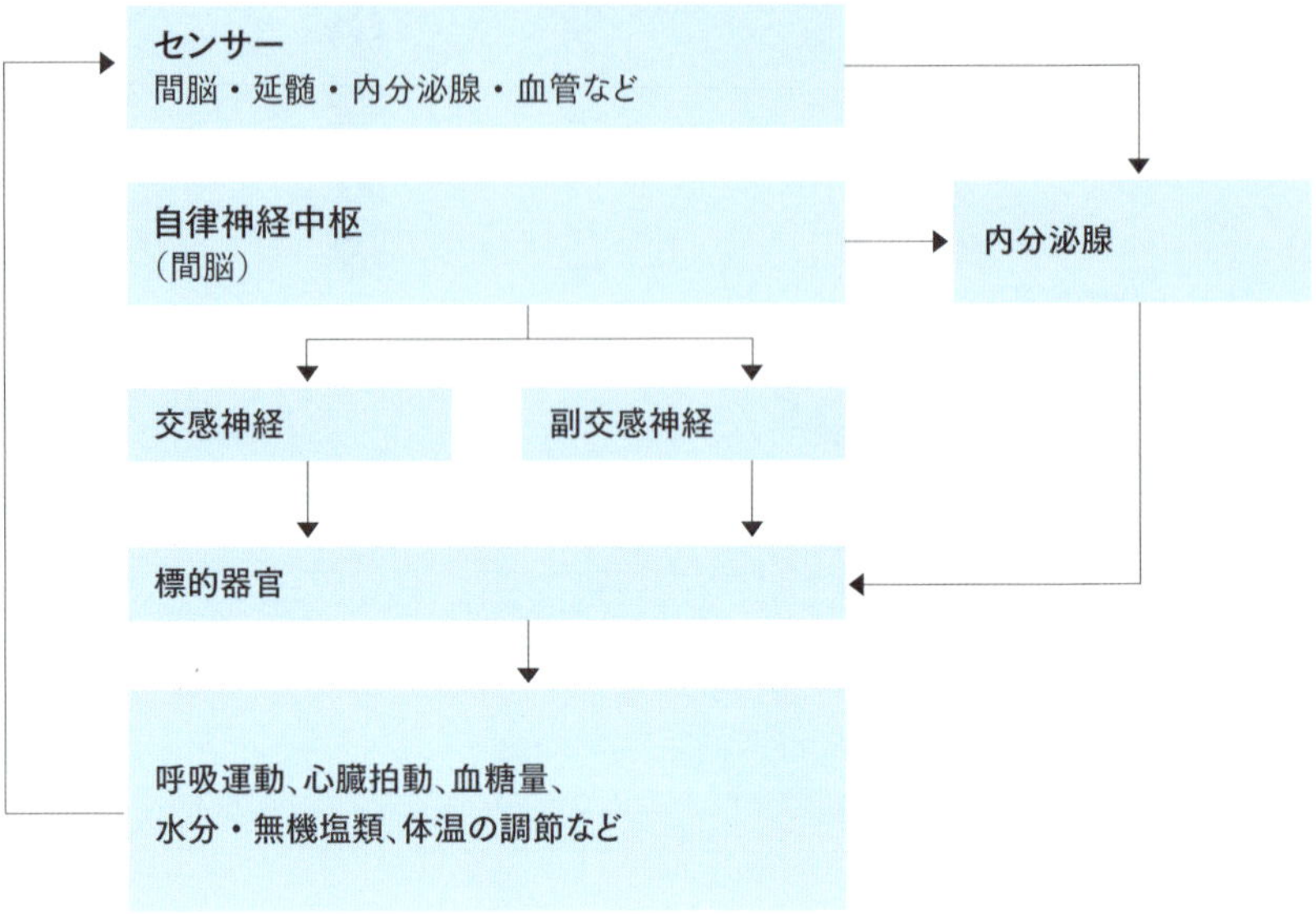

保たれ生活が維持されている。これらの機構は、それぞれ血糖量調節、体温調節、水分調節などとして関連づけられ、神経系と内分泌系が関係する**フィードバック**（生じた変化を打ち消す方向の変化を生む働き）として自動的に制御されている。

　上図の脊つい動物の例で示すように、神経系は興奮伝導をつかさどると同時に内分泌系（ホルモン）と協調してホメオスタシスの維持のために働いている。また、個体のホメオスタシスは、外部の環境に応じて浸透圧、体温や血糖量など、体液（血液、組織液、リンパ液）の物理的・化学的条件が一定に保持されることによって成立している。

　ホメオスタシスは、そのほかに外部からの病原菌やウイルスの排除、創傷の修復、睡眠量の管理など生体機能全般におよぶことが知られている。

　植物の場合の恒常性の例には、情報伝達の手段として働く「植物ホルモン」がある。たとえば、オーキシンは、茎の成長や果実の肥大を促進する作用を持つ。

　恒常性は、生命の維持に欠かすことができない条件であり、個体レベルだけではなく、細胞レベルにおいても、また、群れのレベルにおいても認められている。もし恒常性がくずれると、生命は危険な状態に陥り、何らかの原因で、恒常性が乱れた状態が病気であるといえる。ホメオスタシスの維持機能の低下は、免疫機能の低下などと共に、老化にともなう生理機能の変化にも密接に関係している。

第2章

バイオテクノロジーと先端医療

一九七〇年代に幕あけしたバイオテクノロジーは、今日、技術革新が日進月歩で進み、
人間の病気の解明や治療、
農林水産業をはじめとする各種産業、食品、医薬品、犯罪捜査や法廷など
多方面にその威力を発揮しつつある。
このようなプラス面の一方、個人の遺伝子情報を医療などに使う場面では、
いろいろな社会的・倫理的な問題が生じてきている。
この技術を今後どのように活用していくべきか、私たちはよく考え議論していく必要がある。

バイオテクノロジー［生物工学］

Biotechnology

バイオテクノロジーは、微生物などの生体細胞内で営まれている種々のシステムや生化学反応を利用し、人類社会に有用な物質を生産する科学技術のことである。

〝Biotechnology〟の言葉は、1919年にハンガリー人の農業経済学者カール・エレキー（Karl Ereky）によって初めて使われたが、一般に広く用いられるようになったのは、1970～80年頃からである。

数千年の歴史がある醸造食品、ビール、ワイン、酒、納豆、味噌、パン、チーズなど、農作物の育種などの品種改良もバイオテクノロジーに含まれる。20世紀には、発酵技術を応用したクエン酸やアミノ酸、ペニシリンなどの抗生物質なども生産されるようになった。これらは**オールドバイオ**と呼ばれるが、現在のバイオインダストリーはいわゆるオールドバイオによって発展し、成り立っている。

1970年代以降になり、**遺伝子組換え技術**、**細胞融合**、**組織・細胞培養**、**バイオリアクター**（酵素工学）などの実用化技術が急速に発展した。これらは**ニューバイオテクノロジー**と呼ばれ、最近では、**遺伝子治療**、**クローン技術**など、様々な分野での応用が進んでいる。**DNA鑑定**は、有用物質を生産するわけではないが、生化学反応をうまく利用してDNAを大量に増幅し、犯人の鑑定等で決定的な威力を発揮している。

以上のようにバイオテクノロジーは、農業、工業、医学の進歩を通じて、人間の生活向上に貢献している。しかし、その一方で、さまざまな課題が生じている。

まず、遺伝子組換えや細胞融合によって生み出された生物は、自然界に存在しないため、それらは自然環境、ヒトや他の生物に予想もしない悪影響を及ぼす可能性がある。したがって、このような新種の生物を利用する場合、安全性を厳重に確認する必要がある。

さらにヒトの細胞や組織を用いたバイオテクノロジーでは、倫理面での種々の問題が生じてくる。たとえば、再生医療の

図 バイオテクノロジーの応用分野と実例

分野	実例
化学物質（医薬品）	生理活性物質（インスリン、成長ホルモン、インターフェロンなど） 臨床診断薬、酵素、ワクチン、アミノ酸、ビタミン、酵素を利用した化学反応
食料	微生物タンパク 新品種による食料増産
エネルギー・資源	バイオ燃料 バイオマスからのメタン・水素などの生産
環境浄化	バイオレメディエーション 活性汚泥法による廃水処理

目的以外にヒトのES細胞を利用してヒトのクローンを安易につくるなど、生命倫理に反する問題が生じる可能性がある。したがって、これからのバイオテクノロジーの利用に際しては、自然環境や生命倫理に十分配慮し、広い視野に立って人類に役立つ技術開発を進めていくことが重要である。

バイオマス［生物資源］

Biomass

バイオマスは、化石資源を除く、動植物起源の有機物のことであり、材料やエネルギーとして使えるように、ある一定量集めたものをいう。生ごみや家畜排泄物、間伐材やおがくず、建設廃材など、従来は捨てられたり、使われなかったものや、トウモロコシやサトウキビのようにエネルギー原料などに使う資源作物も含まれる。

化石燃料と異なり、再生可能な資源・エネルギーであり、地球温暖化の対策技術の一つとして、その有効利用が期待されている。一般に食料は、バイオマスの意味には含まれない。

バイオマスの燃焼時に出るCO_2は育成中の植物に吸収され、成長した植物がまた燃料になるため、理論上CO_2排出量は±0であり、全体としてみればCO_2排出量に影響を与えない**カーボンニュートラル**とみなされる。

バイオマスの利用は、一般には直接燃焼させたり、発酵でメタンガスなどの気体燃料や、ペレットなど固体燃料にして利用する。小麦や米の藁やトウモロコシやサトウキビ収穫後の茎、製材工場から出る木屑など、大量に生産されるが従来はごみとして厄介者扱いだったものを有効利用するためのバイオテクノロジーが進展している。最近では、世界的な**バイオ燃料**ブームで、バイオディーゼルやバイオエタノールとしての利用が広がっているが、一方では食料との競合が問題視されている。

主なバイオマスとその利用

主な資源

間伐材、建築廃材、稲わら、もみ殻、家畜ふん尿、菜種、セルロース、黒液

↓

方法

直接燃焼
木質ガス化
メタン発酵
バイオ燃料

↓

利用形態

発電
熱利用
燃料

バイオ燃料

Biofuel

生物から得られる燃料の総称で、動植物が世代交代を通じて再生するため再生可能な燃料である。食料市場において流通しているサトウキビ、トウモロコシ、コムギなど、糖分やでんぷん質の多い植物をアルコール発酵してできる**バイオエタノール**と、菜種油、パーム油など植物油を原料とする軽油に似た**バイオディーゼル**（動物性油脂からつくられるものもある）である。それぞれ輸送用ガソリン、軽油の代替エネルギーとして注目されている。これらの植物由来のバイオ燃料は、植物の成長過程でCO_2を吸収するため、燃やした際のCO_2発生量をゼロとみなせる**カーボンニュートラル**（二酸化炭素の相殺）が成立する。

　たとえば、サトウキビからのバイオエタノールの製造は、安価な糖質原料を用いた工業用アルコールの生産方法が使われる。まず、サトウキビを細かく砕いて潰し、絞って、そこから砂糖を取り出す。砂糖を作ったあとに残った「糖みつ」を原料にして、これを培養タンクに入れ、酵母〝*Saccharomyces cerevisiae*〟の働きによって発酵させ、生成したアルコール（13％程度）を蒸留して95％または99％の高濃度アルコールを得る。

バイオエタノールの製造例

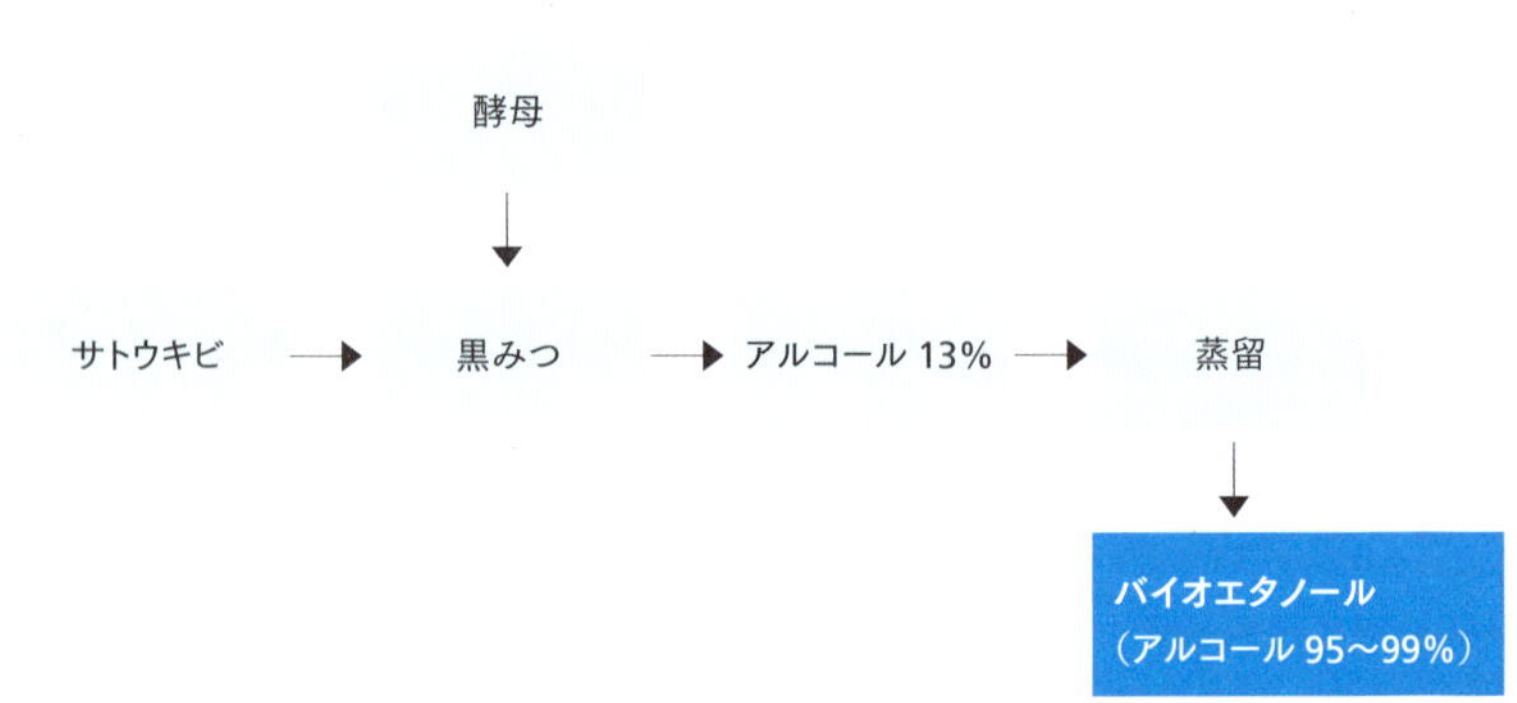

その他のバイオエタノールの製造方法には、バガス（サトウキビなどの絞りかす）、廃木や建築廃材などのセルロースを糖化（希硫酸や酵素によって加水分解して糖類に変える）し、発酵させてエタノールを製造する方法がある。

　このようにして製造されたバイオエタノールはガソリンと混ぜて使用することで、ガソリンの燃焼によるCO_2の発生を抑制する効果がある。ガソリンにバイオエタノールを3％まぜたものをE3、85％混ぜたものをE85のように表示する。ブラジルでは、全てのガソリンに20～25%以上のエタノールが混合されてバイオエタノールの普及が進み、E100で走る車もある。

一方、バイオディーゼルは、植物油をメタノールと反応させると脂肪酸メチルエステルが得られる（図参照）。それを取り出し、軽油の代替として燃料にするものであり、そのまま100%使うものをB100、軽油に20%混ぜたものをB20と表示されている。日本では、飲食店や家庭などで使った食用油を回収してバイオディーゼルに使用しているケースもある。

これらのバイオ燃料製造に対して、ブラジルのサトウキビを原料とするバイオエタノールを除き、いくつかの問題点が指摘されている。食料との競合による食料不足や穀物価格の高騰、バイオマスの栽培地にするための森林伐採など、解決すべき種々の課題が残っている。

図 バイオディーゼルの製造例

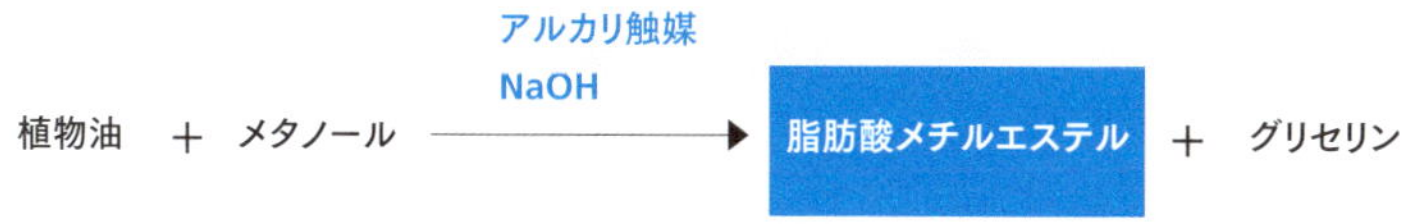

バイオリアクター Bioreactor

酵素（生体触媒）を担体に固定化するなどして、生化学反応を行う装置（生体反応器）のことであり、酵素のほか微生物や動植物細胞もその利用対象である。**遺伝子操作**、**細胞融合**などと共にバイオテクノロジーの主要な技術の一つが**酵素の固定化**であり、酵素の工業的利用に多大な貢献をした。

伝統的な醤油、味噌や酒を造る樽や桶も一種のバイオリアクターである。また、好気性細菌や嫌気性細菌の力で有機物を分解する下水処理施設もバイオリアクターの一種といえる。

バイオリアクターによく使われる反応器の形式は、充てん層型、かくはん槽型、気泡塔型、膜型などがある。

充てん層型は、固定化された生体触媒の間を基質および空気を流して反応を行わせる。**かくはん槽型**は、かくはん羽根を回転させて内部を流動させて気体—液体間の接触と生体触媒面への拡散を促進させる。**気泡塔型**は、気泡を吹き込むことによって運動量と気泡の上昇速度を利用して反応器内に流動を生じさせる。**膜型**は、生体触媒を膜に付着させたり、閉じ込めたものであり、複数の膜を適当なスペーサを入れて平

代表的なバイオリアクターのタイプ

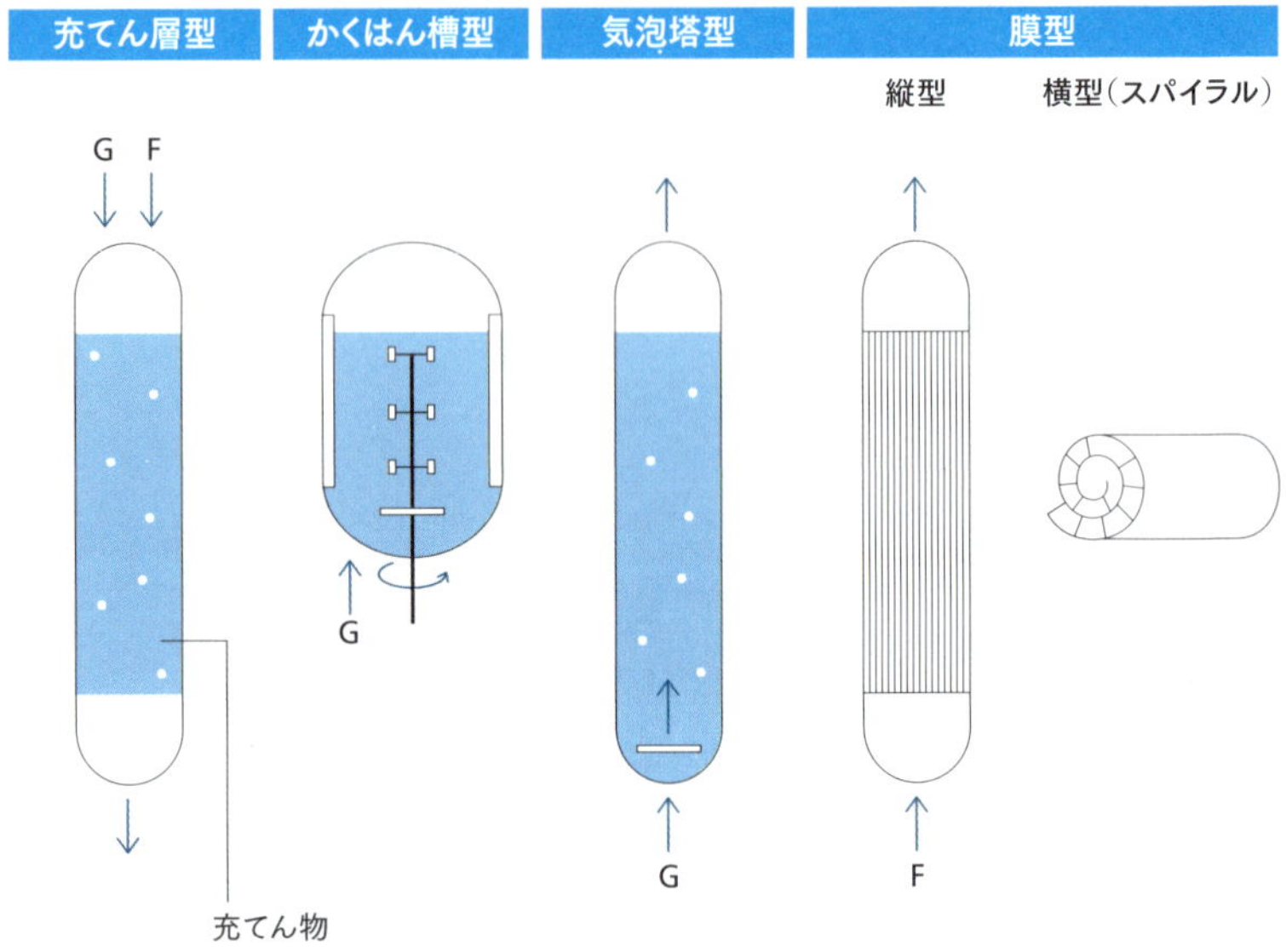

行に設置したり、スパイラル状に巻き上げたり、中空糸状にしたものなどがある。膜の配置から縦型と横型のものがある。

バイオリアクター内の状態については、温度、圧力、成分濃度や反応生成物、廃棄物などの流量および組成、液の物性、泡立ちの状態などが自動計測され、最適な反応操作の制御が行われる。

有用なアミノ酸や副腎皮質ホルモン、口紅の色素などの生産に実用化されている。

バイオセンサー
Biosensor

生物の機能を利用して、試料や生体内の化学物質を検出する感知器のこと。

その原理は、微小電極（センサー）の表面に固定した酵素や微生物の**基質特異性**や抗体の**抗原特異性**を利用して、その反応によって変化する現象を電気信号に変換する計測技術と組み合わせ、特定の有機物（原料や生成物など）の存在や濃度を検出するものである。

食品成分や血液成分の分析、医療の診断装置などへの応用が進められ、実用化されたものも多い。しかし、センサーに固定化された酵素や微生物などの生体材料の寿命が長くても数ヶ月であり、その長寿命化と安定性の向上が大きな課題として残っている。

バイオレメディエーション Bioremediation

微生物や植物、あるいはそれらの酵素による浄化作用を利用して重金属を吸着したり、有害化学物質を無害な状態にまで分解する技術である。

この手法には、汚染された水域や土壌に窒素やリンなどの栄養源を注入し、その場所に元々生息していた特定の分解作用を持つ微生物の増殖を促す方法（Biostimulation）と、目的とする物質の分解能に優れた特殊な微生物を散布する方法（Bioaugmentation）とがある。

重油で汚染された海域や土壌について、石油を分解できる微生物をその窒素やリンの栄養分と共に散布して分解する方策が実際に行われている。

微生物のほか、植物を使う場合もあり、土壌中の汚染物質を根から吸い上げさせ、刈り取ってから焼却し汚染物質を回収する。この植物を使う場合、特に**ファイトレメディエーション**（Phytoremediation）といわれることもある。

１９８９年にアラスカで起きたタンカー事故に伴う大規模な油の流出に対して、その処理に用いられて好成績を上げて以来、注目されるようになった。

２００３年、日本では**土壌汚染対策基本法**が施行され、汚染の調査・浄化が義務づけられた。土壌の加熱処理や空気を通じて**揮発性有機化合物**を除去したり、化学薬品を使う従来の物理化学的処理方法にくらべて、費用・エネルギー消費が少なく、生態系に与える負荷が少ないなどの利点がある。

しかし、浄化に時間がかかり、高濃度の汚染物質の浄化には適さないといった短所もある。

さらに、浄化後、使用した微生物の安全性について、十分な検討が必要である。

バイオフィルム［微生物膜］ Biofilm

水中で微生物は土砂などの物質表面に付着し、**コロニー**を形成して、多糖類を生成し、一種の微生物が集合した膜状の生態系をつくる。これを「バイオフィルム」とよび、自然界に広く存在し、身近なところでは、風呂や台所のヌメリ、歯垢などがその例である。

バイオフィルムが形成されるプロセスは、次図に示すように、微生物が物質の表面に荷電、引力、物理的な力などにより吸着する。その後、細菌が生成する菌体外多糖類の内部で微生物が増殖し、小さなコロニーからバイオフィルムが形成される。

バイオフィルムの内部は、外部よりも微生物の生息密度が数百〜数千倍も高く、自然界における物質の転換、浄化作用などにも深く関与している。

図 バイオフィルムが形成されるプロセス

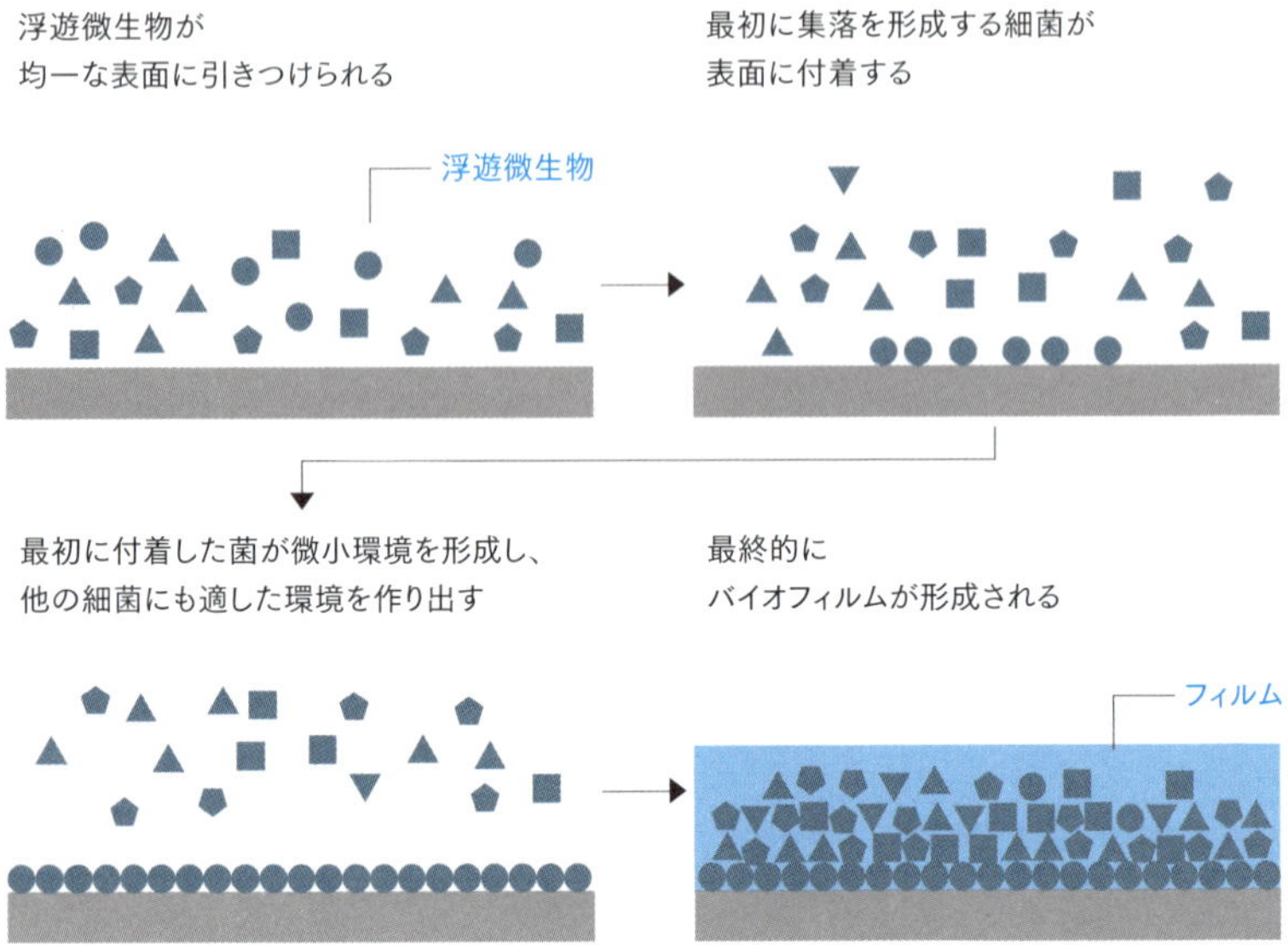

バイオフィルムの水処理への応用例として、回転円板法がある。これは、一本の回転軸に、合成樹脂製の円板を数cm間隔で数多く固定し、それを汚水などの入った水槽に円板のおおよそ半分近くが浸漬するように設置して回転させる。円板表面に生長する微生物によって水質浄化を行うタイプの付着生物膜法汚水処理装置である。この方法は、浄化槽や小規模下水道などの生活系汚水処理での使用例が多くなってきている。その他、通常の活性汚泥法のコンパクト化を図るため、微生物を充填剤に付着させて汚水を浄化する**生物膜式活性汚泥法**などもある。

バイオアッセイ［生物検定法］
Bioassay, Biological assay

ビタミンやホルモンの検定、薬の効果の確認など、おもに医学・薬学の分野で用いられてきた試験方法である。生物の生存・発育などの機能にとって影響を与える物質の量を、生物学的指標を用いて測定するものである。

医薬品などごく少量で生物機能が現れる物質の場合、生物学的効果を指標とした測定法の方が、物理化学的な分析法よりも感度が高いケースが多い。

たとえば、**アベナ屈曲試験**によるオーキシンの定量、ニワトリのとさかの成長を標識とした**雄性ホルモンの定量**、ある種のアミノ酸を要求する細菌株を使った**アミノ酸の定量**などがある。また、**抗生物質**、**抗菌剤**、**抗がん剤**などの効力検定などにも用いられる。

最近では、河川水や大気中など環境中の有害化学物質の毒性や汚染環境の評価のために、藻類、ミジンコ、魚類、オタマジャクシなどの水棲生物を用いた種々のバイオアッセイが開発・実用化されている。

水中の化学物質の毒性評価の場合、一般には**半数致死濃度** $\mathbf{LC_{50}}$（生存率が50％に低下する濃度）、あるいは**50％影響濃度** $\mathbf{EC_{50}}$（活性が50％低下する濃度）で試料水の中の毒性を評価することが多い。

細胞融合

Cell fusion

異種の細胞が混在する溶液にポリエチレングリコール（ＰＥＧ）とカルシウムイオンを用いる化学的な方法や電気刺激による物理的な処理を加えると、近くの細胞同士が融合して一つの細胞ができる。この技術を「細胞融合」といい、核も融合するため２つの細胞に由来する遺伝的形質がミックスした**雑種細胞**を生殖によらずに作ることができる。

１９７４年、カオ（Kao, K.N.）とミハイルク（Michayluk, M.R.）およびウォーリン（Wallin, A.）らが、別々に植物の**プロトプラスト**がＰＥＧとカルシウムイオンにより融合することを見出す発見が細胞融合の端緒となった。

動物細胞は細胞壁をもたないため、ウイルスやＰＥＧ処理によって比較的容易に融合が起こる。しかし、微生物や植物では、細胞壁があるため、これを除去してプロトプラスト

植物細胞の細胞融合

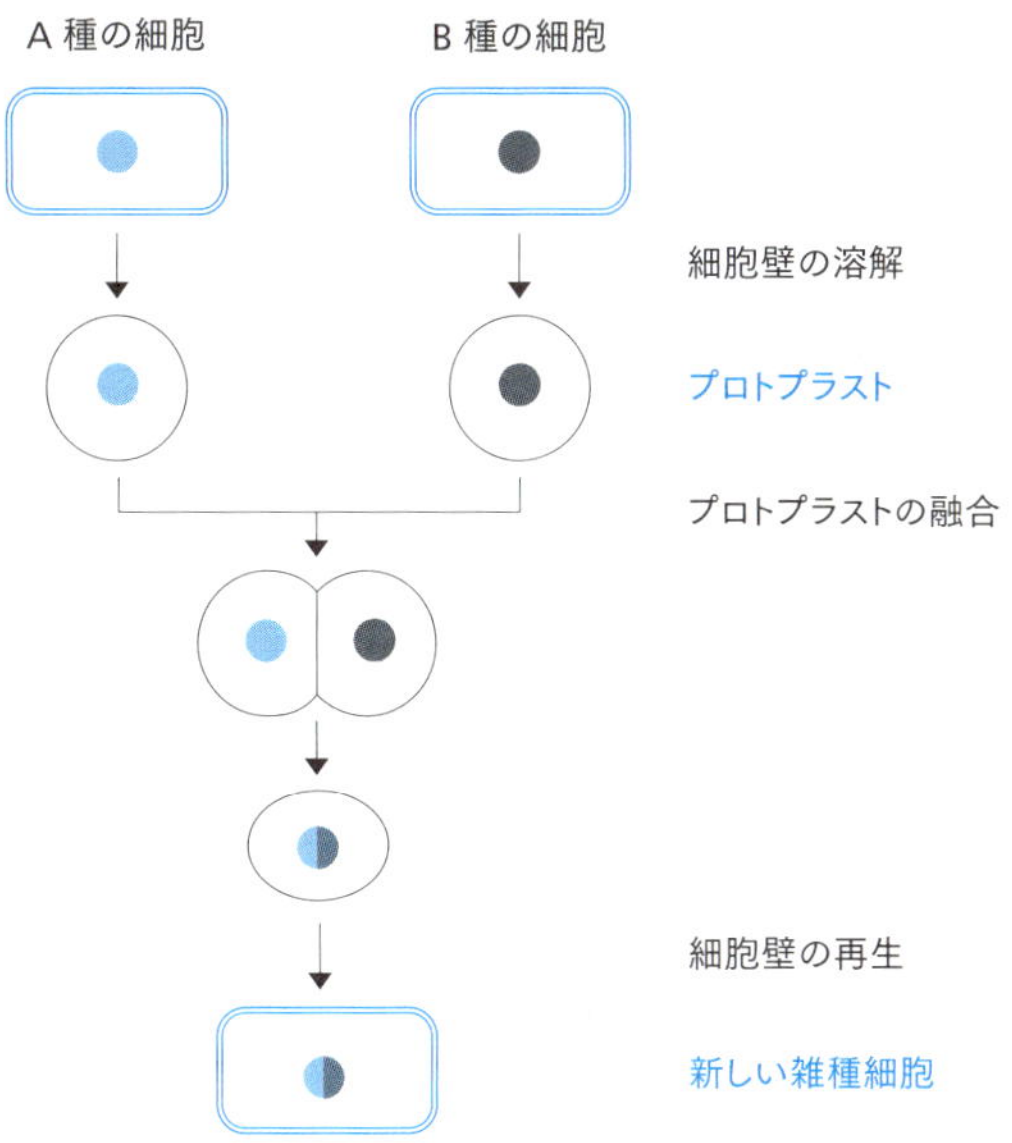

にしてから細胞融合が行われる。

細胞融合の操作は、①細胞のプロトプラスト化、②プロトプラストの融合、③細胞壁の再生による新しい雑種細胞の生成、の3段階に分けられる。細胞壁の組成や成分が微生物によって違うため、溶解酵素の選択が重要である。

融合した細胞を無菌的に培養し、植物体を再生すれば、交配では得られない雑種の作製も可能であり、育種に新たな可能性をもたらした。植物では、種が離れすぎていて自然界では交配しない植物どうしのかけ合わせに使われる。

1978年に西ドイツで実用化され、ジャガイモとトマトから「ポマト」が作られた。日本では、オレンジとカラタチから「オレタチ」が作られたが、これらは商業栽培にまでは至らなかった。現在、ハクサイとアカカンラン（紫キャベツ）の細胞融合によって、新しいタイプの野菜ハクランがつくられている。

プロトプラスト
Protoplast

細胞壁のある細菌、酵母、微細藻類、植物細胞などを**セルラーゼ**や**ペクチナーゼ**などの細胞壁を溶解させる酵素を作用させ、細胞壁を完全に除去した球形の**原形質体**のこと。細胞壁の一部が残存しているものを**スフェロプラスト**(spheroplast)とよんで分けることもあるが、一般には厳密な判定は難しく、両者をまとめてプロトプラストとして扱われることが多い。

プロトプラストは、きわめて脆弱であり、わずかな機械的衝撃によって破裂してしまうが、遺伝子導入や細胞融合の目的で必要になる。動物細胞は、細胞壁を持たないため、プロトプラスト化を行う必要性はない。

プロトプラストになった細胞は、適切な培養液中で再び細胞壁を再生して正常な増殖をする機能があるため、植物の品種改良などにおいてプロトプラスト化が用いられてきた。

遺伝子組換え技術［組換えDNA技術］
Genetic recombination technology

ある生物が持つ有用な遺伝子を、改良しようとする生物のDNA配列に組込むことにより新たな性質を加える技術であり、その応用面からは**遺伝子工学**ともよばれている。

遺伝子組換え技術の基本的なプロセスは、①目的とする遺伝子の分離と調整、②組換えDNAの作製、③組換えDNAの宿主細胞への転入〈形質転換〉、④組替え体の選択などである。

DNAを組込む方法としては、アグロバクテリウムという植物に寄生する細菌を利用する**アグロバクテリウム法**と、ＤＮＡを金やタングステンの粒子に付着させ、ＤＮＡを導入したい細胞に直接打ち込む**パーティクルガン法**などがある。遺伝子組換え技術は農業分野やその他の分野において、様々な品種改良のために利用されている。

たとえば、栄養成分や機能性成分（抗がん、ワクチン効果など）に富む農作物、日持ちする農作物など消費者のニーズにあった作物や、農薬使用量を減らすための害虫抵抗性やウイルス抵抗性、除草剤耐性などの性質を持たせた農作物が開発されている。

食用の動物では、米国において養殖期間を通常の半分で済むように遺伝子組換え操作を施したアトランティックサーモン（大西洋サケ）の食品流通の可能性が出ている。その他、環境浄化微生物、生分解性プラスチックや医薬品の生産など様々な分野で遺伝子組換え技術が応用されている。

遺伝子組換え作物
Genetically modified organisms, GMO

ある作物に別の作物の有用な遺伝子を組み込んで作られた新品種の農作物を「遺伝子組換え作物」、それを原料とした食品を**遺伝子組換え食品**という。組換えの目的は、除草剤耐性（特定の強力な除草剤に枯れにくい）や病害虫耐性（害虫が食べると死ぬ）が主なものである。最近、米国ではヘルス志向の高まりから、**トランス脂肪酸**を含まない遺伝子組換え大豆の生産が多くなっている。また、現在では栄養や薬の成分を加えて健康をうたった次世代の遺伝子組換え作物の開発が進んでいる。

１９９６年に米国で本格的な遺伝子組換え作物の商業栽培が始まって以降、２００８年までの13年間で生産国は25カ国に増え、作付面積も96年の約１６６７万haから08年の約

遺伝子組換え作物の作製

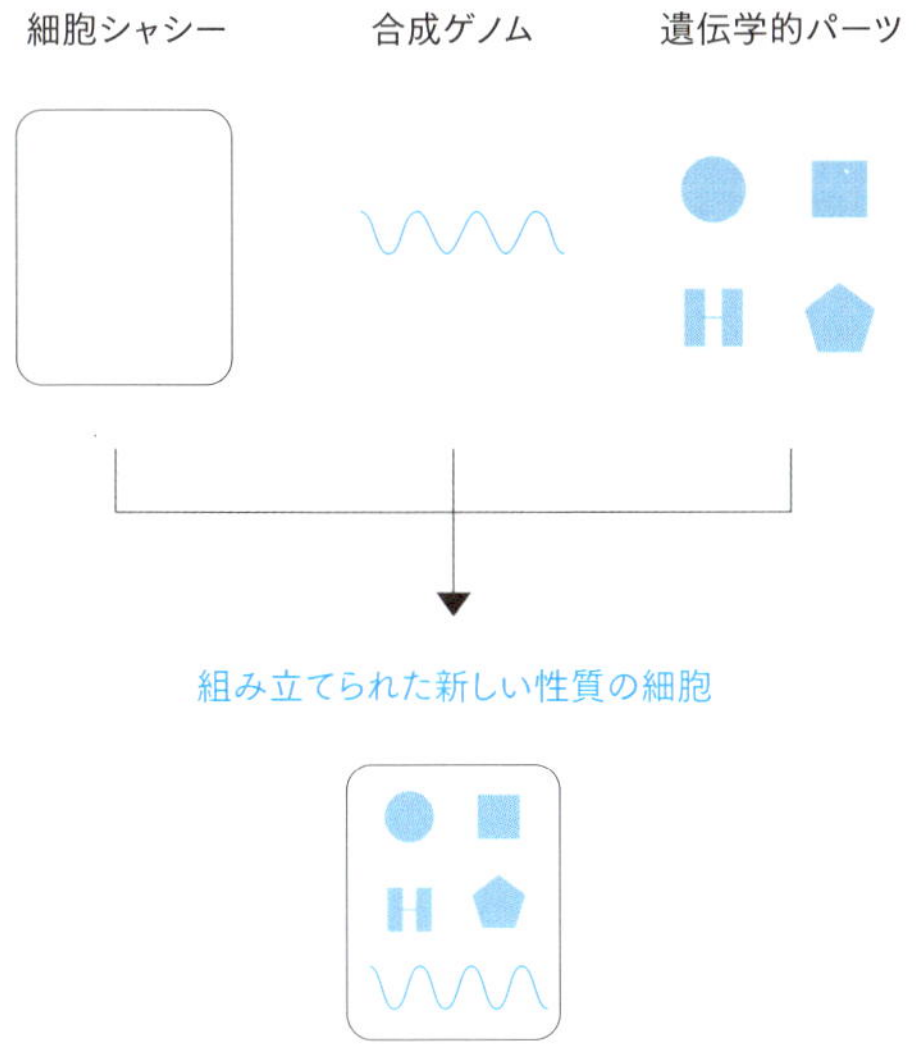

１億２５００万haへと約75倍に急拡大し、現在、世界の耕地面積の約９％を占めるまでになっている。最近、世界的に穀物価格が高騰する中で、インドや中国など新興市場国、途上国を中心に作付面積が急増している。わが国では、日持ちのいいトマトや除草剤耐性の大豆など22品種が輸入を認められている。

遺伝子組換え作物の主な生産国は、米国（07年の栽培シェアで約50％）、アルゼンチン、カナダ、中国であり、ヨーロッパや日本ではほとんど生産されていない。最近、南アフリカやフィリピンなどでの栽培が急増している。遺伝子組換え作物の全作付面積中の割合は、ダイズが51％で最も多く、トウモロコシ31％、綿花13％の順になっている。２００７年、米国産穀物のうち、ダイズの91％、トウモロコシの73％が組み替え品であり、石油代替エネルギーの**バイオ燃料**の原料にも活用されている。２００７年11月には、先進国への農作物の輸出が多いオーストラリアの２つの州で遺伝子組換え作物の栽培が解禁された。

日本では、２００１年から安全性が確認された遺伝子組換え農産物やその加工食品には、表示が必要とされている。**遺伝子組換え**、**遺伝子組換え不分別**（組換え作物と非組換え作物を分けずに生産、流通させたもの）、**遺伝子組換えでない**の３つの表示である。しかし、組換え作物が主に使われている植物油やマヨネーズ、醤油などは表示義務の対象外になっているため、「遺伝子組換えでない」の表示が目立ち、実態を反映した表示制度にはなっていない。また、食品の原材料重量の５％までであれば、遺伝子組換え作物が混入していても「遺伝子組換えでない」と表示できるなど問題点が多い。

欧州連合（ＥＵ）では、全食品に表示義務があり、0.9％を超える全成分が対象となっている。ＧＭＯの混入が分かった場合、バーコードに記録した農産物の種子の種類や生産者などを確認できるシステムになっている。

人口増加による将来の食料不足への対応策、健康・栄養面の改善、医療目的など遺伝子組換え食品の活用が注目されているが、一方、安全性がまだ確認されていないことから、遺伝子組換え食品の排除の運動や、動物にこの技術を応用する場合の倫理上の問題など、さまざまな検討課題が残っている。組換えられた遺伝子やその過程で使われたものが人間の体内においてどのような影響を与えるか不明な点が多い。さらに、組換え作物が環境に与える影響については、組換え作物の種子などによる周辺の野生植物の駆逐、近隣の野生種との交雑、組換え作物から有害物質が放出され周辺の野生生物が減少したりすることなど、特に**生物多様性**の喪失が危惧されている。実際、カナダでは自家採種で長年栽培していた農民の菜種の畑で、栽培されていない組換え菜種のＤＮＡ（近くのバイオテクノロジー企業のものと一致）が見つかり、問題となったことがある。日本でも２００７年、生協などの調査によると、特定の除草剤に耐性をもたせた遺伝子組換え菜種が、千葉、大阪、福岡、鹿児島など全国11府県で自生していることが明らかになった。港での陸揚げ時や輸送の途中で種子がこぼれ落ち、生育したとみられている。

２００８年、遺伝子組換え作物の安全性を評価するフランス政府の諮問機関は、同国内で栽培されているトウモロコシについて、「生態系への影響について深刻な疑いがある」との報告書をまとめている。遺伝子組換え作物には、食料の生産性向上という期待が世界的に高まっているが、その歴史は浅く、評価が定まるには時間が必要である。

遺伝子組換え作物の世界的な作付け状況

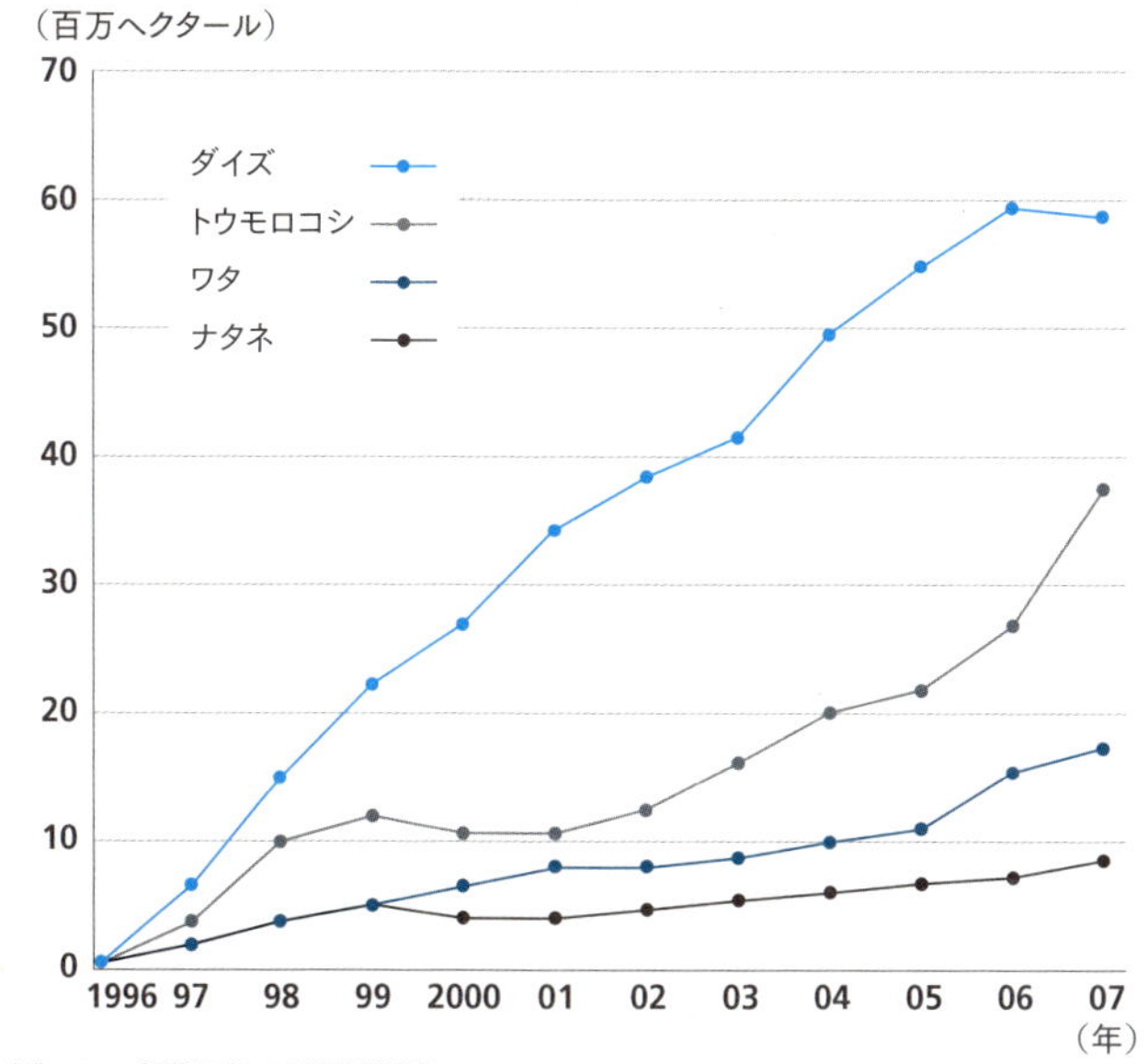

出典：ISAAA（国際アグリバイオ事業団）資料

カルタヘナ法

Law concerning Cartagena Protocol

２００４年２月から施行された〝遺伝子組換え生物等の使用等の規制による生物の多様性の確保に関する法律〟の略称である。**生物多様性条約**に基づき、遺伝子組換え作物などを規制する国際協定、**カルタヘナ議定書**、を国内で実施するための国内法として制定された。

カルタヘナ法では、独自の「生物」と「遺伝子組

組換え DNA 技術の規制の歩み

年代	内容
1973 年	大腸菌を用いた組換え DNA 技術確立
1975 年	「アシロマ会議」で安全性対策検討
1976 年	アメリカ国立衛生研究所（NIH）による組換え DNA 実験ガイドライン制定
1979 年	日本で組換え DNA 実験指針制定
1993 年	生物の多様性に関する条約発効
2003 年	カルタヘナ議定書発効
2004 年	日本でカルタヘナ法施行（組換え DNA 実験指針廃止）

換え生物等（改変された生物）」の定義がなされている。遺伝子組換え作物の栽培や穀物としての流通など環境中への「拡散を防止しないで行う使用等」（第一種使用等）と「拡散を防止しつつ行う使用等」（第二種使用等）の2つに分け、詳細な手続きが定められている。違反した場合、最も重いもので、1年以下の懲役もしくは100万円以下の罰金が科される。

組換えDNA実験のような生物の遺伝子を操作する場合には、この法や関連するルールにしたがって実験を進める必要がある。

制限酵素 Restriction enzyme

組替えDNA技術で、2本鎖DNAの特定の塩基配列を認識して切断するために用いる酵素のこと。制限酵素は、もともと外部から侵入してくる**バクテリオファージ**のDNAに対する防御機構（DNAを消化する）として細菌が持っている酵素である。

切断する箇所によって制限酵素の種類も異なり、現在までに2500種類以上の制限酵素が見つかっており、300種類以上が市販されている。

制限酵素は、DNA鎖を切断する〝はさみ〟に相当し、再度、別のDNAのところに貼り付ける働きをもつ酵素を利用して、組換えを行える。

また、制限酵素の種類によって切断されるDNAの位置が分かるため、遺伝子の解析（ヒトゲノム解析、遺伝子診断など）に利用されている。

たとえば、制限酵素EcoRI（*Eco*は大腸菌の学名〝*Escherichia coli*〟に由来する）は、次のように塩基配列のGとAの間を切断する。

制限酵素

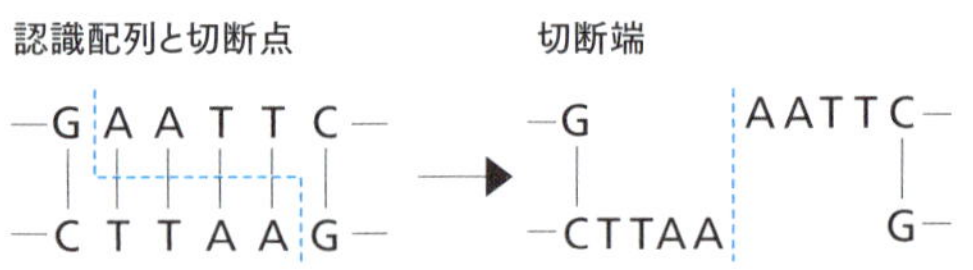

制限酵素にはI型、II型、III型の3種類があるが、組換えDNA実験には、通常II型が用いられる。

パーティクルガン法 Particle Gun, Gene Gun

遺伝子銃法ともいい、**遺伝子組換え技術**の一つであり、導入したい有用遺伝子を直接細胞に物理的に入れる方法である。1987年に米・コーネル大学のサンフォード（J.C.Sanford）らが発表した。

この方法は、目的の遺伝子を金やタングステンなどの重い微粒子〈直径1μm程度〉にまぶし、それを高圧ヘリウムガスなどの圧力や火薬などを使って葉などの植物組織や細胞に撃ち込み、遺伝子を細胞に導入する。植物細胞の細胞壁を溶解して**プロトプラスト**にする必要がなく、遺伝子導入後の生存効率が大幅に増大した。

この手法は試料を選ばず、様々な生物種や組織に用いることができ簡便であるが、機材が高価でランニングコストがかかるという短所がある。

パーティクルガン（遺伝子銃）法

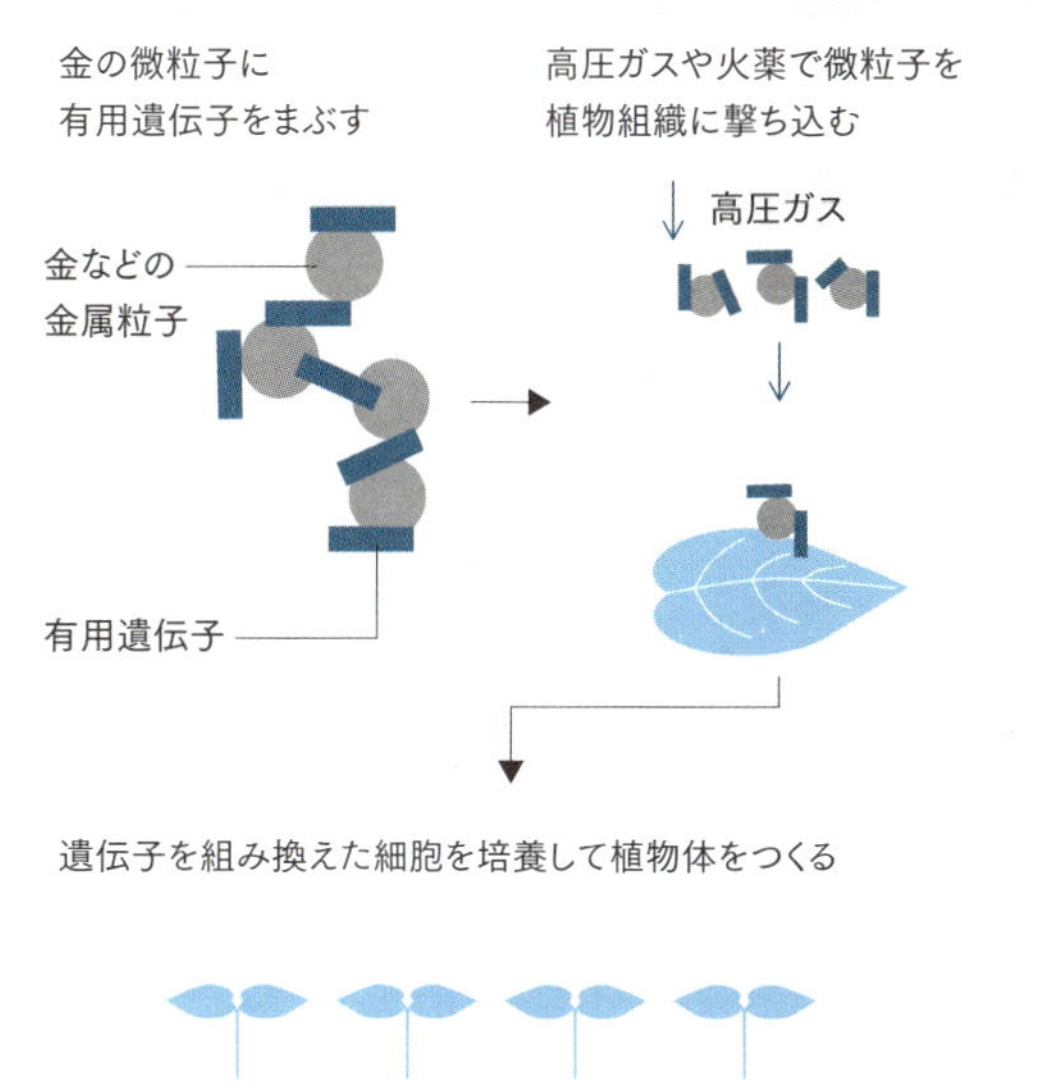

アフィニティークロマトグラフィー
Affinity chromatography

分子混合物の代表的な分離・分析法の一つが**クロマトグラフィー**である。そのうち、酵素と阻害剤、抗原と抗体、ホルモンとレセプターといった物質の一方を充填する個体粒子に固定化し、もう一方の物質に対する特異的吸着能力を利用して分離を行う手法が「アフィニティークロマトグラフィー」である。

この方法は、生理活性物質の高度分離に適しており、従来の方法では不可能であったアミノ酸のD体とL体の分離や微量精製が可能になった。

アデノウイルス
Adenovirus

二本鎖DNAを**ゲノム**として、直径約80nmの正20面体構造のウイルスで、気管支炎、結膜炎や小児の風邪などを引き起こすウイルスとして知られている。

図のように240個のヘキソン（外皮タンパク質）、12個のペントン基と線維状の突起のファイバーを持っている。ヒトの細胞にアデノウイルスが感染すると、細胞膜にある受容体と結合する。次にペントン基と細胞表面のインテグリン（ビトロネクチン受容体）が結合して、細胞内へアデノウイルスが取り込まれる。

アデノウイルスの構造

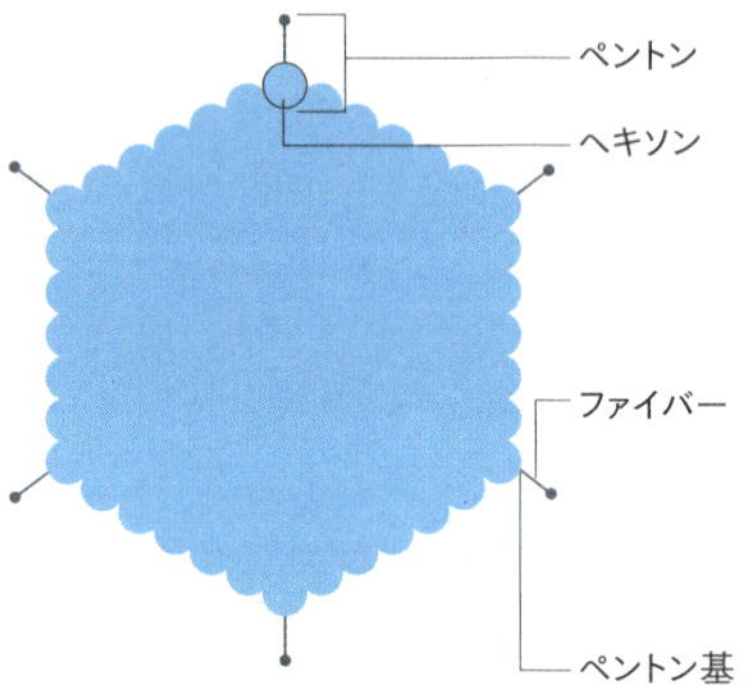

細胞内でアデノウイルスが複製され、ウイルス粒子を構成するタンパク質が発現されると、複製されたＤＮＡを内包した成熟ウイルス粒子を構成して細胞外へ出ていく。

アデノウイルスを使って、動物細胞への遺伝子導入ベクターを作製することが可能であり、**遺伝子治療**への利用が試みられている。

ファージ
Phage, Bacteriophage

細菌を宿主とするウイルスのことで、**バクテリオファージ**（細菌を食べるものという意味）あるいは略称で「ファージ」とよばれる。このウイルスは、細菌に入り込み自分自身を増殖させて、最後には細菌を殺して**溶菌**という現象を引き起こし、外に飛び出す。

ファージにはさまざまな種類があり、その大きさは25～200nm程度である。その形状もさまざまであり、正20面体からなる頭部と種々の形の尾部からなるものや、線維状のものなどがある。

ファージの増殖は、まず、宿主細菌の表層に吸着→ファージのＤＮＡを細菌内へ注入→ファージタンパク質の合成→ファージＤＮＡの複製→ファージ粒子の成熟→感染細胞内でのリソチーム（溶菌酵素）が合成→細胞壁が溶解→ファージの細胞外放出、というプロセスで進む。

1個のファージが感染すると、細菌の細胞内で数十～100個以上のファージに増殖する。

ファージは、ＤＮＡの**クローニング**（cloning：単一のものを純粋な形で取り出すこと）に使われるベクターの一つとして利用されている。ファージの場合、プラスミドより大きなＤＮＡを導入できる利点がある。

また、ファージに外来ＤＮＡを組み込んでその表面で発現させ、タンパク質間相互作用あるいはタンパク質とその他標的物質との相互作用を検出する方法の一つとして**ファージディスプレイ**（Phage display）がある。

アグロバクテリウム
Agrobacteriumu

土壌中にいる細菌で、**グラム陰性菌**に属し、植物に対する病原性を持つものの総称である。

特にそのうちの一種で植物のバイオテクノロジーでよく用いられる、アグロバクテリウム・トゥメファシエンス（*Agrobacterium tumefaciens*）を指すことが多い。

この細菌の細胞の中には**プラスミド**があり、その一部にT－DNA（植物ホルモンのオーキシンとサイトカイニンを生成する）と呼ばれる部分の遺伝子がある。アグロバクテリウムは、接触した植物の細胞に、自分の遺伝子の一部であるT－DNA遺伝子を相手の植物に送り込む性質がある。

T－DNA遺伝子を組み込まれた植物は、植物の腫瘍であるこぶ状の塊（クラウンゴール）や無数の根などを生じ、アグロバクテリウムの生存に必要なアミノ酸などの栄養素を作る。このようにアグロバクテリウムのT－DNA遺伝子は、遺伝情報に従い、接触した相手の植物にアミノ酸と植物ホルモンを合成させる働きがある。

その性質を利用して、アグロバクテリウムが持つプラスミドのT－DNA遺伝子を除去し、その代わりに作物に組み込みたい目的の遺伝子を入れ、このアグロバクテリウムを作物に感染させることで、目的遺伝子を導入することができる。これが**アグロバクテリウム法**といわれ、大腸菌を使った組換え技術と同様に、よく使われる遺伝子導入法である。近年では、イネなどにもこの**遺伝子組換え技術**が応用されている

ベクター
Vector

遺伝子組換え実験で、外来の遺伝子をつないで宿主細胞へ運び込む働きをする小形のDNA（遺伝子の運び屋）のことである。

通常は、**制限酵素**や**DNAリガーゼ**（切断面をつなぐ酵素）を用いて、特定の遺伝子を**プラスミド**あるいは**バクテリオファージ**のDNAに組み込んで人工的に調整されたものが使用される。

ベクターの条件としては、①生細胞内に効率よく取り込まれ、自己増殖して娘細胞に伝えられること、②つなぎたい遺伝子DNAを切り出すときに用いるのと同じ制限酵素で切断される部位をもち、その部位につなぎたいDNAをDNAリガーゼで挿入できること、③ベクターのDNAが細胞内に取り込まれたことがすぐ判明するような形質の遺伝子（薬剤耐性遺伝子など）を含むことなどがある。

キメラ

Chimera

遺伝子型の異なる細胞あるいは種の異なる細胞でつくられた動植物体のことである。〝キメラ〟はギリシア神話でライオンの頭、ヒツジの胴、ヘビの尾を持つ動物にちなんで名付けられた。他の伝説の例には、一角獣（ユニコーン）、人魚、スフィンクス（ヒト＋ライオン）などがある。

遺伝子の中の特定の領域を他の遺伝子断片で置き換えた組換えDNA分子は**キメラ遺伝子**とよばれる。脊椎動物では、胚の移植や融合によりキメラ動物としてキメラマウスやヒツジとヤギの異種間キメラであるギープ（geep）が作製されている。

キメラマウスは、マウス**ES細胞**を用いて**遺伝子ターゲティング**（同じ塩基配列をもつDNA分子間で起こる相同的組換えという現象を利用して、人工的にゲノム上の特定の遺伝子に改変を起こすこと）を行う過程でつくられる。キメラマウスは、遺伝子や遺伝形質の解析が進み、実験用に多数の純系が得られているため広く利用されている。

キメラマウスの作製

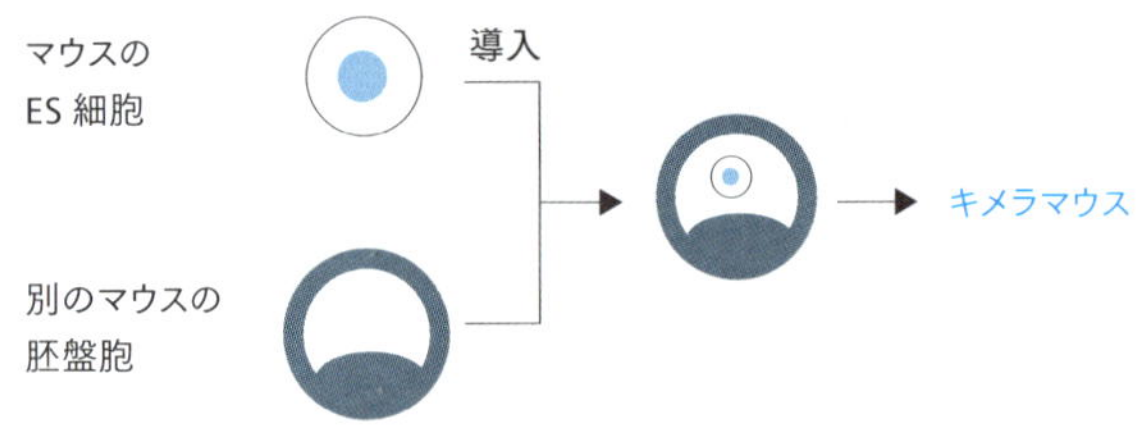

トランスジェニック生物

Transgenic organism

遺伝子導入の技術の進歩によって、ある特定の遺伝子を別の生物の卵などの細胞に導入し、その生物が持っていなかった形質を持たせることが可能になった。このように外部から新たに遺伝子を胚性の細胞に導入してできた個体を「トランスジェニック生物」という。トランスジェニック植物とトランスジェニック動物とに分けられる。

トランスジェニック植物は、**アグロバクテリウム**という植物細胞に感染する細菌が利用されることが多い。この場合、アグロバクテリウムの**プラスミド**に目的の遺伝子が組み込まれ、植物の組織に感染させ、植物体を分化させることによって得られる。このような遺伝子導入の技術は、薬剤耐性遺伝子を導入したダイズのような農作物だけでなく、園芸種の開発にも利用されている。

たとえば、2009年にわが国で市場に出された〝青いバラ〟は、パンジーの青色を発現させる遺伝子をバラに導入し、これまでになかった青色の花をつけるバラが世界で初めて作られた。

一方、**トランスジェニック動物**は、家畜の品種改良、治療薬の生産、遺伝子の働きの解明などの分野で利用されている。1980年、ゴードン（J.Gordon）らによって初めてマウスを用いて作製された**トランスジェニックマウス**（Transgenic mouse）が、現在ではマウスやラットのような小動物だけではなく、サル、ウシ、ブタ、ヒツジ、ヤギなどの動物でも作製が可能になっている。

トランスジェニック生物が食品として利用される場合、一般にそれらの食品は、**遺伝子組換え食品**とよばれる。

ノックアウトマウス
Knockout mouse

遺伝子を人為的に変化させたマウスのことを**トランスジェニックマウス**というが、そのうち遺伝子の機能を完全に失わせるような操作を加えたマウスを「ノックアウトマウス」という。

ノックアウトマウスは、目的の遺伝子を欠失させたり、遺伝子の塩基配列に特別な変異を挿入する操作（ジーンターゲッティング：gene targeting）を用いて作製する。

このようなマウスを用いると、その遺伝子が本来もっている機能を、個体のレベルで観察できる。ノックアウトマウスは、1989年に初めて作製されて以来、病気の遺伝子の解明や脳研究などに広く利用されている。

体細胞クローン牛
Somatic cell cloned cows

クローンは、まったく同一の遺伝子を持つ複数の生き物のことである。広い意味では、一卵性双生児や植物の挿し木、分裂して増殖していく細菌や微細藻類などもクローンである。

哺乳類のクローンをつくるには、受精卵が卵割を数回した細胞の核を、別の核を除いた未受精卵に入れる**生殖細胞クローン**と、体細胞の核を、別の核を取り除いた未受精卵に移植して融合させる**体細胞クローン**がある。

受精卵クローンは、個体への形成途上の細胞を使うため、成長するまでどのような個体になるか予測が困難である。一方、体細胞クローンはあらかじめクローンの対象がわかっており、親子が互いにクローンになる。

体細胞クローンの例として、1996年に英国で作製されたクローン羊ドリーが有名であるが、1998年、世界で初めて**体細胞クローン牛**が日本で誕生した。その後、体細胞クローン牛は、優良な肉質や乳量を持つ牛の遺伝的特徴をコピーできるとして研究が進展した。2009年3月末時点で、わが国の自治体や独立行政法人などの研究機関で計571頭が誕生している。2009年6月、内閣府の食品安全委員会は、クローン技術で生産した牛や豚の肉、乳などについて、従来の繁殖技術を使った場合と同様に安全性に問題はないとした。しかし、消費者の不安を背景に、食肉などの市場に出荷は未だ認められていない。

クローン技術について、死産率が高い（遺伝子の誤った働き方が原因とされるが、詳しい仕組みや予防策は不明）などの問題点のほか、遺伝的な多様性の喪失を危惧する考えもあり、クローン技術の社会的な利用方法について十分な検討が必要な段階にきている。

図 体細胞を使ったクローン牛の作成方法

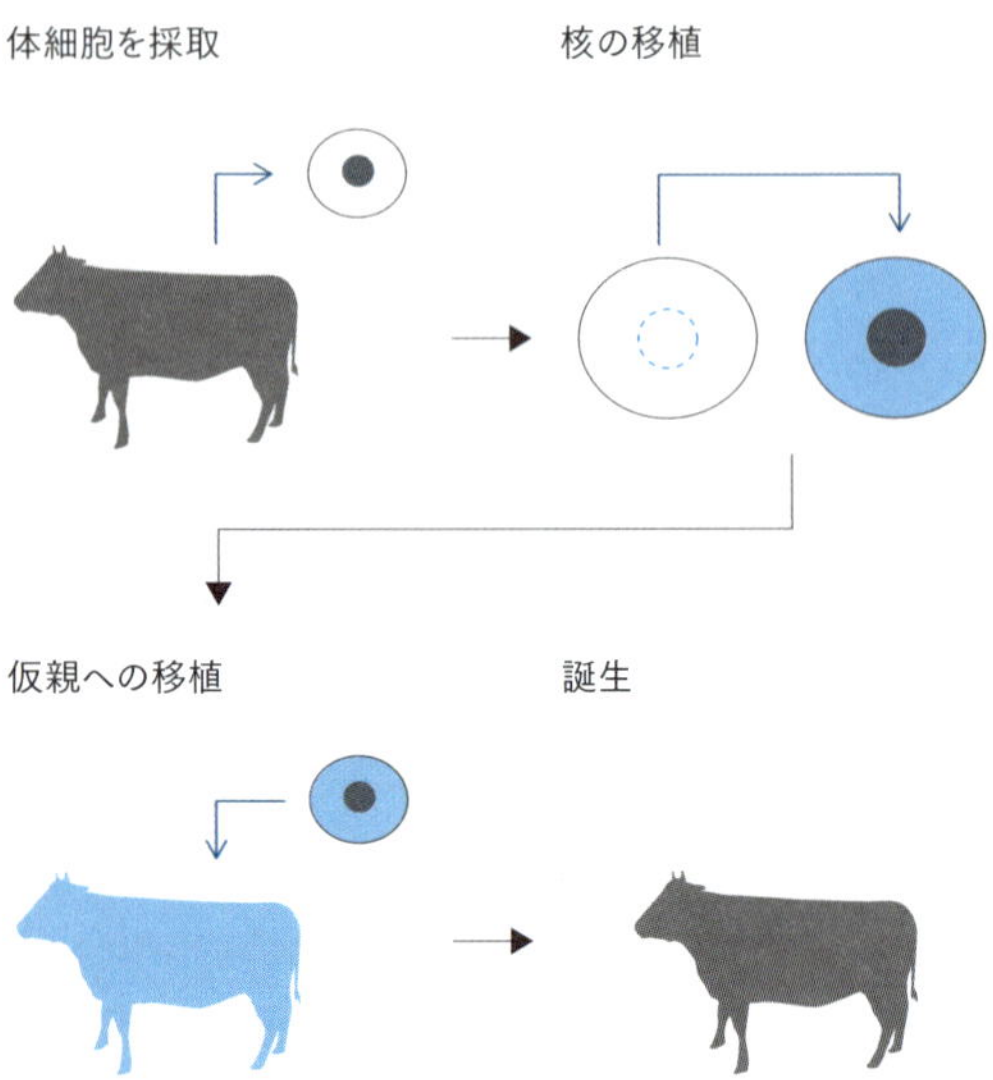

GFP［緑色蛍光タンパク質］
Green fluorescent protein

オワンクラゲ（*Aequorea victoria*）は、GFP（緑色蛍光タンパク質）を持ち、興奮するとこれを発光させる。2008年に米・ウッズホール海洋生物学研究所・元上席研究員の下村脩と、マーティン・チャルフィー（Martin Chalfie）、ロジャー・チェン（Roger Tsien）が、この「GFPの発見と開発」が評価されてノーベル化学賞を授賞した。

オワンクラゲは、発光タンパク質イクリオンとGFPを持っている。その発光のしくみは、図のように、まずイクリオンがカルシウムと結合して青い色を出すが、その光のエネルギーをGFPが吸収することで緑色の蛍光を発する。

GFPは、タンパク質（アミノ酸238個）からなる発光物質であり、外部から青色光や紫外線を当てても発光するため、顕微鏡を使ってその位置を確認することができる。1990年代にGFPの遺伝子の塩基配列が解読されると、

オワンクラゲの発光の仕組み

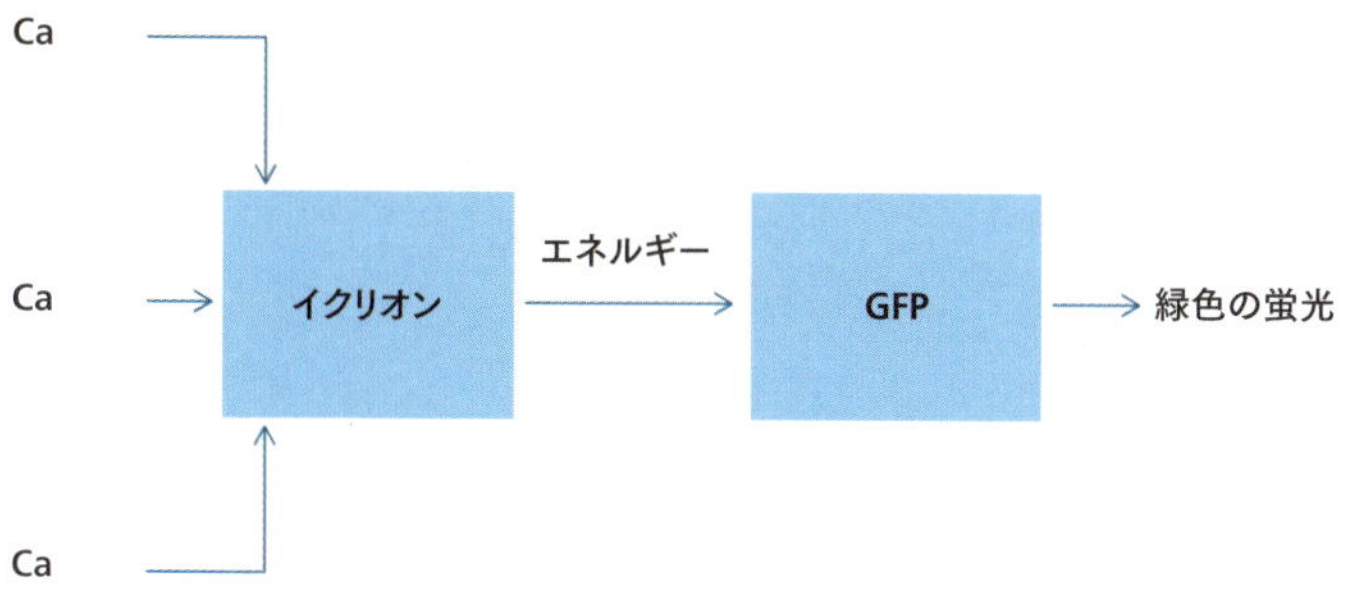

GFPの遺伝子を他の生物の遺伝子に組み込み、生物を生かしたままタンパク質や細胞、組織を発光させて観察することが可能になった。最近では、**カイコ**にGFPを組み込み、光る絹糸をつくることにも成功している。

GFPは、医療現場などでもマーカーとして応用され、腫瘍が増殖しているか、神経障害であるハンチントン病が脳細胞にどのように広がっていくかなど、それ以前には見えなかった生物学的な過程を視覚化できるようになった。最近では、**iPS細胞**の研究において、目的とする細胞に変化させることができたか否かの確認に、この技術が使われている。現在では、緑色以外の蛍光を発するタンパク質も開発されている。

DNAシークエンサー

Automated DNA-sequencing instruments

DNAは糖、リン酸、塩基の3つの要素からなり、遺伝情報はそのうちの塩基に含まれている。4種類の塩基（A、T、G、C）の並び順を決定することを**DNAシークエンシング**（DNA sequencing）という。

このDNAシークエンシングには、これまで2つの手法が提案されている。1つは、1本鎖にしたDNAを化学的に断片化して塩基配列を読み取る**マクサム・ギルバート法**（Maxam-Gilbert method）である。もう1つは酵素的な手法で、DNA鎖が複製される反応が、ジデオキシヌクレオチド三リン酸によって停止することを利用する**サンガー法**（Sanger method：**ジデオキシ法**）である。

いずれの方法もさまざまな長さのDNA断片が生じ、こ

れを電気泳動にかけると、1塩基ずつ長さの違うDNAが分離されて、階段状に並ぶため、これを読み取り塩基の配列を決定する。

広く普及しているサンガー法の原理に基づき、DNAの塩基配列がどのような順序で並んでいるか自動的に読み取る装置が**DNAシークエンサー**である。1台で1日に数百万個の塩基を解読できる高性能のDNAシークエンサーもある。このような装置では、電気泳動からクロマトグラムの出力まで、全て自動的に行われるようになっている。

一方、目的とするDNAの塩基配列を合成する**DNAシンセサイザー**（DNA synthesizer）という装置もある。

PCR
Polymerase chain reaction

ポリメラーゼ連鎖反応、複製連鎖反応ともいわれる。ごく微量のDNAを100万倍程度まで増幅でき、DNA鎖の特定の部位のみを繰り返し複製する手法であり、**PCR法**とよばれる。DNAを解析する場合、同じ配列を有する多くのDNAが必要であり、従来はDNAを増幅するため目的のDNA断片を**プラスミド**や**ファージベクター**に取り込み、それを大腸菌に導入して大腸菌とともに増やすことにより目的DNAを得る**クローニング**とよばれる手法しかなかった。このPCR法の登場によって、試験管内で酵素の力だけで短時間にDNAを大量に増幅することが可能となった。

「PCR法」は遺伝子組み換え実験の基礎技術の一つであり、遺伝子配列の決定や遺伝子の定量など、遺伝子研究の基本技術として確立されている。増幅に要する時間が2〜3時間程度と短く、しかもプロセスが単純で、全自動の卓上用装置で増幅できる。現在の**DNA鑑定**では、個人のDNAの特定領域（1000塩基程度までの長さ）を10〜100万倍に増幅・分析できるPCR法が主流となっている。また、PCR法は犯罪捜査や親子鑑定などのDNA鑑定、DNA診断、病原性微生物の特定や体内の変異遺伝子の特定などに利用されている。さらに、琥珀に閉じ込められた古い生物の遺伝子の増幅など、分子古生物学の分野でも応用されている。

PCR法は、上図のように異なる温度で行われる次の3つの反応の繰り返し（通常20〜30回）ステップから成る。

①増幅したい2本鎖DNAの解離
②**プライマー**（Primer）を1本鎖DNAに付着
③耐熱性DNAポリメラーゼによる相補鎖合成

ステップ①では、2本鎖DNAの解離は95℃程度に反応液を加熱して行われる。プライマー（20〜30塩基対の短いDNA断片）は、多くの場合、既知の遺伝子に特異的な塩基

PCR法の原理

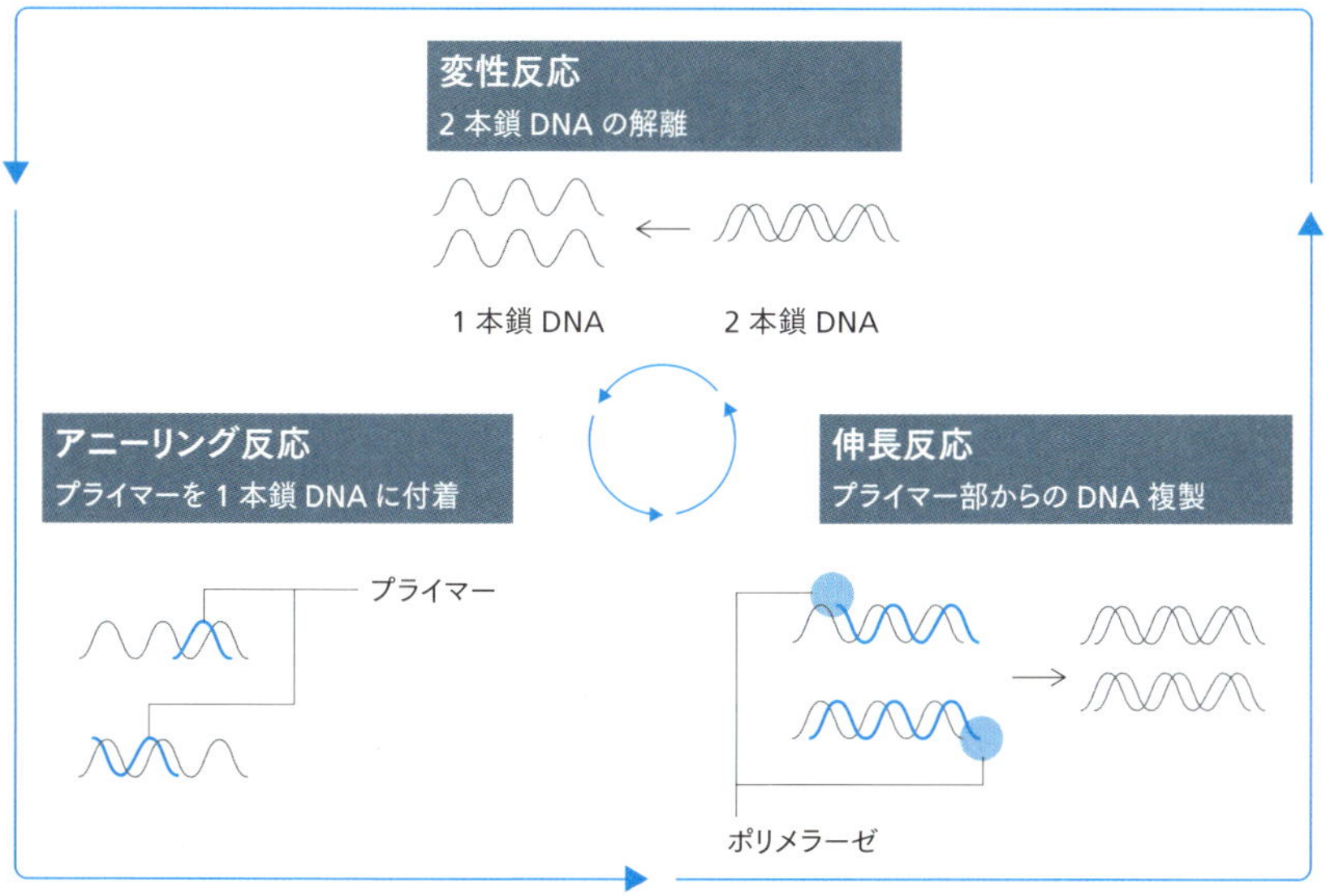

配列を持つオリゴヌクレオチドが用いられ、増やしたい部分の両端に結合する塩基配列を持つ。

ステップ②では、温度を50～60℃に下げると、プライマーは、1本鎖DNAと再結合して生物活性をもつ2重らせん構造になる（アニーリングという）。

ステップ③では、温度を72℃程度に保ち、比較的高温で働くDNAポリメラーゼを利用して、プライマー部からのDNAの複製を行う。再び、高温処理してステップ①からの反応を繰り返す。反応を1サイクル繰り返す度にプライマーにはさまれる特定のDNA領域は2倍ずつになる。

アガロースゲル電気泳動

Agarose gel electrophoresis

DNA、RNAやタンパク質などの生体分子はマイナスの電荷を持っているため、電場をかけるとプラスの方向に移動する。そこで、寒天のようなゲルをつくり、そのゲル内で生体分子を泳動させると、分子の大きさや形態によってゲル粒子のすきまを移動する速さが異なるため、移動度によって分子の混合物を分離できる。この手法が**電気泳動**であり、ゲルとして**アガロース**（寒天）を用いるものが、「アガロースゲル電気泳動」である。この方法は、分子が比較的大きな核酸の分離に適しており、小さなRNAや小さなDNA断片などの分離には、あまり適さず、その場合は**ポリアクリルアミドゲル**が用いられる。

　アガロースゲル電気泳動では、ゲル内のDNAは目に見えないため、電気泳動用の緩衝液に色素である**エチジウムブロマイド**を添加しておくか、電気泳動後にゲルをエチジウムブロマイドで染色し、紫外線照射することによって、ゲル中のDNA断片を蛍光観察することが可能になる。**サザンブロット**（Southern blot）では、アガロースゲル電気泳動で分離したDNAをメンブレンに移した後、放射性標識したプローブを使って、特定のバンドだけが見えるようにする。

回 電気泳動の原理

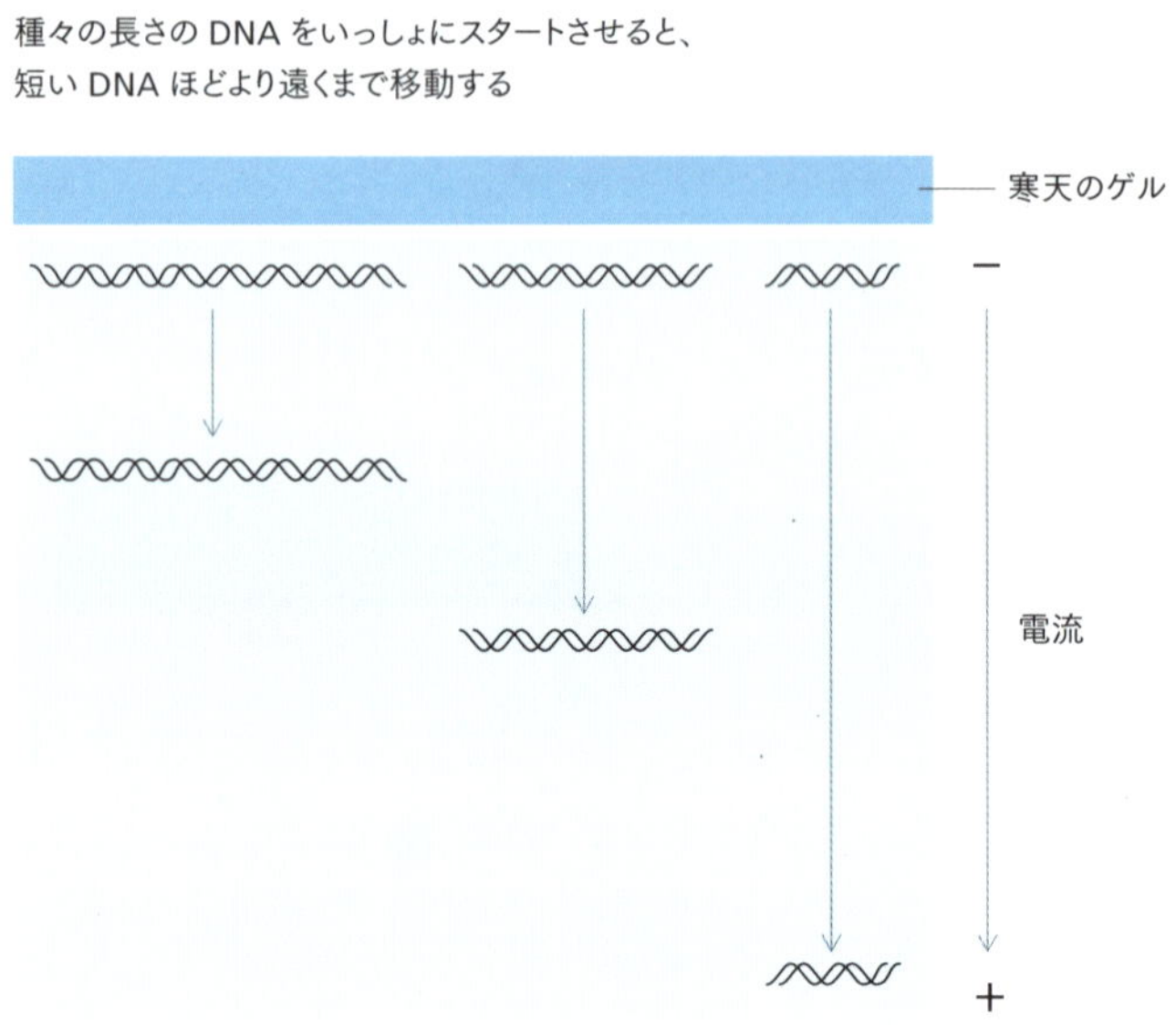

種々の長さのDNAをいっしょにスタートさせると、
短いDNAほどより遠くまで移動する

RNA干渉
RNA interference; RNAi

タンパク質に翻訳されるべき情報を持たない短い数十塩基ほどの小分子RNAがある。その機能は、長い間不明であったが、その中にはsiRNA（短い2本鎖の阻害的低分子RNA）といって、主として二本鎖の形で存在し、転写や翻訳を調整する機能があることがわかり、このしくみを「RNA干渉」という。

　この現象は、1998年に**線虫**を材料にしたRNAによるタンパク質合成の制御に関する実験によって発見された。この現象を発見したアンドリュー・ファイアー（Andrew Z.Fire）とクレイグ・メロ（Craig C.Mello）は、2006年にノーベル生理学・医学賞を受賞した。

　RNA干渉から人工的にsiRNAを合成し、特定の遺伝子の発現を人為的に調節する技術が開発され、遺伝子治療など医学や農業への応用が期待されている。

遺伝子サイレンシング

Gene silencing

遺伝子組換え技術の問題点の一つであり、導入遺伝子が発現しなかったり、発現してもその発現量が世代を経るとともに低下して抑制され、やがて導入形質の発現がなくなる現象である。

この現象は、1990年に植物において初めて報告された。濃い色の花を人工的に作成するため、ペチュニアに紫色の色素合成に関与する遺伝子を導入したところ、予想に反して白色の花が得られた。

これは、遺伝子導入によって過剰発現した遺伝子が、元来保持していた色素遺伝子の発現を抑制したと考えられた。

がん疾患の場合、がんが発生した組織・臓器のがん細胞と正常細胞を比べると、正常細胞では発現が抑制されている遺伝子が、がん細胞では発現し、逆に正常細胞では発現している遺伝子が、がん細胞では抑制されていることが報告されている。

このように、遺伝子発現の異常とがんの発症には何らかの関連があると考えられている。

また、糖尿病など生活習慣病においても、遺伝子の発現・抑制の異常が疾病の発症に関係があるのではないかと考えられている。

遺伝子サイレイシングは、現在、ゲノムDNA自体の変化（変異）を伴わないで生じる遺伝子抑制として、さまざまな研究が行われている。

DNA鑑定

DNA profiling, DNA testing

体細胞の中にある**DNA**（デオキシリボ核酸）の塩基配列や繰り返しのパターンが個人によって異なることを利用し、同じ配列の出現頻度から個人を識別する方法である。

1985年に英国・レスター大学のアレック・ジェフリーズ（Alec Jeffreys）博士が指紋と同等の識別能力を持つ**DNAフィンガープリント**という手法の発表に始まる。

DNAには、内臓など人間に必ず必要な部分を作るためのタンパク質になる**エクソン**（意味のある部分）はわずか5～10%程度であり、その塩基配列は、基本的にどんな人でも同じである。**イントロン**（意味の無い部分）と名付けられた残りの部分は、塩基配列に一人ずつ違う部分があり、この違いを個人識別に利用しているのが、現在の最も一般的なＤＮＡ鑑定法である。

　鑑定の方法は、ＤＮＡを**制限酵素**（塩基の特定の部分を切る一種のハサミで、何種類もある）を使って切断し、その部分の長さを機械で分類、比較するのが基本である。ＤＮＡの目的とする領域部分を大量に増幅する**PCR**が導入されて以来、検査対象が飛躍的に拡大した。

　塩基配列の繰り返しのパターンの領域の数を多くするほど精度が上がり、日本では２００６年11月から、ゲノムの中の17箇所を測定することにより、約4.7兆人に一人の確率で識別することが可能になった。しかし、試料が古かったり、腐ったり、異物が混入すると、鑑定結果の信用性は無くなる。

　ＤＮＡ鑑定の利用範囲は、既にビジネスとして定着した親子鑑定や犯罪捜査（現場に残された血痕、体液、毛髪などから検出）から、広がっている。日本人と他の民族との近縁度を調べたり、農産物の品種やマグロの種類などの識別、モーツァルトやコペルニクスなどの偉人の遺体確認などにも使われ始めている。警察庁は、容疑者のＤＮＡ型データベースの運用を２００４年12月に始めている。２０１０年末時点の登録件数は、容疑者分が約11万９千７５４件に上っている。データベースを活用し、09年末までに７千８７６事件で、５千９３８人の容疑者が確認された。

　一方で、個人の遺伝情報にかかわることであるが、日本ではＤＮＡ鑑定の使

エクソンとイントロンからなるDNA

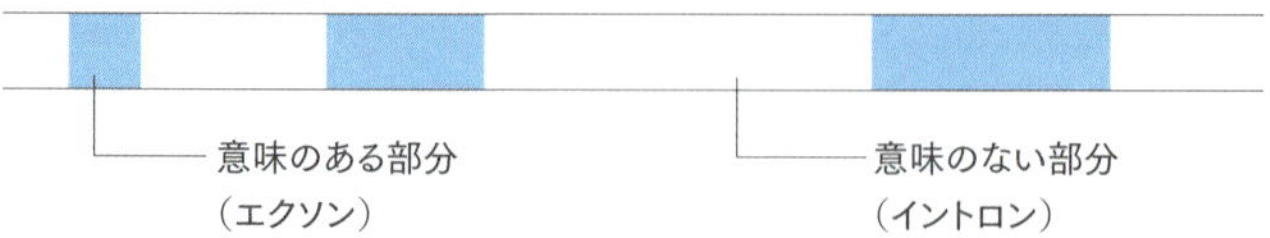

DNA鑑定の多様な利用法

- 犯罪捜査
- 親子鑑定
- 野生生物の生態解明
- 人類の祖先の解明
- 食品の偽装表示の判定
- 偉人の遺体確認
- 人の健康にかかわる鑑定

DNA鑑定の手順

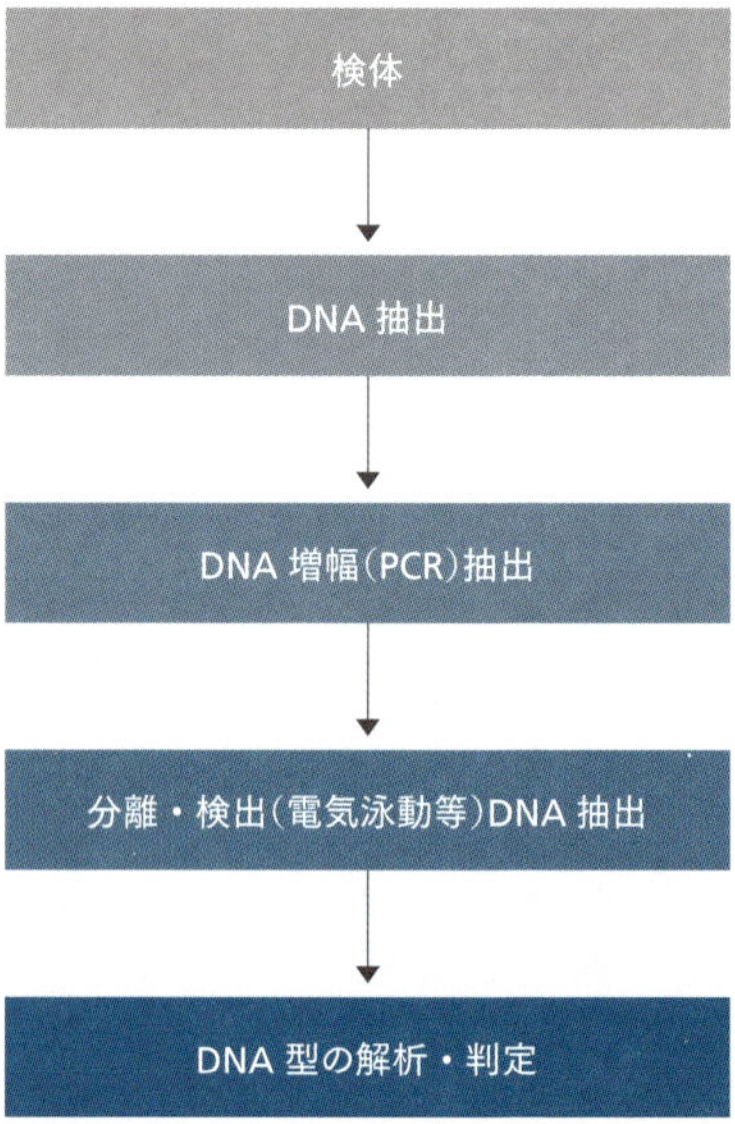

い方の議論が不十分であり、現在の技術をどのように社会に役立て、適切に使うか厳しく問われる時代になっている。

遺伝子診断［DNA診断］

Gene diagnosis

遺伝子の異常が原因となる疾患である遺伝病や悪性腫瘍、糖尿病などを対象として、血液などのサンプルから遺伝情報を担うDNAを検査することで疾病か否か、また将来の発症を予測する診断である。大きく分けて、「感染症」、「がん」、「生まれながらの遺伝子の変化による病気」の3つを診断することが可能である。人間の遺伝情報**ヒトゲノム**の解読が完了し、ヒトに共通するゲノムの標準的な構造が分かったことで、逆に個人の差を決めるDNAの塩基配列の違いも調べられるようになったことが背景にある。

最近は感染症を引き起こすウイルスや細菌も重要な対象になっている。さらに、患者個人個人に適した薬物を投与する**テーラーメイド医療**の道も開かれ、特に副作用の軽減が期待されている。

遺伝子診断には、通常ゲノムDNAが利用されるが、mRNA（メッセンジャーRNA）から試験管内で作製されたcDNA（コンプリメンタリーDNA）なども用いることができる。PCR法の開発によって、ごく微量の細胞や組織からの遺伝子診断が可能になった。

遺伝子異常を特定できれば病名を確定でき、病気の経過や治療効果の予測に役立てる。また、遺伝性の疾患の場合、患者の発症前の家族や出生前の胎児について、発症の可能性予測や保因者であるか否かの診断ができる。しかし、遺伝診断の情報が第三者に利用され、個人の不利益になる恐れもあり、厳重な診断結果の管理が必須である。

一方、遺伝子診断の結果、異常のある遺伝子を修復する技術はまだ確立されていない。

現在の**遺伝子治療**は、異常のある遺伝子はそのままにしておき、ウイルスなどを媒介として、正常に働く遺伝子を細胞に入れて欠損したり低下した機能を補充するものが主流である。世界の遺伝子治療の60～70％はがんを対象として、がんを抑制したり攻撃したりするタンパク質をつくる遺伝子を注入するのが代表的な手法であるが、顕著な治療効

図 遺伝子治療のイメージ

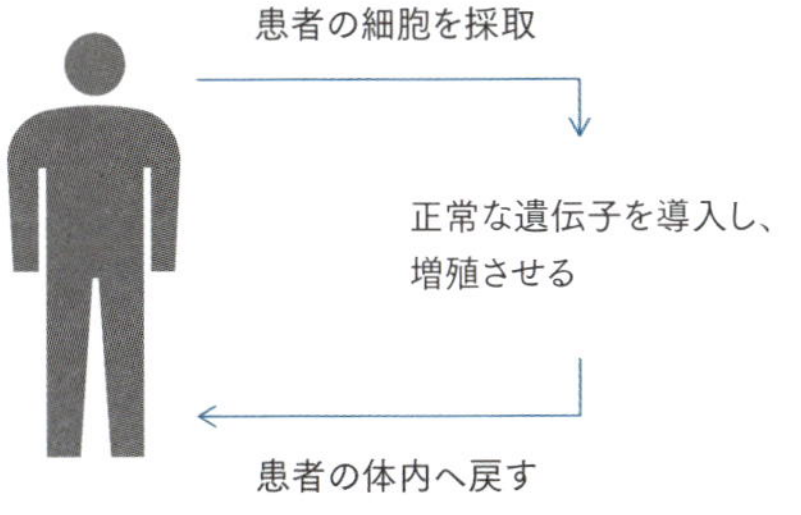

果は未だ出ていない。より画期的なDNA導入法の開発が期待されている。

スニップ［一塩基多型］ Single nucleotide polymorphism, SNP

ヒトゲノムを構成している化学物質である塩基配列は、1000～2000個に1個の割合で個人ごとに違っており、これが病気のかかりやすさや薬の効き方、副作用などの体質に影響していると考えられている。

たとえば、人の第12番目の染色体にある〝酒酔い遺伝子（アルデヒド脱水素酵素ALDH2）〟とよばれる部分があるが、酒に強い欧米人などの場合の塩基配列は、－ATACACT－**G**－AAGTGAA－であるが、アジア人のように酒の弱い人は、－ATACACT－**A**－AAGTGAA－と1つの塩基だけが異なる。このように遺伝子の塩基配列が1箇所だけ違っている状態を「スニップ」（SNP）といい、全ゲノム中には300～1000万箇所もあるといわれる。

2002年に日本で先端的な肺がん治療薬として承認された**イレッサ**は、SNPの違いで効果が高い患者がいる一方、重度の副作用が生じる患者もいることが明らかになっている。SNPの活用が広まれば、以前、副作用が強く製品化が断念された薬や使用が禁止になった薬でも一部の患者には安全に使用できる可能性がある。

現在、SNPを系統的に調べてデータベース化し、患者の体質などに合わせて最適な投薬や医療方針を選ぶ方法は、**テーラーメイド医療**と呼ばれ、わが国や欧米で導入を目指している。

これを可能とするには、SNPを迅速に分析できる方法の開発がきわめて重要である。

テーラーメイド医療 Tailor-made medicine

オーダーメイド医療（Order-made medicine）ともいわれる。近年のヒトゲノム解析の進歩に伴い、遺伝子の個人差によって病気のかかりやすさや症状の現れ方、医薬品の効果や副作用が異なることが明らかになってきた。1990年代の中頃から欧米を中心に盛んになってきた予防や治療、投薬を行う医療である。

具体的には、

①個人の体質を遺伝子検査などから調べる。医薬品の有効性や副作用の出ない量などを調べることができる。

②個人にとっての医薬品の有効性や、副作用が発現する可

能性が最小となるように、医薬品の種類や投与量、投与方法などを決定する。

という手順で行われる。

しかし、わが国では**テーラーメイド医療**が実現するまでには、多くの課題がある。DNAや血清がバイオバンクと呼ばれる機関に集められ、研究が進められている。DNAや血清は重要な個人情報であり、きちんと**インフォームドコンセント**のとれた場合にのみ採取が可能である。また、ゲノムの個人差と体質の個人差との関係を、あらかじめ調べておく必要がある。個人のゲノム情報の取り扱い方が最も重要な課題である。

DNAマイクロアレイ［DNAチップ］

DNA microarray

ガラスやプラスチック、半導体の基板の上に特定のDNA（病気に関連したもの）を貼り付けたもので、**遺伝子検査**をするための小型器具である。その大きさは手のひらサイズ（数cm角）である。

微量の血液からがんや感染症などの病気の有無などを迅速に測定できる（早ければ10分以内）。DNAマイクロアレイによる遺伝子検査は、患者の血液を少量とり処理してDNAマイクロアレイにたらすと、病気の目印となるDNAと結合するか否かで判定する。従来は数時間から1日かかっていた検査時間が、現在、早ければ10分程度で正確に検査できる。現在、遺伝子検査が医療現場で普及する重要な道具として期待される。

DNAマイクロアレイの応用分野は非常に多岐にわたる。がんの症状の診断や、また、大規模な患者群からDNAマイクロアレイの発現パターンを集め、ある病気や体質に特有なパターンを見い出し、病気の診断や治療に役立てたり、遺伝子組換え作物の特定や親子鑑定などにもDNAマイクロアレイが活躍すると期待されている。

細胞シート

Cellular sheets

生体内のさまざまな組織、臓器の細胞を取り出して、培養し細胞がシート状に広がったものである。**再生医療**の重要な要素技術の一つとして、既に臨床応用段階にある。

細胞シートは移植用組織として、単独で使用したり、他の細胞からなる細胞シートと組み合わせて使用したり、さらには細胞シートを一枚で使用したり、複数枚の細胞シートを積層させて使用することで様々な形で利用が可能である。たとえば、心臓の機能が低下した場合に、健康な心臓の細胞からの細胞シートを心臓に貼ることで機能を回復できる可能性がある。

がん幹細胞

Cancer stem cell; CSC

遺伝子の変異によって生じるがんの最初の細胞。自己複製して無限に増え、またいろいろな細胞に分化できるという特徴をもっている。通常のがん細胞は、「がん幹細胞」が分裂してできたものであり、何度か分裂すると死滅するが、がん幹細胞はなかなか死滅せず、がん再発の要因とみられている。

がん幹細胞の存在は、１９９７年、白血病の血液細胞の中に正常なヒトの造血幹細胞の形質をもつ細胞集団が存在し、それが大部分の白血病細胞の供給源であることがジョン・ディック（John E. Dick）らによって発見・証明された。

がん幹細胞は、その後、乳がんや悪性脳腫瘍にも存在することが分かり、現在は肝臓がんや胃がんなどその他のがんでも研究が進んでいる。その結果、がん幹細胞を標的としたあたらしい治療が確立すれば、がんの根本治療が実現すると考えられている。

ティッシュ・エンジニアリング

Tissue engineering

「生命科学と工学の原理・技術を使って組織の機能を再生・維持・修復することを目的とする、生物学的な代用品を開発する学際的な研究分野」と定義される新しい研究分野である。１９９３年に化学工学者のロバート・ランガー（Robert Langer）と外科医のジョセフ・バカンティ（Joseph Vacanti）によって提唱された。

日本語で再生医療ともいわれることがあるが、高性能の人工臓器や組織の創生などを目指した応用研究分野の１つとして注目されている。例えば歯科では、抜歯、インプラント等でできた傷の治癒を早めるのに役立つといった効果がある。

再生医療

Regenerative medicine

生物の中には、体を再生する能力を有するものがある。たとえば、イモリは前足を失ってもわずか４ヶ月で指まで完全にはえてくる。この再生力は、これまでイモリやトカゲなどの特別な生き物だけが持っていると考えられてきた。しかし、今、人間にも同じように手足などを再生する能力が眠っていることが分かってきた。

事故や病気によって失われた体の細胞、組織、器官の再生や機能の回復を目的とした医療を「再生医療」という。これまでの広義での再生医療の例としては、運動学などを生かしたリハビリテーション、義肢や人工関節、人工血管、皮膚移植や骨髄移植、**臓器移植**といった生きた細胞を使った細胞移植があげられる。

しかし、臓器移植では、移植を待つ患者の数に対する圧倒的なドナー（臓器提供者）の不足や臓器移植の後に拒絶反応を抑えるために使われる免疫抑制剤の副作用などの多くの問題がある。そこで、現在、全ての細胞に変化できるヒトの**胚性幹細胞**（ES細胞）の分離培養技術の確立が研究されている。さらにヒトの**人工多能性幹細胞**（iPS細胞）作製法の開発も進められている。

iPS細胞を使うと、理論的にはあらゆる細胞が作製でき、患者本人の細胞などをもとに臓器や組織を作って移植することが可能になる。これによって、免疫拒絶反応もほとんど起こらず、患者の**クオリティーオブライフ**（QOL）の向上につながると考えられている。

米国では、ある物質（豚の膀胱の組織から作られる細胞外マトリクス）をふりかけると、切断された指が、再生したことが報告されている。その詳しいメカニズムはまだ不明であるが、

再生力を持つ骨髄にある幹細胞の活性化によるものと推定されている。米国軍では、戦場で負傷した兵士の治療にその物質を用いる再生医療が試みられている。

一方、再生医療は、**生殖医療**との組み合わせによっても急速に進んでいる。子供の病気を治すために、別の赤ちゃんが作られ幹細胞が採取されて移植されている。こうして誕生した子は「救世主兄弟（savior sibling）」と呼ばれ、米国を中心に既に200人以上生まれている。体外受精によって受精卵を複数作り、兄姉と遺伝子が適合するものだけを選び出して妊娠・出産する。さらに、人の幹細胞を使って、豚の体内でヒトの肝臓を作りだす研究も進められている。

このような幹細胞から思い通りに目指す細胞、組織、

図 再生医療に用いられる幹細胞

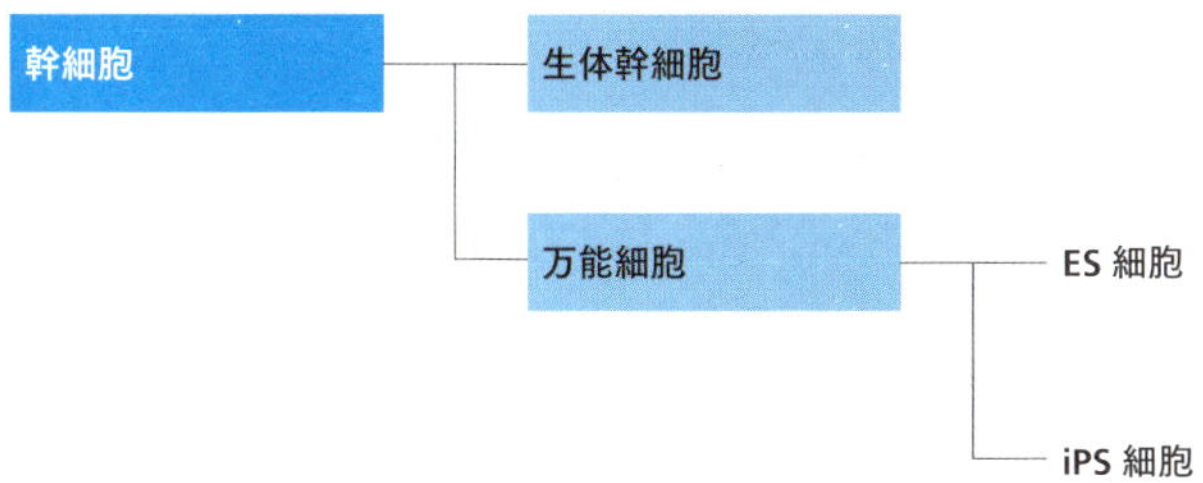

器官を作り出すことができるようになれば、**細胞移植**という技術が生まれると期待されている。現在、再生医療技術は、世界各地で驚異の治療を実現させているが、同時に道徳的・倫理的な面で英国などでは大きな議論を巻き起こしている。

幹細胞

Stem cell

人間の体はおよそ200種類、60兆個の細胞からできているが、もともとは1個の細胞、受精卵が分裂してできたものである。**受精卵**は細胞分裂を繰り返し、さまざまなタイプの細胞に姿を変えていく。その変身の途中の段階の細胞が「幹細胞」である。

幹細胞は、脳、骨髄、皮下脂肪など体のいろいろな場所で見つかっており、体の「自己複製」と「多分化（他のタイプの細胞に変化）」の機能を兼ね備えている（図参照）。胚からの**胚性幹細胞**（ES細胞）、成人からの**成体幹細胞**、胎児からの**胚生殖細胞**などがある。

成体幹細胞とは、骨髄や血液、目の角膜や網膜、肝臓、皮膚などの組織の中から採り出される分化する前の状態の細胞である。組織内には、その組織で特定の働きを担うために既に分化し終えた細胞が多数存在しているが、中には分化する前の未分化の細胞、すなわち幹細胞が混じって存在している。その幹細胞は、特定の組織に分化することができ、多くの治療に生かされ、白血病などの治療に必要な骨髄幹細胞などが代表的な例である。

既に美容の世界では、腹部の脂肪から採取した幹細胞を注射して顔のシワを消したり、幹細胞による豊胸手術などが行われている。また、将来の病気や老化に備えるため、若い頃の幹細胞を冷凍保存して将来に備える幹細胞バンクが米国などでつくられている。

幹細胞の特徴

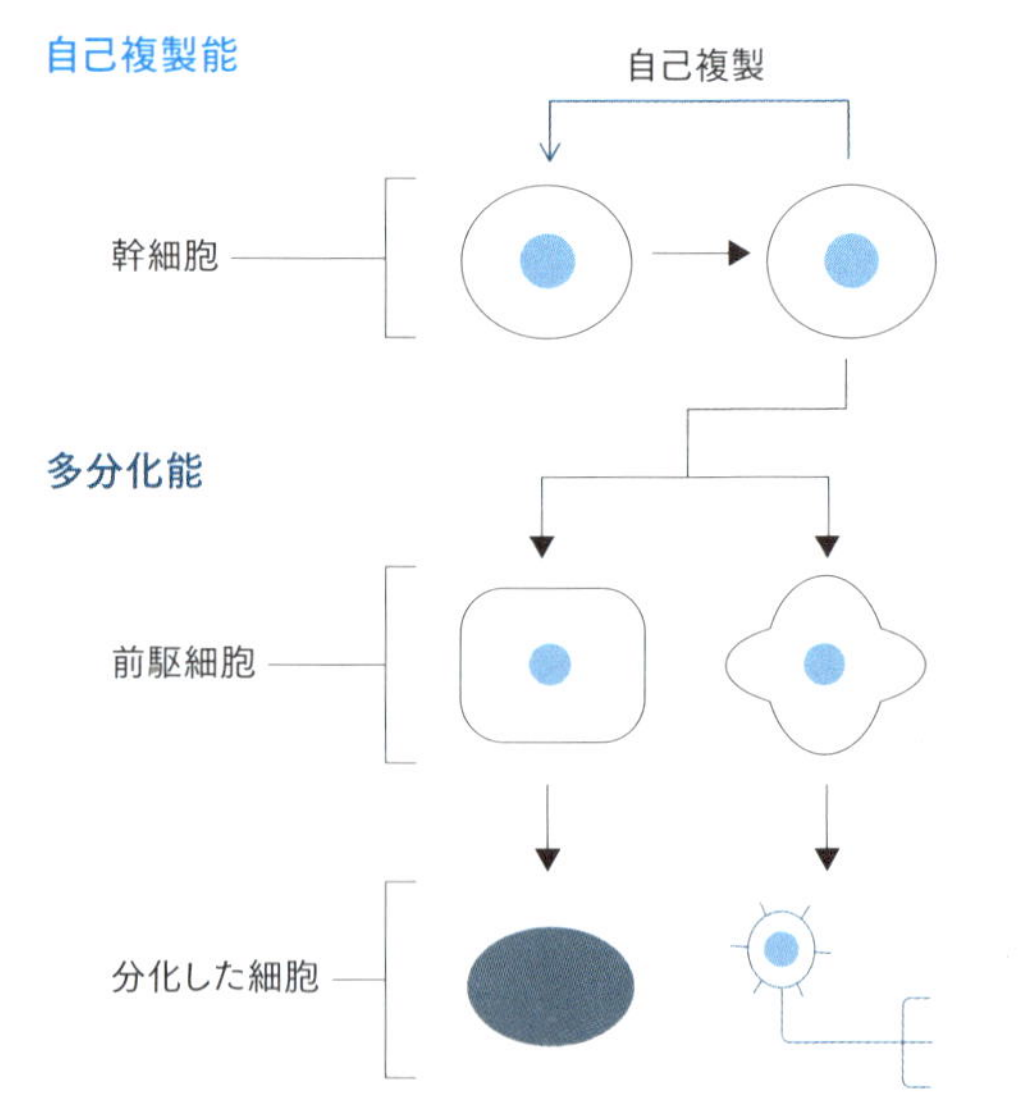

万能細胞 Pluripotent stem cells

人間を含め動物の体のさまざまな組織・臓器に成長できる能力を持つ細胞を「万能細胞」という。現在、万能細胞を作製するには、2つの方法がある。受精卵を壊して作る**ES細胞**（胚性幹細胞）と皮膚や毛髪などの細胞に遺伝子を導入して作る**iPS細胞**（人工多能性幹細胞）である。

万能細胞から組織・臓器を作れば、病気の根本治療を目指す再生医療に役立つほか、一部の動物実験の代替になると期待されている。しかし、再生医療などへの実用化にあたっては、安全な万能細胞を作製し、目的の細胞に純度を高く分化させ、患者の体内で機能させるといった様々な課題がある。

ES細胞［胚性幹細胞］ Embryonic stem cell

動物の体は、**受精卵**の遺伝子からさまざまな細胞に分化し、組織となっていく。この万能性をもつ細胞が胎児のもとになる「ES細胞」であり、臓器細胞や神経細胞を作り出す方法が研究されている。不妊治療などで不要となった受精卵などから作製される。従来、ES細胞を継代培養することは難しかったが、**フィーダー細胞**（支持細胞）を用いることで可能になった。ES細胞の研究の歴史は長く、元々が受精卵であるため自然の発生過程と同様の変化を示すと考えられている。

ES細胞は、細胞分化などの基礎研究だけでなく、再生医療などへの実用化への貢献が期待されている。しかし、ヒトの場合、これから成長する生命のある受精卵を使うという意味において倫理的な問題を抱えている。拒絶反応を少なくするため、患者の遺伝子を有するクローンES細胞の研究も進められている。

iPS細胞［人工多能性幹細胞］ Induced pluripotent stem cells

ES細胞とならぶ新型の**万能細胞**の一つであり、2006年に京都大学の山中伸弥教授のグループが世界で初めてマウスのiPS細胞を製作し、その後、ヒト細胞でも成功した。

この細胞は、患者本人の皮膚などの細胞を培養して多機能細胞となる4種類の遺伝子を導入することで、細胞を受精卵のような初期の状態にリセットしたものである。人体を作る上で必要な骨、皮膚、臓器など様々な細胞や組織に成長する能力を持っている。この多能性幹細胞を臓器へと分化させ、患者本人の細胞から作られた臓器を移植すると、拒絶反応が起きないため、再生医療や副作用の少ない創薬への応用が期待されている。

しかし、このｉＰＳ細胞を作る過程で遺伝子を送り込むとき、元の細胞中の遺伝子を傷つけ、**がん細胞**となる危険性がある。いかに安全なｉＰＳ細胞を選び出すことができるか、また、医療応用には異物の混入などを防ぐ工夫が必要など、臨床応用には課題も多い。最近、がん化の問題を回避するため、遺伝子を使わずに、タンパク質や化学合成した物質によって安全性の高いｉＰＳ細胞を作る研究が世界中で進められている。

ｉＰＳ細胞には、糖尿病などの治療薬、がんや**アルツハイマー病**などの病気の解明、脊髄損傷などの再生医療などの分野で期待が寄せられている。その中で最も実用化に近いとされているのが、運動神経が侵される**ＡＬＳ（筋萎縮性側索硬化症）**などの難病治療薬の開発である。

iPS 細胞の培養法

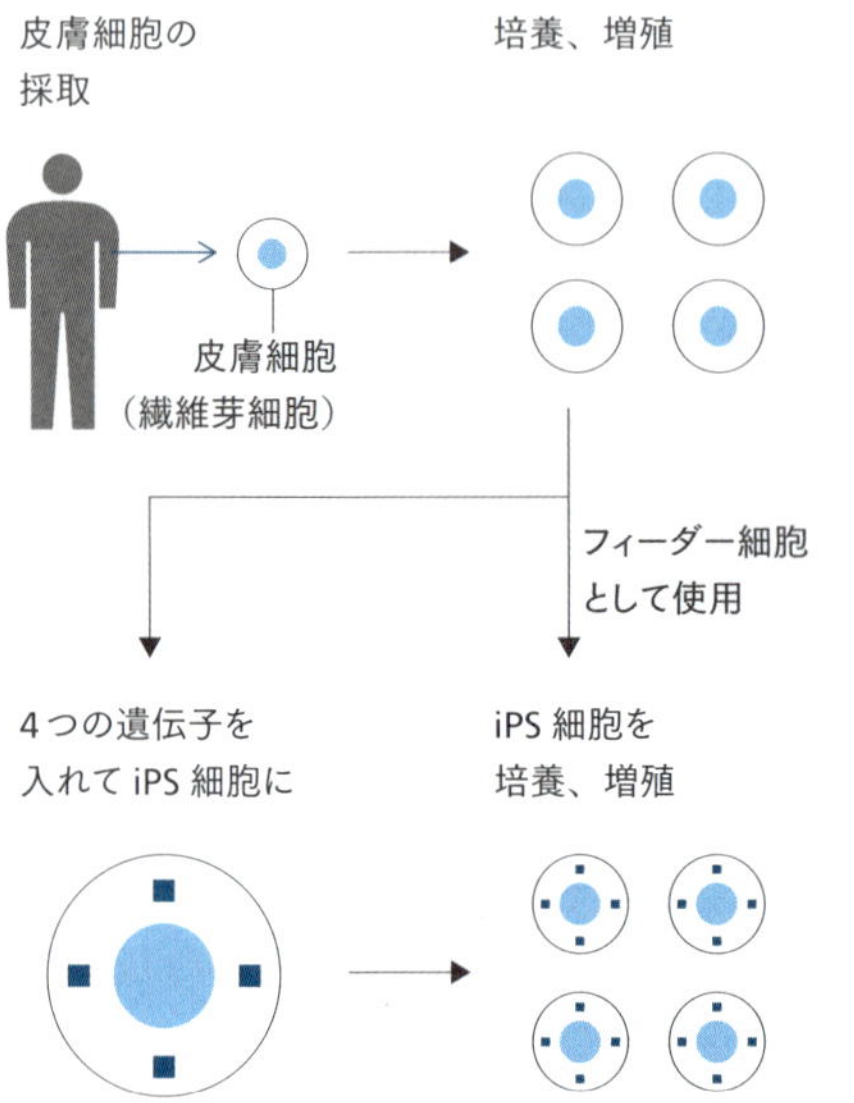

ｐ53遺伝子

p53 gene

人間の23対ある染色体の17番目にあたる遺伝子であり、**がん抑制遺伝子**の1つとして最も重要視されている。名前の由来は、ｐはタンパク質（プロテイン）の略で、分子量53kDのタンパク質であることによる。

この遺伝子はすべての脊椎動物にあり、イカや二枚貝にも存在しているが、大腸菌や酵母などの単細胞生物にはないと考えられている。

細胞は、細胞分裂によって増殖・分化するが、老化や異常によって機能が果たせなくなると、ｐ53が働き、**アポトーシス**（プログラム化された細胞死）と呼ばれる細胞消去が起きる。ｐ53は、このアポトーシスを起こし、細胞分裂を停止してＤＮＡを修復するタンパク質を作り、がん化を防いでいる。

　ｐ５３はがんを抑制するだけでなく、**老化**も制御している。しかし、ｐ５３遺伝子が変異すると、がん化細胞のアポトーシスが抑制され、さらにがん化が進展する。また、この遺伝子は、心不全を引き起こすといった性質もあることがわかっている。がんの治療においては、ｐ５３遺伝子をがん細胞へ導入する遺伝子治療の進展が期待されている。さらに、**ｉＰＳ細胞**の作製においてもｐ５３の働きを制御することが重要であることが明らかになってきている。

テロメア
Telomere

　染色体の両末端に存在する構造であり、ヒトの場合はＴＴＡＧＧＧ、テトラヒメナではＧＧＧＧＴＴのような塩基配列からなる数百～数千の繰り返し配列部分を「テロメア」という。
　テロメアの長さは細胞の**老化**と密接な関係があり、ＤＮＡが複製するたびに短縮していく。したがって、老化した細胞は若い細胞に比べてテロメアの部分が短くなっており、テロメアがある程度短くなると、細胞は分裂できなくなる。

■テロメアの構造

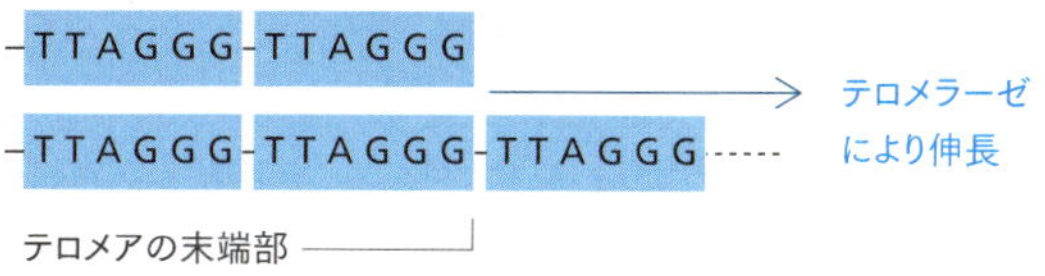

　テロメアの長さは、短くなるテロメアを元に戻す**テロメラーゼ**(telomerase)という酵素により制御されているが、ほとんどの人の細胞はこの酵素が欠落しているため、染色体のテロメアは短縮し細胞が老化してやがて死に至る。遺伝子導入によってテロメラーゼを発現させた細胞では、正常細胞の分裂回数を超えて分裂を続けることが確認されている。
　一方、テロメアの塩基配列は、生物種間でよく保存されていて、核酸分解酵素から染色体構造を保護する働きや、染色体の末端同士が融合することを防いでいる。
　２００９年のノーベル医学生理学賞は、米カリフォルニア大のエリザベス・ブラックバーン(Elizabeth Blackburn)教授、ジョンズ・ホプキンズ大のキャロル・グレイダー(Carol W. Greider)教授、ハーバード大のジャック・ゾスタック(Jack W. Szostak)教授の3氏が受賞した。その受賞理由は「寿命のカギを握るテロメアとテロメラーゼ酵素の仕組みの発見」であった。最近では、**新型万能細胞**(iPS細胞)を作製する際にテロメラーゼを加えると効率が上がるという報告もある。

モノクローナル抗体［単クローン抗体］

Monoclonal antibody

抗体は病気の診断などにも用いることができるが、動物の血液中には無数の異なる抗体が存在しているため、この中から目的とする抗体だけを取り出すことは、きわめて困難である。しかし、特別な細胞系を用いて、目的とするただ1種類の抗体を作製したものを「モノクローナル抗体」という。この抗体は、生物体の微量成分の検出や診断試薬、**腫瘍マーカー**、免疫的精製法、潜在的治療薬などとして広く使われるようになっている。

モノクローナル抗体の生産は、一つの抗体を生産するB細胞と一つの骨髄腫（ミエローマ）細胞とをポリエチレングリコールで**細胞融合**して**雑種細胞**（ハイブリドーマ）をつくる。この雑種細胞は、単一の抗体を産生しながら無限に増殖するため、その抗体産生能の確認と選抜を繰り返し行うことによって、目的のモノクローナル抗体を安定的に生産する細胞融合株を得ることができる。

なお、従来の抗血清は多くの細胞から得られ、複数の抗原決定基に対する複数の抗体の混合物であり、ポリクローナル抗体とよばれる。精製した抗原を動物体に注射してもモノクローナル抗体を作ることは不可能であった。

バイオハザード［生物災害］

Biohazard

病原性微生物による感染や微生物の産生するアレルゲンや毒素などによって、人間や社会、環境が受ける汚染や災害などの危険性のことである。「バイオハザード」は、"biological hazard"が原語である。

バイオテクノロジーの発達、特に遺伝子組換え技術の急速な発展は、予期せぬ有害微生物の誕生やそれが外界に漏れる危険性を生じさせることになった。

日本では、国立感染症研究所が「病原体等安全管理規定」により、バイオハザードをその危険度によって4つのレベルに分類している。遺伝子組換えに関しては、「生物の多様性に関する条約のバイオセーフティに関する**カルタヘナ議定書**」に基づき、遺伝子組換え生物等の使用等の規制および施設の運用についての規定が設けられている。

バイオハザードの防止には、病原性微生物や感染性物質（病原体や検体、細胞毒性物質など）、遺伝子組換え生物などを扱っている実験施設から、外部にそれらが漏れ出さないように封じ込めておく必要がある。そのため実験室は、物理的封じ込めとしてP－1～P－4の4段階、生物学的封じ込めとしてB－1とB－2の2段階を組み合わせた実験指針が政府によって定められている。

分子イメージング
Molecular imaging

生体内で遺伝子やタンパク質がどのように働いているかを分子サイズで目に見えるようにする技術のことである。MRI（核磁気共鳴画像法）やPET（ポジトロン断層法）などの可視化装置を利用して、がんなどの早期発見に役立っている。

最近、より多くの情報を可視化する技術や画像の精度を高める研究開発が進められている。細胞内の代謝を担う分子の動きの画像化や、脳内での薬の挙動を解明し、治療効果に役立てるための研究など、臨床や創薬への応用が期待されているものがある。

ポジトロン断層法
Positron emission tomography; PET

ポジトロン（陽電子）の検出を利用したコンピューター断層撮影技術である。ポジトロンとは、電子と質量が等しいがプラスの電荷をもった素粒子のことで、放射性同位元素から放出される。

このPET検査では、生体内部の放射性トレーサーを観察して生体の機能をみる。この点が、外部からX線を照射して全体像を観察し、組織の形態（解剖学的な情報）をみるCT（コンピュータ断層撮影）との違いである。PETはこれまで、おもに中枢神経系の代謝レベルの検査・診断に用いられてきているが、最近、腫瘍組織の糖代謝レベルの上昇を検出することができるため、がんの診断に利用されるようになってきている。

この検査では、ブドウ糖に似せた薬剤を体内に注射し、薬剤ががん細胞に集まるところを観察する。がん細胞は、通常の細胞よりも多くのブドウ糖を摂取するため、その特性を利用して、薬剤が多く集まる位置を詳しく見ることで、がんの検査を詳しく行うことができる。

患者の放射性トレーサーによる被曝量はCTに比べて少ない。PET検査で体に受ける放射線の量は、胃のX線検査の半分程度であり、検査時に注射する薬剤は1日以内で放射能はなくなり、薬剤そのものもほとんど体外に出てしまうため、副作用の心配はほとんどないといわれる。

最近ではCTと一体化した装置（PET／CT）も開発されており、両方の画像を重ね合わせた情報による診断が主流になりつつある。

核磁気共鳴画像法

Magnetic resonance imaging, MRI

化学の分野で開発された**核磁気共鳴**（ＮＭＲ）の原理を医療に応用したものであり、生体内部の情報を視覚化する手法の一つである。

人間の身体を構成している物質の大部分には、水素の原子核が含まれるが、一定の強さの磁場の中に人体を置くと、この原子核が小さな電磁石のようになって、同じ方向にスピンするようになる。その水素の原子核の状態が元の状態に戻るまでの時間を測定して、その差をコンピュータで立体映像にしている。

先に医療現場で普及した**ＣＴ**（コンピュータ断層撮影）と類似した体内を輪切りにしたような画像が得られる。磁気を発生させた場に横たわってもらい、からだの中から信号を拾い出し、その必要な情報をコンピューターで処理する。被爆の心配がなく、脳の中や脊髄など、ＣＴでは観察が難しい部位の断面画像を撮影することができる。

ＭＲＩは骨の影響を受けないため、頭蓋骨で囲まれた頭部、脊髄、腰椎などのほか、血液の流れも調べることができる。脳梗塞、脳腫瘍、椎間板ヘルニア、子宮がん、血管の異常などの検査に適している。

コンピュータ断層撮影

Computed tomography, CT

ＣＴの原理は、レントゲン写真と同じであるが、レントゲン検査では、Ｘ線を身体に照射して、透過したＸ線の量の違いから、内部の画像を作り出す。それに対してＣＴは、検査機を身体の周りを一周させて、Ｘ線をさまざまな方向から照射し、その結果をコンピュータで処理して、立体的な映像を再構成する。

ＣＴは、臨床検査の手段として広く用いられ、特に骨の異常、出血性の病気などの検査に向いている。たとえば、**メタボリックシンドローム**で問題となる内臓脂肪と皮下脂肪の割合は、ＣＴスキャンで腹部の断面を画像化できる。

また、材料内部の欠陥や表面の微小な傷などを、被検査物を物理的に破壊することなく外部から検出する手法の**非破壊検査**にも使われている。最近では、エジプトでツタンカーメンのミイラのＤＮＡ鑑定とともにＣＴが調査に使われた。

なお、現在、広義のＣＴには、**ＰＥＴ**や**ＭＲＩ**などのコンピュータを用いて画像化する各種検査法の総称を意味することもある。人口１００万人当りのＣＴの日本の設置台数は96・1台（２００８年10月時点）であり、米国の34・3台やドイツの16・3台を大きく上まわり突出している（図参照）。MRIの100万人当りの設置台数もわが国は42・7台と、米国（25・9台）やフィンランド（15・3台）などよりかなり多く世界一である。日本は大病院だけではなく、中小病院や開業医が経営する診療所などでも患者を集めるため、この種の高額医療機器を積極的に導入しているが、一方では医療費が膨張する一因になっているとの指摘もある。

図 日本と外国のCT設置台数の比較

人口100万人当たりのCT設置台数

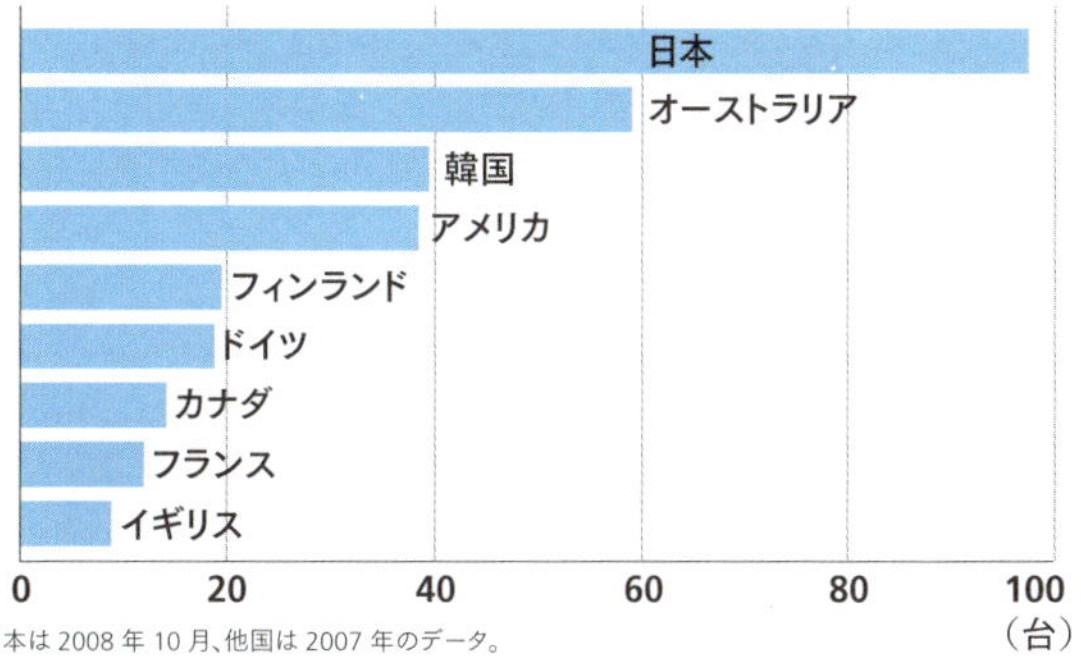

日本は2008年10月、他国は2007年のデータ。
出典：厚労省の「医療施設調査・病院報告の概況」、OECDの「Health Data 2009」

手術支援ロボット
Robot-assisted surgery

1990年代、米国で戦場で傷ついた兵士を米国本土や

空母から遠隔操作によって戦場で手術を行うという発想から開発が進められたものである。解剖学者としても著名なレオナルド・ダ・ヴィンチ（Leonardo da Vinci）から、〝**ダ・ヴィンチ**〟の名前が付けられている。

　2000年に米国で承認され、2010年までに欧米や韓国などで約1450台（日本は18台）が使われている。米国では前立腺がんの手術の70～80%がダ・ヴィンチで行われている。わが国では、2009年11月に販売が承認された。

　ダ・ヴィンチを使った手術では、執刀医は患者から2～3m離れた操作台に座り、内視鏡が映し出した3D画像を見ながら手元のコントローラーを手で操作し、足のペダルでメスに電気を流す。患者のそばに位置するロボットには4本の腕があり、腹部の小さな穴から挿入、先端に付いている内視鏡、メスやかん子で組織を切ったり縫ったりできる。コンピュータによって微小な手ぶれを補正し、執刀医の手首の回転や指先の細かな動きまで再現するようになっている。

　ダ・ヴィンチ手術は、前立腺がん以外の胃がん、食道がん、すい臓がん手術などにも適用範囲が広がっているが、現在の最も大きな課題は、高額な治療費である。

　現在、マイクロフィンガーという細くて柔軟なロボットアームにより臓器の裏側の微細な手術が可能な手術支援ロボットが開発されている。たとえば、入り組んだ腸にできた小さながん細胞も直接切除できるようになる。

第3章

生物の進化と集団

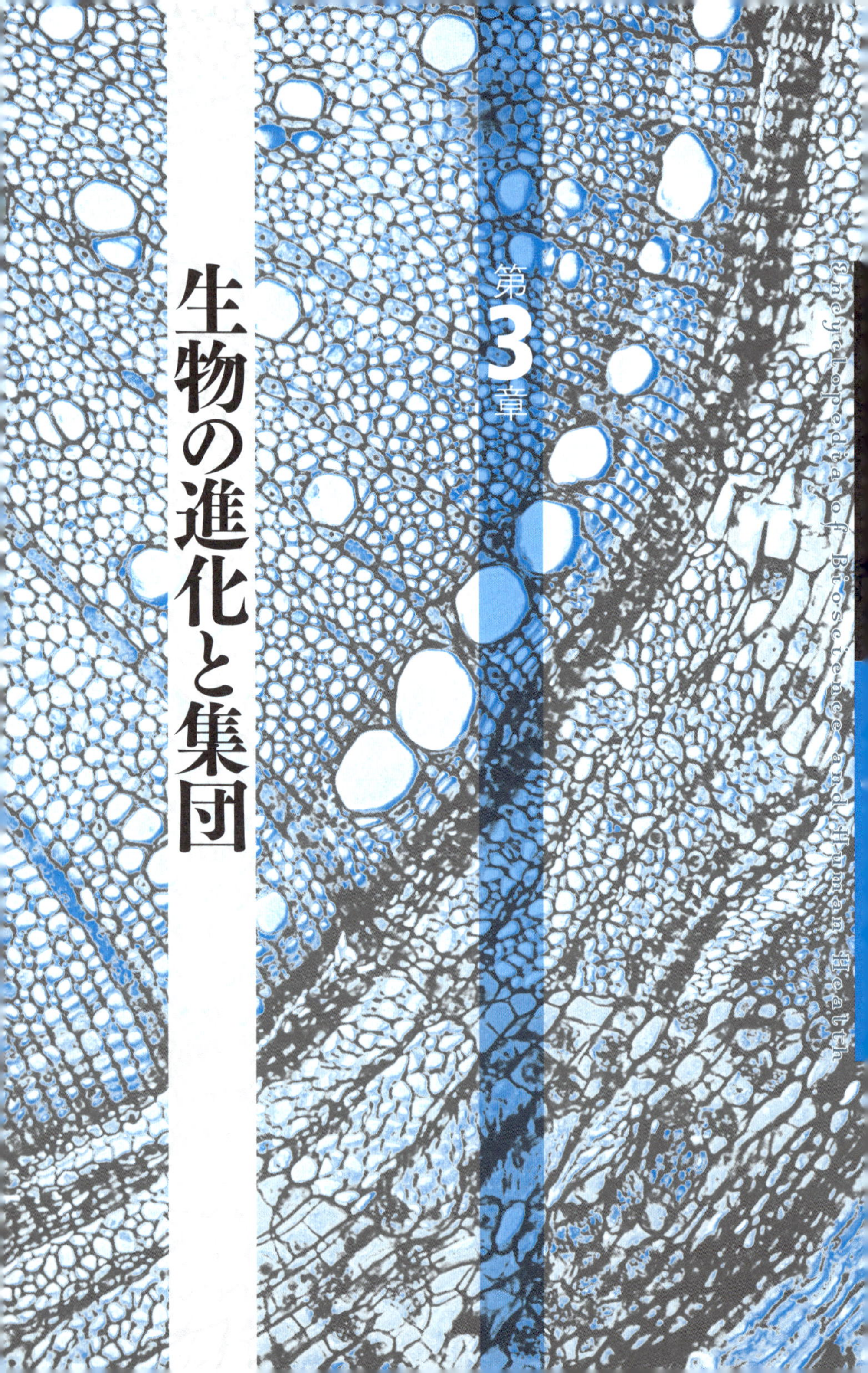

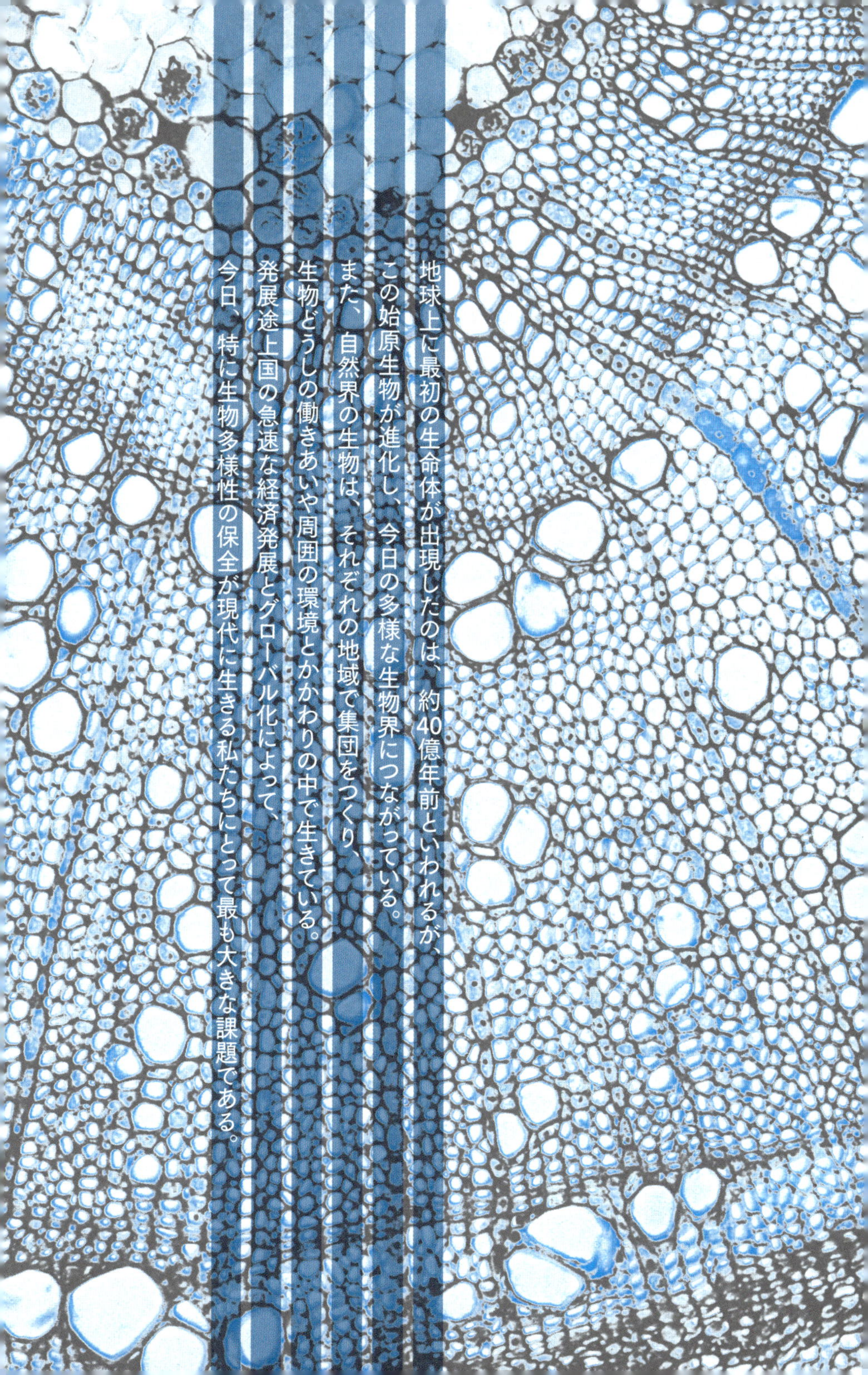

地球上に最初の生命体が出現したのは、約40億年前といわれるが、
この始原生物が進化し、今日の多様な生物界につながっている。
また、自然界の生物は、それぞれの地域で集団をつくり、
生物どうしの働きあいや周囲の環境とかかわりの中で生きている。
発展途上国の急速な経済発展とグローバル化によって、
今日、特に生物多様性の保全が現代に生きる私たちにとって最も大きな課題である。

化学進化

Chemical evolution

原始地球において、生命の起源は、海洋中の簡単な無機物質から複雑な構造の有機物質が生成される過程に由来するという考え方のことである。

１９５３年、スタンレー・ミラー（Stanley L.Miller）とハロルド・ユーリー（Harold C.Urey）が、生物が関与しなくても、無機物からアミノ酸などの有機物が合成されることを実験によって確認した**ミラーの実験**は、「化学進化」を証明したものとして有名である。

約40億年前の地球は、太陽からの強い紫外線、至るところでの火山の噴火、豪雨と稲妻といった厳しい環境であったと推定されている。この原始地球上の高エネルギーによって、無機物から分子量の小さい有機物が合成され、その有機物は海洋に多量に蓄積し、タンパク質や核酸などの分子量の大きな有機物に変化した。これらの物質の働きあいによって原始生命体が誕生したと推測されている。

１９７０年代の後半、高温・高圧の熱水を噴出している海底熱水噴出口が、世界の各海域の深海底で発見された。この付近では、メタン、アンモニア、水素、硫化水素などの濃度がきわめて高くなっており、原始海洋にもこのような熱水噴出口が多く存在していたと考えられ、化学進化の場として注目されている。

ＲＮＡワールド

RNA world

ＤＮＡやペプチド、タンパク質がなかった原始地球上に、ＲＮＡのみが存在したと仮定される時代のことである。

生命の起源を考える上で、タンパク質と核酸のどちらが先に生じたかという問題が古くから論じられてきたが、最近ではＲＮＡがすべての始まりであるとする仮説が有力になってきている。

この根拠には、ＲＮＡは遺伝情報としての塩基配列をもち、実際、ウイルスにはＲＮＡを遺伝子としてもっているものがある。また、化学反応を触媒するＲＮＡも

◎ RNAワールドと現在の生物

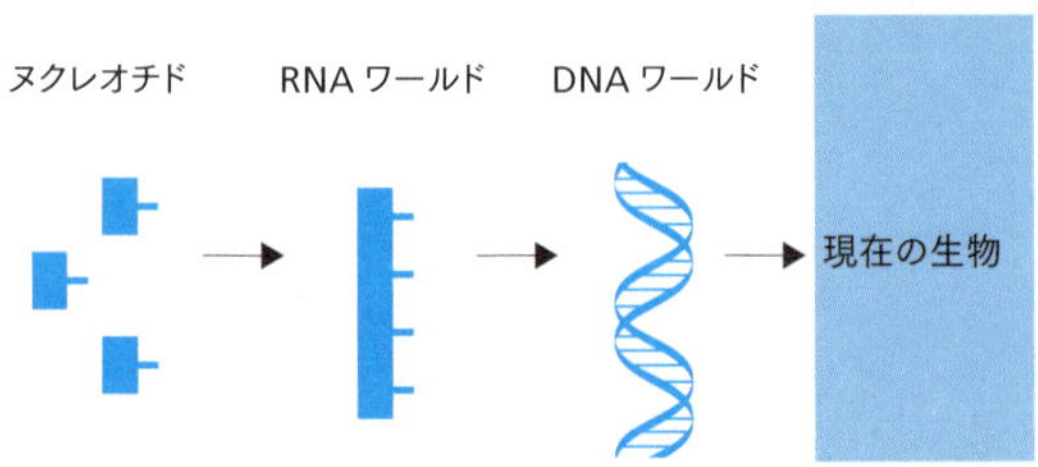

発見されている。このようなことから、現在の**ＤＮＡワールド**（ＤＮＡが遺伝子として働き、タンパク質が酵素として作用）の前に、ＲＮＡが遺伝子や酵素の働きをしていた生物の世界が存在した可能性が考えられている。

しかし、ＲＮＡはＤＮＡ等と比べ不安定な分子であり分解されやすいこと、自己複製能力をもつＲＮＡ分子が見つかっていないことなど、いくつか疑問点が残されている。他に、ＲＮＡやＤＮＡよりも前に、タンパク質が原始の地球に現れたという**タンパク質ワールド仮説**やタンパク質の材料を4種類のアミノ酸に限定した、**ＧＡＤＶ仮説**も提案されている。

分子進化 Molecular evolution

分子進化とは、遺伝子ＤＮＡの塩基配列やタンパク質を構成するアミノ酸の配列が変化（置換）していく現象である。

各種の生物の間で相同なタンパク質のアミノ酸配列を比較すると、たんぱく質の種類ごとに、ほぼ一定速度でアミノ酸の置換が生じている。ＤＮＡの塩基配列の置換についても同様であり、置換されたアミノ酸あるいは塩基の数を調べることにより、生物の類縁関係やいつ分岐したかの年代を推測することが可能である。

突然変異 Mutation

突然変異には、染色体の構造や数に変化を生じた**染色体突然変異**と、ＤＮＡの塩基配列に変化が起こる**遺伝子突然変異**とがある。

突然変異は、自然に細胞分裂やＤＮＡの複製の際に一定の割合で起きるが、紫外線、Ｘ線、放射線やある種の化学物質などによって、頻度が上昇することが知られている。

染色体突然変異は、染色体の構造に分裂の過程で一部分が切れて断片が消失する**欠失**、逆向きになって元の位置につながる**逆位**、一部が繰り返す**重複**、別の染色体につながる**転座**がある。染色体突然変異により生じた個体の形質が子孫に伝わる例として、コムギの進化が知られている。現在栽培されているパンコムギは、交雑と染色体突然変異（染色体倍加）によって生じたものと考えられている。

遺伝子突然変異は、ある塩基が他の塩基に置き換わる置換、本来のアミノ酸を指定できなくなる場合、塩基が失われる**欠失**、新たに入り込む挿入、塩基3つの配列がずれる場合などがある。

突然変異が卵子や精子などの**生殖細胞**の遺伝子に生じると、その変異は次の世代に伝わる。このような突然変異は、生命の進化に大きな影響を与えることがあると考えられている。

分子時計
Molecular clock

突然変異による生物のゲノムDNAの塩基配列の変化は、生物の種類に関係なくほぼ一定とみなされる。そこで、比較したい生物の**遺伝子**を比べ、DNAの塩基配列の変化数から生物が同じ祖先からどのくらいの時間をかけて分岐・進化してきたかが推測できる。このような生物の分岐時間をはかる手法を「分子時計」という。

たとえば、ヘモグロビンの鎖を比べたときのアミノ酸配列の違いは、ヒトとコイでは68あり、両者の祖先が分岐したのは4億年前といわれている。

分子時計は平均速度であり、分子の種類によっては大きな差がある。しかし、**ミトコンドリアDNA**は、100万年で1～2%しか変異せず、複製ミスの修復機能を持たないため、進化速度が速く、ほぼ一定の速度であると考えられている。そのため、ホモ・サピエンスのルーツを探る研究など、人類学や考古学上、大きな成果を上げてきている。

人類の進化
Human evolution

初期の人類についてはまだ未解明の点が多く残っているが、生物の遺伝子についての研究やこれまでに発見されている化石などから推定して、約700万年前、アフリカでチンパンジー（*Pan troglodytes*）との共通祖先から枝分かれして進化が始まったとみられている（チンパンジーに似た類人猿から、進化を遂げたとの見方もある）。

先ず、直立二足歩行をするようになった**猿人**が登場した。これまで最も古い猿人の全身化石は、約440万年前に現在のエチオピアに生息していた猿人で、2009年に発見された**アルディピテクス・ラミダス**であり、約320万年前の**アウストラロピテクス**属の猿人に進化して、現在の人類であるホモ属につながるとされている。なお、さらに、古い人類の化石には、700～500万年前の「アルディピテクス・カダバ」や「サヘラントロプス・チャデンシス」も発見されているが、いずれも頭部など一部だけで、全身骨格の化石はラミダス猿人が最古である。

次に脳がより大きくなり石器を使うホモ・エレクトスなどの**原人**が現れ、約180万年ごろにアフリカから、中国、インドネシアまで広がったと推測されている。その一部は欧州に進出し、約20万年前に旧人の**ネアンデルタール人**（*Homo neanderthalensis*）に進化したと考えられている。

ネアンデルタール人は、現代人と比べて脳が大きく、がっしりとした体格で、毛皮をまとっていたとされている。西アジアまで広がったが、他の旧人の**ハイデルベルグ人**、**ジャワ原人**などと同様に、ネアンデルタール人は約3万年前に絶滅している。しかし、ネアンデルタール人は、現世人類と共存していた時期があるとみられている。

一方、アフリカに残った共通祖先の中から約20万年前ごろ、現生人類のホモ・サピエンスが出現し、約7～8万年前に中東に進出、その後、欧州やアジア、米大陸など世界に拡大していった。

なお、人類の誕生は背の高い草などが並ぶ熱帯・亜熱帯の草原地帯（サバンナ）であるとする定説に対し、ラミダス猿人の足や骨盤の特徴から、人類が森で誕生したとする新説が提唱され、論争が起きている。

進化学［進化生物学］ Evolutionary biology

チャールズ・ダーウィン（Charles Robert Darwin, 1809–1882）の**進化論**を起源として、過去の生物から現在の生物まで生命がどのように進化したかを探る学問分野のことである。

ダーウィンの、生命進化が自然選択によって起きるという**進化論**は、生物学に革命的な進歩をもたらした。ダーウィンと同時代の**メンデル**（Gregor J.Mendel）は、エンドウ豆を使って遺伝子に相当するものの存在を提唱し、その後、遺伝子の本体がＤＮＡであることが証明された。

１９９０年代に入って、すべてのＤＮＡの塩基配列を調べる**ゲノム**（全遺伝情報）解読が進み、２００３年にヒトゲノムが完全に解読された。

現代の進化学は、ロナルド・フィッシャー（Ronald Aylmer Fisher）などが１９３０年代に唱えた**総合説**と１９６８年に木村資生が発表した**分子進化の中立説**の2つが基礎になっている。総合説は、突然変異や遺伝、地理的な隔離などの要因を取り入れたものである。一方、中立説は、遺伝子の突然変異は、分子の動きから見た場合、自然選択に対して有利でも不利でもなく、中立であるという考え方である。

現在、これらの説について、遺伝子レベルで解明が進んで

進化学の歩み

年代	ことがら
1859年	ダーウィン『種の起源』出版
1865年	「メンデル遺伝の法則」
1901年	ド・フリース「突然変異説」
1953年	ワトソンとクリック「DNA2重らせん構造」
1968年	木村資生「分子進化の中立説」
1985年頃	遺伝子のクローニング技術確立
2003年	ヒトゲノム完全解読

いる。しかし、記憶や感覚器といった高度な機能を実現する脳を、哺乳類がどのように作り上げてきたのかなど生物の行動を支配する脳の解明など、残された進化の謎も多い。

メンデルの法則 Mendel's law

グレゴール・メンデル（Gregor J.Mendel）が１８６５年に論文「植物雑種の研究」で提唱したものである。メンデルは、エンドウ（被子植物・双子葉類）の７つの**形質**（個々の生物に現れる形、色や性質などの特徴）に着目して**交雑**（雑種が得られる２個体間の交配）を行い、**雑種**（子孫）に現れる形質を調べ、その結果から遺伝に関する法則性を発見した。優性の法則、分離の法則、独立の法則からなる。しかし、実際の遺伝では、あてはまらない場合もある。

優性の法則では、雑種では必ず一方の形質だけを現す現象を示し、発現する方の特徴を「優性」、発現しない方の特徴を「劣性」という。

たとえば、エンドウの種子の形が丸いもの（下図で優性の形質の遺伝子Ａ）としわがあるもの（劣性の形質の遺伝子ａ）とを両親（Ｐ）として交雑すると雑種第一代（F_1）では、すべて丸型（遺伝子型Ａａ）が現れる。

分離の法則は、雑種どうしの交配では、雑種では優性の特徴しか見られなかったが、一定の割合で劣性の特徴が発現するという現象である。これは、雑種には優性と劣性の遺伝子が両方あり、配偶子の遺伝子がともに劣性遺伝子の組み合わせのとき、劣性の特徴が出ることにある。

図のようにF_1の自家受精で生じた雑種第二代（F_2）では丸形としわ形とが混じって現れ、F_2の遺伝子型は、ＡＡ：Ａａ：ａａ＝１：２：１の比となり、丸形としわ形の比は、３：１となる。

独立の法則は、メンデルの実験した７つの形質について雑種を得たとき、１つ１つの形質に着目すると、優性の法則および分離の法則が当てはまるというものである。

メンデルの優性と分離の法則の例

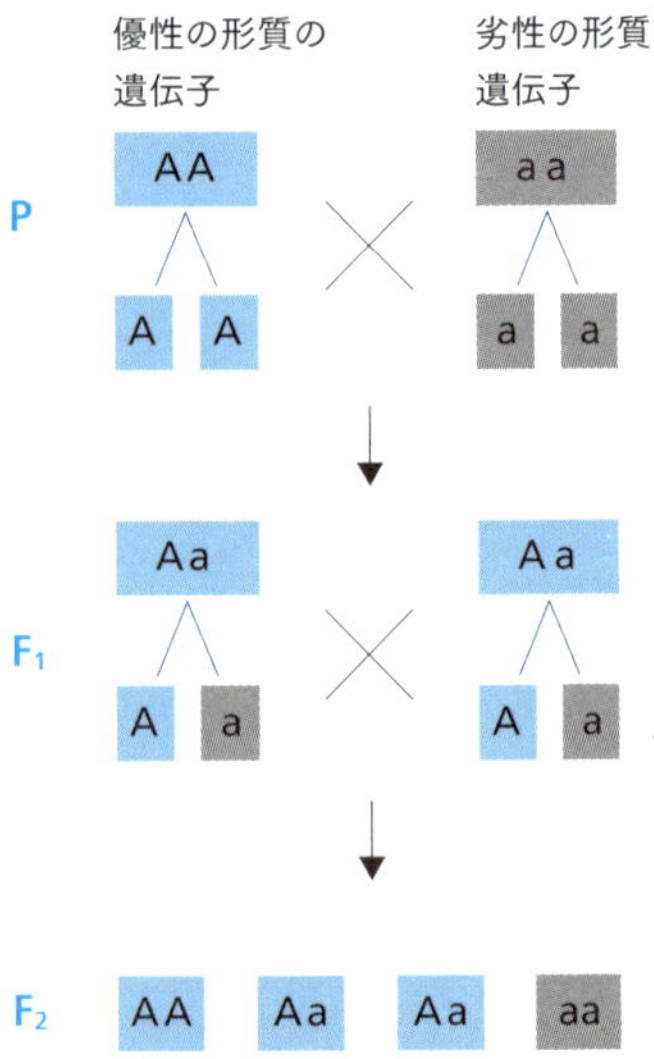

血液型 Blood type

赤血球の細胞膜の表面に存在する糖鎖（凝集原）の違いを凝集反応によって分類したものを「血液型」という。凝集反応は、抗原抗体反応の一種である。赤血球の血液型には、数十種類の分類方法がある。ヒトの血液型は、ABO式、Rh式、MN式などに分けられるが、**ABO式血液型**が最もよく知られている。

ABO式血液型は、A遺伝子、B遺伝子、O遺伝子の組み合わせで決まり、遺伝子の組み合わせが、AAとAOはA型、BBとBOはB型、ABはAB型、OOはO型になる。たとえば、父親の遺伝子がBO型、母親の遺伝子がAO型の場合、子供の遺伝子型はAB、AO、BO、OOの4通りが可能であり、全てのタイプの血液型が現れる可能性がある。

なお、赤血球表面の糖鎖の合成に関する遺伝子は、いずれも**常染色体**に含まれている。

わが国では、血液型と性格、行動や思考パターンなどが関連あると信じている人が多い。しかし、現在のところ、血液型と性格・気質との関連性に科学的な根拠は全く見い出されていない。

伴性遺伝 Sex linkage

性染色体上にある遺伝子による遺伝で、性によって形質の現れ方が異なる現象のことである。ヒトなどXY型の性染色体をもつ生物では、X染色体上のみにあるごくまれな**劣性遺伝子**は、Y染色体に対立遺伝子がないため雄（XY）では発現するが、雌（XX）ではもう1本のX染色体にある**優性遺伝子**のために発現しない。

ヒトの血友病や色覚異常は、伴性遺伝の代表例である。血友病は、血液を凝固させるタンパク質が合成されない病気であり、怪我による大出血が生じやすく、また、普段も関節内や皮下で出血しやすい。血友病は、X染色体にある遺伝子の異常で起きるが、女性の場合、もう1本のX染色体にある遺伝子が正常であれば血液凝固因子がつくられるため血友病の症状は出ず、保因者となる。

ドメイン Domain

生物の分類には、細胞から見た分類と個体から生物種を分

ドメインによる分類

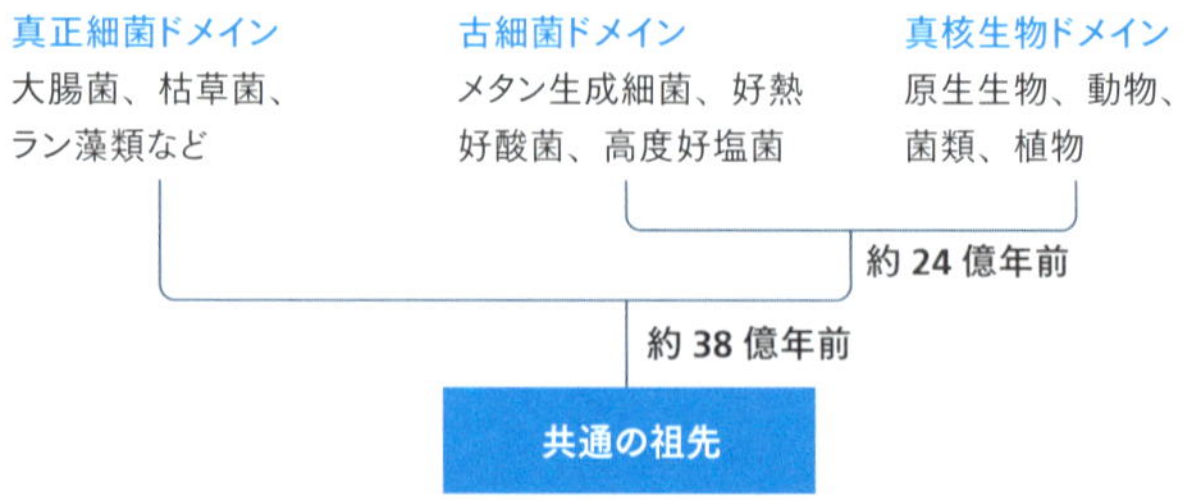

類する方法がある。後者は、生物の形態的な特徴から、よく似たグループ種を属としてまとめ、さらに**科**、**目**《もく》、**綱**《こう》、**門**《もん》、**界**《かい》とまとめて分類する方法である。この分類で、もともと植物と動物を分けるために設けられた最上位の階層である**界**よりも上のランクとして新たに設定されたものが、「ドメイン」である。

ウォーズ（C.R.Woese）らが1990年にリボソームRNAの塩基配列の解析結果から提唱したもので、それによると生物界の最上位の分類を**古細菌**（Archaea）、**真正細菌**（Bacteria）、**真核生物**（Eukarya）の三大ドメイン（生物群）に大別した。古細菌には、汚泥や哺乳類の消化管内に生息し、代謝産物としてメタンを発生する**メタン生成細菌**や、飽和食塩水中に生息する**高度好塩菌**、50～87℃でpH 1～3の環境に生息する**好熱好酸菌**などが発見されている。大腸菌のような、古細菌以外の細菌類が真正細菌とよばれる。

リボソームRNAの塩基配列の解析から、約38億年前に真正細菌と古細菌・真核生物の共通の祖先とが分岐し、さらに約24億年前に古細菌と真核生物とが分岐したと推測されている。

最近では、原核生物を**モネラ界**、真核生物を原生生物界、植物界、菌界、動物界に分ける五界説が提唱されている。

二名法

Nomenclator binominalis

生物の名称は、国や地方によって大きく異なるため、世界共通の生物の種の名前（学名）が、一定の規則によって付けられている。命名法はスウェーデンの植物学者**リンネ**（Carl von Linné）が提唱した「二名法」によって、**属名**と**種小名**を組み合わせたラテン語またはラテン語化した語で表される。

属名は大文字で起こし、通常はイタリック体で表記する。種名の後に命名者名を書き加えることもあり、亜種名を示すときには三名法になる。たとえば、ソメイヨシノ（桜）は、〝*Prunus yedoensis* Matsum.〟（Matsum. は命名者 Matsumura の略）で表記される。ヒトは、ヒト属サピエンス種で、〝*Homo sapiens*" と記載し、現在の人類は全てこの一つの種に属する。種として記載されている生物の中で、半数は昆虫類である。

微生物では同一種の中で変種を示すときは"var."、亜種を示すときは"subsp."と記してから変種名、亜種名を付け加える三名法になる。微生物を公的保存機関から入手したときは、学名の後にその機関の略名と微生物の登録番号を書き加える。

生物種の記載法の例

	属名	種小名
ヒト（現生人類）	*Homo*	*sapiens*
チンパンジー	*Pan*	*troglodytes*
イヌ	*Canis*	*familiaris*
ネコ	*Felis*	*catus*
マウス	*Mus*	*musculus*
イネ	*Oryza*	*sativa*
パン酵母	*Saccharomyces*	*cerevisiae*
大腸菌	*Escherichia*	*coli*

生態系 Ecosystem

ある一定の地域に生息する全ての生物と、そのまわりの非生物的環境（大気、水、土壌、光、熱など）を一つのまとまりとしてとらえるとき、これを「生態系」という。生態系内の生物群集は、物質の循環やエネルギーの流れに関して重要な役割を果たしている。

生態系のしくみ

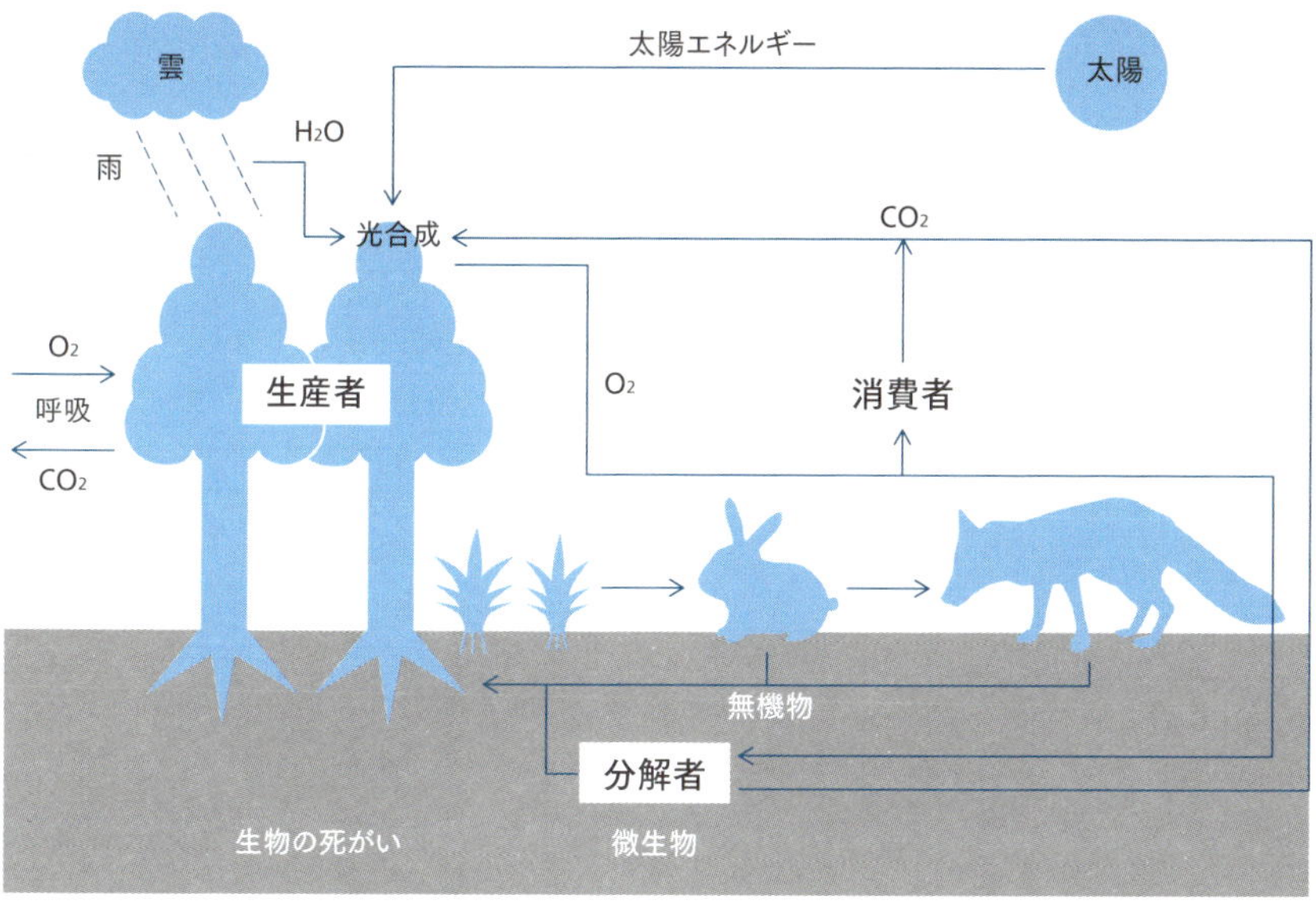

生態系には、熱帯魚や金魚を飼育している水槽のような小さな系から、日本列島、さらに地球全体までのような大きな系までそのスケールは様々である。自然界では、植物は植食性動物に食べられ、植食性動物は肉食性動物に、その肉食性動物は、さらに大型の肉食性動物に捕食される。一般にこのような系においては、生物の種の組み合わせは、**食物連鎖**によって相互に密接な関係がある。生物は生産者、消費者、分解者に分類される。

生産者は、緑色植物や植物性プランクトン、化学合成細菌などであり、無機物（水とCO_2）から太陽エネルギーによって光合成で有機物を生産する。これに対して、われわれ人間も含め全ての動物は、植物の生産した有機物や、他の生物を栄養源として摂取するため、**消費者**といわれる。消費者は、植食性動物の一次消費者、植食性動物を捕食する肉食性動物の二次消費者、二次消費者を捕食する大型の肉食性動物である三次消費者などに区分される。また、生産者や消費者の遺骸や排出物は、微生物（菌類や細菌類など）の働きによって、CO_2、水、窒素、アンモニアなどの無機物に分解されるが、この重要な働きをする生物を**分解者**という。

いろいろな生物種が存在することは、それだけ多様な生息環境が地球上に存在していることを示している。このような種や生態系の多様さを**生物多様性**（biodiversity）という。

生態ピラミッド

Ecological pyramid

生態系の中で食べる、食べられる関係を通じて、物質とエネルギーの移動が起こることを**食物連鎖**という。この食物

生態系ピラミッドのしくみ

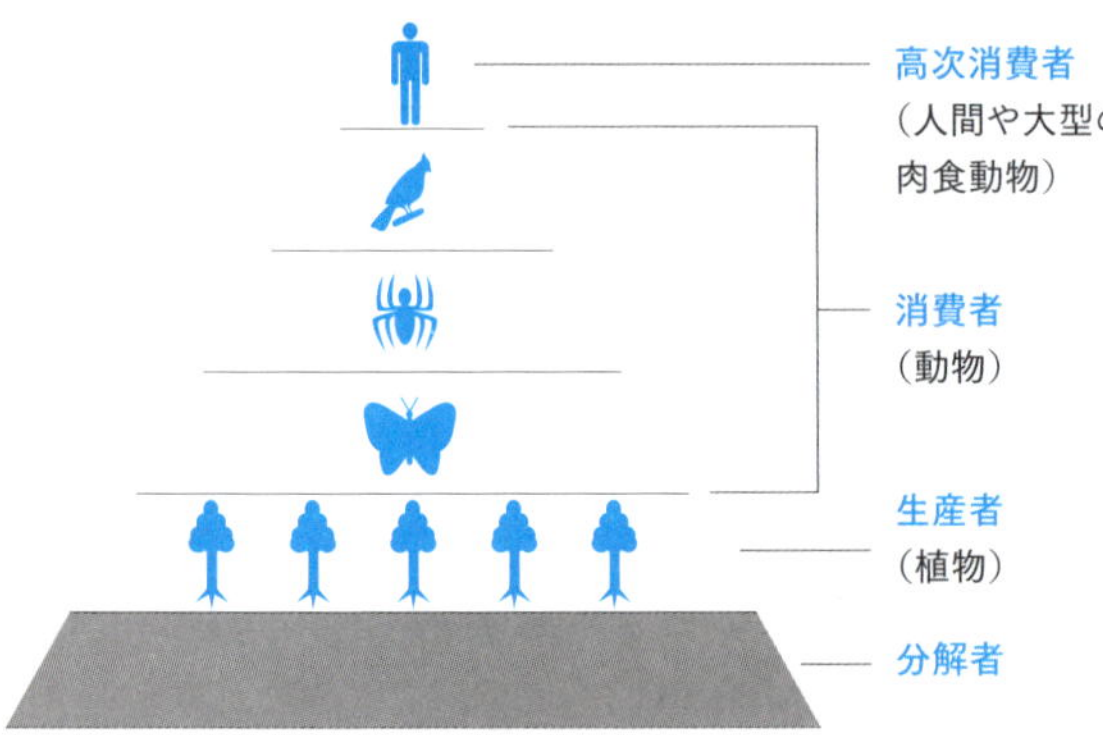

自然生態系
生物は互いに関係を持って生きている
生態系ピラミッド
ひとつの種の絶滅が全体を崩壊に導く可能性がある
生態系をつくる5つの要素
水、大気、土壌、太陽光、そして生物

連鎖における生物間の数量関係のつりあいを表したものが、「生態ピラミッド」である。分解者を底辺とし、最上位の高次消費者（猛禽類や大型の肉食動物）を頂点とし、底辺に近いほど、個体数（全体の質量）が多い。

あるエサを食べる生物が異常に増えたり、逆に減ったりするような何らかの原因によって、数量的関係が崩れても、食物連鎖によって長い年月をかけて元の数量的バランスが保たれる。しかし、ひじょうに大きな環境破壊や、人為的に他の地域から新しい種類の生物が持ち込まれたり、ある種の生物のみが大量に駆逐されたりする場合には、元の生態系は修復されないことがある。

生物濃縮 Bioconcentration

化学物質は、一般に環境中に放出されたときの濃度がきわめて低くても、生態系の**食物連鎖**のプロセスで濃縮され、初めの濃度の数千万倍から数十億倍の濃度に達することがある。このような生物に取り込まれた物質が、体内で高濃度に蓄積される現象を「生物濃縮」という。

米国の五大湖で明らかにされたＰＣＢ（ポリ塩化ビフェニル）の生物濃縮の例では、湖に排出されたＰＣＢは水にほ

とんど溶けず、また水より重いため、大部分は湖底の泥の中に沈でんする。

そこでＰＣＢはまず、プランクトンの細胞内に直接、吸収によって取り込まれる。そのプランクトン内のＰＣＢ濃度は湖水中のＰＣＢ濃度の２５０～５００倍にもなる。ＰＣＢのような有機塩素系化合物は脂肪に溶け易いため、

◎PCBの生物濃縮の一例

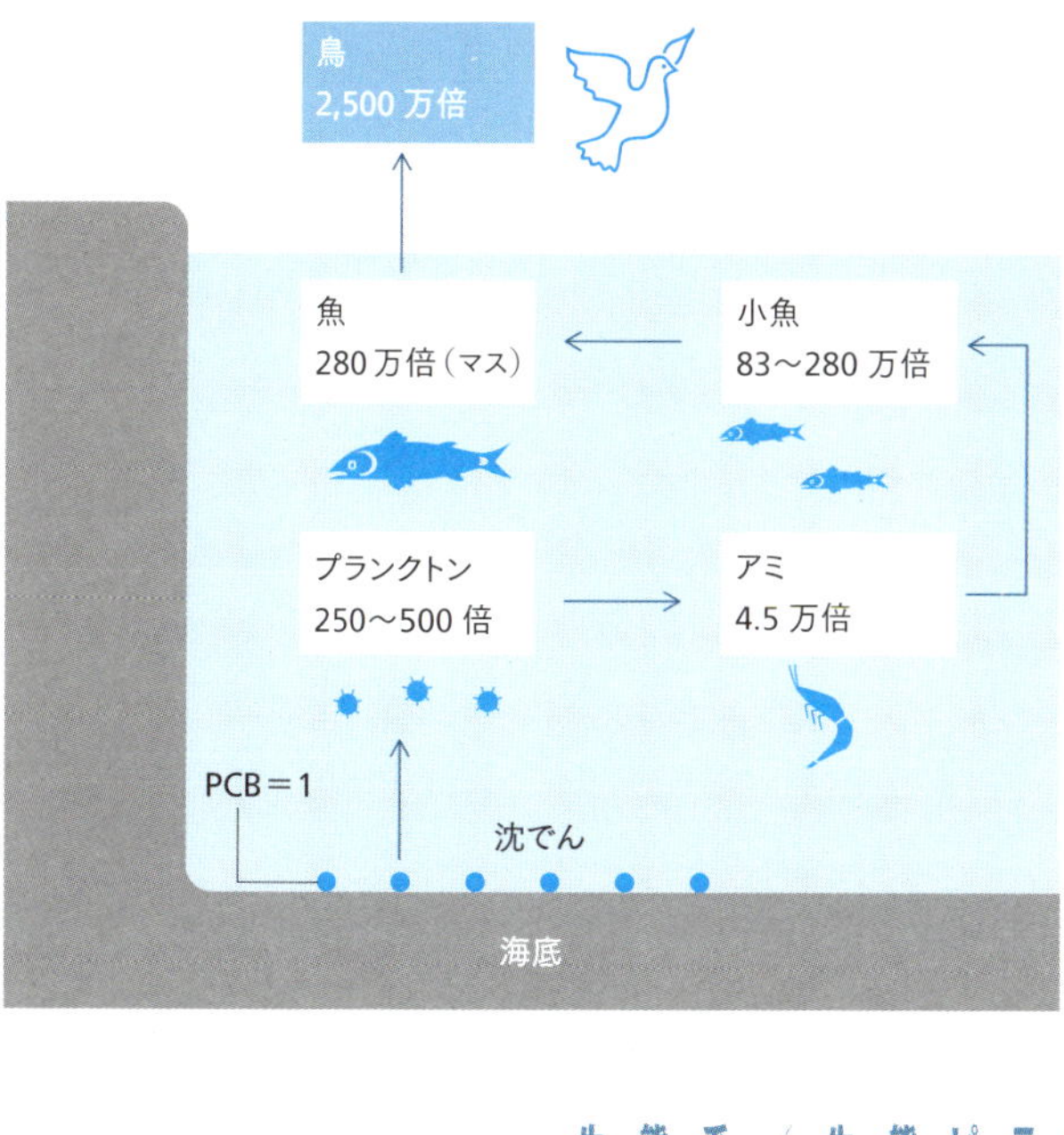

生体内に取り込まれると脂肪組織に入り、しかも分解されにくいため、外部には排出されず、体内に蓄積する。

次にプランクトンを食べるアミ（えびの一種）は、ＰＣＢも一緒に摂取するため、アミの体内のＰＣＢ濃度は4.5万倍にもなる。さらに、そのアミを食べる魚では、体内のＰＣＢ濃度はさらに高くなる（83～280万倍）。湖水中のＰＣＢ濃度を1とした場合、プランクトンから最終的に鳥（カモメなど）に至る食物連鎖を通じて2500万倍に生物濃縮される。

生物多様性 Biodiversity

地球上には一千万種を超えるといわれる様々な生物種が存在している。いろいろな生物が、森林、海洋、都市などあらゆる環境の中で相互に影響を及ぼしあいながら、生態系のバランスが保たれている状態を「生物多様性」という。

1992年のブラジル・リオデジャネイロで開かれた地球サミットで締結された**生物の多様性に関する条約**（生物多様性条約）の前文では、その重要性を『内在的な価値並びに生物の多様性及びその構成要素が有する生態学上、遺伝上、社会上、経済上、科学上、教育上、文化上、レクリエーション上及び芸術上の価値を有し、進化及び生物圏における生命保持の機構の維持のため重要』と述べている。生物多様性条約は、2008年現在、190カ国と欧州連合（ＥＵ）が加盟し、締約国会議は2年に1回開かれる。2002年に「2010年までに生物多様性の損失速度を顕著に減少させる」という目標を決めたが、自然保護区の拡大は進んでいる一方、生物種の個体数の減少や外来種の増加によって、国際目標を達成できなかったと国連環境計画（ＵＮＥＰ）では2010年4月に発表した。

2010年には生物多様性条約第10回締約国会議（ＣＯＰ10）が名古屋で開催された。

この条約では、地球上のあらゆる生物を**遺伝子**、**種**、**生態系**の3つのレベルでとらえ、生物多様性の保全、その構成要素の持続可能な利用、医薬品や食料の原料など生物の遺伝的資源の利用から生ずる利益の公正な配分を目的としている。

現在、世界の食料の90％は20種の植物のみに依存し、そのうち、半分以上をイネ、コムギ、トウモロコシの3種で占めている。また、たんぱく質は世界平均で約33％を動物から得ているが、その大部分は少数種の家畜や家禽に依存している。今後、温暖化の影響による気候変動や病虫害の発生を考慮すると、このような人類のライフスタイルは生物多様性の観点からは好ましくなく、昔ながらの生物種を守り継いでいく改善が必要である。

遺伝子資源は、一度失われると利用の可能性が永久に失われる。そのため、ワシントン条約により国際取引を規制したり、ラムサール条約により重要な湿地の保全をはかったりするなどの取り組みが行われている。

最近、地球的規模で**温暖化**や**ヒートアイランド**などによって、気温が上昇している。たとえば、和歌山県の串本では、この20年間で水温が約1℃上昇し、リュウキュウキッカサンゴなど熱帯性のサンゴが多く見られるようになったり、東京湾南端でも通常、冬を越せないチョウチョウウオが確認されるなど、生態系への影響が出ており、生物多様性のかく乱が危惧されている。

一方、日本近海にはこれまでに約3万4千種の海洋生物が確認され、未確認の新種を含めると約15万種の生物が生息しているとみられている。日本以外の海域で確認された生物種は、オーストラリア近海で約3万3千種、中国が約2万2千種、米カリフォルニア州沿岸が約1万種であり、日本はオーストラリアと並び地球で有数の恵まれた生物多様性の**ホットスポット**であるとみられている。

生物多様性の３つのレベル

遺伝子の多様性

同じ種でも生息している地域によって、個体の形態や行動などの特徴が少しずつ違うことが多い。水系ごとに隔離されている淡水魚や高山の昆虫類などはその代表例であり、相互の間で繁殖が行われない集団の間でみられる。同じ種でありながら多様性をもつことは、環境の変化に対応できる力となるほか、新しい種へ進化していく可能性にもつながる。

種の多様性

種は生物を分類する場合の最も基本的な単位であり、形態の特徴や繁殖上の独立性、地理的な分布などを考慮して決められている。地球に生命が誕生して以来、様々な環境の変化や生物間の生存競争の中で行われてきた進化の結果、1,000 万種以上の種が存在しているである。

生態系の多様性

地球上には、高山、ツンドラ、亜寒帯林、草原、熱帯林、サバンナ、砂漠など環境に応じて様々な生態系が存在している。それぞれの生態系には、その地域の気候、土壌などの環境条件や人為的な影響などに適合した多様な生物種が生息している。

遺伝子資源［生物資源］ Genetic resource

人間にとって、動物や植物、微生物など地球上の生物はそれぞれ固有の遺伝子を持っているが、それらは医薬品、食品、各種の原材料などの開発やバイオテクノロジーへの応用などが期待される重要な資源であるという見方のことである。**生物資源**（biological resources）ともいう。

これまでに世界では１７５万種の生物が確認されており、それらの多くは東南アジアや南米などの熱帯雨林地帯に分布している。中国料理に使われる香辛料〝八角〟の成分から、インフルエンザの特効薬**タミフル**が開発され、東南アジアで有効性成分を多く含む八角が発見されている。

国土は狭いが、南北に長い日本にも豊富で多様な生物種が存在している。約9万種が確認され、未分類のものも含めると30万種と推定されている。さらに日本には固有種の比率も高く、陸上に生息する哺乳類の約4割、両生類の約8割に達している。

日本産の遺伝子資源が医薬品開発などに利用された例には、高脂血症薬のプラバスタチンは京都産のコメに付着したカビから開発、オンコセルカ症の治療薬は静岡県のゴルフ場の土壌から分離した放線菌がもとになっている。その他、免疫抑制剤タクロリムス、農薬カスガマイシン、結核治療薬カナマイシンは、それぞれ茨城県筑波山、奈良県春日大社、長野県の土壌中の微生物から発見されている。

遺伝子組換え技術をはじめとしたバイオテクノロジーの発展が、生物に対するわれわれの認識を一変させ、従来、役に立たないと考えられていた生物の場合でも、特定の遺伝子を取り出して利用することが可能になった。たとえば、雑草から病気やウイルスに強い遺伝子を取り出して遺伝子導入を行えば、病原菌に強い作物ができる可能性がある。また、これまで知られていない動植物の中には、がんやエイズに効く物質を作り出すものがある可能性もある。

しかし、現在、地球上では、森林破壊などによる生物種の減少が深刻化しており、有用な遺伝子を秘めた生物が誰にも知られないままに宅地開発や埋め立て、森林伐採、砂漠化などで絶滅している可能性がある。そのような損失を食い止めるためには、生物多様性の保全は人類の最も大きな課題の1つである。

生物多様性条約は1992年の地球サミットで誕生し、93年に発効した。地球上の生物の多種多様性の保全、多様性の持続可能な利用、遺伝子資源の取得と利益の公平な分配が目的である。特に熱帯雨林にある貴重な動植物などを先進国が利用した場合、利益を原産国に還元する国際的枠組みづくりを目指している。しかし、現在、先進国と途上国の間での遺伝子資源をめぐる対立が深まっている。インドネシアでは、鳥インフルエンザなどのウイルスの国外持ち出しを禁止し始

世界の生物種の内訳

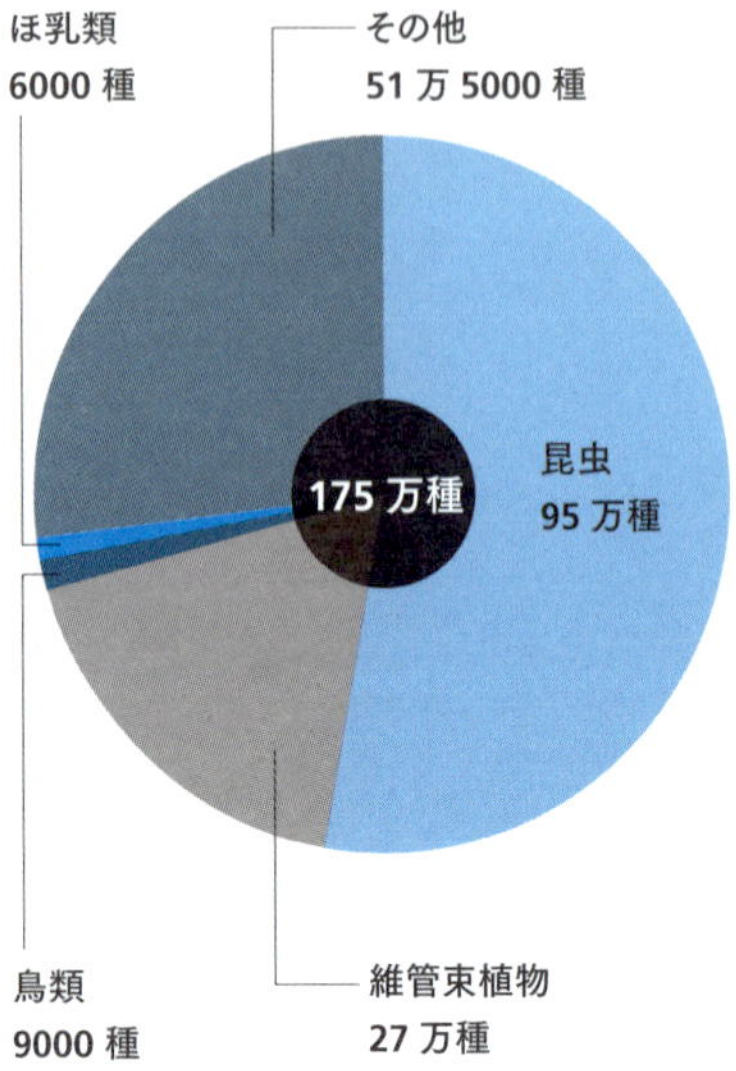

2008 年版環境・循環型社会白書による

め、先進国でのワクチン開発に影響が出てきている。

2010年10月、名古屋市で第10回締約国会議（COP10）が開かれ、先進国が途上国の遺伝子資源をどのような形で入手し、どう利益配分するかが決議された。

レッドデータブック
Red data book

絶滅のおそれのある野生生物種をリストアップし、その現状をまとめた報告書。表紙が赤色のためこの名が付けられている。1966年から国際自然保護連合（IUCN）によって分類群や地域ごとに順次刊行されている。1986年以降はIUCNとWCMC（世界自然保護モニタリングセンター）により、より詳細なデータ集**レッドリスト**がつくられている。レッドリストは、危機の現状を広く知らせ、関係者が保護活動を強化することを目的にしている。

日本もIUCNに加盟し、動物について91年に環境庁（当時）から、植物については89年に日本自然保護協会と世界自然保護基金日本委員会などから刊行されている。また、環境省では、日本のレッドリスト動植物に対し、種の保存法に基づいて詳細な調査を実施し、保護を必要とするものを国内希少動植物に指定し、法的な保護を図っている。

IUCNの2008年版では、世界の約4万4千種の生息状況が分かっている生物の38％に相当する1万6千928種が絶滅の危機にあるとまとめている。絶滅のおそれがある動植物の種の総数は次第に増加しており、最近では地球温暖化の影響も大きくなり、海氷が急速に減少し、エサをとりにくくなって生息数が激減しているホッキョクグマもリストに加えられている。米軍普天間飛行場の移設が予定されている沖縄県名護市などで群落が確認されているアオサンゴやジュゴンなどが2008年版レッドリストに掲載された。人魚のモデルになったといわれるジュゴンの生息数の原因は多岐にわたり、石垣島や西表島の周辺では、明治から大正時代の初め、食肉用に大量のジュゴンが捕獲された。藻場

絶滅のおそれのある動植物種数の推移

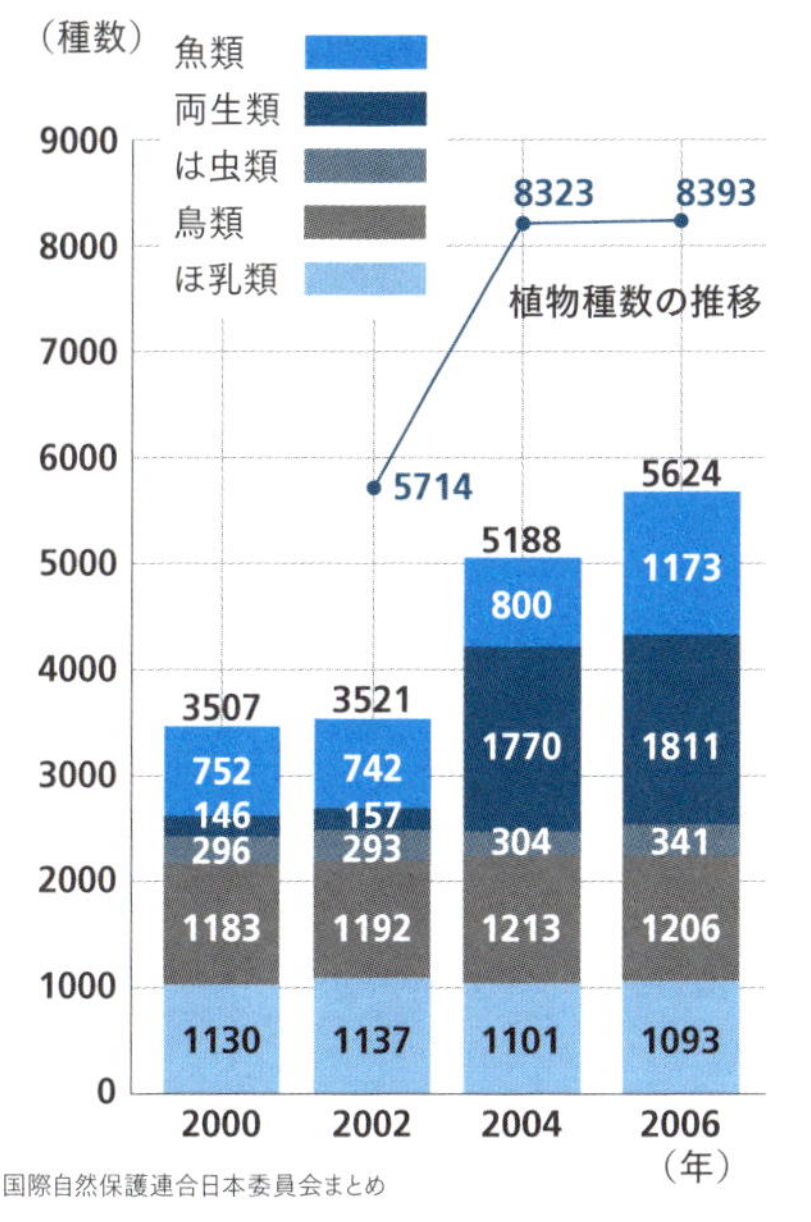

国際自然保護連合日本委員会まとめ

の減少で餌が少なくなり、魚網に絡まって命を落とす例も相次いでいるといわれる。その他、現在生存しているオランウータンなど霊長類６３４種の約半数の３０３種が絶滅の危機にあり、うち69種は絶滅の恐れがきわめて高いとの調査結果をＩＵＣＮなどの研究グループが２００８年に発表している。バイオ燃料開発ブームなどによる急速な森林伐採や狩猟が原因とされている。

日本のリストでは、絶滅のおそれの程度によって、種が絶滅、野生絶滅、絶対危惧Ⅰ類、同Ⅱ類、準絶滅危惧の５つのカテゴリーに分けられている。絶滅危惧Ⅰ類は、さらに絶滅の危険性がきわめて高いⅠＡ類と絶滅の危険性が高いⅠＢ類に分類されている。２００７年に「レッドリスト」の改定が行われ、生物10分類合計で絶滅の恐れがある生物（絶滅危惧種）は３１５５種と前回に比べ４６１種増えた。この見直しでは、沖縄本島周辺だけに生息するジュゴン、「ふなずし」の原料の琵琶湖のニゴロブナ、田園地帯の小川を生息圏とするタナゴもリストに加えられた。**イリオモテヤマネコ**はⅠＢ類からⅠＡ類に指定された。なお、ＩＵＣＮや環境省以外でも農林水産省、地方公共団体、各種ＮＧＯなども独自のレッドリストおよびレッドデータブックを作成している。

たとえば、２０１０年版の東京都レッドリストでは、１５７７種が記載され、植物ではアズマギクが絶滅、水田に生息する生物では、都市化による水田の減少などによって、タガメやゲンゴロウが東京都内で絶滅とされている。

外来生物［移入種］

Alien species, Introduced species

本来その地域が有していた生態系や生物の多様性を乱す大きな要因として、「外来生物」の影響が１９９０年代以降、国際的にも深まっている。わが国のように周りを海で囲まれている国の場合にも、流木や渡り鳥など自然の力による生物拡散の他、交通手段の発達によってペットの輸入など意図的に持ち込まれる場合のほか、船や飛行機の倉庫の中などに紛れて偶発的に運ばれるケースなどがある。最近、国の内外で報告されているいくつかの深刻な外来生物の影響についてとりあげる。

タンザニア、ケニア、ウガンダにまたがるアフリカ最大の湖ビクトリア湖、かつてこの湖には独自の進化を遂げた魚たちが生息していたため、**ダーウィンの箱庭**ともいわれていた。しかし、50年ほど前、巨大な外来魚、**ナイルパーチ**が漁業資源としてアフリカの別の湖から持ち込まれ、在来の魚類は激減し、生態系が破壊された。タンザニアではナイルパーチの輸出額は金に次いで第2位であり、ヨーロッパや日本に輸出されている。しかし、かつてこの湖で8割を占めていた

500種のカワスズメがナイルパーチに捕食され、200種以上が絶滅寸前に追い込まれ、湖の豊かな生態系が破壊された。

米国・五大湖では、貨物船の**バラスト水**に紛れて持ち込まれた、ヨーロッパ原産のウミヤツメという寄生魚によって、マスが激減する被害が生じ、またカスピ海原産のゼブラ貝が大量発生し、火力発電所などにも被害が生じた。このため米国では、現在、年間12兆円を外来生物対策に投じている。

霞ヶ浦は、かつてはワカサギ、シラウオ、コイなどの漁業が盛んであったが、70年代以降、漁獲高は減る一方である。現在、食用として持ち込まれた、ハクレン（中国原産）、チャネルキャットフィッシュ（北アメリカ原産）、カムルチー（中国・朝鮮半島原産）、アオウオ（中国原産）などが増え、ワカサギが大量に捕食されている。霞ヶ浦は元々汽水湖であったが、1968年に河口堰を設置して淡水化に成功以来、その直後から**アオコ**が発生し、水質が悪化して、生態系が激変した。2003年にはコイヘルペスが発生し、全国一の生産量を誇ったコイが大量死、翌年、全ての養殖業者が廃業に追い込まれた。そして、在来種に変わり霞ヶ浦で生き残ったのは、養殖業者が導入したものの買い手がなく、湖に放流したため、増えた外来魚だといわれている。

2004年愛知県の矢作川で、大量発生する外来生物**カワヒバリガイ**（中国・東南アジア原産）が発見され、各地で大量増殖し、ダムの水路や農業用や水道用の水源（霞ヶ浦や群馬県・大塩湖）でも問題を起こしている。

かつて独自の生態系を誇っていた琵琶湖、しかし、30年ほど前ブラックバスが持ち込まれ、在来魚が激減した。そこで、地元では回収ボックスを設置したり、魚粉にして肥料にするなどブラックバスを減らす取り組みをしてきた。ブラックバスやブルーギルのほか、色鮮やかな魚、ピラニアやチョウザメ、ワニのような3mにもなるミシシッピー川にいる古代魚アリゲーターガーなどが琵琶湖でも見つかっている。これらは、観賞用として飼われていたものが、密放流されたものであると推定されている。アリゲーターガーは、2010年に入り、首都圏の河川でも複数生息が確認されている。

沖縄では、もともとメダカやフナ、ドジョウなどが生息していたが、都市化による水質悪化などでほとんど死に絶え、代わりに観賞用や食用に持ち込まれた外来魚、アマゾン原産のヨロイナマズ、アフリカ原産コバディクロミス、アジア原産ヒレナマズなどが発見されている。

侵略的外来生物
Invasive alien species

人間活動によって本来の生育・生息地以外に侵入した外来

生物の中で、移動先の新天地で定着し、分布が拡大して在来の生態系に対して重大な影響を与える生物種のことを特に「侵略的外来生物」という。現在、この外来生物による生態系かく乱は、**生物多様性**減少の原因の一つとして世界的に問題視されている。

　貿易大国の日本は、海外から輸入する農産物や物資に付着して外来種が侵入する可能性が高く、種々の侵略的外来生物によって日本固有の在来種の生存が脅かされている。これまでに日本に定着した外来生物は2千種余りとみられている。

◎ 特定外来生物法のしくみ

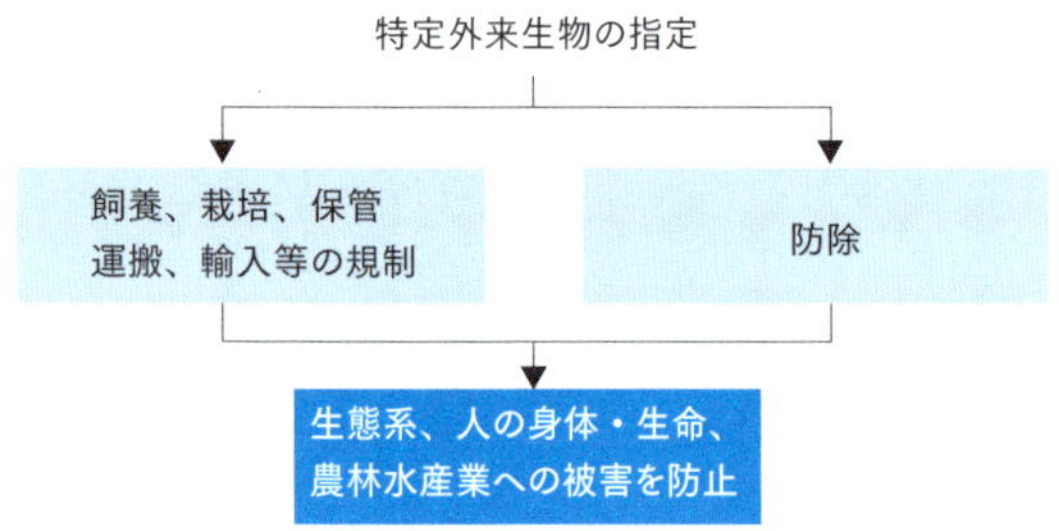

　この種の生物には、人類にとって有用生物である側面を持ち、人為的に導入されたものも多い。たとえば、レジャーフィッシングのブラックバス、農業益虫のセイヨウオオマルハチバチ、ハブ駆除用のマングースなどは、それらの有用性に着目されて導入・普及が図られた。しかし、いずれも繁殖力が高く、在来魚の食い尽くし、在来ハナバチの駆逐、国の特別天然記念物アマミノクロウサギの捕食など種々の問題がこれらの外来生物で起きている。

　こうした侵略的外来種による生態系の破壊を防止するために、2005年6月に外来生物法（Invasive Alien Species Act：特定外来生物による生態系等に係る被害の防止に関する法律）が施行された。

　この法律では、日本の生態系を破壊したり、農水産業に打撃を与えたりする外来種を**特定外来生物**に指定し、これらの種を許可無く輸入したり飼育したりすることを禁じている。また、既に野生化している特定外来生物は駆除することが定められている。

　特定外来生物には、カミツキガメ、オオクチバス、ボタンウキクサ、上海ガニ、マングースなどが指定されている。1979年頃に奄美大島に持ち込まれた、インドや東南アジア原産の**マングース**は、深刻な問題を引き起こしている。特別天然記念物アマミノクロウサギやイシカワガエル、キノボリトカゲなど絶滅が危惧されている生物をマングースが捕食している。そこで、国では2014年度までに、マングースを完全駆逐することを目指している。

　一方、国際物流の99%は海運が占め、資材を運ぶ貨物船やタンカーのバランスを保つために積み込む「バラスト水」は、外来生物の侵入経路として対策が急務である。国際海事機関が2004年にバラスト水中の微生物を規制する「バラスト水管理条約」を採択したが、物流コスト上昇などを理由に日本など海運国の大半は未だ批准していない。

なお、外来生物が侵略的か否かは、定着した場所の環境や状況による。日本のコイやワカメが、本来生息していなかった米国やオーストラリアで異常に増殖して社会問題となり、各国政府などで組織する国際自然保護連合は、「世界の侵略的外来生物ワースト100」に指定している。

富栄養化 Eutrophication

川や海などにおいて、窒素やリンなどの無機物が蓄積して濃度が高くなる現象である。湖沼などの水の流れがよどむことが多い閉鎖水域では、長年にわたり流域から窒素化合物やリン酸塩等の栄養塩類が流れ込み、生物生産性の高い富栄養湖に移り変わっていく。日本では、霞ヶ浦、浜名湖のような平地の浅湖、高地でも盆地の諏訪湖などが富栄養湖の代表的な例である。近年では、人口や産業の集中等により、湖沼のほか東京湾、伊勢湾、瀬戸内海等の閉鎖性海域においても窒素、リン等の栄養塩類の流入により急速に富栄養化している。

富栄養化になると藻類等が夏季に異常増殖して繁茂し、水中の酸素消費量が高くなり貧酸素化する。また、なかには藻類が産生する有害物質により水生生物が死滅することもある。富栄養化が進むと、水質は急激に悪化し、透明度が低下して水が悪臭を放つようになり、緑色、褐色、赤褐色等に変色する現象がみられる。

アオコ Water bloom

湖沼や貯水池などの**富栄養化**が進んだ淡水性の閉鎖水域で、おもに夏～秋期、藻類が異常増殖して、湖沼水を緑色や褐色に変色させることがある。これを「アオコ」あるいは「水の華（Algal Bloom）」といい、青や緑色のペンキを散らしたようなマット状になる現象である。この異常発生する藻類は〝*Microcystis*〟属や〝*Anabena*〟属等の微小のシアノバクテリア（藍藻類）が主であるが、緑藻類が増殖する場合もある。

アオコが大量発生すると、生態系が壊れ、透明度の低下のほか、藻類の死滅によって腐敗臭が発生したり、さらに肝臓毒（ミクロシスチン類やノジュラリン類など）、神経毒（アナトキシンaなど）などの有害な化学物質がアオコの細胞内から放出されることがある。中国などでは、家畜がアオコの発生した湖の水を飲み、被害を受け死に至るケースが多発している。

また、アオコの増殖や腐敗によって水中の溶存酸素が欠乏し、水生生物や養殖魚が死滅するなど、水産や観光上の被害をもたらしてきた。

　この対策としては下水道の整備などによって、水質の浄化を図り、富栄養化を防止することが効果的である。また、水域での遮光シートや循環ばっ気装置による増殖の抑制や殺藻剤（おもに塩素剤や硫酸銅）の散布が実施されることもある。アオコを捕食する鞭毛虫類等の動物プランクトン等を利用する方策なども考えられている。

　最近、アオコは二酸化炭素を吸収して有機物を合成する能力が高く、穀物などのような食料ではない、新しい**バイオ燃料**の原料として注目されている。

赤潮 Red tide

赤潮は、海水中の窒素やリンによる**富栄養化**によって、植物プランクトンが異常繁殖し、海面付近がその細胞の集積によって海水が赤や褐色、赤紫色、緑色などに変色する現象である。わが国では、内湾で春から秋にかけてよく発生する。

　原因となる生物は、大部分が栄養塩類を直接利用できる珪藻類、鞭毛藻類、ラフィド藻などの植物プランクトンであるが、繊毛虫などの動物プランクトンや細菌によることもある。赤潮は鰓を閉塞させたり、水中の酸素が欠乏して魚が大量にへい死したり、栄養分を奪われた海苔が色落ちするなど、漁業に大きな被害が出ることが多い。毒素を産生するプランクトンによってホタテガイやアサリなどの食用の貝類が毒化すると、麻痺性あるいは下痢性の食中毒の原因となる。

　一方、赤潮の原因となったプランクトンは、やがて死滅し、その死骸が海底や湖底付近に堆積し、その分解に酸素が消費されて酸素が乏しくなった水塊（貧酸素水塊）が、水面近くに上昇し酸素と化学反応し、液面が白濁して青白く見える現象を**青潮**という。２００６年3月、大阪湾での青潮発生の主な原因が開発による海底のくぼ地であることが、大阪府水産試験場の研究者らにより明らかにされた。１９６０～80年代に開発に必要な埋め立て用土砂の採掘のため、深さ10m以上の巨大な穴が沿岸に大小20（東京ドーム24杯分）もできた。さらに、船舶の航行用に深い溝が掘られ、死んだプランクトンが酸素を消費しながら、そういった穴の底部に沈み無酸素状態になった。さらに、その無酸素状態を好むバクテリアにより硫化水素が発生し、生物を死滅させる水塊（無酸素＋硫化水素）が生成した。こうしてできた水塊は、台風などの強い風によって海面付近に上昇し、青潮となるというメカニズムである。また、海岸の埋め立てによる人工化（大阪湾付近の自然海岸は４％）が進んで海流の流れが変わり、海水が湾の岸近くでは流れがよどむことが多くなったことも青潮発生の要因として推定されている。

東京湾では1983年、青潮により3万tのアサリが死滅し、2003年にも大規模な青潮が発生した。三河湾では、2002年青潮により4千tのアサリが死滅し、この原因として大阪湾と同様、海底の大きな2つの穴が原因であると考えられ、2003年から国による埋め戻し事業が実施されている。

シアノバクテリア［藍藻］ Cyanobacteria

シアノバクテリアは、「藍藻」ともよばれ藻類の仲間にも分類されてきたが、真核生物の他の藻類とは異なって細胞内に核がない原核生物（バクテリア）である。他のバクテリアと違い、光合成色素（クロロフィルaのほかフィコシアニンやフィコエリトリンなど）をもち光合成を行うが、葉緑体はみられない。藍色細菌とよばれることもある。

シアノバクテリアは、身近な環境、池や水たまりなどにみられる微生物である。単細胞で浮遊するもの、少数細胞の集団を作るもの、糸状に細胞が並んだ構造を持つものなどがある。中には、環境条件に応じて細胞を異なった形に分化させる種もあり、窒素固定をするために**ヘテロシスト**という特殊な形をとるものもある。

ミクロキスティスやアナベナというシアノバクテリアの種類は、霞ヶ浦などで問題となったアオコの原因生物としてよく知られている。シアノバクテリアは、数十億年前から地球上に生息していたことでも知られる。太古の地球上、海洋の浅瀬でシアノバクテリアが現在の珊瑚礁のようなコロニーをつくり、光合成によって二酸化炭素から酸素をつくり、現在の大気を作り上げる基礎を築いたと考えられている。

現在までに種々のシアノバクテリアについて、そのゲノムDNAの全塩基配列が決定され、それぞれの種がどのような遺伝子を持つかが明らかにされつつある。

里地里山 Satoyama, Countryside

森や林と調和を保ちながら、人々が生活を営んできた場所であり、国土の約4割を占め、森林、農地、ため池、草原などがモザイクのようにちりばめられたエリアである。われわれの祖先はうっそうと茂る常緑の原生林を開き、畑や水田としてきた。そしてその周りにアカマツやコナラ、クヌギなどの住処となっている雑木林が形成されてきた。かつて雑木林は子供たちの遊び場であり、木々は薪や炭に、落ち葉は田畑の肥料になった。

現在は、里地里山の荒廃や放棄が進んで景観が急速に変わり、生物多様性が脅かされている。本来は、奥山に住むクマやイノシシ、シカなど野生動物が里山まで出てきて人間への危害や食害をもたらすケースが目立っている。

これは、われわれのライフスタイルの変化と密接に関係しており、最も大きな要因は、エネルギーが薪や炭から石油、ガス、電気に変わり、雑木林に入って薪をとる人がいなくなるなど地域の住民の里地里山へのかかわりが薄れてきた点である。さらに、農山村では過疎化等による森林や農地の管理放棄、都市近郊では道路や宅地の造成などの開発等行為による土地利用転換が進むなど、里地里山の消失や質の低下が顕在化している。

また、最近では、ごみの不法投棄の場所として、急速に荒れてきた。静岡県の調査によると、竹林やタケノコの生産活動の減退に伴い、管理が行き届かない竹林が増え、過密化と竹林面積の拡大（1988年に3860haから2000年に約1.3倍の5180ha）が続いている。竹林の拡大速度は年間約2～3m（場所により6m以上）であり、スギやヒノキの人工林が、竹の生長の勢いに負け、枯れていく。果樹園や茶畑、野菜畑にも竹の地下茎が伸びていく。この現象は、里山の生物の多様性を喪失し、景観面での悪影響、竹林の地下茎の活力低下に伴なう斜面崩壊など災害の危険性も高まっている。

里山では、人の手が加えられることで多様な自然が維持され、祭りや盆踊り、伝統の神事など、里山にはさまざまな行事が根付いている。経済的には値打ちがないとされてきた雑木林も再評価されるようになり、各地で里山保全の市民活動が盛んになってきている。

北海道旭川市の旭山動物園では、旭山（295m）周辺を在来種エゾタヌキの保護に役立てるための里山として保全する活動を進めている。道内のタヌキが外来種アライグマに餌を奪われる脅威にさらされているためであり、現在、タヌキの生態を調査中である。

兵庫県豊岡市は2005年、無農薬・無化学肥料による水田づくりなどの環境整備に取り組み、人工飼育した**コウノトリ**

を世界で初めて放鳥した。コウノトリは水田の農薬使用等で主食のドジョウやカエルが激減し、国内では１９８６年に絶滅した。

都市近郊の里山の東京都町田市三輪地区では、地元ＮＰＯや市民が主体となって、ササなどを切り払って倒木を処理し、大木を間伐するなど里山整備を実施している。

２０１０年10月に名古屋市で開かれた生物多様性条約第10回締約国会議（ＣＯＰ10）で政府が、「ＳＡＴＯＹＡＭＡイニシアティブ」を提唱した。これは、世界各地の農地や人間が管理している森林など二次的な自然環境の保全や再生を通じ、自然共生社会の実現を目指すものである。

里海 Satoumi

里山に対する概念として、環境省が自然の生態系と調和し、人の手を加えることで高い生産性と生物多様性の保全が図られる海を「里海」と定義した。里海は、魚が産卵する沿岸域を人が整備し、豊かな漁場にすると同時に、生物の多様性の保全も目的とする新しい概念である。

この概念が出された背景には、日本の漁業は浜漁業、定置網漁業など日本の海に合わせた漁法が行われてきた。しかし、海洋汚染が進んで漁獲高も減少し、どのように以前の海を取り戻し、その恵みを永続的に得られるかが重要な課題になっている点がある。

農林水産省は２０１２年までに約7万5千ヘクタールの漁礁を整備する方針である。さらに、生態系や資源の持続性に配慮した水産物を認定した水産エコラベルも推進される。

干潟 Tidal flat

干潟は、潮の干満に応じて干出と水没を繰り返す平坦な砂泥地のことである。干潟は、内湾や入り江に流れ込む河川の河口域の地形によって、一般に前浜干潟、河口干潟、潟湖《さきこ》干潟の3つのタイプに分類されている。また、堆積している砂や泥の粒子の違いによって、「砂干潟」と砂の粒がさらに細かい「泥干潟」という分類もある。

前浜干潟は、大きな川の河口域の前浜に発達したもので、潮干狩りなどを楽しむことができる。東京湾富津干潟、三河湾一色干潟、有明海などがよく知られている。**河口干潟**は、河口域の河川内にできる干潟であり、前浜干潟より規模が小さく、淡水の影響を受けやすいため、生物の種類は単調になりがちである。石狩川、大井川、木曽川などにみられる。**潟**

湖干潟は砂州などによって、海や河口の一部が囲い込まれてできる半ば閉鎖された潟湖の中の干潟であり、北海道・サロマ湖、宮城県・蒲生干潟、宮崎県・大淀川河口などがこれに該当する。

3つの代表的な干潟のタイプ

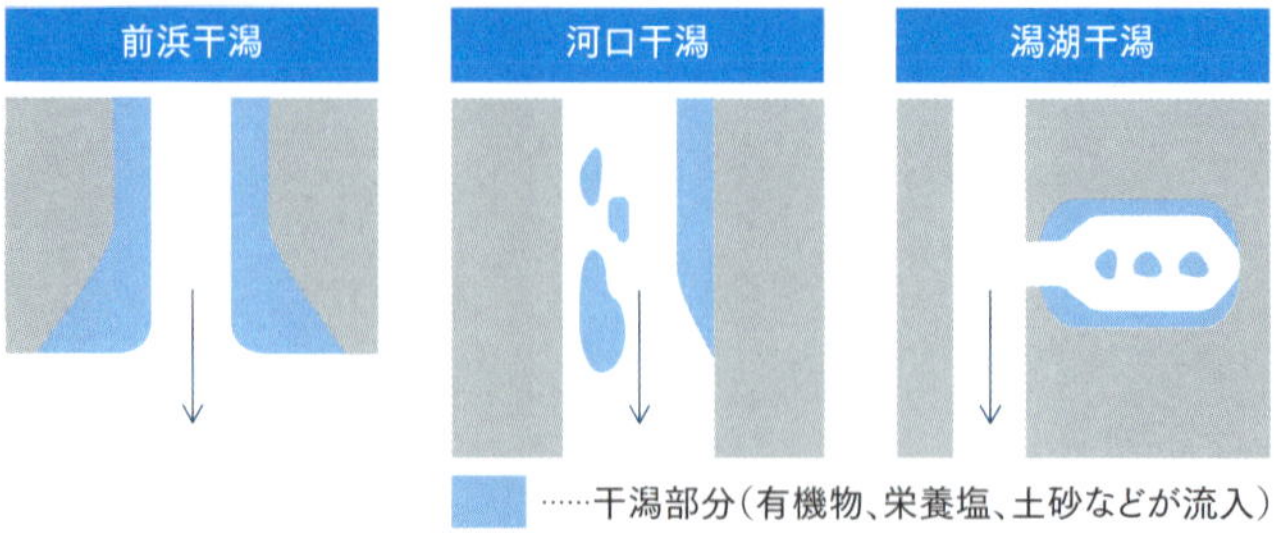

干潟は、一見すると砂や泥が広がる不毛の地に見えるが、豊富な生物相が存在する。

干潟やその周辺の浅い海は、日光、栄養分、酸素が豊富になるため、藻類、ゴカイ類、カニ類、貝類など様々な生物が生息している。

東京湾や伊勢湾などの閉鎖的な内湾では、陸上からの有機物や窒素、リンなどの栄養分がたまり、富栄養化の状態になって、しばしば**赤潮**が発生し、溶存酸素が欠乏して魚介類が死滅することがある。

これに対して干潟は、二枚貝（アサリなど）、底生生物（ゴカイなど）、その他多くの生物が栄養分を吸収し、次にそれらの生物が他の生物に捕食される**食物連鎖**によって、栄養分は次々に消費されるため、富栄養化の影響を抑制する働きがある。最終的に栄養分は、鳥や魚の捕食や漁業によって、干潟の外部に運ばれ、環境保全上重要な水質の浄化機能を有している。**釧路湿原**などの湿地も干潟と同様な機能があるといわれる。

干潟や湿地の保護は、1971年に締結された**ラムサール条約**があり、この条約に登録されるとその保護が義務付けられる。わが国では釧路湿原、谷津干潟（千葉県）、三方五湖（福井県）など37か所（2008年11月17日現在）、総面積では1310km²が登録されている。2007年現在、仙台市の蒲生干潟、三番瀬、釧路湿原などでは、干潟や湿原を再生するための**自然再生事業**が実施されている。

刷り込み Imprinting

動物が生後の早い敏感な時期に行う特定の学習の様式のことで、動物行動学者のローレンツ（Konrad Z. Lorenz、オーストリア）によって発見された。この学習は、遺伝的に組み込まれたものであり、生まれて数時間から数日の間の短時間に学習可能な時期が制限され、学習内容のレパートリーが決まっている。

　たとえば、アヒル、ガチョウ、ニワトリなどのひなは、ふ化後の短時間の間に「親」を認識する。このとき、もし親鳥がいなくても、はじめて見た動くものを「親」として追随して歩く。ひなが成長してもこの行動は変わらない。哺乳類や鳥類に多く見られる学習であるが、サケが産卵のために母川に戻る行動も、ふ化後の川の水のにおいを刷り込んだためと考えられている。

　それぞれ特徴的な種の羽毛の色を持つニワトリ、カモ、ハト類などでは、ヒナを異なる種の親に育てさせることができる。そのヒナは成熟してつがいになるとき、自分と同じ色をした相手より、育ての親と同じ色の相手を好むようになるといわれ、これを**性的刷り込み**という。

　今日では、刷り込みは親子関係への影響だけではなく、成長後の仲間との社会的関係や食物選択、生息場所の選択など種々の行動面にも影響を与えることが分かっている。

すみわけ Habitat segregation

生活様式がよく似ている個体群が、生息場所を時間的あるいは空間的に分け合い、競争しないで共存している現象を「すみわけ」という。また、同じ生活の場で共存しているときには、異なる食物の種類に依存することが多く、これはときに**食いわけ**とよばれる。すみわけと食いわけは、条件によってすみわけずに食いわけたり、食いわけずにすみわけたりと、相補的な関係があることが多い。

　よく知られている例として、イワナとヤマメは夏の水温が13℃付近を境にすみわけていることが多いが、互いに他種がいない場合には、水温の低い下流にも高い上流にも広い範囲に生息する。同様に、川魚は上流から下流まで魚種が変化することが知られている。最上流部にはイワナ、次にヤマメ、中流部にはウグイ、オイカワ、ムギツクなど、下流域にはコイ、フナ、タナゴ、最下流域には汽水にも生息できるハゼ、ボラ、スズキなどが棲んでいる。

　カゲロウ類の幼虫では無機的環境の影響（川の瀬と淵）によって形態の異なる種がすみわけている。

共生 Symbiosis

種類の違う生物がある程度の強い結びつきで互いに利益を交換し合って、いっしょに生活する様式のことである。

共生している生物の両方が互いに利益を得ている場合は、

これを**相利共生**（mutualism）と呼ぶ。個体間の例としてマメ科植物と根粒菌、ヤドカリとイソギンチャクなどの例、個体群間の例にアリとアリマキなどに見られる。

サンゴは、クラゲやイソギンチャクと同じ刺胞動物で、ポリプと呼ばれる個体が集まっている。体内には褐虫藻と呼ばれる植物プランクトンが入り込み、サンゴ独特の美しい色をかもし出している。サンゴと褐虫藻は、互いになくてはならない相利共生の関係にある。すなわち、サンゴは自分で触手を使って、動物プランクトンなどを捕食するが、それは必要な栄養のごくわずかで、大部分は光合成をする褐虫藻から糖や脂質を得ている。一方、褐虫藻は他の生物による捕食や紫外線の影響からサンゴによって保護を受けると同時に栄養塩を得ている。

サンゴと褐虫藻の相利共生

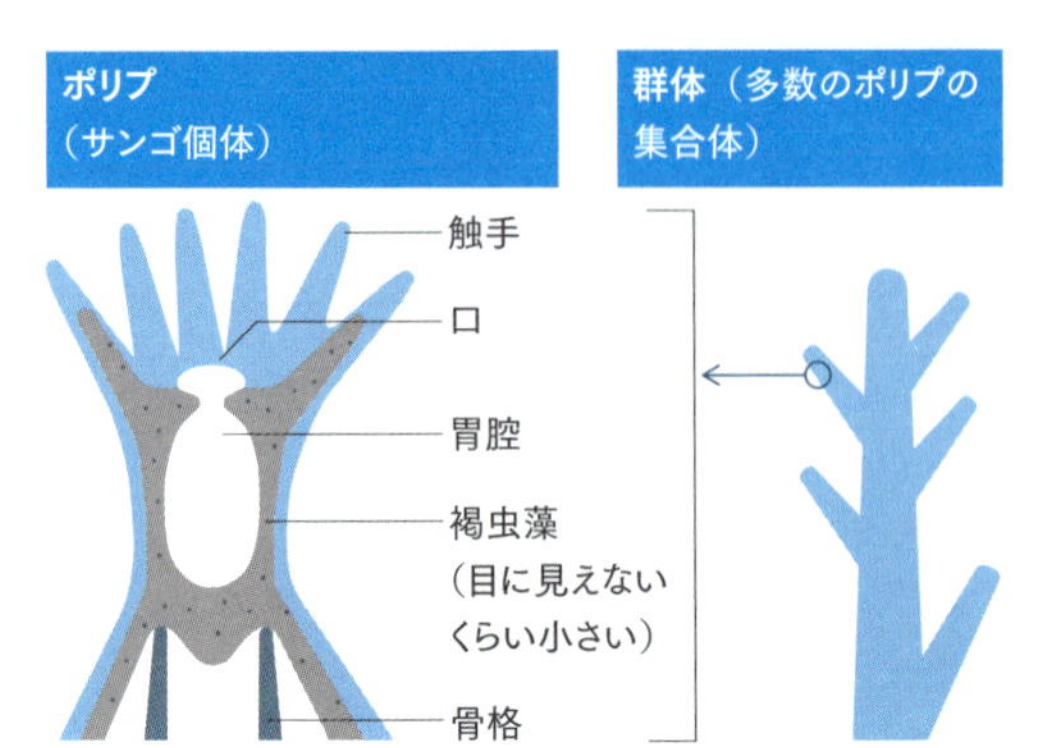

ウシなどの草食動物は、植物繊維のセルロースを消化できるが、その消化酵素セルラーゼ（cellulase）は動物のものではなく、胃の中に生息する繊毛虫（原生動物）のものである。また、シロアリも、腸に共生する繊毛虫がセルラーゼをシロアリに供給している。

一方、共生している生物の片方だけが生活上の利益を受け、他方は利益も害も受けない場合は**片利共生**（commensalism）といい、サメとコバンザメ、ナマコとその直腸内に寄居するカクレウオの例などがある。

なお、共生の一形態であるが、一方だけが利益を受け、他方が何らかの害を受ける場合を**寄生**（parasitism）という。

生態的地位［ニッチ］ Niche

ある動物が生態系の中で占めている位置のことで、**ニッチ**あるいは**ニッチェ**ともいう。自然界の中で、ある種が何を食べ、何によって食べられるかの食物連鎖、また、どのような場所で生きているかなどの生活スタイルは、おおむね決まっている。

近縁種間のように生態的地位が同じ、またはひじょうに近い場合、えさや生活の場などをめぐる争いが起こるため、それらの生物は、同じ生活空間に共存できないことになる。しかし、活動時間や生活空間を少し変えることによって生態的地位をずらしたり、互いに接して生活したり、同じ場所に共存するケースもある。このような現象は**すみわけ**とよばれ、また、食性を変えて共存する例もあり、これを**食いわけ**とよんでいる。

たとえば、モンシロチョウとスジグロシロチョウは同じ地域に生息しているが、生活のしかたに微妙な違いがある。生息場所の日当たりと気温をみると、いずれも2種類のチョウは互いに重なりあっているが、モンシロチョウの方が日当たりがよく、暖かい環境を好む。一方、食草をみると、モンシロチョウはキャベツ、スジグロシロチョウは野生のアブラナカ植物を主としている点を考慮すると、生態的地位はほとんど重ならない。

擬態 Mimicry

動物が他の動物や物体に似た形態、色彩、斑紋を示す場合のことである。

「擬態」には、大きく分けて2つのタイプがある。一つは、周りの物に似せて自分を見つけにくくする方法である。シャクガの幼虫やシャクトリムシが小枝に似ていたり、ガマダラチョウ、オオムラサキ、アゲハ、ツマキチョウのさなぎも、枝からでた葉やとげと、形や色がよく似ている。

もう一つは、周りにいる危険な動物や虫などに化ける方法である。たとえば、コスカシバ、ベッコウバエ、キイロコウカアブ、ハナアブなどは、ハチに似ている物が多い。

その他の擬態のタイプには、生息環境や活動時間によって、擬態や保護色になるものがある。たとえば、タイやカサゴなど赤っぽい魚は、ある程度の水深になると、青色の光が強くなるため、赤色が灰色に見えるようになって目立たなくなる。また、トラやヒョウも茂みに潜むと目立たなくなり、擬態の一つであると考えられている。

捕食者であるものが、近寄った動物や昆虫を捕食したり利用するタイプもある。マレー半島に生息するピンク色のカマキリは、ノボタンの花に似ており、それを花と間違えて周りに集まる昆虫を捕らえる。

縄張り Territory

動物の個体、つがい、群れなどが日常的に行動する範囲を**行動圏**というが、その中で同種の他の個体と生活空間を分けて占有し、侵入されると攻撃して防衛する空間のことを「縄張り」、**テリトリー**ともいう。

　縄張りは、採餌や繁殖のために形成されることが多い。個体の場合、通常、順位に従って縄張りを持つが、先に縄張りを確立すると縄張り内では他の個体に対して優位になる。アユ、マス、アメンボなどは食物のための縄張りを持つ。

　たとえば、川の瀬にすむアユは、それぞれの個体が縄張りを持ち、えさとなる藻類を占有している。しかし、個体群の密度が高くなると、他の個体が頻繁に縄張りに侵入するようになり、縄張りが消滅する。アユのように採餌の縄張りが決まっている場合、縄張りを持つ個体は、持たない個体に比べて採餌量が多くなるため、成長が早く、同じ時期で比べると体長に2倍ぐらいの差が出ることもある。

　小鳥類は繁殖期だけ繁殖のための縄張りを持つ。たとえば、ウグイスやヒバリは、繁殖期になると、雌雄一対ごとに巣を中心としてある一定の空間を占めるようになり、そこで産卵したり、ひなを育てたりする。ウマ、シカ、サルなどは社会単位で縄張りを持つ。

密度効果 Density effect

生物の個体群密度が、その生物の個体または個体群の生活におよぼす影響のことである。一般に生物の個体群の密度の違いは、個体群あるいはそれを構成する各個体の形態や個体重、発育状況、繁殖率などに大きな影響を与える。

　たとえば、アズキゾウムシをビンの中で飼育すると、親世代の密度によって子世代の成虫の体重が変化し、孵化幼虫数が多くなるほど羽化成虫の体重は軽くなる傾向がある。また、親世代の密度が高くなると、産卵数が減少し、また卵の死亡率も高くなる。

　アフリカや西アジアのワタリバッタは、通常、草地に分散して生活している。しかし、しばしば大発生により個体群密度が増大すると、幼虫の内分泌活動が変化し、体長に対して後足や腹部が短い成虫になる。さらに、その成虫は体内に脂肪を多量に貯え、集団で群飛しながら移動することがある。このような個体群密度によって同一種の形態や行動に大きな違いが出る現象を**相変異**といい、個体群密度が小さいとき**孤独相**、大きいときを**群生相**という。

順位制 Dominance hierarchy

動物における個体群を構成している個体間に優劣の順位ができ、それによって秩序が保たれる現象のことである。順位が確定する個体間の関係が安定し、無用な争いが避けられる。

たとえば、何羽かのニワトリをいっしょに鶏舎に入れて飼育すると、餌を争うなかで、互いにつつきあいをして順位が決まる。これは、個体間に優劣関係ができたことを示すもので、下位のものは、けっしてそれより上位のものをつつくことは見られなくなる。同様の現象は、ニホンザルやオオカミなどの哺乳類でもみられ、順位は年齢、体の大きさ、性別などによって決まることが多い。

群れ Herd

動物の場合、個体どうしが集まり統一的な行動をとる集合状態を**群れ**という。群れによる集団行動は、食物の効率的な発見、集まることで生殖機会の増加、捕食者などの外敵からの防衛などの利点がある。

群れの大きさは、各個体の採餌の時間が最大となることが理想的である。群れが大きくなると、外敵の接近や捕食者を警戒する1個体当りの時間が少なくてすむが、食物や休息場所をめぐる争いが増すことになる。たとえば、ウミネコ（海鳥）は、周囲を警戒する時間と個体どうしがえさをめぐって争う時間との関係で群れの大きさが決まっているといわれる。最適な群れの大きさは、外敵やえさの量などの環境条件によって変化する。

渡り Migration

生物が季節の変化や個体群の増加などによりその生活の場を大きく移すことをいう。一般には繁殖地と越冬地を往来する鳥類や魚類のケースが多く、おもに気温、水温、潮流、食物の変化に関係する。

レミング（北極や北極近辺に生息する体長7～15㎝、体重30～112グラムほどの大きさのネズミ目の動物）やバッタの移動は、個体群の大増殖の結果、突発的に大群の移動が発生する。この場合、一般に移動速度は速く距離も長い。鳥類で渡りをするものは、**渡り鳥**あるいは候鳥とよばれる。たとえば、国の天然記念物で絶滅危惧種に指定される「カンムリウミスズメ」は、繁殖時期に日本近海の朝鮮半島南部、日本（本州、四国、九州、伊豆諸島）周辺の離島で繁殖し、冬季は日本列島の周辺の洋上で過ごす渡り鳥である。

魚類の場合は**回遊**ともいう。産卵のために回遊するサケやウミガメの移動はその典型である。クジラ類も繁殖のために移動することがよく知られている。

社会性昆虫

Social insects

シロアリ、アリ、スズメバチ、ミツバチやアブラムシの一部などの昆虫では、生殖、労働、防衛などの個体の分業が決まり、形態的にも分化がみられるものがあり、集団全体としてまとまった機能をもっている。また、それぞれの個体は、集団から離れると単独では生活できない。このような昆虫を「社会性昆虫」という。

　ミツバチの社会では、生殖階級（女王バチと雄バチ）と非生殖階級（ワーカーとよばれる働きバチ）に分かれ、ワーカーは、巣作り、採餌、育児、防衛などの仕事をし、成長とともにその役割が変化する。

　このような社会性昆虫の社会は、共通の親から生まれた個体の集団で、個体のもつ遺伝子は似通っている。労働者や兵隊などのワーカーは、自らは子孫を残すことができないが、自己と血縁関係にある集団内の子の生存を助ける役割をしている。

　これは、自己と共通の遺伝子を残していると考えることができ、個体ではなく、遺伝子の存続という視点からとらえるとき、対象となる遺伝子を「利己的な遺伝子」とたとえることがある。

蜂群崩壊症候群

Colony Collapse Disorder, CCD

働きバチ（セイヨウミツバチ）が1週間～1カ月など短期間で大量にいなくなり、巣に女王バチとサナギだけが残される現象のこと。米国では２００６～２００７年に初めて報告され、州によってはハチの群れの6割が忽然といなくなった事態が報告されている。２００９年12月までに全米35州で報告されている。日本や世界各国でも同様なハチの減少が報告されているが、ＣＣＤか否か、現時点では不明であり、コロニーロス（蜂群の損失）と呼ばれている。

　ミツバチは蜜を集めるだけではなく、イチゴやメロンなど果物や野菜のハウス栽培で花粉を交配させるのに欠かせない。ミツバチの群れは、女王バチ1匹と多数の働きバチからなり、通常は3～4万匹が群れをなしている。

　この現象コロニーロスは、

写真提供：毎日新聞社

蜂に対する寄生ダニ、ネオニコチノイド系の農薬、栄養不足、気候やストレスなど各種の要因が絡み合って発生すると推定されている。フランス、オランダ、イタリアなど西欧にも広がっているといわれるが、日本の最近のミツバチ減少は女王バチ不足が直接の原因となっているため、働きバチが急減するCCDとは異なるとされている。

農水省が2009年4月にまとめた調査結果によると、全国20都道県で花粉交配用ミツバチが減少している。生産コストの上昇やイチゴの受粉が不十分で実らなかったり、形が悪くなったりするなど、園芸農家に影響が出ていることが判明している。

日本でのミツバチ減少の原因について、いくつか仮説がある。1つは、水田でイネを食い荒らすカメムシの駆除に最近使われるようになった**ネオニコチノイド系農薬**である。イネの花の蜜を集めるため水田に寄るミツバチに悪影響を与えている可能性が示唆されている。北海道・東北地方ではこうした事態が起きたといわれている。

2つ目は、ミツバチに寄生するダニ（ヘギイタダニなど）に殺虫剤に耐性をもつものが出現したこと。3つ目は、川の護岸工事や農道の舗装などによって、自然界の花が減少し、ミツバチが栄養不足に陥っているとするものである。また、従来、海外からの輸入にたよっていた女王バチが、輸入元のオーストラリアとハワイでハチの伝染病によって、2008年11月から輸入が停止した状況が続いており、これによってハチの数が減少したという見方もある。

ネオニコチノイド系農薬
Neonicotinoid insecticides

ネオニコチノイドとは新しい（ネオ）ニコチン様（ノイド）物質という意味である。タバコ葉に含まれるアルカロイドのニコチンとその類縁物質はニコチノイドとよばれ、殺虫作用があるが、新たな殺虫剤として、ニコチノイドの構造をもとに化学合成された化学物質である。この農薬は中枢神経に作用し、昆虫を興奮状態にして方向感覚を狂わせ、筋肉を収縮させて殺す効果がある。

従来の農薬に比べて急性毒性は低いとされ、1990年代から使用が広がってきているが、毒性に関する公表されたデータは少なく、中には、有機リンと同程度の毒性を持つものがあるといわれている。

最近、この農薬が水田のカメムシ防除や松枯れ防止、園芸用や床下のシロアリ駆除剤などで頻繁に使用されるようになってから、各地で**ミツバチ**の大量死との関連や、人への健康被害が懸念されている。フランスでは、ミツバチへの被害が疑われた段階で政府が使用を禁止し、原因調査を始めた。

岩手県では2005～6年、水田にネオニコチノイド農薬を散布後、周辺のミツバチの大量死が相次いだことが報告され、2009年ごろから全国で同様の現象が多数みられるようになっている。

人の健康への影響については、同農薬は低毒性とされているが、心拍数の増加、血圧上昇、吐き気・嘔吐、けいれんなどの中毒症状が報告されている。人類が初めて使用する農薬であり、体内での代謝など未解明な部分が多く、今後の解明が待たれている。

人口爆発 Population explosion

世界の人口は、1950年ごろから爆発的に増え始め、「人口爆発」と呼ばれる人類史上最大の人口増加を経験した。1950年からのわずか55年間で25億4千人から65億1千人へ2.6倍になった。この間、先進国地域の人口は8億1千人から12億2千人へ1.5倍増加したが、途上国地域では17億2千人から53億人へと3.1倍に増加した。

2010年2月6日現在、世界の人口は68億4千621万人（国連人口基金［ニューヨーク］のデータより）で、1日で約22万人強、1年間で約8千万人増加している。

人口増加率は1960年代には年2%台と高かったが、徐々に鈍化しており、2006年の推計値は1.1%である。しかし、今後50年にわたり人口増加が続き、2026年には79億人、2050年には90億人を突破すると推計されている。この間に先進国の人口が12億人で安定化する一方、最貧国の人口は8億人から17億人に倍増する見込みである。

現在の人口問題は、先進国では**少子高齢化**、発展途上国では**人口爆発**と対照的である。最も人口の多い国は中国で、2005年に13億人に達した。次いでインドの人口は11億人を超え、人口の増加率では中国を上回っているため、2025年には世界最大の人口になるとの予測もある。この2カ国で世界人口の1／3を超え、4位のインドネシア、6位のパキスタンなど他のアジア諸国も合わせると、世界人口の半分以上がアジアに集中している。しかし、インドやバングラデシュなど南アジアの人口増加は低下してきている。

中国やインドは、現在、経済発展も著しいが、生産年齢人口が高齢者と子供の合計人数を一時的に上回る**人口ボーナス**（bonus by population）と呼ばれる状態にある。これは、扶養される人口への教育、医療、社会保障などの投資が少なくてすみ、経済発展にとっては有利な状態である。逆に、わが国では、人口ボーナスは20世紀中に終焉を迎え、出生率が下がり高齢化が始まっているため、働き手である生産年齢の人口の割合が年々小さくなり、社会の扶養負担が増える**人口オーナ**

ス（onus by population）の時代に入っている。

先進国の中では、米国が高い人口の伸びを示している。一方、アフリカでは出生率に歯止めがかからず、２０５０年までに現在の人口の4～5倍に増える国が続出する可能性が高くなっており、出生率の低下が最大の政策課題である。これらの国では、元々、出生率も死亡率も高い**多産多死**であり総人口は安定していたが、衛生状態の改善と進歩した医療の導入によって、出生率が高いままで死亡率が低下する**多産少死**になり、人口増加率が増え人口が爆発的に増えている。

世界の人口推移と推計

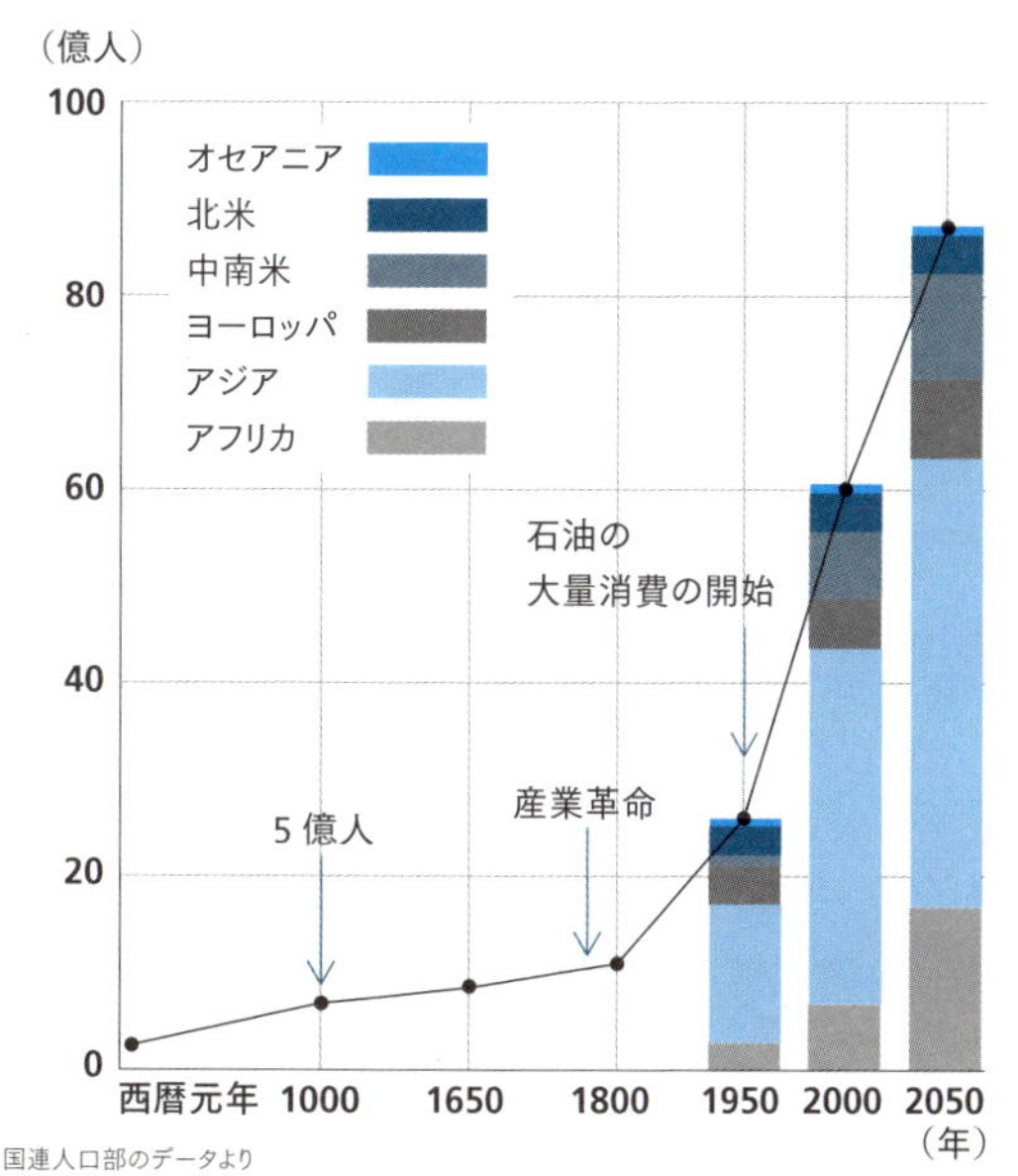

国連人口部のデータより

発展途上国での人口増加の大きな問題点は、農村から都市への人口移動である。都市の急激な人口増加で住宅や水、衛生的環境、道路などインフラの供給が追いつかず、スラム化、失業率の上昇、深刻な交通渋滞など生活環境の荒廃が社会問題化している。２００４年に1日1ドル未満の収入で暮らす人の数は、9億6千９００万人と推定されている。１９９０年の12億5千万人より減少したが、飢餓や病気に苦しんでいる多くの人が存在しており、貧困人口の削減は国際社会にとって大きな課題である。

一方、日本国内では、２０１０年3月末時点の住民基本台帳に基づく総人口は1億２７０５万７８６０人で、３年ぶりに人口減少に転じた。これから本格的に人口が減り、２０５５年には約9千万人となると見込まれている。（国立社会保障・人口問題研究所調べ）。２０２５～３０年には47都道府県すべてで人口増加率がマイナスになると予想されている。

この主因は、未婚化、晩婚化の進行であると考えられている。２００５年の生涯未婚率（50歳時点で1度も結婚していない人の割合）は男性15・96％、女性7・25％である。その結果、国内の少子化は１９７０年代半ば以降現在まで30年以上続いている。1人の女性が生涯に産む子供の推定人数（合計特殊出生率）が人口を維持できる水準の2.0強を下回り続けている。高齢化の進行とともに家族を基盤とした社会構造が変化しつつある。

再導入［野生復帰］

Re-Introduction

オオカミやコウノトリのように絶滅の危機にある野生動物について、飼育・繁殖させ、絶滅してしまった地域へ野生復帰させ、その種を定着させること。1960～70年代に欧米の動物園などで先駆的な試みが始まり、既に200を超える事例がある。米国の**イエローストーン国立公園**では、カナダからオオカミを再導入して、オオカミの存在が、食物連鎖を通じて失われた植生の回復に役立つことがわかり、生態系全体の保全にも有効であることが確認されている。

わが国では2005年秋、はじめて兵庫県豊岡市で**コウノトリの再導入**が行われ、5羽が自然放鳥され、2007年5月、国内の自然界では43年ぶりに幼鳥が誕生、2008年3月にも3羽の幼鳥が誕生して巣立つなど、現在、順調に計画が進んでいる。コウノトリは、明治以前までは日本各地でみられたが、乱獲などで激減し、野生での繁殖個体群は絶滅した。約50年前から人工繁殖計画が始まり、1990年代に入り、「再導入」に向けた取り組みが本格化した。現在、放鳥されたコウノトリは水田などを生息域にしており、減農薬栽培や自然のえさ（どじょうなど）の確保など、地域住民とコウノトリが共生できる環境づくりが進んでいる。約5年間の試験放鳥後、本格的な野生復帰に向け、自然界での繁殖や野生化の進め方、生態などコウノトリに対する情報収集が進められている。**トキ**（新潟・佐渡）については、環境省は2008年9月末、試験的に10羽を新潟県佐渡市の「佐渡トキ保護センター野生復帰ステーション」周辺の水田地帯へ試験的に放し、2015年までに60羽を野生復帰させる計画である。トキは、江戸時代には日本のほぼ全域に生息していたが、明治以降、乱獲や環境悪化で激減し、1970年からは佐渡に残るだけとなった。2003年に最後の「キン」が死に日本産の野生種は絶滅したが、その後、中国から贈られたつがいで人工繁殖に成功した。

環境省では、今後、ヤンバルクイナ、ツシマヤマネコ（長崎）などでも「再導入」を検討している。米国では、再導入を「絶滅危惧種法（ESA）」における種の回復法として位置づけているが、日本では再導入に関する法制度は未だ未整備である。なお、ある地域に個体群が残っている場合、同種の固体を加えることを**補強**（強化）という。

写真提供：毎日新聞社

Encyclopedia of Bioscience and Human Health

第4章

身のまわりの感染症

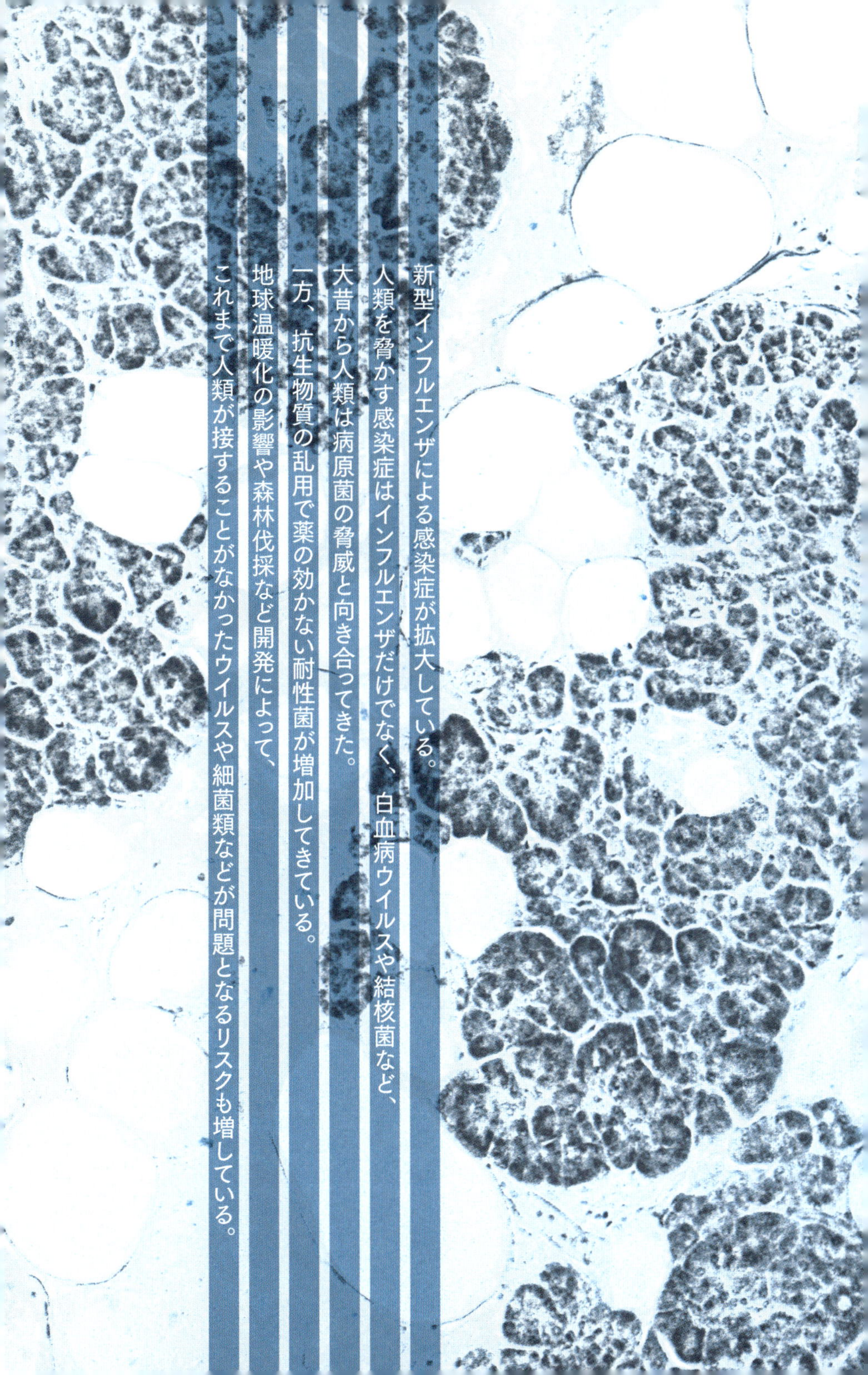

新型インフルエンザによる感染症が拡大している。
人類を脅かす感染症はインフルエンザだけでなく、白血病ウイルスや結核菌など、
大昔から人類は病原菌の脅威と向き合ってきた。
一方、抗生物質の乱用で薬の効かない耐性菌が増加してきている。
地球温暖化の影響や森林伐採など開発によって、
これまで人類が接することがなかったウイルスや細菌類などが問題となるリスクも増している。

感染症

Infectious disease

ウイルス、細菌類、原生動物、寄生虫（アニキスやぎょう虫など）などの病原体が人体内に侵入、増殖して起こる病気全般のこと。症状により急性と慢性のものがあり、がんや内臓疾患、遺伝病など体内に原因のある病気と区別して用いる医学用語である。

また、感染症の中には、インフルエンザやコレラのように伝染するものと破傷風や膀胱炎などのように伝染しないものがある。

従来からの赤痢、結核、コレラ、インフルエンザに加え、最近ではエイズやエボラ出血熱など新型の感染症が相次いで発生している。これらは、**エマージング感染症**とよばれ、また一時、勢いを弱めていた結核など旧来の感染症が再び流行し始めており、**再興感染症**として問題になっている。ラッサ熱、マールブルグ熱、エボラ出血熱の3つは伝染力が強い上に有効な治療法がなく、国際伝染病として世界中が警戒している。

なお、人間から人間にうつる感染症は、**伝染病**とよばれ、コレラ、腸チフス、パラチフスなど11種は、特に**法定伝染病**に指定されていた。現在は、伝染病予防法、性病予防法、エイズ予防法を廃止、結核予防法を統合した「感染症の予防及び感染症の患者に対する医療に関する法律」（感染症新法）が施行されている。

エマージング感染症［新興感染症］

Emerging infectious disease

1970年前後以降、新しく発見された病原体による感染症のこと。1993年のWHOなどの会議で「エマージング感染症」、「エマージング・ウイルス」の呼び名が一般化した。会議では、「最近になって新しく出現、または再出現した感染が数多くある。人、動物、および植物の感染症の地球規模での監視体制を拡大し、改善することが緊急であると認識した」との宣言を採択している。

エマージング感染症には、これまでに、表に掲げるように30種類以上がある。病原体としてはウイルス、細菌、スピロヘータ、寄生虫など様々で、ウイルスによるものとしては**エイズ**、エボラ出血熱、ラッサ熱などがある。

エマージング・ウイルスが現れる最も大きな原因は、森林の伐採、ダムの建設、草原の開墾などがあるといわれる。生態系の変化によって、もともと森林などの奥深くに生息していた野生動物のウイルスが、人との接触の可能性が増えてきたからであるとみられている。また、食料の輸出入の増大や交通機関の急速な発展などによって、それまで病気の存在しなかった地域に病原体が持ち込まれたことも要因と考えられている。さらに**ウェストナイル**熱のように、地球温暖化が進み病原体の生きられる地域が広がったことも考えられる。

現在までに知られているウイルスは3万種（国際ウイルス分類委員会による）、そのうち、哺乳類と鳥類に感染するウイルスは約650種ある。しかし、これは、地球上の生物に寄生するウイルスのごく一部にすぎず、今後現代社会の進展とともに、エマージング感染症への国際的な対応が重要になっている。

▷これまでの主なエマージング感染例

感染症名	病原体
ラッサ熱	ラッサウイルス
小児下痢症	ロタウイルス
エボラ出血熱	エボラウイルス
リフトバレー熱	リフトバレーウイルス
エイズ	人免疫不全ウイルス
牛海綿状脳症	プリオン
腎症候性出血熱	ハンタウイルス
胃潰瘍	ヘリコバクター・ピロリ
成人T細胞性白血病	HTLV–1
C 型肝炎	HCV
ベネズエラ出血熱	ガナリトウイルス
ブラジル出血熱	サビアウイルス
急性脳炎	ニパウイルス
ウェストナイル熱	ウエストナイルウイルス
ヘンドラウイルス病	ヘンドラウイルス
新型コレラ	コレラ菌 O139
偽膜性腸炎	クロストリジウム・ディフィシレ
SARS	SARS コロナウイルス

再興感染症
Reemerging infectious disease

既知の感染症で、公衆衛生上の問題とならない程度まで患者が減少して制圧できたと考えられていた感染症のうち、再び増加傾向にある感染症のこと。再興感染症の主な病原体は、ウイルス、細菌、原虫、寄生虫などである。

現在、再興感染症に分類されるものとして、マラリア、デ

▷代表的な再興感染症

染症名	病原体の種類
マラリア	原虫
ペスト	細菌
ジフテリア	細菌
結核	細菌
百日咳	細菌
サルモネラ感染症	細菌
コレラ	細菌
狂犬病	ウイルス
デング熱	ウイルス
黄熱病	ウイルス
トキソプラズマ	原虫
リーシュマニア	原虫
エキノコックス	寄生虫
住血吸虫症	寄生虫

ング熱、狂犬病、黄色ブドウ球菌感染症などがある（表参照）。結核の流行は、発展途上国では深刻であるが、日本の罹患率（人口10万人当りの患者発生率）も2008年時点で19・4と、ほとんどの欧米先進国が10以下である事態と比べてひじょうに高くなっている。

一旦制圧された感染症が再度増加する要因として、薬剤耐性菌の出現・増加、交通手段による人や物の移動の増加、地球温暖化による生態系の変化、病原性の強毒化などが考えられる。

SARS［重症急性呼吸器症候群］
Severe acute respiratory syndrome

SARSコロナウイルスを病原体とする新しい感染症で、新型肺炎（Atypical Pneumonia、非典型肺炎）とも呼ばれる。2002年11月、中国広東省で発生（40代男性）し、2003年7月に新型肺炎制圧宣言が出されるまでの間、8098人が感染し、774人が死亡した。

原因となる病原ウイルスは、コロナウイルスに属する。コロナウイルスは、電子顕微鏡で観察すると、ウイルス表面から花弁状の突起が出ており、太陽のコロナのようにみえるので、この名前がつけられたとされる。3系統のコロナウイルスが知られていて、人に感染するものは、軽度の風邪の症状を起こすが、SARSのような重症になることはなかった。SARSウイルスは、遺伝子解析などにより従来のコロナウイルスとは遺伝的に、かなり異なる新しいタイプであることが判明している。

野生動物に寄生していた未知のウイルスが、変異など何らかの理由でSARSウイルスとなり、人間に感染したという説もある。しかし、どのようにウイルスが発生したのか、なぜ人に感染するようになったかなど、未解明である。

SARS患者と接する医療関係者や同居の家族など、人から人にSARSウイルスが感染すると考えられている。空気感染の可能性は低いが、せき、くしゃみなどで出る飛まつや、体液に接触することで感染するとみられている。

▷ SARSの判定基準（WHOによる）

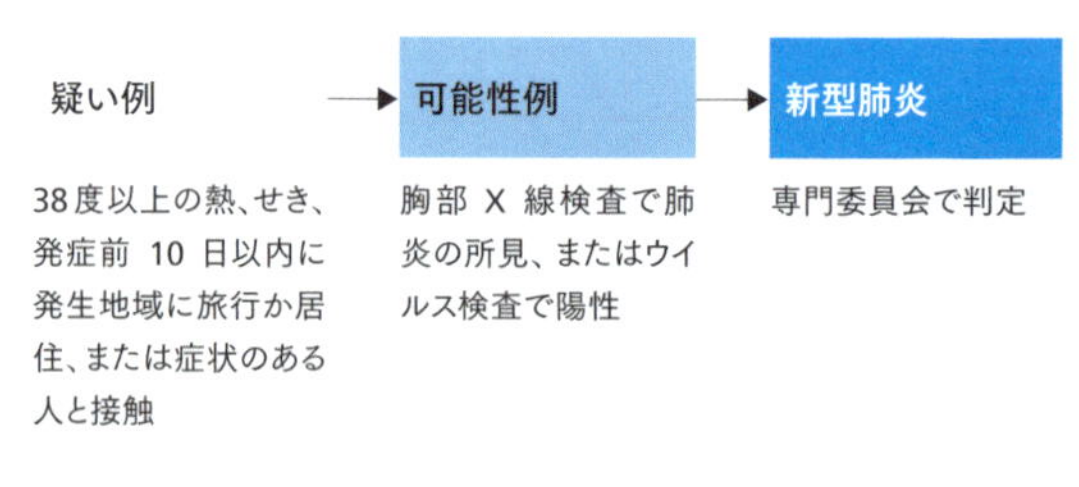

WHOでは、潜伏期間は2～7日、最大10日間程度との見方をしている。潜伏期あるいは無症状期における他への感染力はない、あったとしても極めて弱いと考えられている。このウイルスは、エタノール（アルコール）や漂白剤等の消毒で死滅し、現在のところ患者が触れた物品を通じて人へ感染するリスクは低いと考えられている。

SARSの主な症状は、38℃以上の高熱、痰をともなわないせき、息切れと呼吸困難であり、頭痛、悪寒、筋肉のこわばり、食欲減退、全身倦怠感、意識混濁、発疹、下痢などの症状がみられることが多い。また、胸部レントゲン写真を撮ると、肺炎の所見がみられる。

2009年時点で予防、治療のために推奨されている薬剤は無いが、感染した場合でも80～90%は、自然に治癒している。

予防は、手洗いの徹底とマスク、石けんなどによる消毒が有効であるが、WHOはSARSの疑いがある場合、迅速な隔離を推奨している。

肝炎 Hepatitis

肝細胞に障害が起こる炎症のことであり、食欲不振、頭痛、上腹部の痛み、発熱、黄疸、全身倦怠感などの症状が出る。肝炎の原因には、ウイルス、アルコール、薬物、自己免疫性など種々あるが、日本では**肝炎ウイルス**による肝炎が80%を占め、特にA、B、C型が多い。肝炎という場合、一般的には「ウイルス性肝炎」を指す。

ウイルス性肝炎の中で、肝硬変や肝臓がんといった重い肝臓疾病への移行率が極めて高いのは、**B型肝炎**と**C型肝炎**である。**A型肝炎**はA型肝炎ウイルスが食物や飲料水によって感染し、急性肝炎を起こす場合と、症状が出ない場合があるが、ウイルスは免疫系の働きで消失し、慢性化しない。

A型とB型にはワクチンが開発されているが、C型にはまだ無い。ウイルスの遺伝子はB型だけがDNAでA型、C型、D型、E型はRNAである。

B型肝炎 Hepatitis B

B型肝炎ウイルス（HBV：Hepatitis B virus）の感染が原因で発症する肝臓の病気である。

HBVは、直径42nmで、中心に遺伝情報を保存しているDNAを持ち、人に感染すると肝細胞に侵入し、増殖する。HBVそれ自体は肝炎を引き起こさないが、HBVが人にとって異物と認識された場合には免疫機能が働き、体内から排除しようとする。しかし、その免疫機能は、肝細胞の中のHBVだけを標的として攻撃できないため、肝細胞も攻撃し、それによって肝細胞がダメージを受け、肝炎になる。

HBVは、肝炎ウイルスの中では比較的感染力の強いウイルスで、血液や体液を介して感染する。主な感染経路は予防接種や輸血などによる「水平感染」と、感染した母親から出産時に感染する「垂直感染」がある。

感染すると、一過性でウイルスが消滅する場合と、ウイルスが肝臓にすみついてしまう持続感染（キャリアー状態）がある。成人の場合に多い一過性では、一部で急性肝炎を発症し、全身の倦怠や嘔吐などの症状が現れる。母子感染や幼児期の感染が主因のキャリアーは、約10～15％が慢性肝炎を発症するとされ、放置すると肝硬変や肝臓がんに進行する可能性があるが、大多数は発症しない。

日本では、戦後から1988年頃まで行われた幼児期の集団予防接種における注射針の使い回しにより、HBVウイルスが蔓延した。それによる患者や遺族ら420人が全国10地域で国に損害賠償を求めて係争中である。この**B型肝炎訴訟**に対して、2010年3月に札幌、福岡両地裁が和解勧告し、4月には大阪地裁も和解の検討を打診をしている。また、別に予防接種と感染の因果関係を最高裁判所が2006年に確定した。

厚生労働省によると、現在B型肝炎の感染者は110～140万人、発症患者は7万人（慢性肝炎5万人、肝硬変・肝がん2万人）と推定されている。分娩時の母子感染や輸血による感染などもあり、予防接種が原因の被害者数は不明である。そのうち、**無症候性キャリアー**（HBVウイルスを体内に持ちながら、実際に症状が現れていない感染者）が約9割を占めているとみられている。

最近の傾向として、ワクチン接種で乳幼児の感染は減少したが、成人の間では性感染で広がるケースが増加している。性感染によるとみられるB型肝炎の患者は、99年ではB型患者全体の42・7％だったが、08年には66・3％に増えている（国立感染症研究所の調査による）。

▶B型肝炎訴訟をめぐる経緯

年	できごと
1948年	予防接種法制定
1968年	B型肝炎ウイルスの発見
1988年	旧厚生省が予防接種で注射器の使い回しの禁止を通達
1989年	北海道で原告5人が「注射器の使い回しが原因」として国を相手に札幌地裁に提訴
2006年	最高裁が北海道の原告5人の訴えを認める判決
2008年	各地でB型肝炎の提訴が相次ぐ
2010年	肝炎対策基本法が施行

C型肝炎
Hepatitis C

C型肝炎ウイルスが発見される１９８９年まで非A非B型といわれた肝炎の大部分を占めていた。６ヵ月以上にわたって肝臓の炎症が続き、細胞が壊れて肝臓の働きが悪くなる。初期にはほとんど症状はないが、放置しておくと、長い経過のうちに肝硬変や肝臓がんに進行しやすいことが知られている。

現在わが国には１００人に1～2人の割合で、C型慢性肝炎の患者、あるいは本人も気づいていないC型肝炎ウイルスの持続感染者（キャリアー）がいると推測され、〝21世紀の国民病〟とまでいわれている。

C型肝炎ウイルスはそれが持っている遺伝子の違いにより主に1a、1b、2a、2bなどのタイプに分類されている。日本人に多いのは1b型で約70%、2a型、2b型がそれぞれ10～20%程度で、1a型はほとんどみられない。1a、1b型はインターフェロンが効きにくいタイプとされている

血清や血液製剤、汚染された注射器などを通じて感染し、自然に治癒することは少ない。ウイルスの感染力は弱く、日常生活で感染することはほぼ無いとされる。１９８９年にC型肝炎が発見されて以来、免疫系のタンパク質インターフェロンの皮下注射による治療が行われてきた。しかし、日本の患者の7割は、インターフェロンの効きにくい1型のウイルスで、インターフェロンが有効なタイプが30%ぐらいであり、肝硬変や肝臓がんに進行する率が高い。現在、年間約3万５０００人が死亡する肝臓がんの約8割が、C型肝炎からの移行である。

最近では、２００５年に認可された「ペグインターフェロンと飲み薬リバビリンの併用療法」により治療成績が飛躍的に向上してきている。しかし、発熱や全身倦怠感、貧血などの副作用があり、また、効果も個人によって異なるのが課題である。

国は、２０１０年から肝炎対策基本法を施行し、検査体制や治療費の助成を充実させた。

▷C型肝炎の発症と肝臓がんへの進行

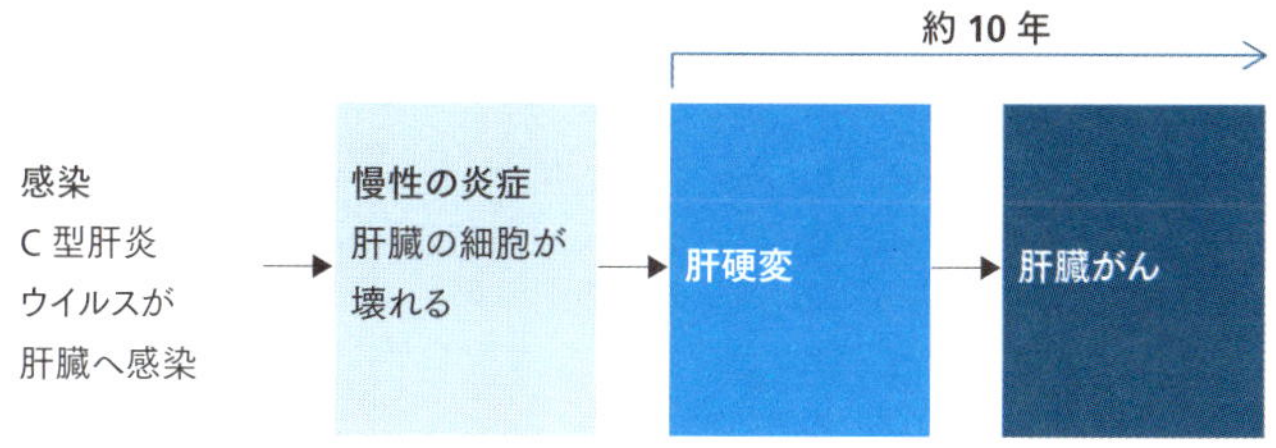

結核

Tuberculosis

　結核菌（*Mycobacterium tuberculosis*）によって主に肺に炎症を起こす慢性の感染症である。結核菌は１９８２年にドイツのコッホ（Robert Koch）が発見し、長さ1～4㎛、幅0.3～0.6㎛の細長い桿菌であり、酸に強く、ろうを帯びたように脂質に富んだ分厚い細胞壁を持っている。酸素の豊富な環境を好むが、熱と紫外線に弱く、布団なども太陽光線に30分から１時間程度さらせば十分に殺菌できる。

　感染は、重症の結核患者が咳やくしゃみをしたとき、結核菌がばらまかれて、それを周りの人が直接吸い込むことによって空気感染する。結核菌が肺胞に入ると、生体の防御システム（免疫）が働いてマクロファージが結核菌を取り囲み処理するが、生き残った結核菌が肺胞に肺炎に似た小さな病巣をつくる。菌の増殖にともない一部はリンパ節に病巣ができるが、85%前後は発病せず、そのまま治癒し、結核に対する免疫を獲得する。しかし、一部の感染者では、結核菌による肺の組織障害がさらに進行して肺結核となる（発病する割合は5～10%）。免疫が未熟な乳幼児などが発病した場合、肺内のリンパ節から結核菌が移行し、全身の臓器が侵される粟粒結核や、結核性髄膜炎が起こることもある。

　結核の初期症状は、風邪とよく似ている。軽咳や痰、発熱（37度台の微熱）から始まり、一時持ち直すが、また悪くなるステップ状に経過し、血痰、喀血、息切れ、呼吸困難になる。咳が2週間以上続いたら、医療機関で受診することが大事である。結核の診断は、臨床症状、胸部単純X線撮影、塗抹検査（痰を染めて顕微鏡で結核菌を確認）、培養検査（塗抹検査で菌が見つからないとき、検体を培養）、遺伝子検査（結核菌のＤＮＡやＲＮＡを増幅して調べる）などにより総合的に行われる。早期発見が適切な治療につながり、また集団感染などの事例をなくすことにもつながる。

　治療は、最初の２ヶ月、イソニアジド、リファンピシン、ピラジナミド、エタンブトールまたはストレプトマイシンの４種類の抗結核薬の**多剤併用療法**により行う。以後、４ヶ月はイソニアジドとリファンピシンの２剤（またはエタンブトールを加えた３剤）を併用し、６ヶ月で治療が終わる。しかし、途中で薬の服用をやめてしまうと、薬が効かない**耐性結核菌**ができてしまう可能性がある。

　予防は、ウシ型結核菌（*Mycobacterium Bovis*）を人には害がない生ワクチンとして開発された**BCG接種**が有効である。日本では現在、ＢＣＧの接種は、生後６カ月月未満の一回だけ実施されている。

　世界では、現在、年間に９２７万が新規に結核を発病し、１７７万人が死亡している（ＷＨＯ推定、２００７年）。その

日本と欧米先進国の結核罹患率の比較

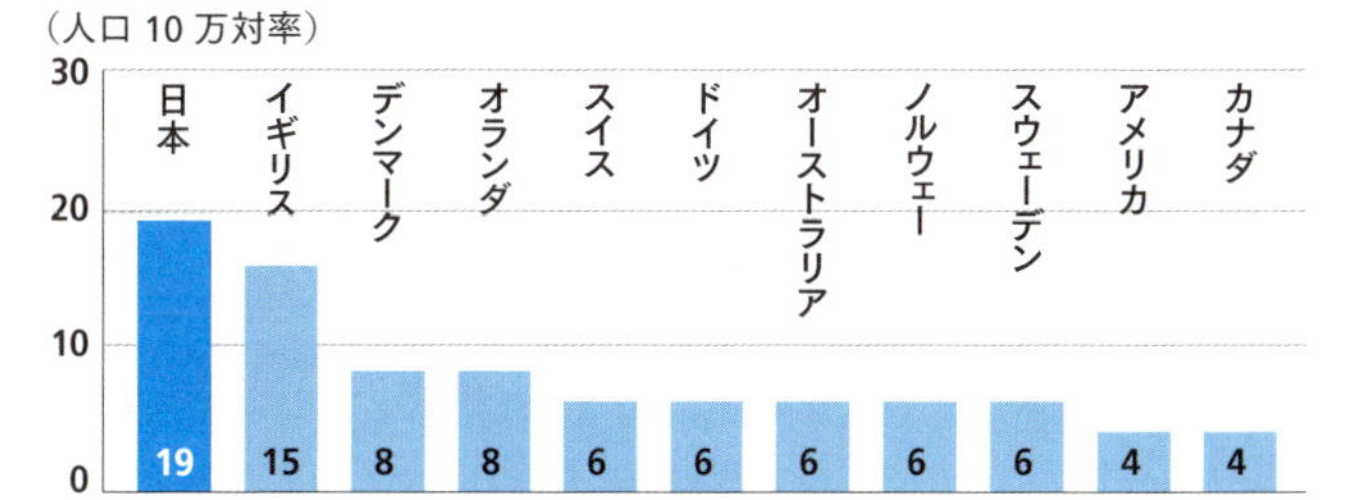

全結核 2007 年、日本は 2008 年
WHO：Global Tubercuiosis Control 2009, 2009

多くはアジア地域をはじめとする開発途上国で発生しており、また、HIV感染者の増加が結核のまん延を加速させるなど、深刻な問題となっている。

日本では、1950年まで死因の第一位を占め、かつては国民病といわれたが、**結核予防法**（1951年）の制定以来、新規発生結核患者数は減少してきたが、1997年には38年ぶりの増加に転じ、同年、「結核非常事態宣言」が出され、**再興感染症**として注目されるようになった。その後、再び減少する傾向にあるが、80歳以上の高齢者の発病が増えている。世界的にみると、日本の2009年の人口10万に対する罹患率は、19・0（約5000人に1人）と、カナダ（4.7%）、米国（4.3%）、スウェーデン（5.4%）など先進国の中で最も高い水準である（図参照）。WHOによる3段階の分類では世界的

に「中まん延国」に位置付けられている。2009年の1年間で2万4170人が結核を発症し、2155人が死亡している。年齢では、患者には70歳以上の高齢者の大きなピークと20〜30歳の小さなピークが認められる。

これは、現在の高齢者は、若い頃に結核流行時を経験していて、既に結核に感染している人が多く、体力・抵抗力が低下した時に、眠っていた菌が目を覚まし発病しやすくなった。逆に、若い世代の多くは未感染のため、免疫がなく、菌を吸い込むと感染しやすく比較的早い時期に発病する危険があると考えられている。

2005年4月1日結核予防法（2007年3月31日）が廃止され、感染症法に統合（BCGについては予防接種法）された。これによって、乳幼児へのツベルクリン反応検査は廃止され、定期結核健診の対象も変更されるなど、日本の結核をめぐる状況は新しい時代に移っている。

エイズ［後天性免疫不全症候群］

AIDS: Acquiredimmune deficiency syndrome

エイズは、遺伝物質としてRNAを持つ**レトロウイルス**の一種である**ヒト免疫不全ウイルス**（HIV）が、人間の免疫細胞に感染し、免疫機構の中心である、白血球のT細胞と

いうリンパ球を破壊して後天的に免疫不全を起こす免疫不全症のことである。その結果、カリニ結核などの感染症やカポジ肉腫などの悪性腫瘍など、さまざまな病気にかかった状態をまとめて「エイズ」という。HIVには、HIV-1とHIV-2の2タイプがあり、HIV-1は全世界的に流行しているウイルスで、HIV-2は西アフリカを中心とする地域に限定されている。1981年、米国で初めて患者の存在が報告された。

HIVは、感染者の血液、精液、膣液などの体液中に存在し、性的接触や注射器の共用などで感染する。感染しても自覚症状がほとんどなく、人によって発病までに半年から15年以上もの潜伏期間がある。潜伏期間にある人を「感染者」、発病した人を「患者」と区別して呼ばれる。HIVは、熱や外気に触れると感染力をなくすため、通常の日常生活で感染する恐れはほとんどない。

世界のHIV感染者は2007年末で3300万人(国連合同エイズ計画〔UNAIDS〕の報告)で、2007年中の新たな感染数は270万人、同年のエイズ死亡者数は200万人と推計されている。

地域別の感染者数ではサハラ以南アフリカが2200万人と世界の2／3を占めており、次のカリブ諸国、東欧、中央アジアなどを大きく上回っている。特にアフリカ南部の国々では成人感染率が20%を超え、深刻な社会問題となっている。

日本では、新たにHIV感染者、あるいはエイズ患者として報告された人は、毎年、増加している。2008年、HIV感染者1126人、エイズ患者431人と合計が1557人となり、それぞれ過去最多となった。1985年に日本国内でエイズ患者が初めて確認されてから、厚生労働省のデータでは2009年末までの感染者の累計は1万6879人に達し、8割以上が男性である。最近の特徴は日本人のHIV感染者は30歳代までの若者が70%以上を占めていることである。今後、感染者数はさらに増え、爆発的な増加も懸念されている。

国は1989年、エイズに関する啓発などを盛り込んだ「エイズ予防法」を施行し、1999年に「感染症法」に統合された。同年、「エイズ予防指針」を策定し、医療や検査体制、啓発活動の充実などを規定している。

感染を予防するワクチンの開発は難航しているが、現時点では、HIVに感染した段階で複数の薬を組み合わせて飲み続ける**多剤併用療法**の進歩により、エイズの発病が抑えられ、それによる死亡率も減少している。既に治療薬は20種類を超え、適切に治療を受ければ平均余命は40年程度とみられるようになっている。しかし、同じ治療薬を長期間服用すると効きにくくなる傾向があり、飲み忘れたり服用をやめると、ウイルスが薬剤に耐性を獲得して、治療薬の効果がなくなるケースもある。

WHOによると、2009年の1年間に途上国で120万人が、新たに複数の抗エイズウイルス薬を使う多剤併用療法を受け始めた。これは**ジェネリック医薬品**の導入などで薬価が大幅に低下したことが背景にある。

動物由来感染症［人獣共通感染症］ Zoonosis

野生動物やペット、家畜などから人間にうつる感染症の総称であり、代表的なものに狂犬病、日本脳炎、ペスト、日本住血吸虫などがある。最近は、BSE（牛海綿状脳症）、トリインフルエンザなどの**家畜由来感染症**が深刻化し、世界的なレベルでの防疫対策が急務となっている。

原因となる病原体は、ウイルスからサナダムシのような10mにもおよぶ寄生虫まで、種類や大きさはさまざまである（表参照）。病原体が動物からヒトにうつる経路には、噛まれたり、なめられたりするケースのほか、咳やくしゃみ、排泄物中の病原体が手指を通して口の中に入るなどが考えられる。また、ダニや**ウェストナイル熱**のように蚊などを介してうつったり、動物性食品を加熱せずに食して感染する可能性もある。さらに、感染した動物の排泄物が水や土壌を汚染することで感染する場合も発展途上国などでは少なくない。

近年、熱帯雨林の伐採による消失、人口増加による人間の居住域の拡大、交通の発達などによって、森林の奥深くの小動物に寄生していたウイルスや細菌などが、人間の住む地域に移動、感染が広がるケースが多くなっている。さらに、最近では、検疫が義務付けられていない珍種の野生生物がペットなどとして輸入され、予期せぬ病気がヒトに感染する「輸入動物由来感染症」の可能性も高まっている。

▷病原体の種類とおもな感染症

病原体	感染源	感染症
寄生虫	犬、猫など	犬・猫回虫症
	犬、キツネ	エキノコックス症
原虫	猫など	トキソプラズマ症
	犬、げっ歯類など	アメーバ症
真菌	犬、猫など	皮膚糸状菌症
	コウモリ、鳥類など	クリプトコックス症
細菌	げっ歯類など	ペスト
	牛、鳥、ブタなど	サルモネラ症
リケッチア	牛、羊、ヤギなど	Q熱
クラミジア	鳥類、哺乳類など	オウム病
	げっ歯類、鹿	日本紅斑熱
ウイルス	ブタ、鳥類	日本脳炎
	ブタ、鳥類	インフルエンザ
	哺乳類	狂犬病
	サル類など	ウイルス性出血熱
異常プリオン	牛	BSE

インフルエンザ

Influenza, Flu

インフルエンザウイルス（flu virus, influenza virus）による急性感染症の一種で流行性感冒（流感）といわれる。インフルエンザウイルスにはA・B・Cの3型があり、このうち**A型**と**B型**がヒトのインフルエンザの原因になる。**C型**は小児期に感染して呼吸器感染症の原因になることがある。

トリやブタなどの動物もウイルスに感染し、近年、トリインフルエンザとブタインフルエンザの流行が問題となってきている。

インフルエンザは食品を介して感染しないが、ヒトからヒトへの感染は、患者のせきやくしゃみで1～2m飛び散るしぶきを鼻や口から吸い込んだり、ウイルスが付着したドアノブやつり革に触れた手で目、鼻、口に触れて感染することが多いとみられている。

インフルエンザウイルスは、ヒトや動物の細胞に入り込み、自分のコピーを大量に作り、再び外部に出て行く。A型インフルエンザの場合を例にとると、図のようにウイルス表面には2種のタンパク質、ヘマグルチニン（HA）とノイラミニダーゼ（NA）がある。そのHAがヒトの細胞表面のシアル酸に付着すると、細胞はそのウイルスを取り込む。ウイルスの8本の遺伝子が放出され、細胞核の中で複製される。その遺伝子情報に基づき、ウイルスを組み立てるタンパク質が作られ、8本の遺伝子とタンパク質が集まって新しいウイルスができる。

コピーされて増えたウイルスが細胞から出るとき、NAがHAやウイルス表面のシアル酸を切り捨てる。

トリインフルエンザのウイルスは、HA（16種類）とNA（9種類）の組み合わせで自然界に144種類が存在する。「H1N1型」、「H5N1型」などと分類されている。

インフルエンザウイルスは、全身に影響の出る比較的症状の重い**強毒性**と呼吸器や消化器に感染がとどまり健康被害のリスクが少ない**弱毒性**に分けられる。しかし、ウイルスは変異していくため、初めは弱毒性であっても毒性の強いものに変異する可能性や体力の弱った患者に対して甚大な健康被害をおよぼす恐れがある。

▶A型インフルエンザウイルスの構造

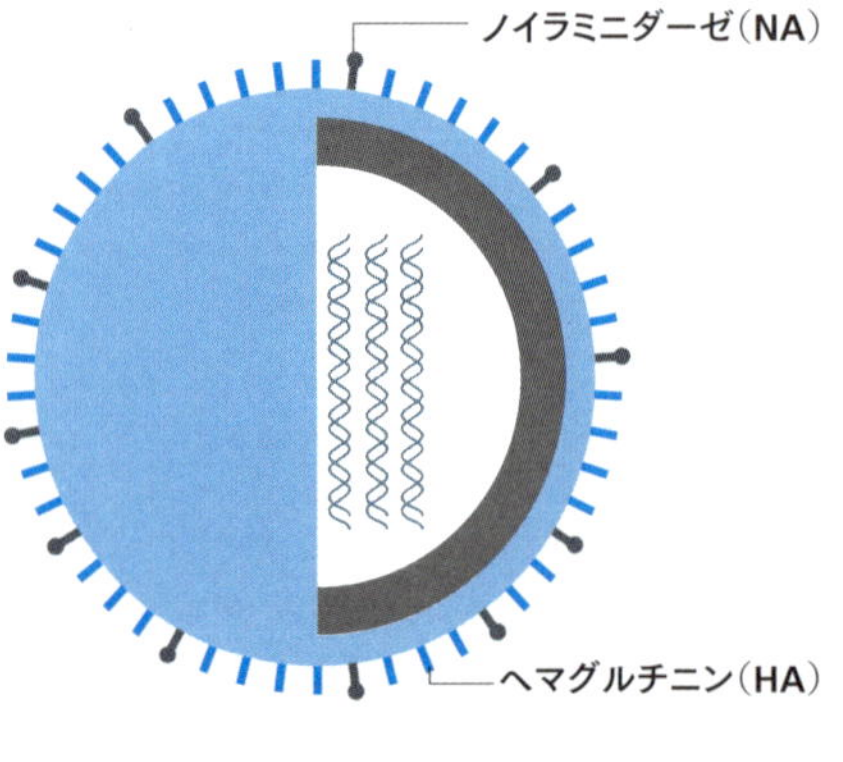

インフルエンザウイルスに感染すると、発熱、倦怠感、食欲不振、筋肉痛、せきなどの症状が出ることが多い。鼻水やのどの痛み、吐き気、嘔吐、下痢などの症状が出る場合もある。急性脳症や二次感染により死亡することもある。

予防は、発生地域での不織布製マスクの着用、せっけんを用いた手洗い、うがいの励行、人込みや繁華街への不要不急の外出を控えることなどが有効である。インフルエンザウイルスは、熱に弱く、熱処理した豚肉や豚肉加工品を食べて感染することはない。生ハムも滅菌処理や高濃度の塩水で処理されているため、安全である。

治療法には、早期（約48時間以内）であれば季節性インフルエンザの治療薬である**タミフル**（一般名リン酸オセルタミビル）と**リレンザ**（同ザナビル水和物）がある。タミフルやリレンザは、ウイルス表面のＮＡの働きを妨げてウイルスの増殖を抑える作用がある。

タミフルは経口薬で、カプセルとシロップの2種類がある。解熱効果が高く、重症化を抑え、回復を早める作用があり、ウイルス感染前や直後に服用すれば、予防効果が期待できるといわれる。強毒性のトリインフルエンザ（Ｈ５Ｎ１型）に対しても効果が確認されている。一方、リレンザは吸入薬である。

ワクチンの接種は、インフルエンザに感染しても軽症で済むとされるが、流行株とワクチン株との抗原性の違いや個人差により、必ずしも十分な効果が得られない場合もあるとされる。

新型インフルエンザ

Novel influenza virus (strain), Pandemic strain

新型インフルエンザウイルスは、動物、特に鳥類のA型インフルエンザウイルスが突然、その性質を変える（変異）ことで、鳥類や豚などからヒトに感染し、ヒトの体内で増えることができるように変化し、ヒトの間で流行するようになった疾患である。厚生労働省の「新型インフルエンザ対策報告書」（２００４年８月）によると、「過去数十年間にヒトが経験したことがないＨＡまたはＮＡ亜型のウイルスがヒトの間で伝播して、インフルエンザの流行を起こしたとき、これを新型インフルエンザウイルスとよぶ。」と定義している。20世紀はスペイン風邪（１９１８年）、アジア風邪（１９５７年）、香港風邪（１９６８年）と3回発生した。現在、新型インフルエンザに変異する危険性が最も高いと危惧されているのはＨ５Ｎ１型トリインフルエンザウイルスである。

２００９年４月に、豚のインフルエンザウイルスが変化した。豚のウイルスが人に感染した例は稀であるが、ウイルスの遺伝子が変異すると「種の壁」を越えて流行することに

▷新型インフルエンザ警戒水準

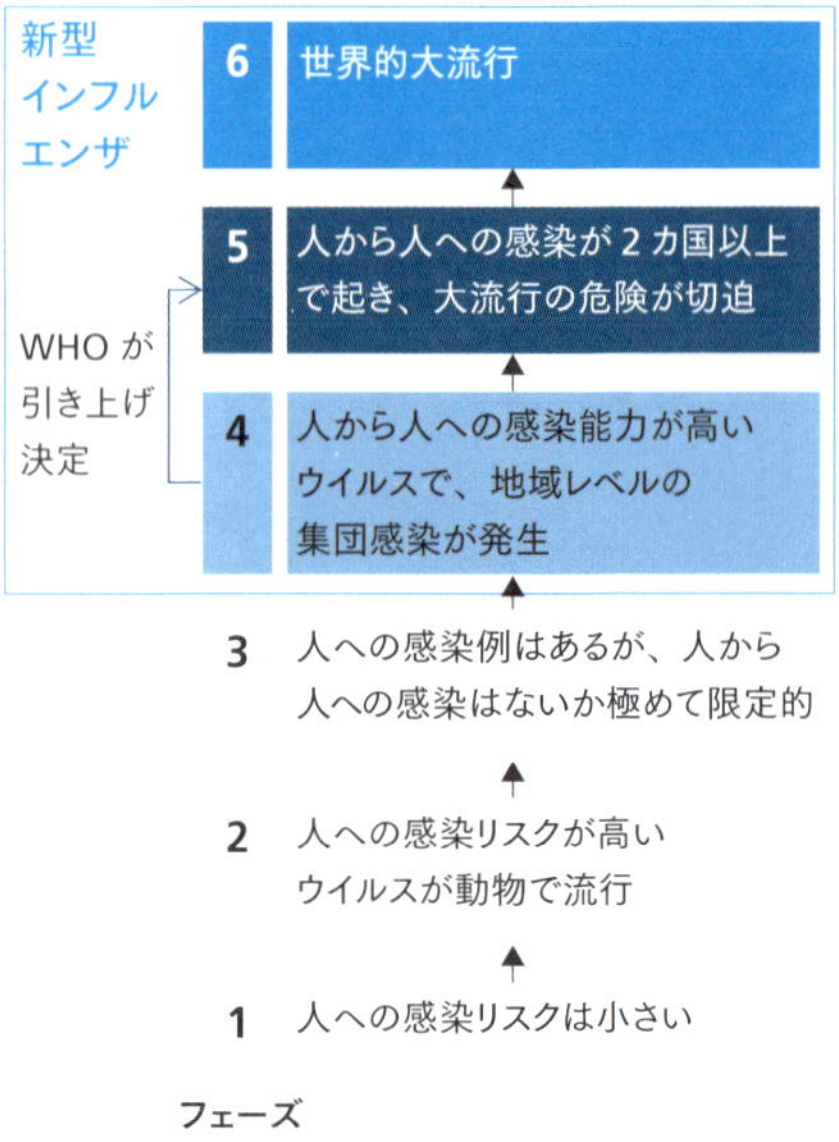

新型インフルエンザ
6 世界的大流行
5 人から人への感染が2カ国以上で起き、大流行の危険が切迫
WHOが引き上げ決定
4 人から人への感染能力が高いウイルスで、地域レベルの集団感染が発生
3 人への感染例はあるが、人から人への感染はないか極めて限定的
2 人への感染リスクが高いウイルスが動物で流行
1 人への感染リスクは小さい
フェーズ

2009年4月改正

なる。冬に流行する季節性インフルエンザと異なって、人に免疫がないため、**パンデミック**を起こす恐れがある。世界保健機関（WHO）は、この新型のブタインフルエンザの大流行に伴い、インフルエンザの6段階の警戒水準（フェーズ〔Phase〕）の見直しを行い、新しい分類を実施した（表参照）。パンデミックである「フェーズ6」の1段階前の「フェーズ5」ではWHOの6地域のうち、1地域で少なくとも2カ国以上で人から人への感染が拡大していることが条件となる。このフェーズはパンデミックが差し迫っている状況で、各国政府にパンデミック並の対応を求めている。

わが国では、WHOフェーズの「フェーズ4」以降は、流行しているインフルエンザについて〝新型インフルエンザ〟の用語が用いられることになっている。

2009年4月のブタインフルエンザから変異した新型インフルエンザに対するフェーズ5では、わが国では、成田空港などの国際空港で帰国客の健康状態のチェックが実施された。各国は出入国時の検疫強化や渡航制限などを実施した。

新型インフルエンザの重症化を防ぐワクチンの開発は、ウイルスの遺伝子情報に基づき、既知の人間のインフルエンザウイルスとの違いを精査して行われる。ワクチンを製造するには、ニワトリの卵でウイルスを増殖させる方法が一般的である。製造開始から実際の投与まで、外国では12〜16週間が

▷ワクチン製造の流れ

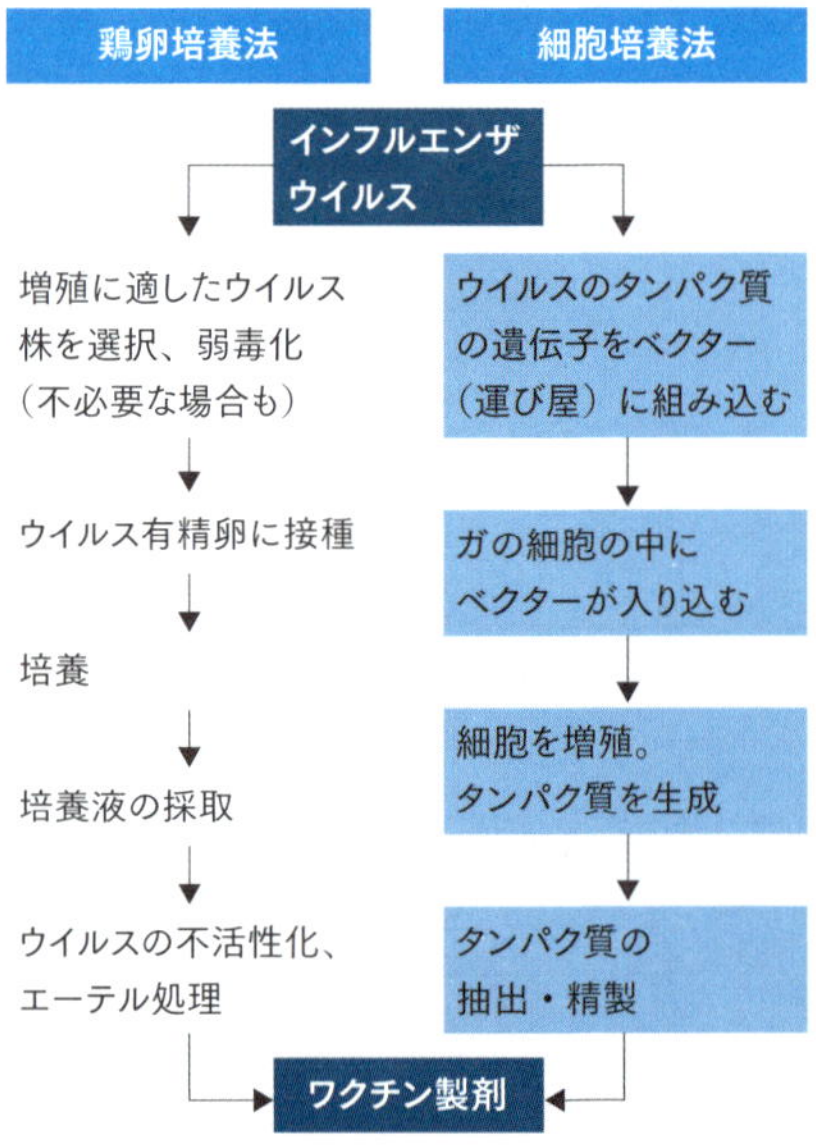

かかるといわれる。

わが国では、通常2月中旬、専門家がWHOの会合に出席しウイルス情報を収集、3月に次のシーズン用ワクチンに種（株）として使うウイルスを選択する。5～6月に国がワクチン株を正式に決定する。その後、ワクチン製造メーカー（日本では4社に限定）で製造に入る。しかし、製造に半年ほどかかり、また製造能力も4社併せて3千万人分しかない。

パンデミック［感染症の世界的大流行］ Pandemic

インフルエンザのような**感染症**や**伝染病**が世界的に大流行することを表す用語である。人類は新たに出現した病原体には免疫を持たないため、**新型インフルエンザ**の感染などが急速に拡大することがある。

インフルエンザは、低毒性であっても感染力が強い場合、患者数が増えるため、全体の死者数が増えることになる。20世紀以降、インフルエンザのパンデミックは20世紀中に3回発生した。1918～19年のスペイン風邪では、世界中で4千万人以上、1957～58年のアジア風邪で200万人以上、1968～69年の香港風邪でも100万人以上が死亡した事例が知られている。

新型インフルエンザのパンデミックは10年から40年の周期で発生するといわれており、現在、人口増加や都市への人口集中、航空機などによる交通機関の発達などから、きわめて短期間に地球全体に蔓延し、甚大な被害をもたらすことが予測されている。

なお、パンデミックの前段階として、感染症がある限られた地域内で流行することを**エピデミック**（epidemic）と呼ぶ。

過去の新型インフルエンザ出現のメカニズム

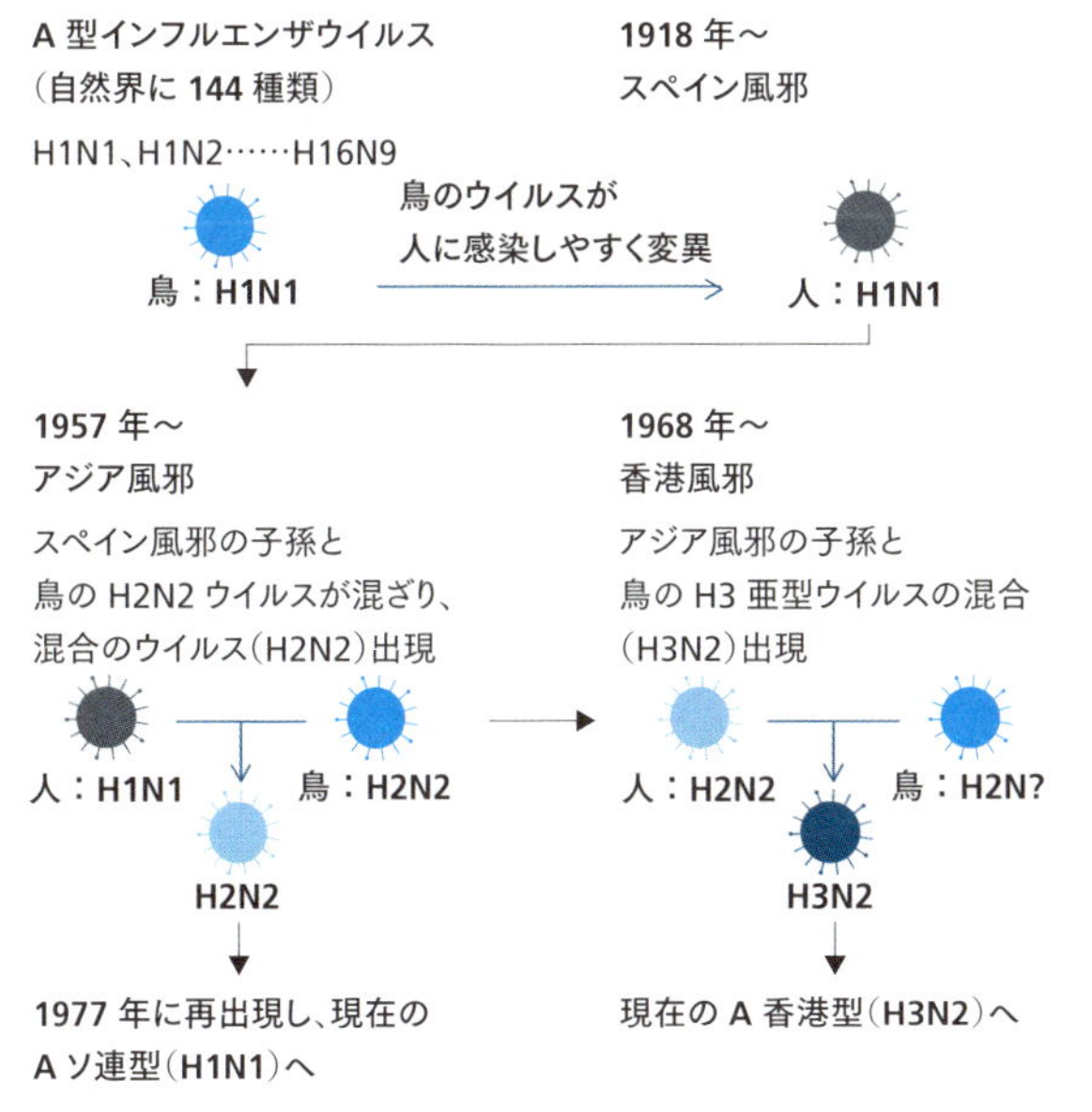

かぜ症候群 Common cold

かぜは、ウイルスによる鼻、副鼻腔、のど、上部気道の粘膜に起こる急性の炎症の総称で、正確には「かぜ症候群」とよばれる。

種々のウイルスがかぜの原因となり、１００の亜型をもつ**ライノウイルス**（*Rhinovirus*）が関係することが多いとされている。ライノウイルスによるかぜは春と秋に多いなど、季節によって異なるウイルスがかぜの原因となっている。

原因は、ほとんどの場合ウイルスや細菌が、鼻や口から肺にかけての空気の通り道に侵入・感染することにより起こる。このとき、寒さや暑さなどの温度変化、寝不足、栄養の偏りなどで抵抗力が低下したときにかかりやすくなる。

かぜの予防法としては、有効なワクチンがまだ開発されていないため、衛生面に気をつけることが重要であり、手洗い、うがいが有効であるとされている。かぜのひき始め、発熱時は特に感染力が強いため、注意が必要であり、家族でもタオルを別々にした方がよい。

軽症のかぜ症候群は、体を温かくし水分、栄養をとって安静にすることが大事である。しかし、体温が39度以上あり、喉の痛みや咳が激しい、鼻汁が黄色や緑色で濁っているなどの重い症状がある場合は、医療機関で受診する必要がある。現在、市販されている抗ウイルス薬はかぜには効かない。かぜの症状を緩和する薬が市販されているが、それらの薬はかぜを治すわけではなく、かぜ自体は1週間ほどでほとんどの場合治癒してしまう。こうした薬は症状によって飲んでも飲まなくてもよいとされるものである。

百日ぜき Whooping cough

百日ぜき菌（*Bordetella pertussis*）によって起こる急性の呼吸器感染症である。晩春と初秋に多く発生し、患者の約２／３は5歳未満の子供であるが、近年は大学で集団感染が確認されるなど、成人の患者が増加している。２０１０年5月上旬までの報告された患者数のうち20歳以上が56％を占めた。

近年、副作用が少ない**ワクチン**ができたため、その後、百日ぜきの流行はほとんどみられなかったが、２００９年の秋ごろから患者が増え始めた。

百日ぜきに感染すると、血液中のリンパ球や白血球数が増えて毒性の物質ができたりして、気管支の繊毛が変化し、気道がむずがゆい感じになり、咳が出る。感染した人が咳をした際、空気中に飛び散る飛沫によって、百日ぜき菌は広がる。

近くにいてこれらの飛沫を吸いこんだ人が感染するが、感染から3週目以降は、百日ぜきは普通感染性がなくなる。

症状の経過は、鼻水や軽い咳、全身のだるさ（けん怠感）など風邪のような症状が続く「カタル期」、しつこい咳が続く「咳《がい》そう期」、次第に咳の頻度が減少する「回復期」の3つの期間に分かれる。咳そう期になると、典型的なせき発作が始まる。このとき、「コンコン」という短いせきが続いたあと、「ヒュー」という笛のような音をたてて息を吸い込む発作を起こすのが特徴である。発作の後は、呼吸は正常に戻るが、その後すぐに新たなせき発作が始まる。せきをすると、しばしば濃いたんが大量に出る。

▷ 百日ぜき患者に占める20歳以上の割合

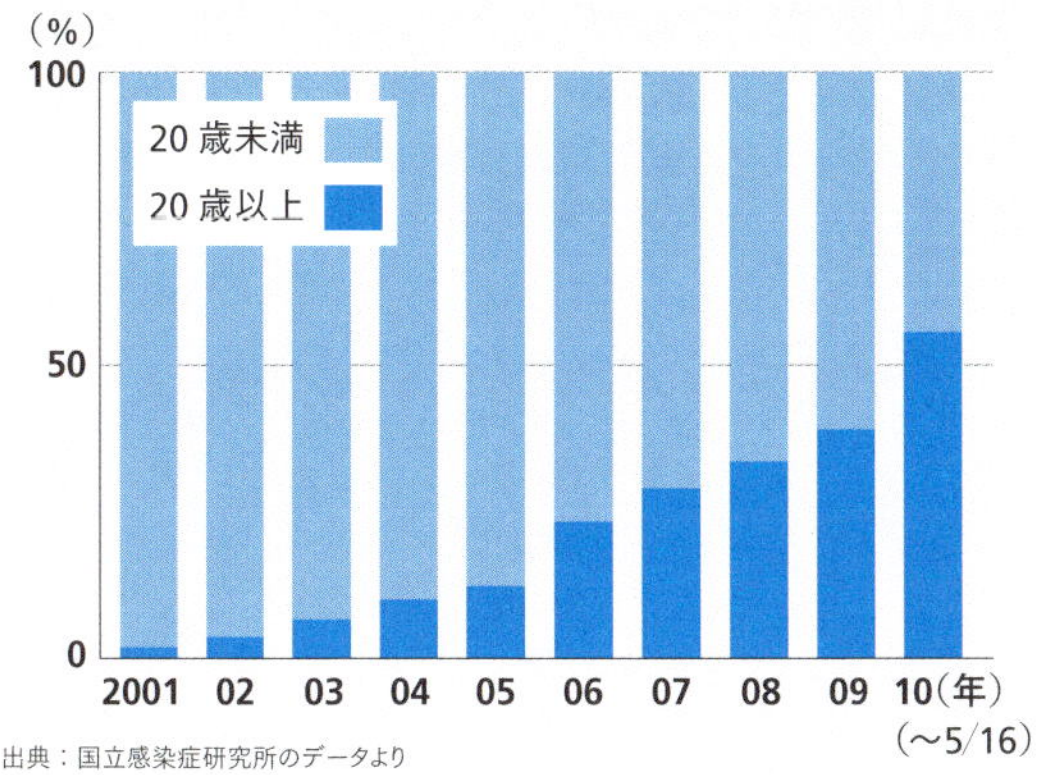

出典：国立感染症研究所のデータより

ワクチンを接種していれば、比較的軽症ですむが、中高年は治りにくいケースが多い。百日ぜきを起こす細菌を根絶するために、普通は抗生物質のエリスロマイシン、クラリスロマイシン、あるいはアジスロマイシンが使われる。

ウェストナイル熱 West Nile fever

これは、蚊がウェストナイルウイルスを媒介して人間や馬などに感染し、発症すると脳炎を起こし死に至ることもある感染症である。元々はアフリカや中東の風土病であった。**ウェストナイルウイルス**は、日本脳炎ウイルスに近く、基本的に鳥類に感染するが、蚊が媒介し、ウマやヒトなど哺乳類にも感染する。これまでのところ、ヒトからヒト、鳥からヒトへの直接感染は確認されていない。

ウイルスが体内に侵入しても発症するのは感染者の約20%ほどで、通常型と脳炎型の症状が知られている。「通常型」は、発熱や頭痛、リンパ節の腫れなど風邪に似た症状を起こす。「脳炎型」は、劇症肝炎、心筋炎、すい炎を併発する例がある。発症までの潜伏期間は3〜15日、大部分の人は無症状か軽い症状で自然に治癒するが、免疫力の弱い高齢者、子供、病人などの中には脳炎にかかり死ぬケースがある。治療は、ワクチンがなく、対症療法のみである。

北米初の患者が見つかったのは1999年のニューヨー

▷ウェストナイル熱の感染ルート

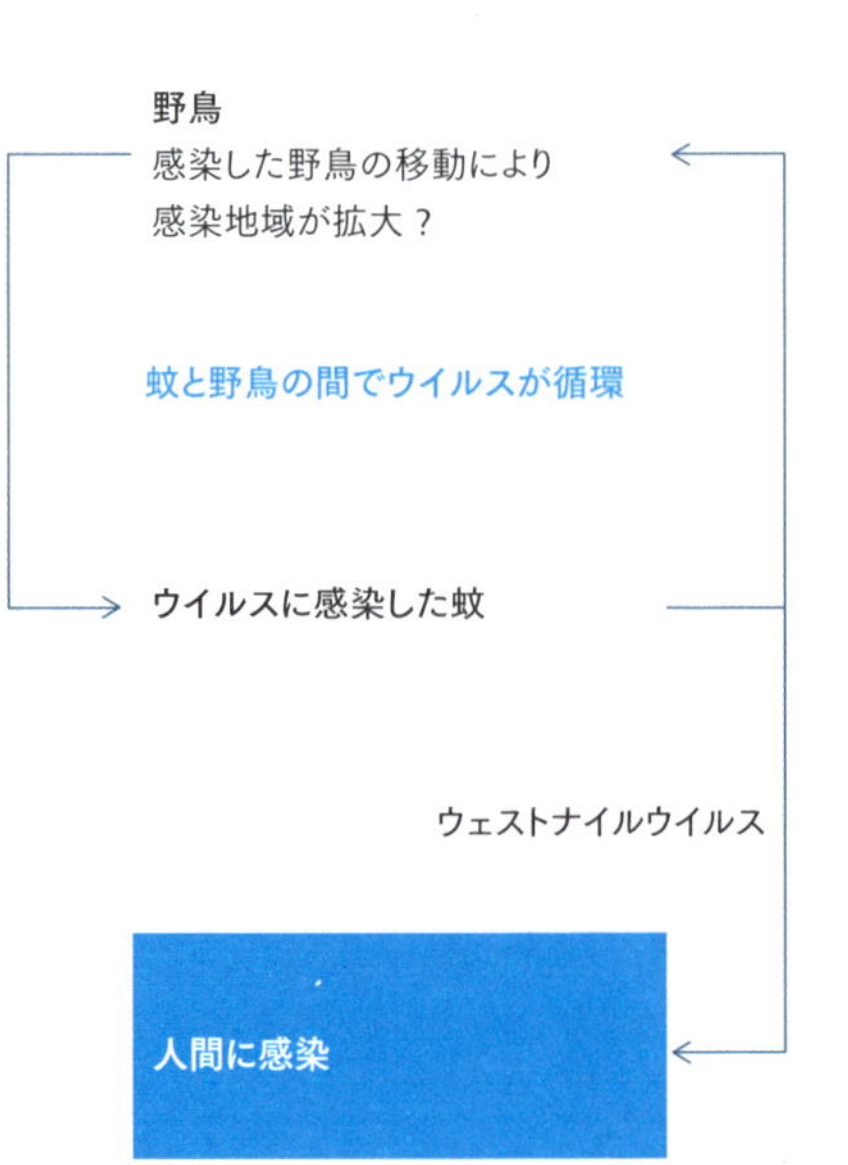

クで、99年以降、2007年12月までの米国での累計患者数は、約3万人を超え、約1000人が死亡している（2006年末、約2万4000人が感染、962人が死亡）。世界的な**温暖化**により蚊の繁殖しやすい条件を生み出し、ウイルスに感染した渡り鳥が、全米各地に広がったことがこの病気拡大の原因になったと推定されている。

　日本への上陸も危惧され、成田空港など米国から到着する旅客機には、到着後、機内の蚊を採取してウイルスを保有していないか、検査が実施されている。現在までのところ、米国からの日本人の帰国者に感染は見つかっていないが、国内へのウイルスの侵入が警戒されている。

デング熱 Dengue fever

　ネッタイシマカ（*Aedes aegypti*）やヒトスジシマカ（*Aedes albopictus*）を媒介とする**デングウイルス**（Denguevirus）の感染症であり、感染後、3日から1週間で発症する。症状は、高熱が続き全身がだるくなる。また、血小板が減少し、消化管から出血する場合もある（**デング出血熱**：dengue hemorrhagic fever）。適切な治療を行えば致死率は数%以下といわれるが、これといった有効な治療薬はなく、安静にして鎮痛剤を使用するしか方策がない。

　デングウイルスの型は4種あり、1つの型に感染すると免疫ができるが、他の型には再感染する。再感染の場合には、重症化しやすいといわれる。全世界では年間約1億人がデング熱を発症し、そのうち、約25万人がデング出血熱を発症すると推定されている。

　デングウイルス感染症がみられるのは、媒介する蚊の存在する世界の熱帯、亜熱帯地域のほぼ全域におよぶ。特に東南アジア、南アジア、中南米、カリブ海諸国であるが、アフリカ、オーストラリア、中国、台湾においても発生している。現在日本国内での感染はないが、海外旅行で感染して国内で発症する例がある。

デング熱のような蚊など節足動物を媒介とする感染症は、気候など環境の要因を受けやすく、**ウェストナイル**熱と同様に地球温暖化が流行の一因とする見方もある。

マラリア Malaria

単細胞生物である病原体、**マラリア原虫**（*Plasmodium spp.*）がいる熱帯地方に生息するハマダラカ（*Anopheles spp.*）に刺されることにより発症する感染症である。マラリア原虫が体内に入り、繁殖して赤血球を破壊する。

マラリアは世界で１００カ国以上にみられ、世界保健機関（ＷＨＯ）の推計によると、世界中で年間、3億人以上がマラリアに感染し、その犠牲者は２００万人以上に達する。特にサハラ以南の熱帯性のアフリカ諸国に多数の患者が発生している。熱帯諸国への海外渡航者やこの地域から来日した外国人によって、毎年、１００名前後のマラリア患者が国内で見つかっている。

症状は、1ヶ月以内の潜伏期間を経て、発熱、貧血、脾臓の腫れが起こる。悪性の場合には、異常高熱、意識障害、けいれん、脳炎、腎不全や心不全などを生じ、死に至ることもある。

早期に迅速かつ適切な治療をすれば治り、マラリア原虫に対してはキニーネ、クロロキンなどを服用する。

この感染症も地球温暖化による亜熱帯域の拡大とともに広がりが危惧されており、既に米国では１９９０年代に入って、**ウェストナイル**熱とともに米国内で発生している。

チクングニヤ熱 Chikungunya fever

アフリカや南アジアなど熱帯地域を中心に流行するチクングニヤウイルスの感染症であり、１９５３年、アフリカのタンザニアで病原体のウイルスが初めて分離された。ネッタイシマカや２００６年以降は温帯地域にも生息するヒトスジシマカなどの藪蚊によって媒介される。

感染すると、発熱、関節痛や発疹などの症状が出て、通常は5日から7日ほど症状が継続するが、死亡することは稀である（致死率は0.1％）。同じく蚊を媒介とする**デング**熱や**ウェストナイル**熱と症状が類似している。症状が出た後、関節痛が長期間続くこともあり、熱帯地域では農作業ができなくなるなどの問題も生じている。

日本では、２００６年以降、２００９年5月の3例を加えて計10人が海外からの帰国後に感染が確認されている。チクングニヤ熱は、わが国では感染症法に規定されていない感染症である。グローバル化や地球温暖化の進展で、この感染症が侵入するリスクは増大しているが、このウイルスの国内侵入への対策は進んでいないのが現状である。

細菌性赤痢 Shigellosis

赤痢菌（*Shigella spp.*）により引き起こされ、血便を生じる急性の下痢症である。従来、赤痢といわれていたものは、現在、「細菌性赤痢」と「アメーバ性赤痢」に分類され、一般的に赤痢とは、赤痢菌による細菌性赤痢のことをいう。

1897年、最初の赤痢菌が志賀潔により発見されたため、学名*Shigella*と呼ばれている。

感染は、赤痢菌に汚染された食品や水から入った赤痢菌が大腸で増殖して、粘膜に潰瘍ができる。感染に必要な赤痢菌の菌量は10～100個とひじょうに少ないため、ヒトからヒトへ直接感染する。家庭内二次感染の危険性が高く（約40％）、特に小児や老人に対しての注意が必要である。日本では「感染症の予防及び感染症の患者に対する医療に関する法律」（感染症新法）で、2類感染症に分類され、医師による届け出が必要であるが、東南アジアなどへの旅行による輸入感染が増えている。

日本でのここ数年の患者数は年間700～800人で、20代に患者年齢のピークがあり、14歳までの患者は全体の約10％程度である。そのうち国外感染がおよそ70％程度を占めている。

一般的な症状は、5日以内の潜伏期間を経てから発症し、食欲不振や40度近い発熱、下腹部の痛みや下痢などが起こる。

治療は、おかゆなどの食事療法や抗生物質を用いる薬物療法が行われる。下痢を恐れて水分をとらないと、かえって脱水状態になり悪化するため、水と電解質を含むスポーツドリンクなどを飲用する必要がある。

コレラ Cholera

コレラ菌（*Vibrio cholerae*）によって汚染された食物、水などが感染源となる経口感染症の一つで、小腸で繁殖して起きる病気である。日本では感染症新法で、2類感染症に指定されている。東南アジア、アフリカ方面では流行期間があり、ほとんどの場合、海外旅行で国内に菌を持ち込む場合が多いといわれる。

潜伏期間は数時間から1週間ほどで、突然嘔吐をともなう激しい下痢が起こる。さらに、米のとぎ汁のような水様の便が1日数十回も出て、脱水症状が現れる。その後、血圧低下や衰弱、低体温をまねき、重症になることがある。

治療法として、脱水症状にはブドウ糖、食塩などが入った輸液を行い、コレラ菌に対してはテトラサイクリンやニューキノロンなどの抗生物質が投与される。コレラはＷＨＯの指定する国際検疫伝染病の一つで、海外のコレラ流行地へ旅行する場合予防接種が必要である。また、輸入食料品などから伝染する恐れもあるので、注意が必要である。

エキノコックス症 Echinococcosis

キツネ、ウサギ、イヌなどに寄生するエキノコックスというサナダムシ状の寄生虫の卵が口に入って感染する病気である。寄生虫によって引き起こされる人獣共通感染症の一つである。北海道、東北地方で発生して注目されたが、現在では本州全域や九州でも発生している。

エキノコックスのうち、世界的に分布する単包条虫（*Echinococcus granulosus*）と北方圏諸国を中心に分布する多包条虫（*E.multilocularis*）が特に重要である。前者が主に家畜間で伝播するのに対して、後者が野生動物間で伝播する。卵は人の体内で幼虫になり、肝臓に寄生する。

エキノコックスは肝臓内で増殖し、致死的な肝機能障害を引き起こすが、感染してから症状が現れるまでの期間が10〜20年も無症状のこともあり、急に発症するという特徴がある。ほとんどの場合、肝臓でエキノコックスが成長して袋状になるため、肝臓が大きく腫れ、発熱、黄だん、腹水などの症状が表れる。完全な内科的治療法はなく、現在の最も有効な治療は外科手術による包虫（幼虫組織）の完全切除とされているが、摘出できなかった包虫組織は増殖を続け、転移する。

予防のためには、野生動物が近づく湧き水、谷川の水などを生で飲まないこと、また、これらの動物との接触を避けることが大事である。

クリプトスポリジウム Cryptosporidium

水道水を通じて感染する腸管系に寄生する病原性の原虫であり、下痢、腹痛、発熱がその主な症状で比較的軽度ですむことが多いといわれ、1〜2週間で自然治癒する。哺乳類では、クリプトスポリジウム・ミュリス（*Cryptosporidium muris*）とパルバム（*C.parvum*）の感染が知られているが、ヒトへの感染はパルバムが主といわれている。１９９４年に平塚市で460人、1993年、米国のミルウォーキーで40万人が感染したことがある。1996年6月に埼玉県越生町で発生した町営水道の汚染では、町の人口の約7割に相当する約9000人の患者が出ている。患者の便や水道の取水河川からクリプトスポリジウムが検出された。

し尿の処理施設や家畜糞尿の処理施設などの排水の放流口よりも下流に水道の取水口がある場合、水道原水にクリプトスポリジウムが混入する可能性がある。この原虫は、熱に弱いが、環境が悪くなると**オーシスト**という殻（一種の胞子）をつくり休眠するため、水道処理の過程で塩素殺菌しても死滅しない。対策としては「オーシスト」を除去するために、ろ過などにより濁度を小さくする試みがなされている。

レジオネラ菌 *Legionella sp.*

レジオネラ菌は2～5μm位の好気性グラム陰性の桿菌で、一本以上の鞭毛を持っている。わが国では、近年、24時間風呂の装置で問題となったが、風呂だけでなく、冷却塔水からの感染も多く報告されている。

1976年米国。フィラデルフィアのホテルで開かれた在郷軍人大会で重症肺炎が集団発生し、その原因菌として在郷軍人（legionnaire）にちなんでレジオネラ・ニューモフィラ（*Legionella pneumophila*）と名づけられた。レジオネラ菌は、河川、土壌などの自然環境中に存在しているが、冷却塔水、給湯給水タンク、噴水などの人工的な環境でもアメーバを宿主として生息している。

感染はレジオネラ属細菌を含むエアロゾルを吸入することによるが、健康な成人が発症することは少ないと言われている。しかし、元来、免疫力の弱い新生児や高齢者、病人などが感染すると、せきや発熱、悪寒などの症状が表われることがある。レジオネラ菌の感染によって起こる疾患は**レジオネラ症**といわれ、レジオネラ肺炎とポンティアック熱の2つのタイプに分けられる。レジオネラ肺炎は、有効な治療がされないと死亡する場合もある怖い病気である。治療にはマクロライドやニューキノロンなどが用いられる。

狂牛病（＝牛海綿状脳症） Bovine spongiform encephalopathy: BSE

1986年、英国で大発生し、ヨーロッパ中をパニックに陥れた、牛が脳を冒され、運動失調などの神経症状を起こす病気である。牛がよろよろして最後には立てなくなることから、英国の農民が〝Mad Cow Disease〟と呼んだことから、

「狂牛病」といわれるが、俗称であり、学術名は**牛海綿状脳症**、通常は略して**BSE**とよばれている。感染した牛の脳を顕微鏡で観察すると無数の小さな穴が見え、この様子がスポンジに似ていることから、海綿状脳症といわれる。潜伏期間は2〜8年で、発症後2週間から6カ月で死に至る。

BSEの原因は、まだ十分に解明されていないが、体内のニューロンで作られ、その細胞膜表面に存在する**プリオン**(prion：感染性のあるタンパク質でできた微粒子という意味)というタンパク質(正常プリオン)が、何らかのきっかけで異常化し、それが正常なプリオンを異常化し、増殖するものと考えられている。この増殖速度は、きわめて遅いため、潜伏期間が長く、はっきりした異常な症状が出現するまで通常、2年以上かかる。

プリオンは、〝特定部位〟とよばれる脳や脊髄などに多く含まれるとみられている。異常化したプリオンの増殖を防ぐ方法は、まだ見つかっていない。プリオンは熱に強く、通常の加熱調理等では不活化されず、133℃、3気圧、20分以上の高温処理がその破壊に必要であるとされている。

狂牛病の感染の原因は、感染した牛(発症前の潜伏期間中も含む)の神経組織や内臓を含んだ飼料を食べたこととされている。

日本では、2001年9月に千葉県でBSEの初症例が出て以来、感染牛が流通しないよう全頭検査体制が整えられてきている。BSEの検査は、屠殺の後に延髄を抜き取って診断するものであり、現在まで生きている牛を対象とした診断方法はない。

プリオンが原因となる病気は、種を超えて伝播するため、羊や山羊に発病するスクレイピー、ミンクの伝達性脳症、ヒトのクロイツフェルト・ヤコブ病などがあり、これらの病気は**プリオン病**と総称されている。

BSEが英国で流行し始めた当初は、ヒトには伝染しないとされていたが、1995年に16歳の子供から初の**クロイツフェルト・ヤコブ病**(Creutzfeldt-Jakob Disease = CJD)が発

おもなプリオン病

病名	動物	発生地
牛海綿状脳症(BSE)	ウシ	英国、米国、カナダ、アイルランド、ポルトガル、フランス、ドイツ、イタリア、日本など
ネコ海綿状脳症(FSE)	ネコ、トラ チータ、ピューマ ジャガーネコ	英国、ノルウェー
スクレイピー	ヒツジ、ヤギ	全世界
伝達性ミンク脳症	ミンク	米国、カナダ、フィンランドなど
慢性消耗性疾患(CWD)	カモシカ、鹿	米国、カナダ、スウェーデンなど
クールー	ヒト	ニューギニア島東部
クロイツフェルト・ヤコブ病(CJD)	ヒト	全世界

見され、ＢＳＥ感染牛の脳や脊髄を習慣的に食べたことが原因ではないかと考えられている。ＣＪＤは、発症年齢が平均23・5歳と若く、異常プリオンが全身のリンパ装置（へんとう、リンパ節、脾臓など）に蓄積し、脳が萎縮するのが特徴で急速に痴呆が進行し、多くは1、2年で死亡する難病である。２０１０年6月まで２２０例のＣＪＤが世界中から報告され、そのうち１７３例が英国からのものである。わが国では、２００５年に1人目の患者が確認された。

口蹄疫
Foot-and-mouth disease

牛、豚や羊などの偶蹄類（ひづめが2つに割れた動物）のかかる急性伝染病である。病原体は直径25nmで4種類のタンパク質からなる厚い殻でできている**口蹄疫ウイルス**である。そのウイルスは、口の中にある粘膜や蹄《ひづめ》の間の皮膚などの細胞に感染し、増殖して細胞を壊し、高熱、よだれ、口の中や蹄などの水疱、歩行困難や発育不良などの症状を引き起こす。感染力が強く、餌《わら》や人間の衣類などに付着し、空気感染でも広がる。

農水省によると、馬や人間には感染せず、仮に感染した肉や牛乳を食べたり飲んだりしても人体には影響がない。日本では２０００年に、国内で92年ぶりの発生が宮崎県と北海道の2カ所で確認され、3ヶ月で７４０頭が殺処分された。感染源は中国産の輸入藁《わら》と見られている。02年5月には韓国で口蹄疫が発生、牛肉・豚肉、肉加工品等の輸入禁止措置が取られた。英国でも07年に、01年に引き続いて発生が確認された。２００９～10年には、台湾と韓国で大規模な口蹄疫が発生している。２０１０年4月、宮崎県で口蹄疫の爆発的な感染被害が生じた。

わが国で口蹄疫が発生した場合、家畜伝染病予防法に基づき、発生地から半径10㎞圏を牛や豚を畜舎から動かせない「移動制限区域」、20㎞圏を区域外に移動できない「搬出制限区域」と定めている。

▷ 世界各地で流行した主な口蹄疫

年	できごと
1908年	東京、神奈川、兵庫、新潟で発生
1997年	台湾で流行（約385万頭処分）
2000年	日本で92年ぶりに発生（宮崎県と北海道で牛740頭を処分）
2001年	英国で大発生（650万～1000万頭を処分）
2002年	韓国で流行（約16万頭を処分）
2005年	中国で発生（約4000頭を処分）
2007年	英国で6年ぶりに発生（約2200頭を処分）
2009年	台湾で発生（1000頭以上を処分）
2010年	韓国（3万頭以上処分）と日本・宮崎県で発生（約29万頭の牛・豚処分）

ハンセン病 Hansen's disease

らい菌（*Mycobacterium leprae*）が、病原体となって起こる慢性の感染症であり、遺伝病ではない。かつては、「らい病」とよばれていたが、１８７３年、ノルウェーのハンセン博士（Armauer Hansen）がらい菌を発見したため、ハンセン病とよばれるようになった。

らい菌は、形や性質が結核菌に類似していて、感染力はきわめて弱いが、鼻粘膜や皮膚の傷口から感染し、数ヶ月から10年以上もの潜伏期を経て発病する。治療しないと、皮膚、神経、手足、目への障害を引き起こすが、薬（リファンピシンやグルコスルフォンナトリウムなど）を服用することで半年から1年で完治する。早期に発見・治療を行えば、後遺症を予防できる。らい菌は治療開始後の数日で伝染力を失い、軽快した患者と接しても感染することはないといわれている。

世界の登録患者数は約25万人（２００７年現在）であり、世界保健機関（ＷＨＯ）は、世界各国の人口1万人当りのハンセン病患者数が1人以下になることを「公衆衛生問題としてのハンセン病の制圧」と定義している。１９８２年にＷＨＯは、リファンピシン、クロファジミン、ダプソンの多剤併用療法を発表し、これまでに世界で約１４００万人を完治させた。２００５年の年初時点でＷＨＯの制圧目標未達成は9カ国（インド、ブラジル、コンゴ民主共和国、タンザニア、ネパール、モザンビーク、マダガスカル、アンゴラ、中央アフリカ）である。

ハンセン病患者・回復者（元患者）が世界で最も多いインドでは、過去20年間で１１００万人以上が完治している。しかし、ハンセン病による身体的な障害は、他の病気では見られないほどの偏見や差別の対象となり、ハンセン病の患者が集まる村（コロニー）で社会から隔絶された生活を送っている人々が未だに多い。

手足口病 Hand-foot-mouth disease; HFMD

エンテロウイルス（Enterovirus）の一種が原因となって起こる感染症で、乳幼児を中心に毎年流行する「夏風邪」の一種である。例年、わが国では7月中～下旬に流行のピークを迎える。

主な症状は手のひらや足の裏、口の中にできる水疱状の発疹である。発疹にかゆみはなく、発熱は患者の1／3程度にみられるが、高熱が続くことは少ないといわれる。

原因となるエンテロウイルスには、コクサッキーウイルス

A16やエンテロウイルス71などがある。エンテロウイルスは、コクサッキーウイルスに比べて重症化しやすい傾向があり、脳炎や髄膜炎など中枢神経系の合併症状を起こす場合がある。

この感染症には、予防ワクチンはまだない。咳やクシャミの飛沫による感染のほか、患者の便から数週間にわたってウイルスが排泄されるため、ウイルスに触れた手で口を触ることで感染する場合もある。また、破れた水疱に接触することでも感染する。

病原性大腸菌O157
Escherichia coli O157

大腸菌は人の腸にも多く存在する細菌であり、大部分は非病原性であるが、激しい下痢などの腸炎を起こすものがあり、病原性大腸菌と呼ばれている。その中でも「病原性大腸菌O157」は**ベロ毒素**という血管を破壊し、全身にいきわたる強い毒素をつくる代表的な病原性大腸菌で、経口感染する。

この菌の学名は「腸管出血性大腸菌O157：H7」であり、菌表面の糖脂質「O抗原」を持つ大腸菌のうち、157番目に発見された。「O」はドイツ語の〝Ohne Hauchbildung〟（曇らないを意味し、培養するとき菌が分散せず凝集する）、に由来している。菌のべん毛にあるH抗原分類からH7となっている。O157は、室温では数週間、水中、土中では数週間から数ヶ月生存する。熱には弱く、熱の伝わりにくいひき肉などでも中心部の温度が75℃、1分加熱すれば死滅する。

1982年に米国でのハンバーガーを原因食とした集団感染で発見され、日本では84年に最初の散発事例があった。その後、1996年、全国で爆発的に発生し、1万人を超える患者が発生した。食中毒を起こすタイプには、そのほかにO116、O26型などがある。

この菌は牛、豚など動物の腸内で増殖するといわれ、米国では感染源の多くがハンバーガーと特定されている。感染者や動物の排泄物などから水、野菜、肉などの食材が汚染され、それを口にした場合、感染すると考えられている。

発症に必要な菌数は50～100個程度（通常の食中毒菌の1000～1万分の1以下）で、潜伏期間は4～9日、ほとんどの患者で下痢症状がみられる。感染者の30～50％に激しい下腹部の痛みをともなう下痢や血便（出血性大腸炎）がみられる。さらにその患者の1～7％に3～14日後、溶血性尿毒症症候群（HUS）あるいは脳症などの重篤な合併症が生じることがある。

予防は、食中毒の対策、「菌をつけない」、「菌を増やさない」、「菌を殺す」、「二次感染に注意」が基本になる。1999年に「感染症法」が施行された後の発生動向調査では、毎年約3000例の発生が報告されている。

ノロウイルス Norovirus

ノロウイルス（Norovirus）は、遺伝物質としてRNAを持つ**RNAウイルス**（＝レトロウイルス）であり、直径35～39nmの正二十面体をしている。ヒトの小腸の一部、空腸の上皮細胞（表面の細胞）に感染し、増殖する。食中毒を引き起こす代表的なウイルスである。食品衛生学の分野では、**小形球形ウイルス**（SRSV）と呼ばれることもある。

ノロウイルスにヒトが感染すると、一種の「感染性胃腸炎」になる。吐き気や嘔吐、下痢などの症状が起き、特別な治療法がないが、ほとんどの場合、軽症で経過する疾患である。ノロウイルスによる食中毒は、ノロウイルスを含んだカキやシジミなどの2枚貝などがおもな原因である。

ノロウイルスによる感染性胃腸炎は、ヒトからヒトへの感染と、汚染した食品を介しておこる食中毒に分けられる。いずれの場合も、ノロウイルスはまず患者の体内で増殖し、排泄物や吐物とともに体外に出る。これが、まわりまわって、他人やカキなどの貝類や料理に入り、口から体内に入って感染が広がる。2008年の食中毒発生状況によると、ノロウイルスによる食中毒は、日本では12月～3月に多く、全食中毒件数の約22％、患者数では約48％を占めている（厚生労働省調べ）。

ノロウイルスには多くの遺伝子の型があり、また、培養した細胞あるいは実験動物でウイルスを増やすことができないことから、ウイルスを分離して特定することが難しい。特に食品中に含まれるウイルスを検出することが難しく、食中毒の原因究明や感染経路の特定を難しいものとしている。

世界保健機関 World Health Organization; WHO

国連の専門機関の1つで、1948年に「世界保健機関憲章」に基づいて設立された。本部事務局はスイス・ジュネーブに置かれ、加盟国は193（2006年5月現在）、日本は1951年に加盟した。最高意思決定機関は年1回の総会、執行機関として執行理事会（30人余りで構成）があり、本部事務局、地域委員会、地域事務局、専門諮問部会、および専門委員会から構成されている。事務局長は任期5年で、2007年1月に香港出身のマーガレット・チャン氏が就任した。

「すべての人々が可能な限り最高の健康水準に到達すること」（同憲章第1条）をその行動目標としている。国際的な保健関連事業の調整・援助、感染症や風土病の撲滅、保健関連条約の提案・勧告のほか、医療・衛生等の国際基準の策定、災害時の支援、研究調査など広範な業務に取り組んでいる。たとえば、飲料水質に関するガイドラインの提示、下部機関の国際がん研究機関（ＩＡＲＣ）では化学物質による人への発がん性リスクの強さを分類している。その他、新型インフルエンザウイルスに有効なワクチン開発のための支援などを実施している。

▷ 感染症にかかわる主な出来事

年	できごと
1347	欧州でペスト大流行
1492	コロンブス、天然痘持ち込む
1796	ジェンナー、天然痘の種痘成功
1883	ゴッホ、コレラ菌発見
1894	北里柴三郎、ペスト菌発見
1918	スペイン風邪、世界で 5000 万人死亡
1928	フレミング、ペニシリン発見
1935	ドーマック、サルファ剤発見
1952	日本で多剤耐性の赤痢菌発見
1957	アジア風邪（H2N2 型）がパンデミックに
1968	香港風邪（H13N2 型）がパンデミックに
1976	エボラ出血熱アフリカで流行
1977	ソ連風邪（H1N1 型）が発生
1980	WHO が天然痘の根絶宣言
1981	米国でエイズ患者発生
1988	WHO がポリオ根絶計画を提唱
1993	WHO、結核非常事態宣言
1996	日本で O157 猛威
2002	SARS が発生
2009	豚由来の新型インフルエンザ（H1N1 型）がパンデミックに

感染症サーベイランス
Infection survey

感染症の発生状況を調査・集計することにより、医療機関や一般の人への注意喚起や病気の啓蒙、予防接種の計画の立案など、広く感染症の流行防止に関する業務を行っている。

日本では、戦前から実施されてきたが、１９９９年の感染症法改正で現在のような対象が定められた。患者が対象の調査を実施し、医療機関が保健所を介して自治体に報告、それらを国立感染症研究所が取りまとめるシステムである。

対象となる感染症は、季節性インフルエンザや百日ぜきなどを定点観測している特定の医療機関だけが届け出るが、エボラ出血熱など、国内に元来なく危険性が大きい感染症は全数を届け出る仕組みになっている。たとえば、百日ぜきのサーベイランスでは、約３０００の小児科の定点観測をまとめるよう決められている。

しかし、このようなシステムは一般に医療機関の報告を待って集計するため、全体集計から一部地域での流行を把握しにくく、新しい感染症に対応しきれない面もある。

最近では、感染症法に規定されていない自治体や医療・研究機関による独自調査も増加している。グローバル化による新しい感染症発生への対応が急務である。

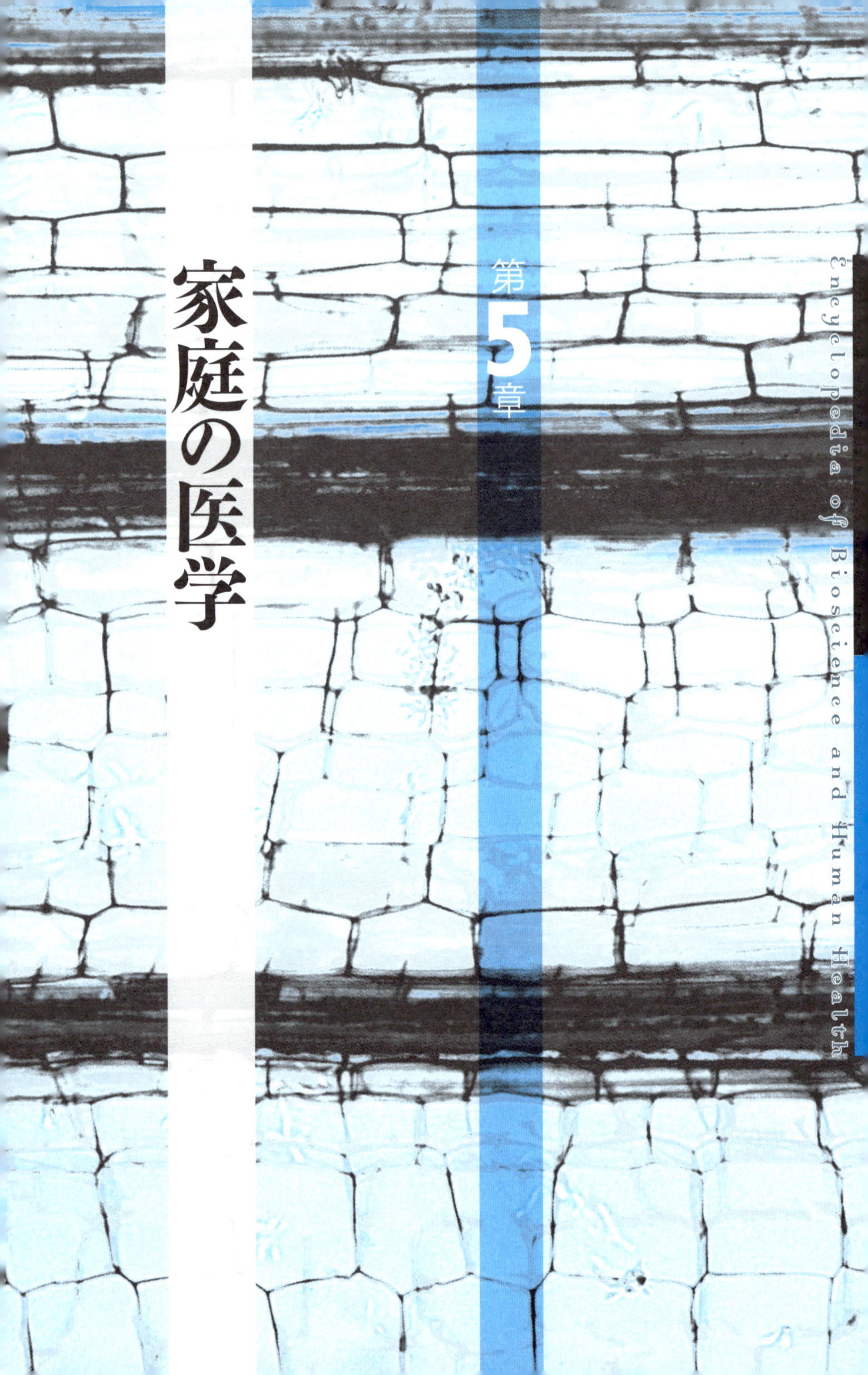

Encyclopedia of Bioscience and Human Health

第5章

家庭の医学

私たち自身がおかれている健康状態を的確に知るためには、
健康診断の結果の意味を正しく理解でき、
病気の早期発見と予防に役立つ基礎知識を持つことが大事である。
ここでは、メタボリックシンドロームや生活習慣病、
がんやアレルギーなど気になる身近な病気がわかるように新しい医学知識をとりまとめた。

健康寿命
Health life span

平均寿命は、その年に生まれた人が、凡そ何年生きられるかを算出した統計である。それが飛躍的に伸びた現在、寿命の質が問われるようになった。そこで、人々の生存年数を健康に過ごせる時期と何らかの健康上の問題を抱える時期に分け、健康に過ごすことが期待される平均年数を示す「健康寿命」が、新たな指標としてＷＨＯ（世界保健機関）によって提唱された。

健康寿命は、平均寿命から介護や看護を受ける期間を差し引いた年数のことで、健康的に自立して活動できる平均期間をいう。

ＷＨＯは独自の計算方式で各国の推計値を公表している。２００２年のデータでは、日本の健康寿命は男性72・3年、女性77・7年と世界一である。しかし、平均寿命との差、すなわち「非自立期間」は、男性6.1年、女性7.6年であった。

２００７年では、日本人は健康寿命は76年（男女計）と世界一であった。日本の高齢者人口の健康度は上昇しているとみられているが、高齢者の脳卒中の発生率はほとんど変化していないとのデータもあり、脳卒中による死亡率の低下と相まって要介護高齢者は増加していると推定されている。厚生労働省の高齢化社会政策「健康日本21」は、健康寿命を延ばし平均寿命との差を縮めることを目標としている。

健康寿命 ＝ **平均寿命** － **非自立期間** 健康を損ない、自立して生活できない期間

基礎代謝
Basal metabolism; BM

呼吸運動、心臓拍動、排出など、生命維持に最低限必要なエネルギーのことで、身体的、精神的に安静な状態での場合をいう。動物の種類によって違い、人間の場合には年齢、性別、身長、体重などによっても変化する。性別毎の標準的な一日あたりの基礎代謝量は基礎代謝基準値×体重で求めることができる。基礎代謝量は、食後半日ほどして、20℃の部屋で何もしていない状態で消費カロリーを測り求められる。最近、ダイエットについての研究が進展し、基礎代謝量の重要性がクローズアップされてきている。

基礎代謝量は、10歳代でピークとなり、その後、年齢とともに減少していく。日本人の成人男子では、約１２００～１６００kcal、女性では１０００～１３００kcal程度である。基礎代謝量でのエネルギー消費が最も多いのが筋肉であり、

同じ体重でも筋肉量が多い人は基礎代謝量が高くなり、消費エネルギーも多くなる。女性は男性より基礎代謝量が1～2割低い傾向にあるが、女性は妊娠・出産という大切な役目があるため、男性よりも多くの**体脂肪**を蓄えており、筋肉量が少ないことが原因であるといわれる。一般に基礎代謝量が少ない人ほどやせにくい。また、遺伝子の違いに関係した個人差の要因もある。

なお、人間が日常生活で消費するエネルギー量は、基礎代謝（60～70％）のほか、運動で消費するエネルギー（20～30％）と食事で使われるエネルギー（10％）の大きく三つに分けられる。

生活習慣病［成人病］

Life style related disease

偏った食事、運動不足、ストレス、喫煙、飲酒など日常の好ましくない生活習慣の積み重ねによって起こる病気である。40～60歳ぐらいの働き盛りに多く、かつては**成人病**と呼ばれていた。現代では、食生活の欧米化や運動不足、睡眠不足などライフスタイルの変化が原因とされる小中学生の子供の〝成人病〟が増え、病気の原因が日常の生活習慣の影響が大きいことが判明したため、1996年、「生活習慣病」と

改められた。

代表的な生活習慣病には、「肥満」、「高血圧」、「糖尿病」、「脳卒中」、「心臓病」、「高脂血症」、「がん」などの病気が該当し、日本人の2／3近くの人がこれらの病気によって死亡している。

生活習慣病の発症のメカニズムは複雑であり、遺伝的な要因もある。食生活や運動など普段の生活習慣を見直し、生活習慣を改善することにより、病気を予防し、症状が軽いうちに治すことも可能であるといわれる。しかし、自覚症状が表れにくく、本人が気付かないうちに発症・進行し、病気に気付いた後でも、治療せずに放っておくケースが少なくない。また、生活習慣病の多くが体の各部に深刻な合併症を引き起こすことが明らかになってきている。

高血圧症

Hypertension

血圧は、血液の流れの元になっている圧力のことで、血圧値は、心臓の拍動とともに変化する。心臓の収縮時の値を**収縮期血圧**あるいは**最高血圧**といい、心臓の拡張期の値を**拡張期血圧**あるいは**最低血圧**という。血圧値は、水銀柱の高さ（㎜Hg）で表される。何らかの原因で血圧が基準値より高

くなった状態を「高血圧症」という。世界保健機関の基準（1999年）では、140／90㎜Hg以上をすべて高血圧症としている。

厚生労働省の調査によると、日本人の高血圧患者は増え続けており、2008年時点で、約797万人と推定されている。日本人の死因の2、3位を占める心疾患や脳血管疾患とも関わりが深い。

自覚症状が少なく、突然、脳卒中や心臓発作が起きることもあるため、「サイレントキラー」と呼ばれるが、実際の患者数は3000万人ともいわれる。

日本では高血圧症の約90%は、原因が明らかでない**本態性高血圧**であるが、食塩の過剰摂取、肥満、アルコールの多飲、ストレスなどの生活環境の要因が遺伝的な体質に重なって起こるとみられている。

ほとんどの場合自覚症状は少ないが、頭痛、めまい、耳鳴り、肩こり、動悸、息切れなどが特徴的な症状であるといわれる。高血圧の状態が続くと、全身の**動脈硬化**が進み、体にさまざまな弊害が多く出てくる。

高血圧症の治療には、ライフスタイルの見直しが必要であり、適度な運動や減量、喫煙や飲酒の制限、食生活の見直し、ストレスの軽減などが有効であると考えられている。一般に重症度や合併症を考慮し、食事療法などの生活習慣の改善と薬物療法の両面から行われる。

成人における血圧値の分類（WHOのガイドライン）

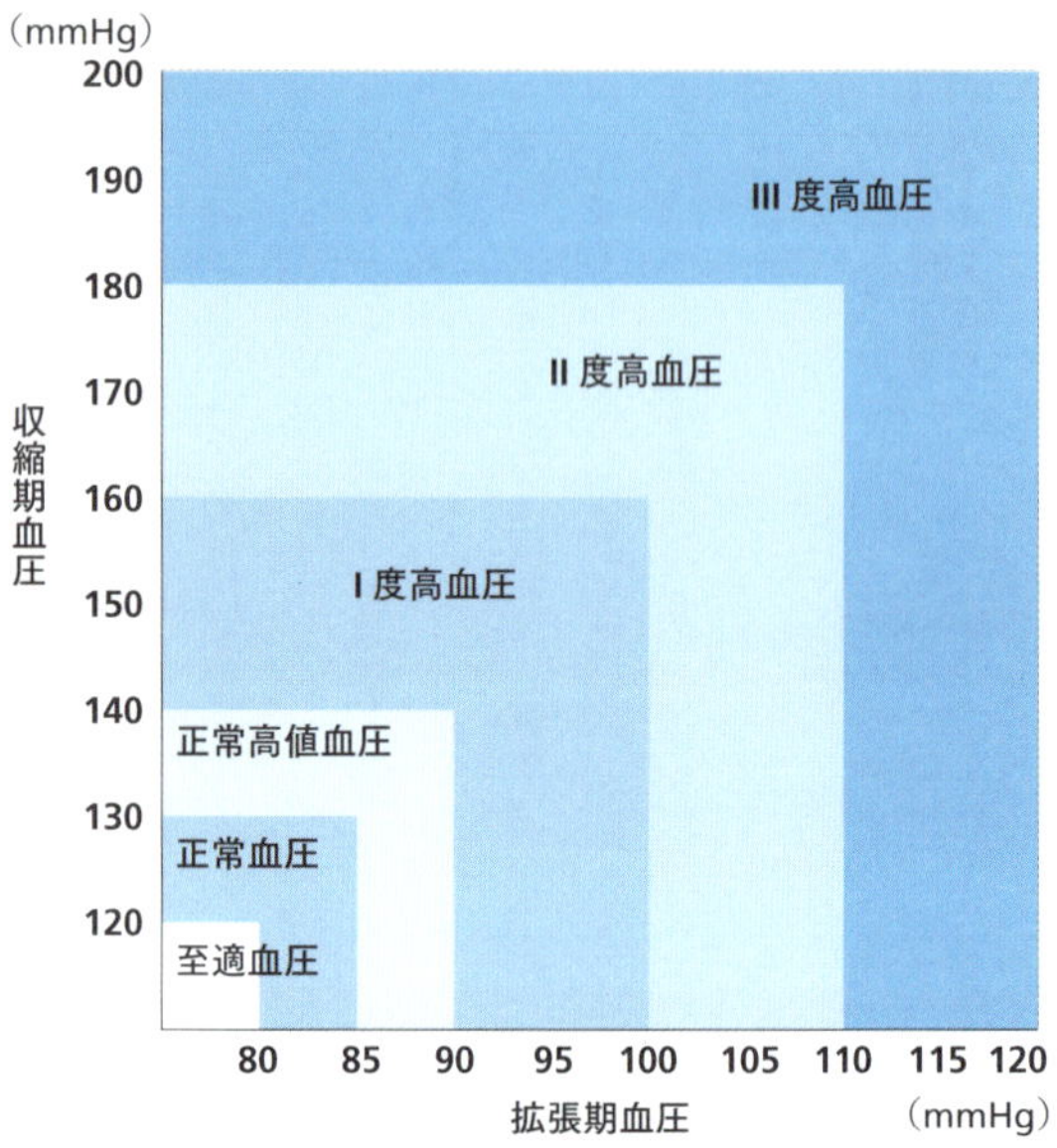

動脈硬化

Atherosclerosis

「動脈硬化」は、血液の流れが滞ったり、血管に異常をきたす血管の病気で、最終的には心筋梗塞や狭心症、脳梗塞などの発症原因となる。日本人の1／3は、動脈硬化が原因で起こる血管の病気で死亡している。

動脈硬化は加齢とともに進行するが、同年齢でも血管の状態には個人差があることから、食事、運動、喫煙、飲酒、ストレスなどの生活習慣の違いによって大きく影響されることがわかっている。

2007年4月に日本動脈硬化学会は、5年ぶりにガイドラインを改訂した。基準値に変更はなかったが、**高LDL（悪玉）コレステロール血症**と動脈硬化との関係が明確になったことや、外国の記載と統一するため。**高脂血症**から**脂質異常症**という名称に変更された。また、診断や治療に、これまで総コレステロール値を併記していたものを除き、LDLコレステロール値のみの表示になった。

動脈硬化が進むメカニズムは、LDLコレステロールが血液中に増えすぎると、血管壁に入り込む。これが、活性酸素によって**酸化LDL**となる。この酸化LDLの刺激や高血圧による圧力などによって動脈の表層部分が傷つく。さらに酸化LDLは、血液中のマクロファージに取り込まれ、血管に酸化LDLなどが蓄積されていく。酸化LDLやマクロファージなどが増加していくと、血管の壁にプラーク（柔らかいコブ）ができ、これが次第に大きくなると、血管壁が厚くなって、血流が悪くなる。この結果、動脈硬化が進む。

動脈硬化は自覚症状がなく進行するため、早期発見が重要である。動脈硬化性の病気の発症や進行を防ぐためには、禁煙、食生活の是正、適度な運動などの生活習慣の改善が基本となる。

生活習慣の改善で不十分な場合、LDLコレステロール値を下げながら、**HDL（善玉）コレステロール値**を上げる「スタチン（HMG-CoA還元酵素阻害薬）」などによる薬物療法が必要となる。

脂質異常症の診断基準

症状	LDLコレステロール値
高LDLコレステロール血症	140mg/dL以上
低LDLコレステロール血症	40mg/dL未満
高トリグリセライド血症	150mg/dL以上

1つでも基準外があれば脂質異常症と判定

コレステロール Cholesterol

人間など高等動物の組織内に存在する代表的な**ステロイド化合物**の基本骨格をもつ物質である。コレステロールは健康な体を維持するために欠かせない脂質である。細胞膜や肝臓でつくられる胆汁酸、女性ホルモンや男性ホルモン、副腎皮質ホルモンなどの原料になり、脳、神経組織、副腎、肝臓、腎臓などに多く含まれている。

コレステロールと中性脂肪は、脂肪になじむが水には溶けないため、水に溶ける性質を持っているタンパク質と結合して、**リポタンパク**とよばれる物質になって血液中に存在している。

血中では合成されたコレステロールを組織に運搬する**低密度リポタンパク質**（ＬＤＬ、いわゆる悪玉コレステロール）と、末梢から過剰なコレステロールを肝臓に運搬する**高密度リポタンパク質**（ＨＤＬ、いわゆる善玉コレステロール）が存在している。最近、両者のバランスをみる**ＬＨ比**＝（ＬＤＬコレステロール／ＨＤＬコレステロール）が、動脈硬化の新しい指標として注目されている。国内のデータでは、この値が2.5を超えると、動脈硬化が顕著に現れることが分かっている。

ＬＤＬコレステロール値が正常の範囲内でも、ＨＤＬコレステロール値が低すぎると、心筋梗塞などのリスクが高くなることが知られるようになってきた。

胆石はコレステロールが固まったものが多く、血管壁に付着すると、次第に血液が流れにくくなったり、詰まったりして動脈硬化の原因となる。一方、コレステロールが不足すると、免疫力の低下を招くことになり、脳出血のリスクが高まるといわれる。

動物性脂質にはＬＤＬコレステロールが多く含まれるので取りすぎに注意が必要であり、ＨＤＬコレステロールを増やす効果のある青魚やコレステロールを減らす効果のある植物性脂質をバランスよくとることが重要である。

図 リボタンパクの構造

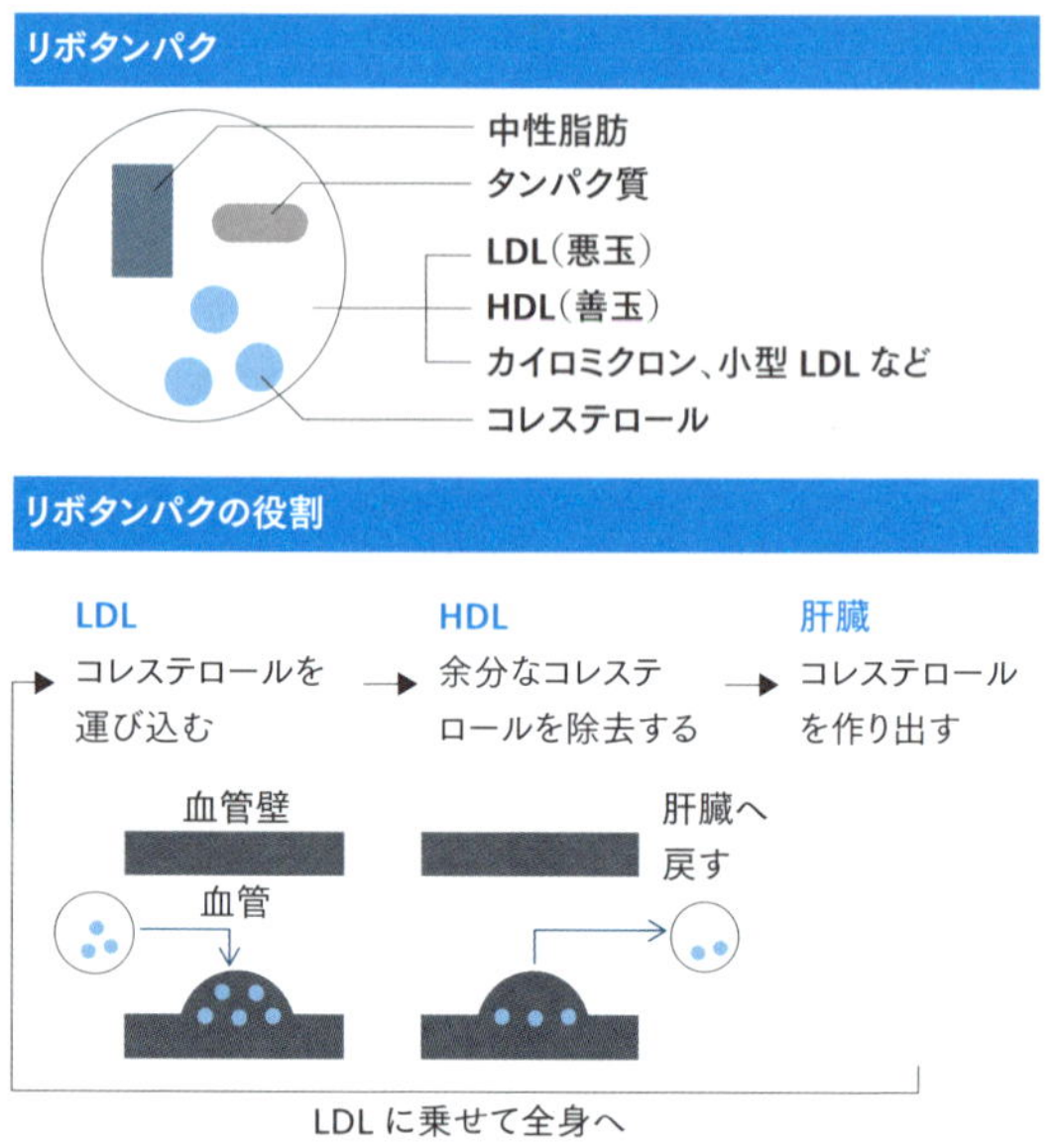

糖尿病 Diabetes

糖尿病は血液中のブドウ糖（血糖）の濃度が、高い状態のまま持続する病気であり、膵臓から分泌される**インスリン**の分泌量の異常によって起こる。体内の血糖値が上がり、糖分を多く含む尿が出る。

食生活が豊かになるとともに、糖尿病は急速に増加し、今、世界中で罹患する人の数が増加し、国連総会で２００６年に「糖尿病の脅威を認識する」決議案が感染症以外の病気では初めて採択された。２００７年の厚生労働省の調査によると、日本で「糖尿病が強く疑われる人」は８９０万人と５年前より１５０万人増加している。一方、国際糖尿病連合は、全世界の患者数が10年に2億８５００万人、30年に4億３８００万人になると予測している。

糖尿病には、インスリン依存型（1型糖尿病）と非依存型（2型糖尿病）の2つのタイプがある。前者はウイルスなどによって、インスリンを作る細胞が破壊されて起こるもので、若年層（幼児から15歳以下の小児期）に多いが、日本では稀である。後者は中高年に多く、糖尿病のほとんどはこのケースである。遺伝的な要因に加えて、過食、運動不足、肥満、ストレスなどの要因が加わって、40歳以降に発症することが多い。日本人の糖尿病の約95％は2型である（世界で90～95％）。

糖尿病の典型的な症状は、喉が渇いて水分を大量に摂取したり、それによる多尿、体重減少などが典型的なものであるとされるが、大多数の症例ではほとんど無症状である。糖尿病の診断は、血液中の**血糖値**（グルコース濃度）をもとに行われ、メタボリック検診の特定健康診査項目の血糖値が１１０mg／dlより高いと指導の対象になる。

高血糖の状態が治療をせずに放置されると、血管の壁がダメージを受け、全身にさまざまな合併症が起こる。中でも、神経障害、網膜症、腎症は、**3大合併症**といわれるほどよく見られる病気である。神経障害は、両足のしびれや痛み、運動障害、自立神経障害などを招く。網膜症は失明に至ることもある。腎症が進行すると人工透析が必要になる。このような合併症が誘発されると、患者は**クオリティーオブライフ（ＱＯＬ）**を大きく損なう。国内では、年間約1万３０００人が新たに人工透析を受け、３５００人以上が失明し、また３０００人以上が足を切断しているといわれる。

糖尿病は一度かかると、完治することのない病気であり、治療の目的は、血糖値を正常に保ち、合併症を起こさないようにすることになる。そのために重要なのがカロリーのコントロールである。運動することによって、余分なカロリーを消費することができるため、食事療法と運動療法が治療の基本となる。

糖尿病の薬物療法に関して国内では、２００９年末から新しい糖尿病治療薬「インクレチン関連薬」が発売された。インクレチンは小腸などの消化管が出すホルモンの総称であり、血糖値を調整する生体の精巧な仕組みを生かした治療薬であり、従来薬に比べて副作用が少ない。日本人に多い2型糖尿病患者の治療に、その効果が注目されている。

グリセミック指数［ＧＩ値］ Glycemic index

食品が体内で糖に変化し、その後の血糖値が上昇するまでの速さを比較したものである。食品の炭水化物50gを摂取した際の血糖値上昇の度合いを、体内のエネルギー源となるブドウ糖（グルコース）を摂取したときの**血糖値**（グルコース濃度）を100として比較した相対値で表す。

しかし、このＧＩ値は人によりその数値には個人差があり、また、食品中の食物繊維や調理方法、その他の食品との組み合わせにより、同じ食品でも数値がかなり変化することが知られている。例えば、すりおろしたり、つぶしたり、茹ですぎたりすることで消化吸収率が高まると、一般に血糖値は上昇しやすくなり、グリセミック指数は大きくなる。

一般的な食品のＧＩ値をみると、食パンは95、菓子類の大福もち、串団子、ショートケーキ、イチゴジャムなどは80〜90、プリン、アイスクリーム、チョコレートなどは50〜60のデータがある。一方、果物ではスイカやパイナップルは60〜70と高いが、完熟バナナ、マンゴーは50前後、オレンジ、ミカン、イチゴが30前後の値である。

糖代謝異常の代表的な病気である**糖尿病**の予防・治療には、ＧＩ値が小さい食品を中心に食事を組立てることによって、インスリンの過剰な分泌を抑え、血糖値の変動を避けることができる。

血液 Blood

血管によってヒトや動物の体内を循環する体液である。ヒト（大人）の体は約60％が水分であり、水分は血液、組織液、リンパ液という形で存在し、血液は、**血球**（固体）と**血しょう**（透明な液）からなっている。このうち、血しょうに含まれるナトリウムやカリウムなど電解質の割合は、海水や胎児を保護する羊水とひじょうによく似ている。ヒトでは血液重量の約45％が血球、約55％が血しょうである。

血球には、**赤血球**（erythrocyte）、**白血球**（leukocyte）、**血小板**（platelet）の3種がある。血液全体が赤く見えるように赤血球が大部分を占めている。全ての血液成分の中で、赤血球がどのくらいあるかを示す値を「ヘマトクリット値」といい、貧血の程度を示す指標になる。ヘマトクリット値は通常、男性の方が高く、40〜45％、女性は34〜44％ぐらいである。

赤血球は、鉄分を含む**ヘモグロビン**の中のヘム色素が酸素と結合し、鮮やかな赤色になり、核がないため柔軟性に富み、毛細血管を通り抜けられる。血液中に糖分や悪玉コレステ

人の体内の血液と成分

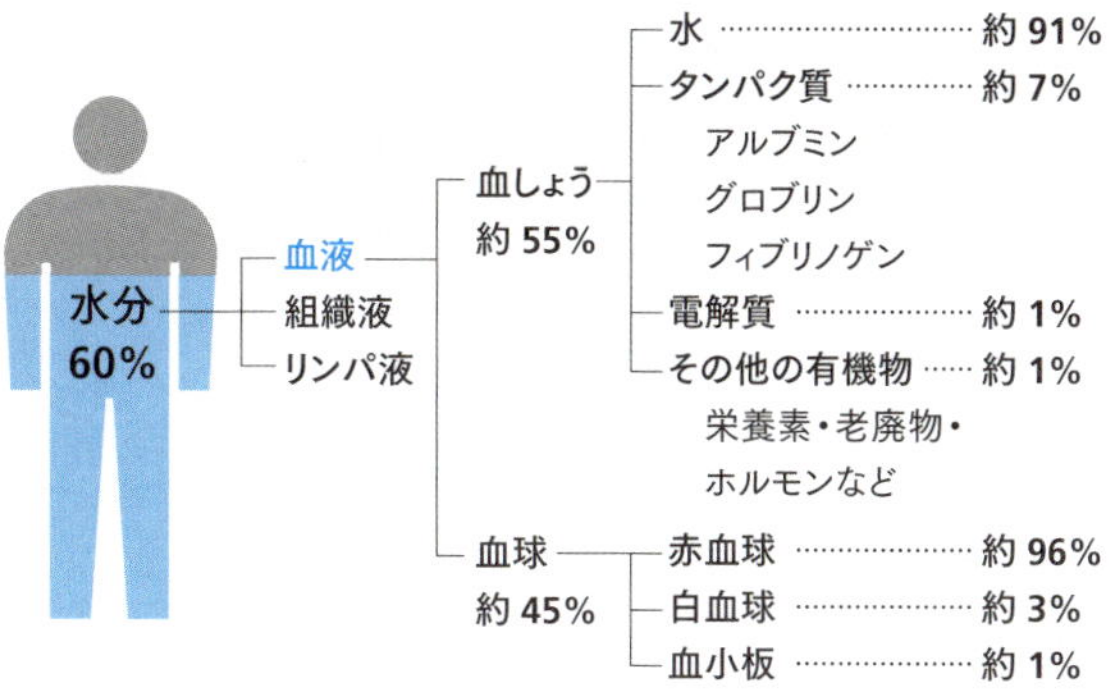

ロールが増えすぎると、柔軟性が低下し、毛細血管の中の血液の流れが悪くなる。

白血球は**顆粒球**（好中球、好酸球、好塩基球）と**非顆粒球**（リンパ球と単球）からなり、体をウイルスや細菌などから守る役割がある。透明で、たくさん集まると白っぽくみえることから、"白血球"と総称される。**リンパ球**（lymphocyte）には、機能の違いからTリンパ球、Bリンパ球などがあり、Tリンパ球にはさらにいくつかの種類があるため、血球中には20種類以上の細胞が存在している。

血小板は、**巨核球**という血球細胞の細胞質がちぎれてできたものであり、止血や血液凝固で傷口をふさぐ働きがある。しかし、過度の飲酒や甘いものの取りすぎで固まりやすくなり、血液の流れを阻害する。

血液は全身をめぐる間に血管外の組織液と協同して次のようなさまざまな働きをする。

①酸素と二酸化炭素の交換
②栄養分の運搬
③ホルモンの運搬
④老廃物の運搬
⑤細菌の捕食（免疫）
⑥傷口の補修（血液凝固）
⑦体温の調整

血液型の分類の1つとして**ABO式血液型**があるが、これは赤血球の表面の抗原構造の違いによる。各血液型は、一定の様式によって遺伝し、血液型は親子の鑑定や個人の識別など法医学の分野などで利用されている。なお、日本人の血液型は、おおよそA型40%、O型30%、B型20%、AB型10%といわれている。

人間ドック
General medical examination

「人間ドック」は、病気の発見や予防のための総合的な健康診断である。その検査項目は、身体測定、血液検査、尿検査、X線検査、心電図、腹部超音波検査など多岐にわたり、さらに問診などを通して、病気の早期発見を目的としている。**脳ドック**や**骨ドック**などのオプションがある機関も多く、ＭＲＩや骨密度検査なども追加できる場合が多い。

人間ドックは、日本独自の健康診断として１９５４年に始まり、徐々に広がって、現在では日本人間ドック学会に所属している医療機関だけでも１５００以上ある。最近では、中国や韓国などアジア地域でも日本式の人間ドックが普及し始めている。

会社や自治体の**定期健康診断**と人間ドックとの大きな違いは、検査の内容や質にある。人間ドックでは、病気の兆候を発見するため、定期健診よりも詳細に広範囲の項目を検査する。また、問診にもより多くの時間がかけられる。人間ドックは「1日ドック」という日帰りで実施するタイプが基本である。午前中に問診や主な検査と診療を実施し、午後、結果の説明と生活指導が中心になる。午前または午後のみの「半日ドック」もあるが、結果の説明が後日になる場合がある。さらに、食道、胃、十二指腸などの内視鏡検査や糖尿病関連の詳細な検査などを実施する場合、２日間の「1泊ドック」もある。

特に糖尿病や高血圧、高脂血症（脂質異常症）のような生活習慣病は、予防が第一である。人間ドックでは、肥満や高血糖、食生活の偏りなどの生活習慣病を引き起こす危険因子をチェックする。

２００９年、わが国で約３００万人が人間ドックを受診している（日本人間ドック学会調べ）。その結果の集計によると、「異常なし」とされた人の割合が、集計が始まった１９８４年から初めて10％を割り込み過去最低の9.5％であった。職場や家庭など社会環境が変化し、過度のストレスが生活習慣病の原因になっているとみられている。

中性脂肪［中性脂質、油脂］

Neutral Fat / Neutral Lipid

脂肪酸のグリセリンエステルのことであり、脂肪酸の結合する数によって、モノグリセリド、ジグリセリド、トリグリセリドの3種類に分けられる。植物油脂はほとんどが、**トリグリセリド**（ＴＧ）であり、結合する脂肪酸のタイプによって種々の分子がある。狭義には常温で固体の中性脂質を中性脂肪とよぶ。

中性脂肪は、生命活動のエネルギー源になるほか、皮下や体内に貯えられて体温を保持したり、外からの衝撃をやわらげるなど、重要な役割を果たしている。しかし、増え過ぎると、皮下や血液、内臓の周囲に脂肪組織としてたまることになり、コレステロールと同様に動脈硬化を引き起こす原因となる。**中性脂肪検査**（ＴＧ検査）は、動脈硬化の防止のためには必要不可欠である。

肥満 Obesity

「肥満」とは、余ったエネルギーが脂肪組織として体内に過剰に蓄積された状態のことをいうが、それだけでは病気とはいえない。肥満が原因となり健康障害が起きているか、起こしやすいリスクが高い肥満であり、医学的に減量を必要とする病態のとき**肥満症**という。

現在のところ脂肪組織を正確に、しかも経済的に測定することが難しいため、国際的な指標として**BMI**（Body Mass Index＝体格指数）があり、WHO（世界保健機関）によると、30kg／m²以上が肥満である。この指標を使うと、大柄な人も小柄な人も、同じ基準で肥満かどうかを比較できる。

日本の判定基準は、これより厳しくBMI＝25kg／m²以上である。日本人は**インスリン**（膵臓から分泌されるホルモンで、ブドウ糖の筋肉への取り込みなどを促す）が出にくく太りやすい体質のため、糖尿病の予防のため早めの警告を意図している。

肥満の原因は、遺伝、運動不足、食べすぎ、夜食やむら食いなどの環境要因が影響しあって発症する。一卵性あるいは二卵性双生児を対象とした研究によって、肥満の発症には遺

伝素因が大きく関連することが分かってきた。人類の進化の過程では、飢餓の時代を生き抜くために、遺伝子の構造を変化させて余剰エネルギーを蓄積するように体質を変化させてきた。しかし、飽食の現代では、この体質が逆に肥満や糖尿病などの**生活習慣病**を発症しやすくしたと考えられている。

肥満者は世界的に増え、現在、世界の6人に1人が体重超過になっており、大人ばかりでなく、5歳以下の子供のうち、2000万人以上が過体重になっている。また、肥満は先進国だけの問題ではなく、世界の大人（15歳以上）の肥満者4億人のうち、約1億5000万人が発展途上国に在住しているとみられている。

米国では20年間で肥満者が激増し、児童の約15％が肥満である。このため、ニューヨーク市やカリフォルニア州では、ファストフード店などのメニューにカロリー表示の義務付けを行ったり、糖分を加えた清涼飲料水を公立校で販売禁止にするなど種々の対策が試みられている。

欧州では肥満率が1980年代の3倍に達し、肥満児は毎年40万人ずつ増加しており、500万人以上になっている。2006年、「欧州肥満防止憲章」を採択し、また、EUは2008年夏、子供の食生活改善を図る狙いで、

BMI ＝ 体重（kg） ÷ 身長（m）の2乗

図 肥満と生活習慣病のリスク

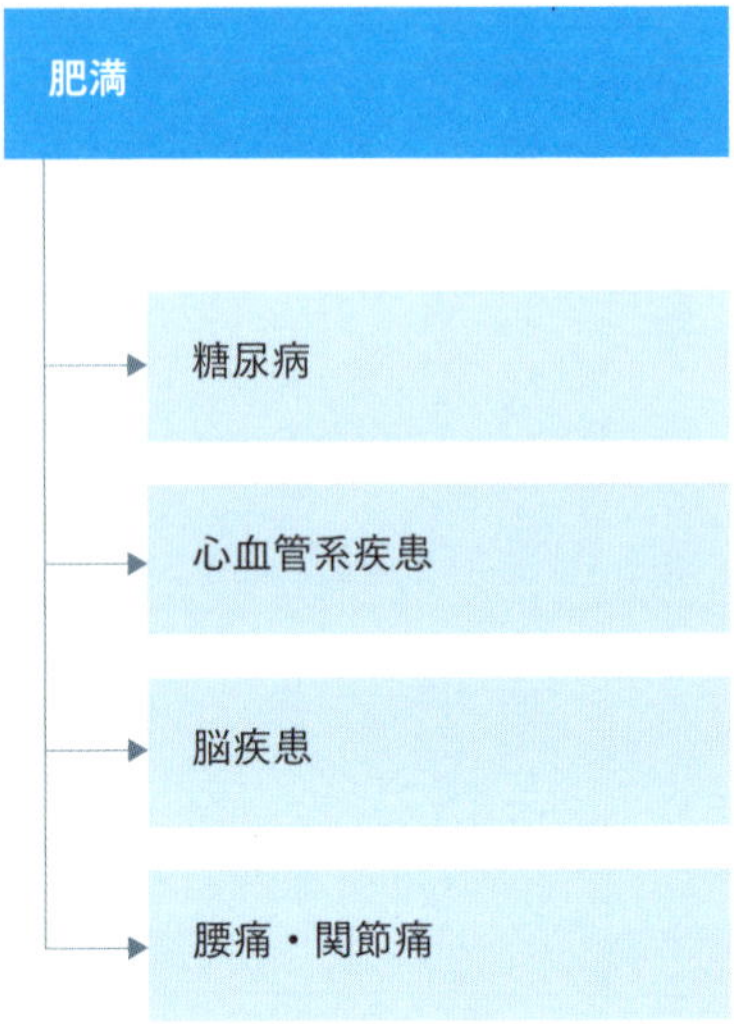

9000万ユーロの予算で学校への青果物無料配布を決定した。特に、英国は4人に1人が肥満で、子供の肥満も10年間でほぼ倍増しており、深刻な社会問題になっている。このため、脂肪や糖分の含有量が分かる栄養表示ラベルを加工食品に貼ったり、学校給食の改善を図っている。

中国でも生活水準の向上にともなって栄養摂取状況がよくなった結果、2002年には1992年に比べ、肥満者が97%増加した。都市部での肥満者の増加が顕著で、子供の肥満が問題となり、北京市は小中高校の体育の授業時間数を大幅に増加することで対応している。

わが国では肥満者（BMI＝25kg／㎡以上）は、女性は20代から70代までほとんどの年代で減少傾向にある。一方、男性はどの年代でも増加傾向にあり、なかでも40～60代の肥満者は30%を超えている（20～60歳代で、2008年には前年から1.6%下がり29・6%となった）。

子供は成長過程にあるためBMIをそのまま当てはめられないが、肥満傾向児（〔体重－身長別標準体重〕÷身長別標準体重×100が20%以上）の出現率は、2007年に7歳児で6.3%、12歳児で11・1%である。なお、若い女性のBMI低下が日本では顕著であるが、やせすぎも種々の健康障害の原因となるリスクがあり、BMI＝22kg／㎡前後が健康上好ましいといわれる。

しかし、米国で4万人を対象に、BMIと腹囲を予め全員が測り、10年間の死亡率を比較するという調査が行われた。その結果、BMIが24kg／㎡前後のやや太り気味の人（160㎝のヒトでは体重は約61・5kg、170㎝で体重約69・4kg）が最も死亡率が低く、長生きであることがわかった。

過度の肥満は、糖尿病などの生活習慣病のリスクを高める要因であることに変わりはない。健康障害を起こしやすい肥満症の治療には、①食事療法、②運動療法、③行動療法、④薬物療法、⑤外科的治療法がある。基本は、食事療法と運動療法であり、日常生活のパターンや行動の問題点をみつけて、自分で少しずつ修正していくことが大切であると考えられている。食事療法のポイントは、三度の食事をゆっくり噛んで食べ、栄養となるものをバランスよくとることである。

メタボリックシンドローム

［内臓脂肪症候群］

Metabolic syndrome

人体には正常な状態で**皮下脂肪**（皮膚の下にたまる）が全体の8～9割、腹部の臓器を覆う**腸間膜**などにたまる**内臓脂肪**が1～2割存在している。この内臓脂肪が過剰にたまることが原因で、**生活習慣病**や**動脈硬化**、最終的に脳卒中や心筋梗塞などの血管病になるリスクが高い症候群と定義されている。

現代人は、高カロリー、高脂肪の食生活、交通機関の発達による運動不足などが原因で、肥満気味の人が増加してきたことが背景にある。特に中高年以上の男性に該当者が多いといわれ、通称**メタボ**（2005年4月、日本内科学会など8学会から発表された病名）と呼ばれている。

内臓脂肪が蓄積すると、脂肪組織が余分な脂肪を燃焼させるために分泌するタンパク質の一種であるアディポネフチンが減り、逆に血糖、血圧、脂質（中性脂肪）を増加させる**アディポサイトカイン**などの悪い働きをする生理活性物質が分泌する。その結果、糖尿病、高血圧、脂質異常症（高脂血症）を起こしやすくするばかりでなく、動脈硬化が進行し、心筋梗塞、脳梗塞のリスクが高まる。

メタボリックシンドロームの基準は、わが国とＷＨＯ、米国では異なるが、2008年4月、早期発見のための「特定健診・特定保険指導」が始まった。職場や自治体の健康診断で、40～74歳を対象に実施されている。

メタボは、ウエスト周囲径（へその高さでの腹囲）が、男性で85㎝、女性は皮下脂肪が多いため90㎝以上、血糖、血圧、脂質の3項目のうち2項目が基準値を超えると診断される。このウエストの基準は、ＣＴスキャン（人体の断面を撮影する機器）で内臓脂肪の断面積が100㎠に相当し、病気のリスクが高いとされるものである。

メタボの対策と予防には、内臓脂肪の蓄積の原因が過食や

国内のメタボの診断基準

腹腔内脂肪蓄積

■ウエスト周囲径
男性：85cm 以上
女性：90cm 以上
または、BMI が 25kg/㎡以上

＋

危険因子（下記の危険因子 2 つ以上重複）

■空腹時高血糖
110mg/dl 以上

■高血圧
収縮期血圧：130mmHg 以上または、
拡張期血圧：85mmHg 以上

■脂質代謝異常
高トリグリセリド（中性脂肪）血症：150mg/dl 以上、
または低 HDL コレステロール血症：40mg/dl 未満

↓

メタボリック症候群

運動不足であるため、適度な運動とバランスのとれた食生活の2つが重要であるとされている。

がん
Cancer

一般的に**悪性腫瘍**（malignant tumor）、あるいは**悪性新生物**（malignant neoplasm）と同義であり、皮膚や粘膜にできる腫瘍のうち、大きくなってまわりに広がったり、違う臓器に転移して生命の危険があるものを**がん**、骨や筋肉、神経にできるものを**肉腫**（sarcoma）といって区別する場合もある。

がんは、個体の一部分であるという統制を失って、無秩序に増殖する異常細胞の集団である。胃、肺、肝臓、子宮など、体の全ての部分に病巣ができ、他の組織や器官に侵入して破壊したり、栄養分を奪って正常な働きを妨げ、最終的に個体の生命を危険に陥れる。

人間の体は約60兆個もの細胞でできているが、ほとんどのがんは、1個の異常な細胞（**がん細胞**）が増殖してできる。がん細胞は、正常な細胞が何らかの原因で遺伝子に傷がついたり、正常な遺伝子の突然変異によってがん細胞に変わることがある。遺伝子に**突然変異**を与える原因は、ウイルス、細菌、ニコチン、放射線など様々である。

最近の研究では、健康な人でもがん細胞は1日に数千個発生するが、発生の早期の段階で免疫細胞が退治して消去することが分かっている。しかし、そのメカニズムがうまく機能しなくなると、がん細胞が異常な速度で増殖していく。また、がんは人間だけでなく、植物や鳥類、魚類などでも生じることが分かっている。

がんは、生活習慣に密接に関連し、これまで日本では、胃がん、子宮頸がん、肝臓がんなど、ウイルスや細菌が原因となる「感染症型」のがんが多かったが、衛生環境の改善などで、この種のがんによる死亡は減少に転じている。他方、肺がん、乳がん、前立腺がん、大腸がん、子宮体がんなど、喫煙や動物性脂肪のとりすぎが原因といわれる「欧米

図 がんの転移

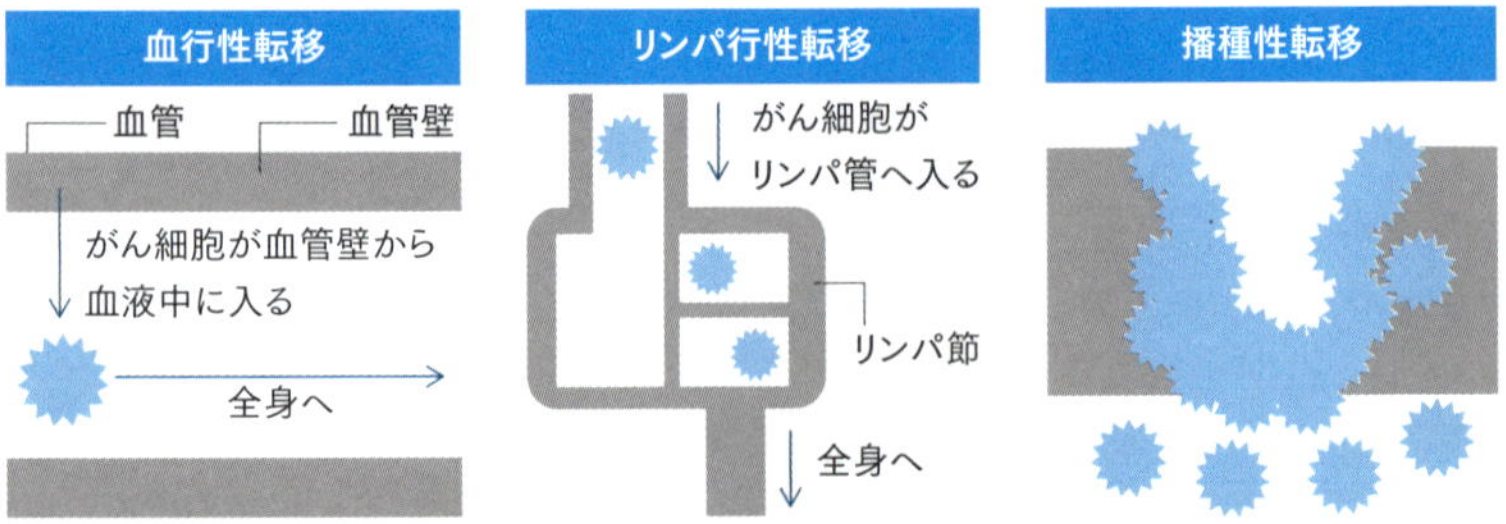

型」のがんが増加している。

細胞のがん化を促進する遺伝子は**がん遺伝子**とよばれ、約100種類ほどが発見されている。一方、細胞のがん化を防ぐ働きをする遺伝子は、**がん抑制遺伝子**とよばれ、細胞のがん化は、がん抑制遺伝子が失われたり、変異することでも起きる。

がん細胞は、正常な細胞に比べ核がやや大きく、形がいびつである。がん細胞の核の中には異常な速度で増殖する大量のDNAが含まれており、細胞小器官の数も多いという特徴がある。

がん細胞が初めに発生した部位を**原発巣**といい、粘膜にできたがんは進行すると、その下にある筋層へ侵入、さらに近くの臓器まで進んでいく。これを**浸潤**という。さらに、がん細胞の一部は血液やリンパ管に入って全身の臓器にたどり着き、そこで新たに定着して増えていく。最初にできた場所から遠くはなれた臓器や組織にがん細胞が散らばって増殖することを**転移**という。浸潤が深くなるほど、転移の可能性が高まっていく。

がんの予防は、禁煙したり食事に気をつけたりすることが大事であるが、検査を受けて早期に治療することが最も重要である。近年は、コンピュータ断層撮影とよばれる**CT検査**などを組み合わせることで、より精度の高い検査が行われている。

がんには、現在、おもに**外科手術**、**放射線治療**、**抗がん剤治療**の3つの治療法があり、その症状に合った治療法を組み合わせて行われることが多い。日本では胃がんが多かった事情で、外科手術が中心になってきたが、最近、放射線治療が注目されている。技術革新によって、がん病巣の部分にだけ照射できる確率が高くなり、正常な細胞を極力傷つけずに治療できる装置や手法が開発されている。がんの種類や進行度によっては手術と同等か、それ以上の効果をあげている。現在、国内の病院で用いられている最も進んだピンポイント照射が**定位放射線治療**である。放射線のビームの形をがんの形に合わせるので、周りの正常細胞への影響を最小限にとどめることができる。

最新治療として、放射線の一種である粒子線を深い患部にあてて、がん細胞を死滅させる**重粒子線がん治療**を受けられる医療機関も広がってきている。

以上のような通常のがん治療とは別に、健康食品、**アロマテラピー**、マッサージ、はり・きゅう、**ホメオパシー**、リラクゼーション、音楽療法などの**代替療法**がある。この中で、ホメオパシーは、欧州などで民間療法として広まったもので、鉱物や植物成分などを極限まで薄めた水を砂糖玉に染み込ませて飲用すると病気を治療できるとするものであるが、現在、一般には、科学的に治療効果は否定されている。

現在、がん患者の2人に1人が代替療法を利用しているといわれる。しかし、効果が科学的に証明されている代替療法はほとんどなく、通常の治療をやめて代替療法のみに依存することはきわめて危険である。

なお、がん対策の一層の充実を図ることを目的とした**がん対策基本法**が２００６年6月に成立している。この基本法では、専門医の育成や拠点病院の整備を中心とした地域格差の是正のほか、がん検診の受診率の向上などを掲げている。日本では、欧米に比べ放射線治療医や技師、抗がん剤専門医がひじょうに少なく、また患者の苦痛を和らげる**緩和ケア**の充実も大きな課題である。

がんの３大治療法の比較

治療名	方法
外科手術	がん病巣と周囲のリンパ腺をメスで切りとる。 ■**デメリット** 体へのダメージが大きく、他の場所にがん細胞があると再発の可能性がある。
放射線治療	がん病巣、あるいは周辺のリンパ腺などに放射線を照射する。手術よりは人体へのダメージは軽減される。 ■**デメリット** 放射線が効きにくいタイプのがんもある。
抗がん剤	抗がん剤などの化学物質を点滴や飲み薬の形で投与する。全身にがん細胞が分布したケースで唯一効果がある。 ■**デメリット** 単独では完治できず、強い副作用があることが多い。

腫瘍マーカー
Tumor marker

がん細胞の表面には、正常の細胞では見当たらない特殊なタンパク、酵素、ホルモンなどの物質があり、はがれて血液の中に流れ込む。そこで、血液を調べてそれらが見つかれば、がんにかかっていることが分かる。このような、がんであるかどうかを見る目印となる物質やその値のことを「腫瘍マーカー」という。

がんの種類によってその物質は異なっており、それぞれの目安となる値が決められている。しかし、その値は個人の状態にも左右されるため、腫瘍マーカーの値の高低だけではがんの進行度などはわからない。

多くの腫瘍マーカーは、健康な人であっても血液中に存在するため、腫瘍マーカー単独でがんの存在を診断できるものはＰＳＡ（前立腺がんのマーカー）など少数であるといわれている。しかし、がん患者の腫瘍マーカーを定期的に検査することは、再発の有無や病勢、手術で取りきれていないがんや画像診断で見えない程度の微小ながんの存在を知る上で、確実ではないが有用な方法である。

重粒子線がん治療

Heavy ion cancer therapy

がんの治療に利用される放射線は光子線と粒子線に分類できる。**光子線**は従来の放射線治療で用いられてきたエックス線やガンマ線である。これに対し、水素の原子核である陽子や炭素原子の電子をはぎ取った**炭素イオン**（**重粒子**）を加速器で光速近くまで加速したものが**粒子線**である。この重粒子線を体外からがん患部に照射して、遺伝子を傷つけて破壊する技術が「重粒子線がん治療」である。

従来のエックス線では、がん周辺の正常細胞にもダメージを与えてしまうが、従来の放射線治療よりも威力が2～3倍強く、がんの位置、大きさや形状に合わせて線量を調節し、誤差1～2㎜でがん病巣だけを狙い撃ちできる。

手術の難しい脳腫瘍や悪性黒色腫、エックス線では治療が難しい体の奥のがんの治療に効果的とされる。しかし、全てのがん治療に有効ではなく、胃や腸のように不規則に動く臓器、白血病のような全身に広がっているがん、広く転移したがんおよび既に良好な治療法が確立しているがんには適用できない。

重粒子線治療は、加速器という巨大装置が必要で、治療費が高額なことが大きな課題になっている。2009年2月時点で、重粒子線治療を受けた患者数は世界で約5000人に達し、大部分が日本国内で肺がん、肝臓がん、前立腺がん治療などに使われている。

放射線治療と重粒子線治療の比較

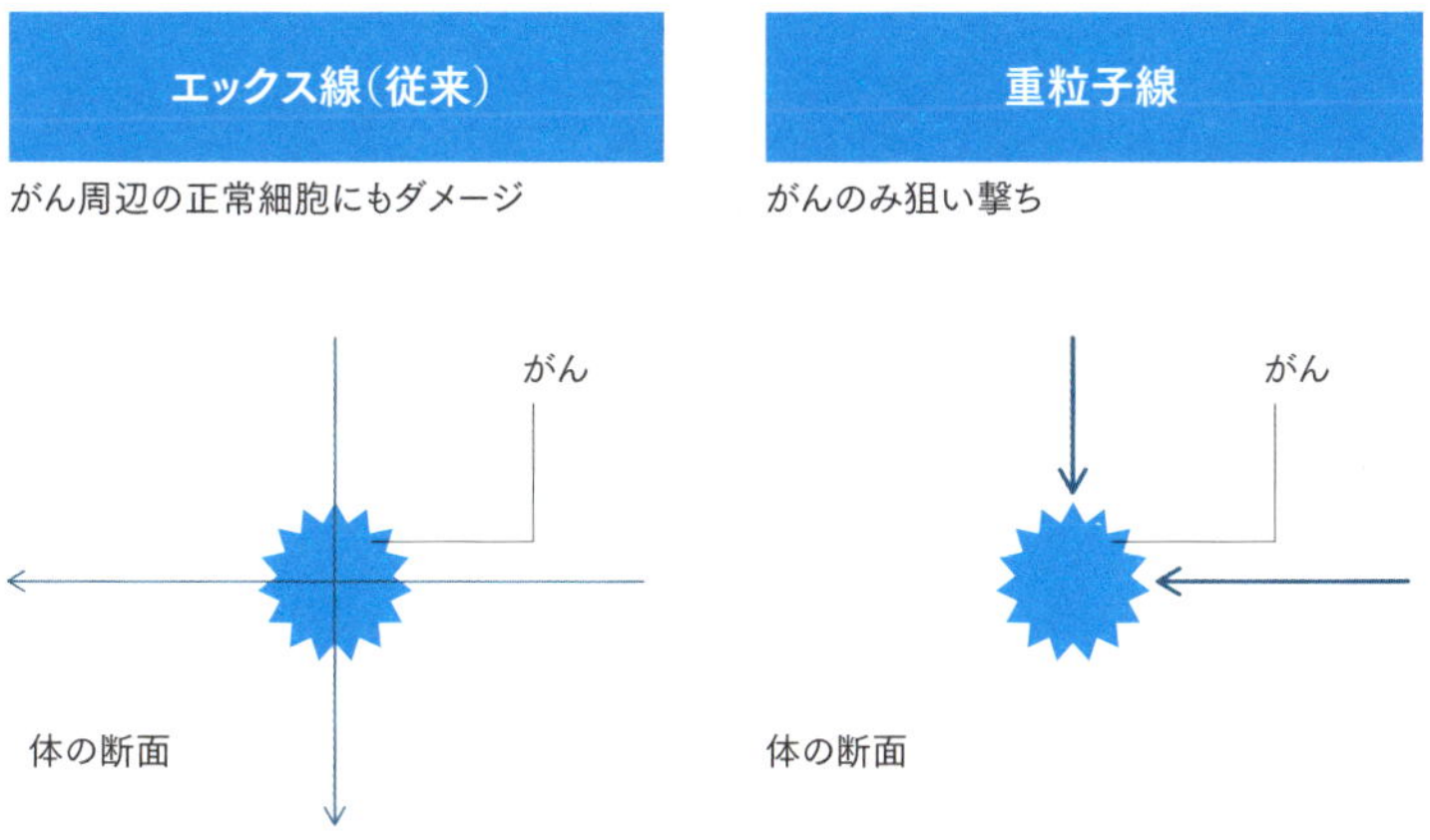

がん検診

Cancer screening

日本のがんによる死亡者数は現在、年間30万人を超え、死亡原因の第1位を占めている。しかし、診断と治療法の進歩により、一部のがんでは早期発見、そして早期治療が可能となってきている。がん検診はこうした医療技術に基づき、がんの死亡率を減少させることを目的としている。５つのタイプのがん、肺がん、胃がん、大腸がん、乳がん、子宮頸がんには、がん検診が有効であると国がうたっている。たとえば、**マンモグラフィー**を用いた乳がん検診は、対象の集団において、乳がんをより早期の段階で診断できることが証明されている。

国をあげての「がん克服」を目指して、**がん対策推進基本計画**が２００７年にスタートした。

その内容は、「がん死亡率の今後10年間で20％減少」と「がん患者・家族の苦痛の軽減、療養生活の質の維持向上」を全体目標に掲げている。早期発見で死亡率を下げるため、がん検診の受診率の目標を「５年以内に50％以上」に設定している。

がん検診は、厚生労働省指針にもとづき自治体が実施するが、法的義務はなく、実施主体が明確には規定されていない。２０１０年６月に、がん対策推進基本計画の中間報告がまとまったが、目標達成はきわめて困難であるという状況である。その主な問題点は、次の２点である。

①受診率が50％に達していない

②「がん登録」がうまく進んでいない

患者の予後の経過を知ることが重要であり、診断から治療、予後の生存状態まで把握するためには「がん登録」に基づいた患者の予後調査が必要である。しかし、「がん登録」率が低く、また「個人情報保護」の点から予後調査が難しいケースが多い。

がん免疫療法

Cancer immunotherapy

がんに対して、現在、外科手術、抗がん剤治療、放射線治療の三大治療法があるが、第４の治療法として注目されているものが、「がん免疫療法」である。

元々、ヒトの**免疫システム**はがんを排除する能力を持っているといわれるが、それを活用するため副作用が少ないといわれる。

これまで試みられてきた免疫療法には、人型の結核菌より抽出された物質の丸山ワクチン・はすみワクチン、血液から取り出したリンパ球をサイトカインを使って活性化したNK（ナチュラルキラー）細胞、またインターフェロンα、インターロイキンを少量ずつ注射してがん細胞に対する免疫を高める方法などがある。

手術や抗がん剤による治療が難しい場合、この治療法によって腫瘍の縮小や延命効果があるケースが見出されている。しかし、免疫力の人為的な制御は難しく、現時点では未知の部分が多く、確立した治療法にはなっていない。

脳 Brain

脳は、自律神経やホルモンを通じて、情報処理の中心的な役割を果たし、生命を維持する働きをもつ神経細胞の集まりである。**自律神経系**には、**交感神経**と**副交感神経**の2種類があり、心臓や胃などの内臓の働きを無意識に自律的に制御している。その働きは、間脳の視床下部により統合されている。

ヒトの脳は、1200～1500gほどの重量があり、大脳、間脳、中脳、小脳、延髄の5つの部分に分かれている。また、延髄の下部は脊髄に続いている。

大脳は、厚さ2～5㎜の皮質でおおわれており、大脳表面の大半を占める**新皮質**と、**間脳**の近くにある**辺縁皮質**とからなる。大脳の働きは、皮質上の場所によって役割分担が決まっており、視覚・聴覚などの感覚中枢、運動に関係する中枢、記憶・思考・理解などの精神活動を営む中枢、欲求や感情に基づく行動、本能行動などに関する中枢がある。**小脳**は、内耳が受け持つ平衡感覚によって、眼球の動きを調整したり、大脳や脊髄を結びつけて運動や姿勢を調節している。

間脳、中脳、延髄は、生命の維持に直接関係しており、これらをまとめて**脳幹**という。**間脳**は**視床**と**視床下部**とにわかれ、視床は大脳に伝わる興奮を中継している。視床下部は、自律神経の最高中枢として体温などの調節を支配している。**中脳**は、体の姿勢保持の中枢のほか、眼球の運動や瞳孔の大きさを調節する中枢もある。**延髄**は、呼吸運動、心臓の拍動、血管の収縮などを支配する中枢であり、また、消化管の運動や消化液の分泌を調節する中枢もある。

脳のつくり

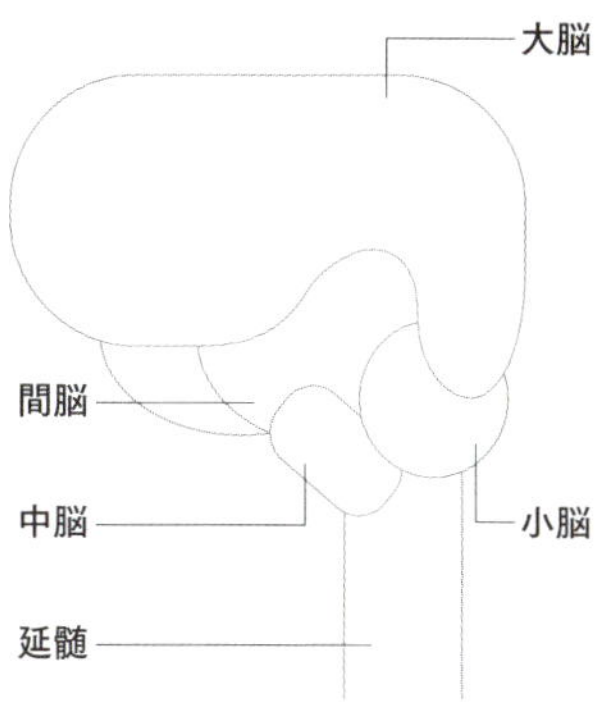

脳や脊髄から体の各部に出ている神経を、**末梢神経**という。末梢神経は、脳からの**脳神経**と脊髄から出ている**脊髄神経**に分けられる。脳と脊髄のような**中枢神**

経と末梢神経は、**ニューロン**という神経細胞と、それを支える支持細胞からできている。

　ニューロンは、核をもった細胞体のまわりに広がる**樹状突起**と、1本の長く伸びた**軸索**をもつ。軸索の集まりを支持細胞で包んだものが**神経線維**である。

　神経細胞は、**シナプス**とよばれる一種の情報を伝達する連絡器を介して、他の神経細胞の軸索に情報や指令の伝達を行う。シナプスを形成している2つの神経細胞間には狭い隙間があり、情報が伝わってくると軸索の先端部からアセチルコリンやノルアドレナリンなどの**神経伝達物質**が放出される。情報を受ける側の神経細胞は、この神経伝達物質を受け取り、情報が伝播される仕組みである。脳内には千数百億個もの神経細胞があり。それぞれが100～10万個のシナプスを持っている。

肺 Lung

　陸上動物の主要な呼吸器官であり、心臓と協同で働いて、全身の細胞に酸素を取り入れ、二酸化炭素を排出する重要な働きをしている。

　人体では、2番目に大きな臓器であり、胸部に1対ある。

　肺自体には呼吸運動をするための筋肉はなく、**肋間筋**（肋骨と肋骨をつなぐ）と肺のすぐ下にある**横隔膜**の収縮によって、肺が膨張・収縮する。肺と心臓は、**肺動脈**と**肺静脈**によって結ばれていて、常に血液が循環している。この血液循環によって、肺は心臓から二酸化炭素の多い静脈血を受け取り、酸素を多く含んだ動脈血に変えて心臓に戻している。

　肺の病気には、肺炎、**結核**、**肺がん**、**気管支ぜん息**などがあげられるほか、近年は肺がんなどのほか、「肺の生活習慣病」とよばれる**COPD**（**慢性閉塞性肺疾患**）にかかる人が増加している。

　気管支ぜん息は、気管支の壁が過敏になり、気管支自体が狭くなるために呼吸が苦しくなる呼吸器疾患である。以前は治らないと考えられていたが、副腎皮質ホルモンの吸入薬により、治る病気となった。

肺がん Lung cancer

　気管支から肺胞に至る部分が肺であるが、ここに発生するがんのすべてを「肺がん」と呼ぶ。早期発見が難しいため、治療が遅れてほかの臓器やリンパ節などに転移するケースが多い。

2005年のデータでは、肺がんによる死亡者数は世界全体で約130万人（WHO）、日本では約6万2千人（厚生労働省の平成17年人口動態統計）に上っている。日本では、長年がんによる死亡者数で1位であった**胃がん**を1998年に抜き、がんによる死亡原因の第1位である。肺がんは、男女比が3対1と男性に多いがんで、これは肺がんの原因の70%以上がたばこであり、喫煙率が男性に高いためと考えられている。また、肺がんは乳がんや**膵臓がん**などに転移しやすいといわれる。

おもな肺がんの種類には、**腺がん**という気管支の末梢部分に発生する日本人に多いものと、肺の中央部に多く発生し、たばことの因果関係が強いといわれる**扁平上皮がん**がある。

肺がんの治療法には、外科療法、放射線療法、抗がん剤による化学療法、免疫療法、痛みや他の苦痛に対する症状緩和を目的とした治療（緩和治療）などがある。従来の外科治療は患者への身体的負担が大きかったが、技術進歩にともなう時間短縮や開胸・胸腔鏡手術（小形カメラで胸の内部を見ながら手術する）での切開範囲縮小が進んでいる。また、抗がん剤治療も中皮腫治療薬アリムタ（一般名ペメトレキセド）や大腸がんなどに使うアバスチン（ベマシズマブ）が一部の肺がんに有効であることが判明し、分子標的薬イレッサ（ゲフィニチブ）も遺伝子変異のある患者に効果が高いことがわかり、延命効果が高まっている。

慢性閉塞性肺疾患
Chronic obstructive pulmonary disease; COPD

長年の喫煙習慣が原因で、咳や痰が出たり、息苦しくなったりする病気であり、肺の生活習慣病といわれる。患者のほとんどは長年にわたる喫煙歴があるため、「タバコ病」ともいわれ、喫煙者の10～15%に発症する。近年、世界中で患者数が増加の一途をたどっている。2008年の国内の年間死亡者数は1万5520人であり、世界保健機関は、2020年にはCOPDは世界の死亡原因の3位になると予想している。

初期症状は、風邪をひきやすい、ひいた後、治りにくい、せきや痰が続くなどである。やがて、肺に慢性炎症が生じ、これにより、肺胞の破壊や気管支粘液腺の肥大が起き、30年ほど経過すると、階段や坂道を登るときに息苦しさを覚える。強い息切れと慢性のせき、痰が特徴であり、肺気腫と慢性気管支炎とよばれていた病気の名称が30年ほど前から世界共通の病名のCOPDに統一された。

COPDの最も効果的な治療は、禁煙であるが、空気の出入りをよくする吸入薬、内服薬、腹式呼吸などが有効である。体内に取り入れる酸素の量が減るときには、在宅酸素療法が行われる。

胃

Stomach

食道に続き、十二指腸につながる消化管の一部であり、入口と出口が狭く、食物を一時的にため、消化を行う袋状の構造になっている。

胃の内壁は粘膜で覆われ、その粘膜中にある多数の胃腺の開口部からタンパク質をペプトンに分解する消化酵素**ペプシン**と塩酸を含む**胃液**が分泌される。胃液は塩酸を含むため強い酸性（pH＝1～2）である。普通の皮膚は胃酸に触れるとただれるが、粘膜が胃壁全体をバリアのように守っている。

胃の大きさは、空腹時0.5リットルぐらいであるが、最大1.5リットルまで大きくなる。胃は、縦・横・斜めの3層の筋肉を使う**ぜん動運動**によって食物を胃液と混ぜ合わせて酸性の粥状になるまで粉砕し、少しずつ十二指腸に送る。胃のぜん動運動や胃液の分泌は副交感神経によって促進され、交感神経によって抑制される。なお、胃ではアルコール、炭酸、水の一部が吸収されるだけで、他の栄養素はほとんど吸収されない。

一般に日本人は、欧米人などに比べ胃が弱いといわれるが、その原因は、いろいろあげられている。一つは日本人の食事に含まれる**塩分**が1日平均12・4gであるが、米国人では6.1～8.2gで、塩分の取りすぎが胃に刺激を与えてしまう。さらに、「胃の形」にも原因があり、日本人に多い釣状胃は、胃の出口が少し上についており、胃液が長く胃にとどまり胃壁に障害が起こりやすい。一方、欧米人に多い牛角胃の場合、食物が出て行きやすい構造のため、胃液がたまりにくいといわれる。

胃の病気には、ストレスや刺激の強い食べ物によって粘液の分泌が減り、出血が起こる炎症である**急性胃炎**がある。炎症が長く続くと、胃の内壁のヒダがなくなり（胃酸の分泌が減り消化も悪くなる）、胃壁が薄くなる**慢性胃炎**の状態になる。食道に胃酸が逆流し、粘膜を傷つけるため胸焼けが起こる症状を**逆流性食道炎**という。

通常、胃液は透明であるが、上記のような炎症によってはがれた胃粘膜がカスとして胃液に混じり白くなることが多い。

胃に感染する細菌、**ピロリ菌**が胃に棲みつくと（ピロリ菌はウレアーゼというアルカリ性酵素をつくり、胃酸を中和してバリアを張った状態で胃に定着）、胃のヒダが無くなり、慢性胃炎を引き起こす（胃への悪影響が確認されたのは１９８０年代）。日本人は人口の半分の約６０００万人が感染しているといわれる。ピロリ菌は、きわめて微小な針を胃粘膜の細胞に刺して、毒性のある成分**キャグ・エータンパク質**を注入し細胞を壊す。ピロリ菌は、大きく分けると、欧米型と日本などに多い東アジア型の2種類があるが、キャグ・エータンパク質の毒性がひじょうに強く、胃粘膜を激しく痛める。

急性胃炎は、ピロリ菌の感染とはほとんど関係ないが、慢性胃炎ではほぼ１００％がピロリ菌感染であり、また**胃潰瘍**は、約7割がピロリ菌感染が原因であるといわれる。さらに、**胃がん**とも密接な関係があると考えられている。病院でのピロリ菌検査には、呼気検査や血液・尿検査がある。

胃の構造

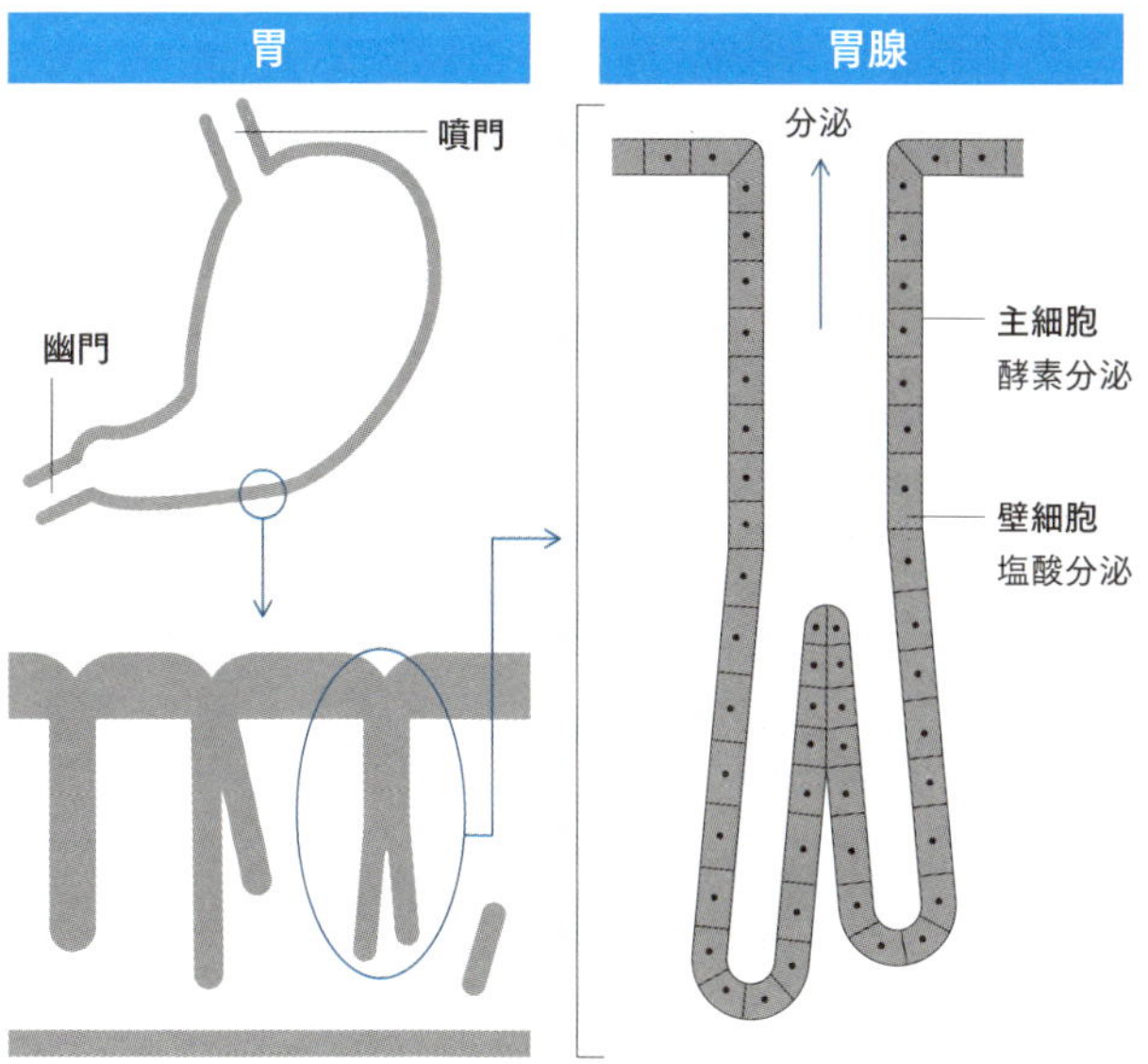

ピロリ菌

Helicobacter pylori

人間などの胃に生息するらせん型の細菌である。胃の中は強い酸性で細菌は住むことができないと考えられていたが、１９８３年に胃の幽門部から初めて見つかった。〝pylori〟とは胃の出口（幽門）をさす用語に由来する。

ピロリ菌は、グラム陰性、直径約0.5㎛、長さ2.5～５㎛。２～3回ねじれた形状を有し、顕微鏡下ではS字状、あるいはカモメ状と呼ばれる曲がりくねった形態として観察されることが多いといわれる。図のように数本の鞭毛を持ち、この鞭毛の回転運動によって、溶液内や粘液中を遊泳して移動することができる。胃の粘膜を好んで住みつき、粘液の下にもぐりこんで胃酸から逃れている。

さらにピロリ菌は胃酸に耐えて生きていくために、ウレアーゼと呼ばれる酵素を吐き出している。この酵素は胃粘液の成分である尿素をアンモニアと二酸化炭素に分解している。ピロリ菌が発生させるウレアーゼを含め、多くの毒素が胃粘膜の障害をもたらしている。

ピロリ菌は、深海底の熱水噴出口に生息する特殊な微生物が祖先だったことがゲノム分析で明らかになり、人類が誕生したときから胃の中に住んでいたと考えられている。最近、ピロリ菌は人間の血液型に合わせて胃壁に結合するタンパク質の型を調整して巧みに進化してきたことが明らかになっている。

ピロリ菌は、胃の粘膜を傷つけて炎症を起こし、**胃潰瘍**や**十二指腸潰瘍**、**胃がん**の原因になる。感染者は全国で約6000万人（2009年現在）、経口感染で5歳までに感染するとされ、40代以下では50％未満であるが、50歳以上は70％以上が感染していることが分かっている。

ピロリ菌が胃潰瘍や胃がんの主原因である場合、除菌が最良の予防法である。除菌治療は、まず内視鏡で胃の状態を確認し、胃粘膜を採取して検査する。一般的に、2種類の抗生物質と胃酸分泌を抑える薬を1日2回、1週間連続で服用する「三剤併用療法」で除菌が行われる。12週間後に呼気検査をして、除菌を確認して治療が終了となる。

ピロリ菌（*H.pylori*）のかたち

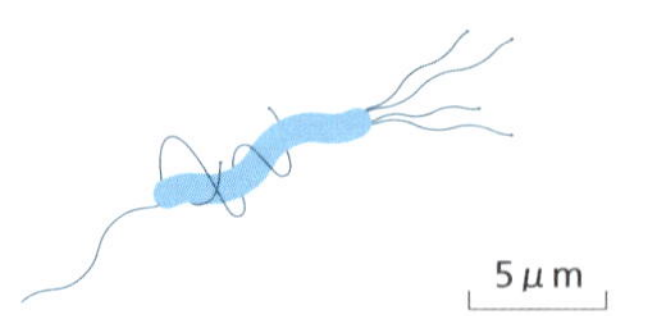

除菌治療の主な副作用には、下痢、味覚異常、口内炎などで、まれに出血性大腸炎が起こる。また除菌後、食欲が増加し、食べ過ぎによる一過性の逆流性食道炎になることもある。そのほかのデメリットには、完全に除菌すると胃壁が堅くなり、収縮しにくくなる。胃酸の分泌が盛んになり、その胃酸が食道に逆流し、食道の粘膜が胃の粘膜に変わる「パレット食道」ができることが知られている。

さらに、現在の除菌法は、2種類の抗生物質を1週間も投与するため、アレルギーや下痢などの副作用を起こすケースが多々ある。ほかにも、抗生物質に対する耐性菌が出現し、以前は90％の除菌成功率であったものが、最近では70～80％まで低下してきている。また、肺炎などになっても抗生物質が効かなくなるケースも危惧されている。そこで、乳酸菌を利用してピロリ菌の胃粘膜への吸着を阻止する方法が研究されている。

胃がん

Stomach cancer

胃に生じるがんの総称である。この30年間、日本人の死因の第1位はがんであるが、発症部位から見ると男女とも胃がんがトップクラスである。日本人の胃がん発症率は（年間）患者数が約30万人と世界で最も高く、米国人より10倍も多くなっている。

胃がんの危険度は、広がりよりも胃粘膜へのがんの深さ（進行度）によって決まる。**進行がん**は、血管やリンパまで侵食する。胃がんは、突然できるものでなく、**慢性胃炎**などでできやすい状況になる（まれにピロリ菌以外のEBウイルスや遺伝的要素によって胃がんになる場合がある)。10年間での胃がん発生率を調べたデータによると、ピロリ菌保持者ではおよそ5%が発症しているが、ピロリ菌の非保持者では発症者が報告されていなかった。

早期の胃がん(がんが粘膜か粘膜のすぐ下の層にとどまっている段階)の場合、患者の口から内視鏡を挿入し患部の真下に薬剤を注入、患部だけを胃壁から浮き上がらせて電気メスで病巣を一括切除しはぎ取る**内視鏡的粘膜下層剥離術(ESD)**の適用が着実に広がってきている。この手法では、内視鏡検査でがんの表面のひだの模様や血管の形などから、がんの深さや広がりを予測して、2～10cm程度の大きな病巣でも一度に切除可能である。

胃・十二指腸潰瘍

Gastric・duodenal ulcer

胃・十二指腸に生じる潰瘍のことで、消化性潰瘍ともいわれる。胃酸(強酸性)が胃や十二指腸の粘膜を食物と同じように消化して傷つけてしまう病気である。**胃潰瘍**は胃角部に、**十二指腸潰瘍**は十二指腸球部によく発生しやすい。

主な原因には、**ピロリ菌感染**、非ステロイド系抗炎症薬の副作用(粘膜の抵抗性が低下)、ストレスなどがある。ストレスによる潰瘍は、胃酸などの攻撃因子が増加する一方、防御因子である粘膜の分泌が弱くなる。

潰瘍を放置しておいても自然に治癒することもあるが、再発しやすい病気である。胃壁に穴が開くと大出血を起こすこともある。

図 胃・十二指腸潰瘍のできる部位と状態

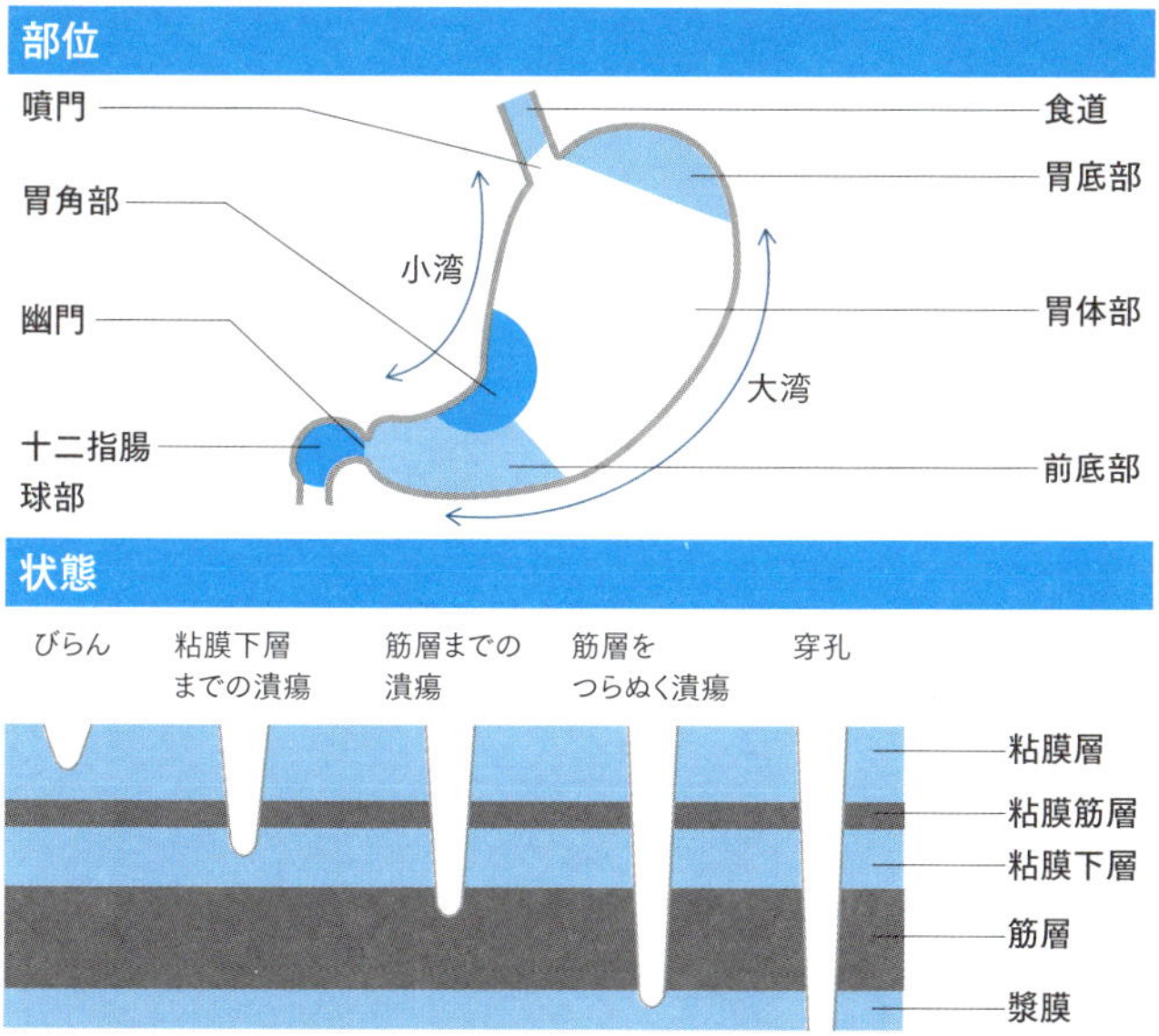

食道

Esophagus

食道は口から入った食物を胃に送る消化管で、消化機能はなく、普段はつぶれて閉ざされた状態にある。これによって息を吸ったとき、空気が食道へ入ったり、食べ物が逆流することを防いでいる。周りには肺や心臓といった重要な臓器のほか、大動脈などがある。

ヒトの食道は、成人で約25cmの長さがあり、気管の背中側を走っている。食べ物は食道を落下するのではなく、筋肉の収縮運動（ぜん動運動）によって反射的に胃へ送られる。酸やアルカリに弱いため、炎症を起こしやすい。

食道の病気の中で最近、増加傾向にあるのが**逆流性食道炎**である。これは、胃の内容物、おもに胃酸が食道に逆流して起こる食道粘膜の炎症である。特徴的な症状は、食後2〜3時間後に起こる**胸やけ**である。他に喉の違和感、ゲップ、胃が重苦しい、おなかが張るなどがある。

逆流性食道炎の原因は、食道裂孔ヘルニア（＝胃の一部が横隔膜の上にはみ出してしまう）、胃酸の出過ぎ、食生活の欧米化やタバコ・飲酒・肥満などの生活習慣の悪化、ストレスなどが挙げられる。また、食道から胃へ食物を送り込む機能の低下なども要因の一つである。

逆流性食道炎の症状が進行すると、潰瘍になることもある。潰瘍が破れ出血が長期化すると、貧血状態になることもある。治療には、胃酸の分泌を抑える**プロトンポンプ阻害薬**などの薬物療法が使われる。

食道がん（Esophageal cancer）も増加傾向にある。胃や肺、大腸などのがんに比べて発症率は高くないが、年間2万人ぐらいがかかっている。しかし、発見が遅れると、他の部位より治療の難しいがんともいわれる。また、他の消化管に比べて食道は、がん細胞が転移しやすい構造である上、周りに重要な臓器や大動脈、リンパ管があるため、リンパ管を通して全身に転移する恐れがある。

図 食道の構造と胃

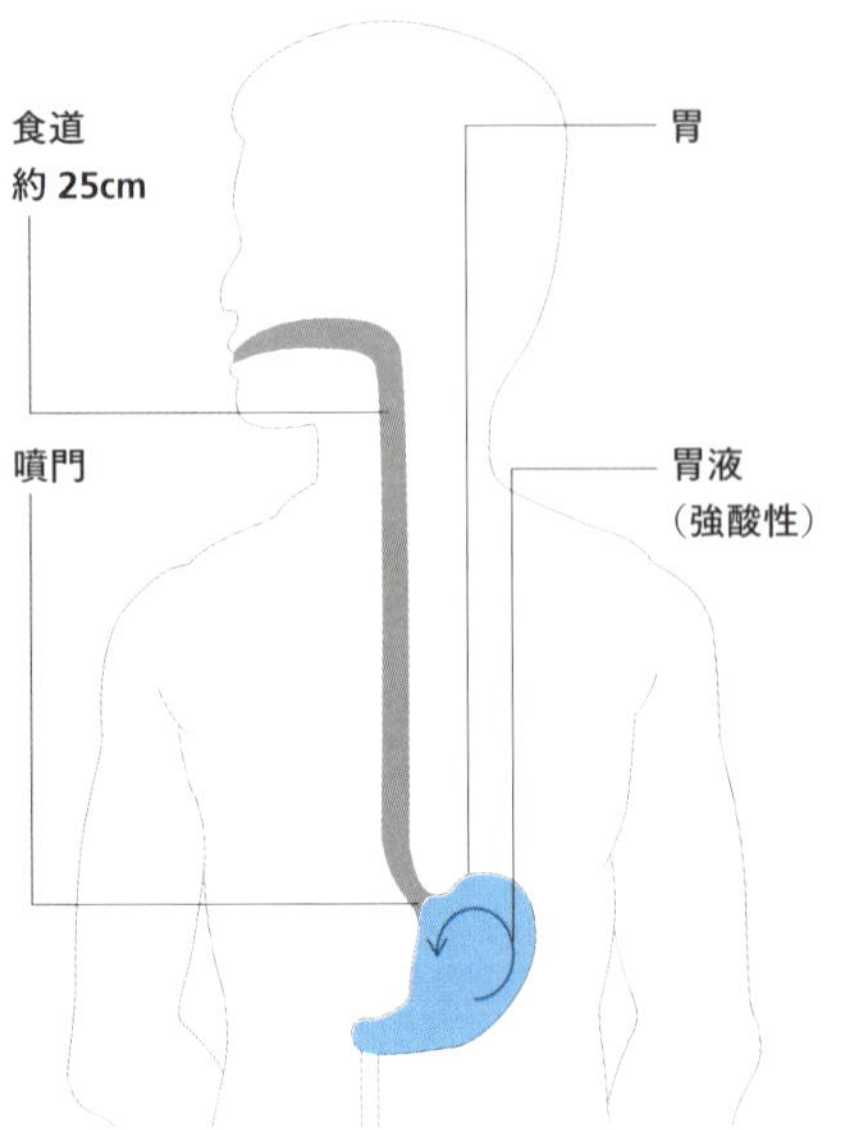

食道がん Esophageal cancer

50歳以上の男性に多いことが特徴で、危険因子にはアルコールと喫煙が挙げられている。早期がんの段階では、他のがんと同様、約9割は無症状といわれる。しかし、食道の周辺には、がん細胞を全身に運ぶリンパ管や血管がたくさんあるため、早期から転移しやすい。がんの進行とともに、食道の内部が狭くなるため、食べ物のつかえが生じてくる。食道がんによる死亡者数は、1975年に4997人、2008年に1万1746人（厚生労働省「人口動態統計」より）とこの30年あまりで2倍以上に増加している。現在、年間に約1万8000人が食道がんにかかっている。

診断には、バリウムを使いエックス線撮影をする食道造影検査や内視鏡検査が一般的であるが、**NBI**（特殊な装置を用いて、粘膜表面の模様や微小血管の走行状態を見やすくした内視鏡技術）や**超音波内視鏡**（内視鏡の先端の超音波装置を使い食道壁の画像を見る）を併用した拡大内視鏡などを使ったがんの範囲や深達度がより正確にわかるようになっている。

食道がんの治療は、外科手術によってがん細胞とともに食道やリンパ節を除去するのが一般的である。開胸して、がん病巣部分の食道とリンパ節を切除し、胃をつり上げて残りの食道とつなぐ大がかりな手術が行われる。そのため、手術が6〜8時間と長時間に及び、体力的に負担が大きいため、抗がん剤と放射線治療の併用で行うケースも増加している。早期は、体の負担が少ない内視鏡による切除が行われる。

膵臓 Pancreas

膵臓は胃の裏側で左右に横たわるように位置し、十二指腸に接している。長さは約15㎝、厚みが約2㎝、重さが約60gほどで、肝臓の約1／20の大きさである。淡黄色で、トウモロコシのような形をしている。膵臓の内部には、**膵液**という消化液を十二指腸まで運ぶ膵管が通っている。膵臓は初期の段階で異変を見つけにくいため、肝臓と同様に「沈黙の臓器」や「暗黒の臓器」とも呼ばれている。

膵臓のおもな働きは、消化液（外分泌機能）とホルモンの分泌（内分泌機能）である。消化液としての働きは、炭水化物、タンパク質、脂肪の三大栄養素を分解するすべての消化酵素を含む膵液（pH＝7〜8の弱アルカリ性）を分泌し、腸内での消化を強力な酵素で助けている。

ホルモンとしての働きは、**インスリン**と**グルカゴン**という相反する性質を持つホルモンを分泌している。インスリンは、全身の細胞にとって重要なエネルギー源になる血液中のブドウ糖を正常値に保持する働きをする。食後に血糖値が上昇すると分泌され、筋肉などの細胞組織にブドウ糖を取り込ませ、血糖値を下げる働きをする。一方、グルカゴンは、激しい運動などによって血液中のブドウ糖が消費され血糖値が低下した場合に分泌され、肝臓に蓄えられているグリコーゲンをブドウ糖に分解して血糖値を上げる働きをする。このようなホルモンは、**ランゲルハンス島**といわれる組織で分泌される。ランゲルハンス島は、わずか直径0.1㎜ほどの大きさで、膵臓の総重量の1～2%しかない器官であるが、その数は1つの膵臓に100万個ほど存在している。インスリンの調節作用がうまく機能しなくなると、細胞にブドウ糖がうまく取り込めなくなり、血糖値が上昇して**糖尿病**になる。

膵臓の主な病気には、**膵炎**と**膵臓がん**がある。膵炎は、多量の酒を飲んだり、脂っこい食事をした後などに、膵臓が刺激され、膵液を過剰に分泌し、タンパク分解酵素が膵臓自身を消化してしまう（自己消化）病気である。その結果、血管壁が出血したり、膵臓の膜がむくみ、腹部の痛みを引き起こすといわれる。近年、急性膵炎が、増加しており（患者数は年間3万5千人で20%が重症そのうち10%が死亡する）、発症年齢のピークは男性が50代、女性が70代で男性の方が2倍ほど多い。胆石が原因の急性膵炎もあり、女性に多いのが特徴である。

最近では、超音波撮影法、CT（コンピュータ断層撮影装置）、

膵臓の位置と他の臓器

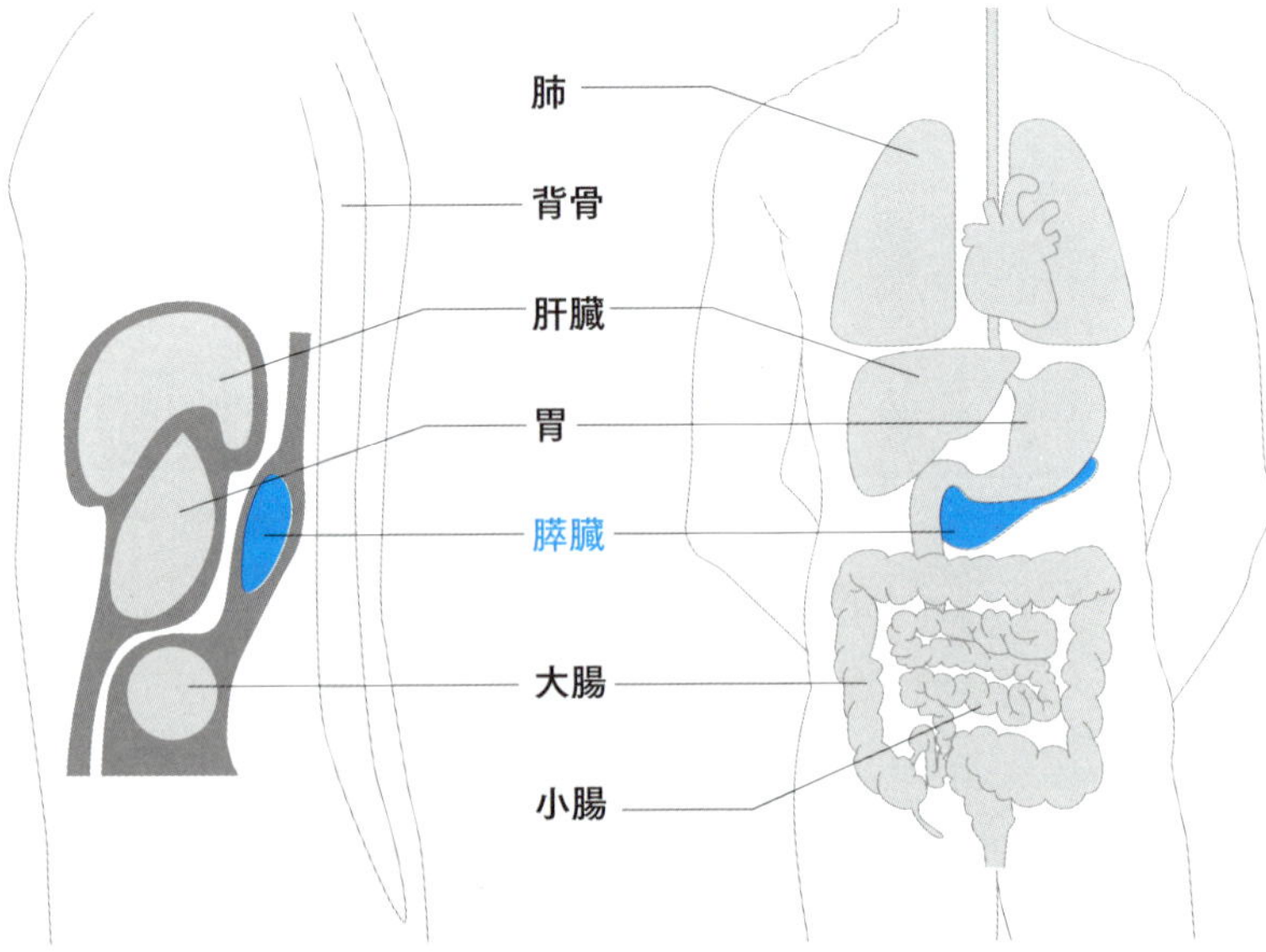

ＭＲＩ（磁気共鳴画像装置）などが進歩し、膵臓病の診断が飛躍的に向上している。

膵臓がん Pancreatic cancer

膵臓から発生する**悪性腫瘍**であり、**膵がん**ともよばれる。特有の症状がほとんどなく、特に早期のうちは症状がほとんど現れない。ほとんどのがんは、膵管から発生する。また、胃がんや大腸がんの場合、上皮細胞（最も表面にある細胞）の下に粘膜下層や筋層があるため、他の臓器まで到達するのに時間がかかるが、膵臓がんの場合、薄い皮膜の組織の下に防御組織がないため、短時間で周囲にまで広がってしまう。

一般的な症状は、腹痛や背部痛、体重減少などであるが、このような症状は他の病気でも出るため、早期発見が難しい。糖尿病の発病や悪化が発見の目安となるケースもある。危険因子には、家族歴が最も大きな原因であるが、喫煙やアルコール、動物性脂肪の取りすぎなどがリスクを高める一因といわれる。

糖尿病があると膵臓がんができやすいといわれる理由は、食後に血糖値が上昇し、インスリンの分泌が刺激される。インスリンが膵臓を刺激すると、細胞の増殖が促され、がん細胞が発生しやすくなる。

膵臓がんは、がんの部位別死亡率では第5位（8%、厚生労働省平成20年人口動態調査）、5年生存率はおよそ40種類のがんの中で最低の5%ほど、最も治療困難ながんといわれている。膵臓がんは、早期でも転移して周囲の臓器まで侵すため、膵臓を切除できないことが多い。膵臓がんの検査は、消化酵素アミラーゼの**腫瘍マーカー**の数値が参考になる。また、超音波検査でも膵臓の異変を発見することができる。普段から脂肪の取りすぎに注意し、バランスのよい食事を心がけることが大事である。

大腸 Large intestine

小腸から続く食べ物を消化吸収する消化管の最後の部分であり、長さが1.5～2ｍ、直径5～8㎝の太い管状の臓器である。大腸は、**盲腸**、盲腸から始まるS状結腸までの**結腸**と、S状結腸を過ぎてから肛門までの**直腸**の3つの部分に大きく分けられる。口に入った食べ物が大腸に到達するのは食事から4～12時間後である。

大腸の役割は、小腸で吸収されなかった水分とミネラルを吸収し、食物残渣をまとめて便として排泄することである。

このプロセスで、食物中の発がん物質や細菌、ウイルス、腸内の悪玉菌がつくる有害物質などが大腸の内壁を通過する。このような物質の濃度は肛門に近づくほど高くなるため、長時間に渡って便がとどまると病気の危険性が高くなる。

大腸の主な病気には、特に女性のがんによる死亡者数のトップを占めている**大腸がん**、下痢や便秘が慢性化する**過敏性腸症候群**、若い世代を中心に増えている**潰瘍性大腸炎**、**クローン病**といった難治性の病気も増えている。なお、脳と腸は約２０００本の神経線維でつながっているため、脳が不安、緊張などの精神的なストレスを感じると、その刺激が大腸の神経に伝わって、下痢や便秘などを引き起こす。

図 大腸の構造

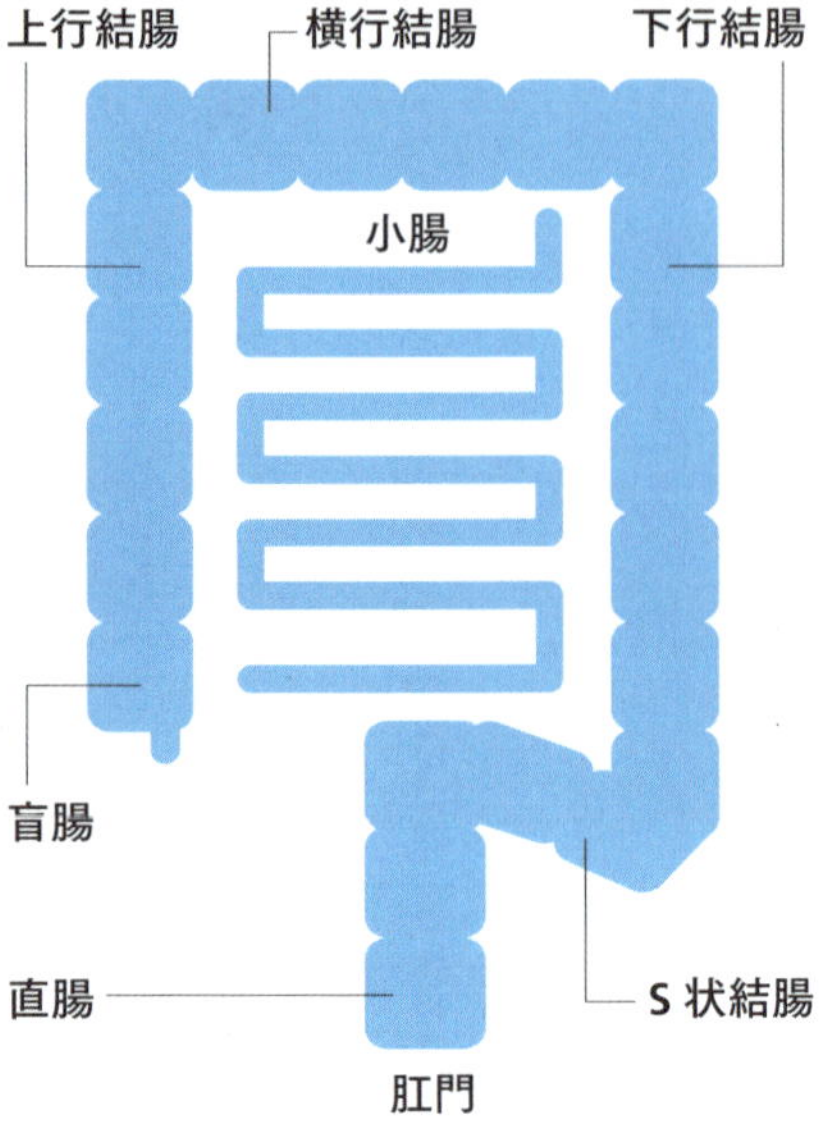

大腸がん

Colorectal cancer

がんによる死亡者数で２００３年から女性のトップ、男性でも4番目に多いが、死亡率は女性より高くなっている。大腸がんは、S状結腸と直腸に発生しやすく、この40～50年で死亡率は男性で7倍、女性で6倍に達し、今後も急増が予測されている。

大腸がんは、大きく分けて2つのタイプが知られている。一つは、**ポリープ**（粘膜の表面にできる〝いぼ〟のようなもの）が、発がん刺激を受けてがん化したものである。一般にポリープには、**腫瘍性ポリープ**と**非腫瘍性ポリープ**がある。大腸の「腫瘍性ポリープ」は、良性のいぼで、他の臓器に転移することはないが、5㎜を超えると5％、2㎝を超えると約80％でがんになる。内視鏡検査では、5㎜以上のポリープが見つかった場合には、切除が一般的である。

もう一つのタイプは、**デノボがん**（〝デノボ〟はラテン語で「はじめから」という意味）で、正常細胞が突然がん細胞に変化し、ポリープの痕跡がないものである。がん病巣が平たんで発見が難しく、また進行が速いのが特徴である。最近は、このタイプが増え、大腸がんの約30％を占めるといわれる。

大腸がんの検査は、便に血液が混じっていないか否かを調べる便潜血検査や内視鏡検査があり、特に早期のがんは内視鏡で切除すれば、ほぼ１００％治るといわれる。

大腸がんに対する抗がん剤は、手術後に再発防止で使う療法では、消化器がんの基本薬の５-ＦＵやＵＦＴを中心とした複数の抗がん剤を組み合わせて用いられる。切除できない場合の抗がん剤治療では、抗がん剤の選択肢が最近増え、顕著な延命効果が認められつつある。

肝臓 Liver

肝臓は、上腹部の右側からみぞおちのあたりに位置し、内臓の中では最も大きく、重い臓器である。

重さは約1.2～1.5kgもあり、右葉と左葉に分かれている。肝臓には、心臓から送り出される血液の約25％（1分間に約１０００～１８００ml）が流れ込む。その結果、臓器自体に大量の血液が含まれているため、外観が赤褐色に見えるが、肝細胞とそれを取りまく小さな血管から成る。

肝臓は「生体内の化学工場」とたとえられ、摂取した栄養分を体内で使いやすいように変えたり、有害物質を分解するなどの生命維持に欠かせない重要な役割を担っている。その主な働きをまとめると次のようになる。

①栄養分の貯蔵・物質代謝　血液中の脂肪は肝細胞でコレステロールや中性脂肪などに変わる。血液によって運ばれ、全身の細胞膜などの材料になる。また、各種のアミノ酸を組み合わせ、タンパク質がつくられ、血液によって全身に運ばれ、筋肉や臓器の材料になる。

肝臓には通常の動脈と静脈以外に、門脈とよばれる血管がある。門脈は胃や小腸などの消化管、脾臓などとつながっていて、多量の栄養素を運ぶ。

②胆汁の分泌　不要になった赤血球やコレステロールなどから胆汁をつくり、胆管を通じて胆のうに届ける。胆汁は、脂肪を分解する酵素の働きを助ける物質を含み、脂肪の消化・吸収を促進する。

③有害物質の解毒　体内で発生したアンモニアなどの有害物質やアルコール、薬などを酵素などの力で分解し、水と二酸化炭素などの無害な物質に変える。量的に最も多いのはアンモニアで、肝臓で消費されるエネルギーの10～20％がその解毒に使われ、無害な尿素につくり変えられる。

④血糖量の調節　小腸で吸収されたグルコースは門脈を経て、肝臓に入り、一部はグリコーゲンとして貯蔵される。グリコーゲンは必要に応じてグルコースに分解され、血糖量が調節される。

⑤血液の循環量調節・体温維持　心臓からの血液の約20％

が肝臓に流入するが、その量を調整することで血液循環量を調整し、また活発な物質の分解によって生じた熱で体温を維持する。

脳や心臓などの細胞はダメージを受けると、ふたたび修復することはない。しかし、肝細胞は再生能力が高く、手術などで全体の半分以上を切除しても数ヶ月で元の大きさに戻り、機能面でも問題なく働く。

肝臓は自覚症状のないまま、症状が悪化して**肝機能障害**などに至るケースが少なくないため、定期的に検査を受ける必要がある。血液検査、尿検査を受け、異常が発見された場合に画像検査などを受けるのが一般的である。

代表的な肝機能検査にはＧＯＴ、ＧＰＴ、γ-ＧＴＰなどがあり、これらは肝細胞などの中に存在するタンパクの一種で、肝細胞の中では酵素という働きを担っている。正常では血液中にはわずかに存在しているが、肝細胞がいろいろな原因で壊されると、これらのタンパク質が流出し、数値が上昇する。

肝機能を調べる血液検査

項目	基準値	内容
GOT（AST） GPT（ALT）	5 ～ 40IU/L 0～35IU/L	2 つともアミノ酸の合成を促す酵素であり、肝細胞の中に含まれている。肝細胞が破壊されると血液中に流れ出すため、肝細胞のダメージがわかる
γ-GTP	50IU/L 以下	肝臓の解毒作用に関係する酵素で、肝細胞が壊れたり胆のう、胆管に異常が発生した場合、血液中に増加。
総ビリルビン	0.4～1.1mg/dL	ビリルビンは、赤血球が古くなり破壊されるとき生成される黄色の色素。通常、血液中にごくわずかしかないが、肝機能が低下すると増加する。

肝機能障害

Impaired liver function

肝機能障害とは、肝臓の機能が何らかの障害を受けて正常に働かなくなった状態であり、大きく分けると**肝炎**、脂肪肝、肝硬変、肝臓がんなどがある。軽度の肝機能障害には目立った症状が見られないが、ある程度進行してくると、食欲不振や吐き気、全身倦怠感、肝腫大（肝臓の腫れ）、黄疸、腹水などの症状が現れるようになる。

肝機能障害の原因は、**ウイルス**によるものが最も多く、約8割を占める。このウイルスによって肝細胞が破壊されて炎症が起きるウイルス性感染には5種類あるが、日本ではA型、

B型、C型の3種類で9割以上を占める。その他には、自己免疫によるもの、先天的なもの、アルコールの飲みすぎ、栄養過多などがある。

この中でA型肝炎ウイルスは急性肝炎になるが、慢性肝炎は起こさない。B型肝炎ウイルスでは、乳幼児期に感染するとキャリアーとなることがあり、成人になって慢性肝炎が判明することがある。C型肝炎に感染すると急性肝炎を起こすこともあるが、偶然に肝機能障害を指摘されてから分かることが多いといわれる。C型肝炎に**インターフェロン**の使用が認められたのは、1992年であったが、その後、新型のインターフェロン「ペグインターフェロン」と抗ウイルス薬「リバビリン」を併用する治療が登場し、完治するケースが多くなった。

食べ過ぎやアルコールの過剰摂取で起こりやすい肝機能障害は**脂肪肝**である。さらに酒を多量に摂取すると、脂肪肝以外の肝障害も起きやすくなり、放置しておくと**肝炎**や**肝硬変**に進行することがある。「肝硬変」は、肝臓が硬くなってしまった状態のことで、肝炎などが原因で長期的に細胞の破壊と再生を繰り返した結果、引き起こされる病気である。いったん肝硬変になると完治することはなく、そのまま進行すると、高い確率で**肝臓がん**を発症するといわれる。

肝臓の位置と横隔膜

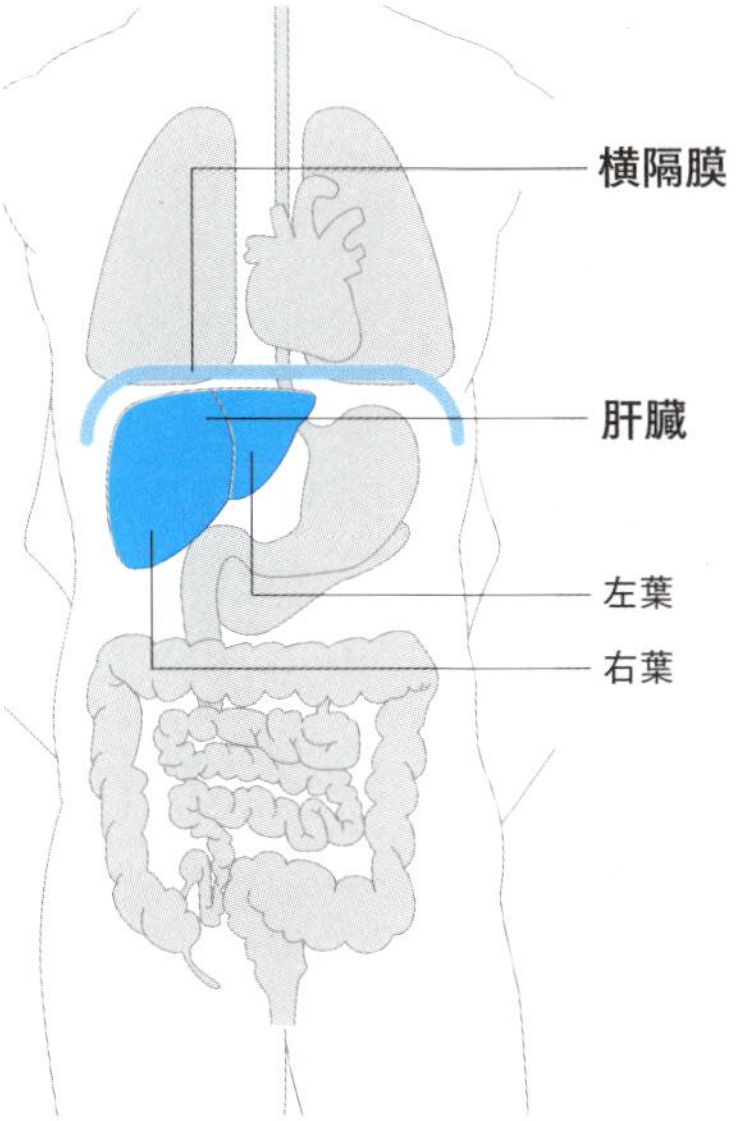

腎臓 Kidney

腎臓の働きは、血液中の老廃物を排泄し、体内の水分とその内容（ナトリウム、カリウム、リンなど）のバランスをとったり、血液の酸とアルカリの調節、造血ホルモンの分泌、血圧の調整、カルシウム代謝に関わるビタミンDの活性化などで、体を常によい状態に保持している。

腎臓は、背中側の背骨の両側の腰の辺りに左右、1個ずつあり、ソラマメのような形をしている。腎臓は、おもに「ネフロン」という小さな機能上の単位の集合体である。ネフロンは、「糸球体」とよばれる毛細血管の球体とそれを包む薄い膜「ボーマン嚢《のう》」、そこから出ている「尿細管」から成り立っている。

腎臓病にはさまざまな種類がある。慢性糸球体腎炎、腎不全、ネフローゼ症候群、糖尿病性腎症などが主な疾患である。腎臓病は進行が遅く自覚症状が出にくいため、尿や血液検査で異常が見つかるケースがほとんどである。

腎臓病の治療方法は、急性の腎疾患の場合、原因を取り除き安静にし、食事療法、薬物療法などを行う。食事療法は、腎機能に合わせてタンパク質の摂取制限をしたり、高血圧やむくみ対策として塩分をコントロールしたり、カリウムやリン、水分の摂取制限が必要なこともある。

一方、慢性の腎疾患では、腎機能を少しでも長く正常に保つことが目的とされる。腎機能の低下が進行し、回復が望めない場合、人工的に血液を浄化する**透析療法**や**腎臓移植**が行われる。

図 腎臓の構造

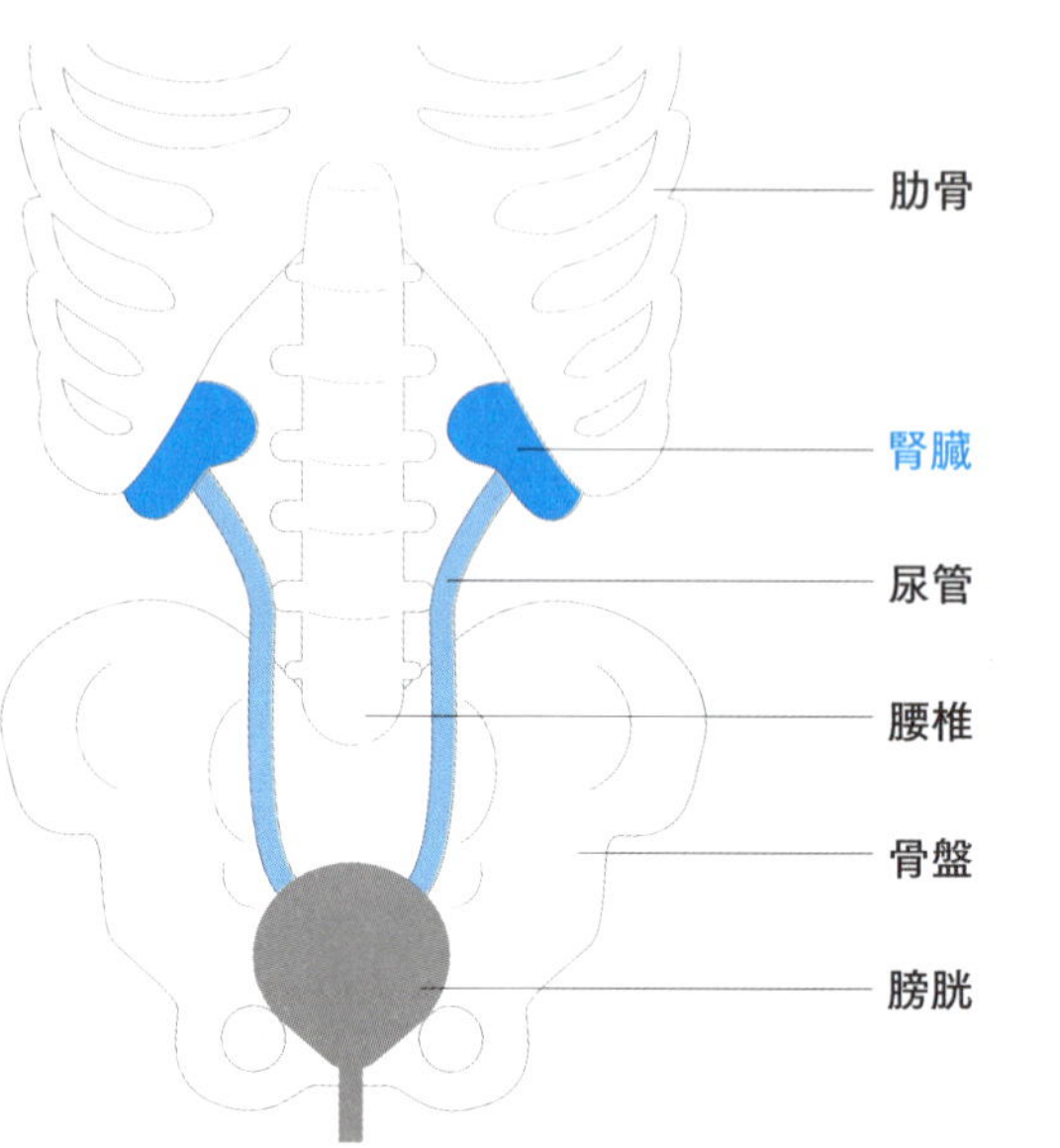

前立腺がん
Prostate cancer

前立腺は、男性の膀胱の出口に尿道を取り巻くように存在している栗の実に大きさや形が似ている臓器である。そこに発生するがんのことであり、高齢男性を中心に年々、患者が増加している。一般的に前立腺の病気では、**前立腺肥大症**の方が知られているが、肥大症は良性腫瘍で、前立腺がんとは関わりが全く無い別の病気である。

他のがんと異なる点は、前立腺がんは40歳代以前に発症することは稀であり、50歳ごろから増え始める。現在、日本の罹患率は、50歳を過ぎると約2万人に1人、60歳を超えると約2000人に1人と、年齢上昇とともに急速に増える。一方、他の臓器のがんと比べて、前立腺がんは進行が遅いケースが多いといわれる。

1990年代に早期発見に有効な検査法**PSA検査**が導入された。PSAとは、前立腺でつくられる物質(前立腺特異抗原)のことで、一部が血液中に流れ出るためそれを検出する。

前立腺の働きや成長には**男性ホルモン**(テストステロン)が密接にかかわっており、がん細胞は、正常な細胞と同様に男性ホルモンの分泌が盛んなほど増殖する。そのため、前立腺がんの治療にはテストステロンの分泌と関係する黄体化ホルモン(LH)の分泌を抑える薬を用いる。

がんが前立腺内部にとどまっている場合、手術と放射線治療が考えられる。体力が低下している高齢者に対しては、男性ホルモンの生成を抑える内分泌療法も選択可能である。一方、前立腺の外の膀胱やリンパ節や骨まで転移しているケースでは、がんの進行を抑える長期の内分泌療法(注射、飲み薬)が行われる。

乳がん
Brest cancer

乳汁を分泌する乳腺組織に発生するがんであり、日本では食生活の欧米化などによって年々、患者が増え、現在では年間におもに30〜40歳代を中心に約4万人が新規に発症している。日本人は欧米人に比べ、30歳代など若い年齢層に患者が増えているのが特徴であり、早期発見が重要になっている。

がんが発生する部位は、乳首より外側上の腋《わき》のあたりが最も多く、全体のほぼ半分を占めている。腋の下のリンパ節に転移しやすく、さらに脊髄や骨盤などの骨や肺、脳などに転移することもある。

乳がんの症状は、一般的には痛みがほとんど無いが、〝しこり〟ができることで発見されることが多い。進行してがんが広がると、乳房の表面が赤く腫れるようになり、さらにリンパ節に転移すると、リンパ節が腫れる。

現在の乳がん検査は、エックス線を使ってがん細胞の有無を調べる**マンモグラフィー**という装置を使う方法が主流である。最近、**センチネルリンパ節生検**という、手術の際にリンパ節への転移の有無を調べる手法が普及し始めている。この検査では、腋の下を大きく切除するのではなく、1〜2個のリンパ節だけを取って転移があるか否か調べる。しかし、日本での乳がん検査の受診率は10%台と、欧米の70%以上と比べきわめて低いのが現状である。

乳がん治療は、がん病巣を摘出する外科手術が基本であるが、ごく早期の場合、乳房を温存して腫瘍だけを切除する縮小手術が行われる。また、化学療法、放射線療法、免疫療法なども併用されることが多い。

子宮頸がん

Cervical cancer

子宮の入り口、頸部にできるがんで、婦人科がんの中で3番目に多い。**ヒトパピローマウイルス（HPV）**の感染が原因であり、主に35～55歳の女性に多いが、近年、結婚、出産、子育て期の20～30代の女性の感染・発症が急増している。日本では、年間約1万5000人が発症し、毎年およそ3500人が死亡している。

HPV感染しても、ほとんどは免疫で自然に排除されるが、残りが持続感染し、ごく一部ががんになる。がんになる前、異形成の細胞ができ、検診で発見・予防が可能である。「上皮内がん」とよばれる初期であれば、発症してもほぼ100%完治できるといわれる。

対策として、早期発見と予防が大事である。しかし、わが国の検診率は欧米の70%以上に比べ、約23%とひじょうに低い状況にある。

10代前半にワクチン摂取することで70%以上が予防可能とされている。世界では100カ国以上が予防ワクチンを承認、約30カ国で接種費用を公的助成している。2009年秋から、日本でもHPV感染を防ぐ予防ワクチン接種が開始され、一部の自治体で公的助成が始まっている。約100種類あるHPVのうち、子宮頸がんの原因の6～7割を占める16型と18型の感染を防ぐのが目的である。

リンパ系

Lymphatic system

人体には血管のほかに、**リンパ管**とよばれる細くて透明な管が全身に広がっており、やや黄色みを帯びた**リンパ液**が流れている。このリンパ管のネットワークを「リンパ系」という。全身の組織中の細胞と細胞との間の組織液は、毛細血管を経て血液中に戻るが、一部（約10%）は毛細リンパ管に入り、静脈に送られる。

毛細リンパ管が合流し太くなったものがリンパ管で、多くの弁を持ち、とくに太いものでは弁のところがふくらみ、数珠状につながっている。リンパ管は合流しながら太くなっていくが、その合流点を**リンパ節**（リンパ腺）という。

リンパ節は新しいリンパ球や免疫抗体を産生し、細菌や異物を処理している。全身には約800個のリンパ節があり、おもに首やあごの下、耳の周辺、鎖骨の上、腋の下、足の付け根などに多数存在しており、腫れると病気が疑われる部位である。

顕微鏡でリンパ液を観察すると、血球成分として**顆粒球**

（多形核白血球）、**単球**、**リンパ球**などの白血球が含まれている。リンパ球には、免疫システムで重要な役割を果たす**B細胞**（B cell）と**T細胞**（T cell）がある。単球が変化すると、白血球の中で最も大きく、貪食《どんしょく》細胞あるいは大食細胞ともよばれる**マクロファージ**になる。

リンパ系の最も重要な働きは、外から体内に侵入してくる病原体（細菌、ウィルス、寄生虫など）から人体を守る**免疫機能**である。リンパ液や血液中の白血球の一種、リンパ球は病原体を白血球とともに処理する。しかし、HIV感染、白血病、ある種の薬剤を使う場合、生まれつきの免疫異常など、何らかの原因でリンパ球が正常に機能しなくなると、免疫が低下し、感染症にかかりやすくなる。

もう一つの役割は、古い細胞や血球のかけらなどの老廃物や小腸などで吸収した脂肪分や栄養分を運び、それらに含まれている毒素などをリンパ節で取り除くことである。

リンパ液の血球成分の働き

成分	働き
B 細胞	全身の血管とリンパ管の中で、抗原に応じて抗体を生成。
T 細胞	B 細胞とともにリンパ球として働く。免疫システムを活発にするヘルパー T 細胞、異物を攻撃するキラー T 細胞、免疫システムを一時的に抑制するサプレッサー T 細胞の 3 種類が存在。
顆粒球	異物や細菌が侵入すると認識し、貪食、殺菌、消化。
単球	運動が盛んで貪食能に優れた大型の単核細胞。

骨 Bone

私たちの体を支える骨は、主にカルシウムとリン酸、タンパク質の一種の**コラーゲン**でできている。

骨には、腕やももの中央部にある竹筒状で強度の高い**皮質骨**と、背骨やかかと、腕やももの端などの海綿状（スポンジ状）の**海綿骨**がある。

骨は、体の支柱になり体を保護するばかりでなく、カルシウムなどの無機物を貯蔵したり、血液中の様々な細胞を骨の中心部にある**骨髄**で作ったり、筋力を伝える働きがある。骨髄には、血液中の細胞の元となる**造血幹細胞**がある。

骨は、ほかの体の組織と同様に、絶えず新陳代謝が行われ、古くなった骨は常に新しい骨へと置き換わっている（骨代謝という）。新しい骨に置き換わる割合は、皮質骨で年に4％程度、海綿骨で年に20％程度で、5年ほどで全く新しい骨に代わる。

なお、骨は生命が地球上に広がり人類にまで進化を遂げた歴史を探る上での手がかりとしても重要である。

骨粗鬆症

Osteoporosis

骨の組成には変化が無いが、成分量全体が減少し、骨の構造が粗くなって鬆《す》が入ったように骨の中がスカスカの状態になり、骨がもろくなる病気である。おもな症状には、身長の短縮、円背《えんぱい》、腰背痛、腹部の突出、腕の付け根の骨折、手首の付け根の骨折、太ももの付け根の骨折などがある。

老化と共に現れる骨粗鬆症（老人性骨粗鬆症）は、誰でも起こり、急速に高齢者人口の増えている日本では潜在患者は年々増加し、現在では約１０００万人に上るといわれている。骨粗鬆症による骨折は、高齢者が寝たきりになる原因の約1割を占める。

おもにカルシウムとリン酸、タンパク質の一種のコラーゲンでできている骨は、古くなり劣化すると溶解し（骨吸収）、新しい骨へと生まれ変わる（骨形成）骨の新陳代謝（骨代謝）が、成熟した大人でも常に起こっている。骨吸収が数週間続いたあと、数カ月にわたって骨形成が行われ、溶けた部分に新しい骨が埋められていく。

骨を壊すのが**破骨細胞**、つくるのが**骨芽細胞**である。健康な成人では、代謝によって削り取られる骨の量と埋め合わされる骨の量は同じで、骨の中のカルシウム量は一定である。しかし、関連するホルモンの欠乏や必要な栄養素の摂取不足などで破骨細胞の働きが大きくなってしまうと、骨の中のカルシウム分は減少してしまう。

急速に高齢者人口の増えている日本では、骨の構造が粗くなり、鬆《す》が入ったようになったために腰に痛みが生じたり、骨折しやすくなる病気の**骨粗鬆症**の発症率が上昇している。

骨の化学組織

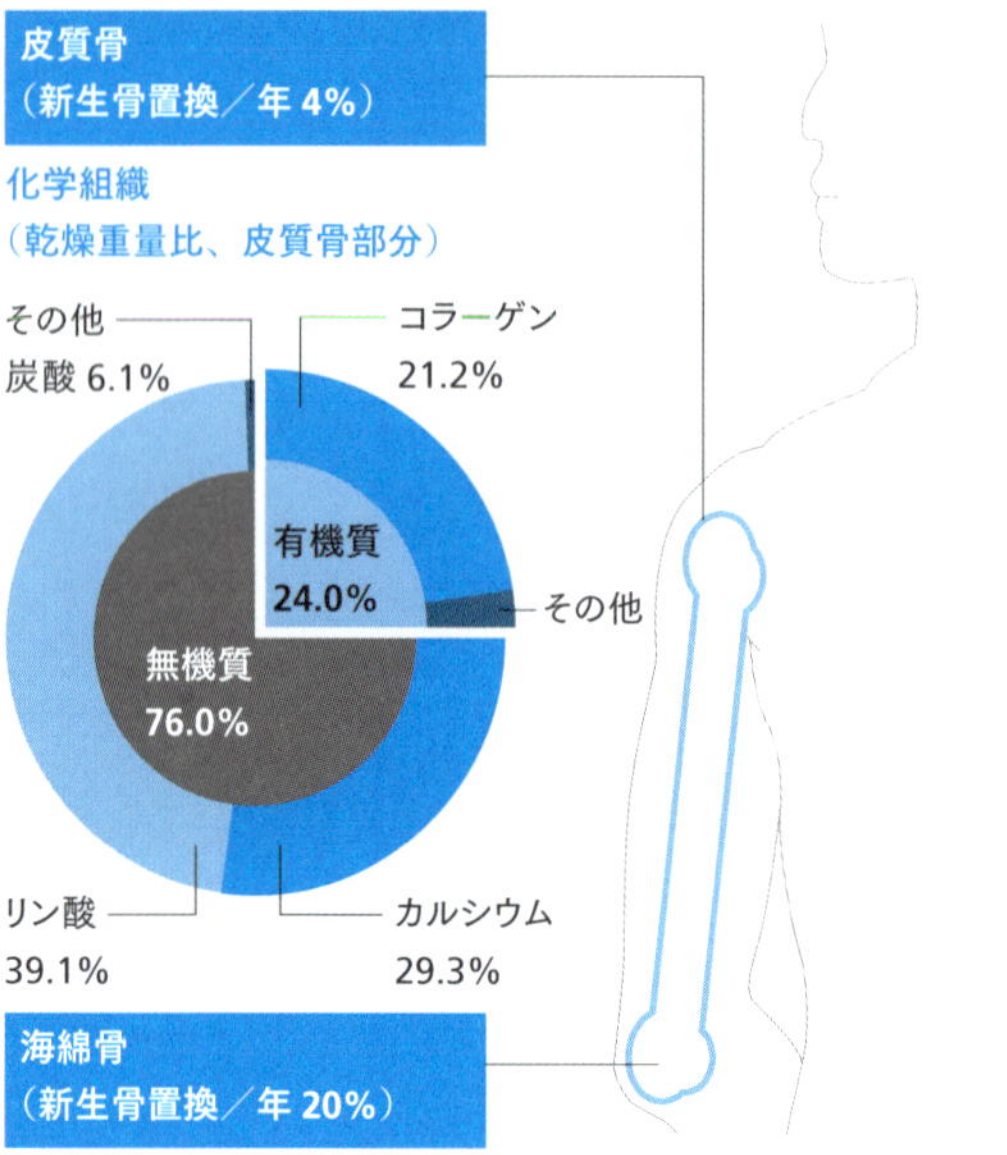

健康な成人の場合、代謝によって消失される骨の量と埋め合わされる骨の量はバランスが保たれている。しかし、骨粗鬆症は、この骨の新陳代謝のバランスが悪くなることで起こる。特に女性は閉経後、女性ホルモンのエストロゲンの分泌量が急速に減少し、そのため骨吸収が異常に高まり、骨形成が追いつかなくなる。すなわち、骨吸収によって溶けてしまった部分を新しい骨で埋めることが間に合わなくなり、スカスカの状態の骨になってしまう。骨粗鬆症の患者は、男性に比べて圧倒的に女性に多く、その数は3倍ともいわれている（図参照）。

図 骨粗鬆症有病率の性・年代別の分布

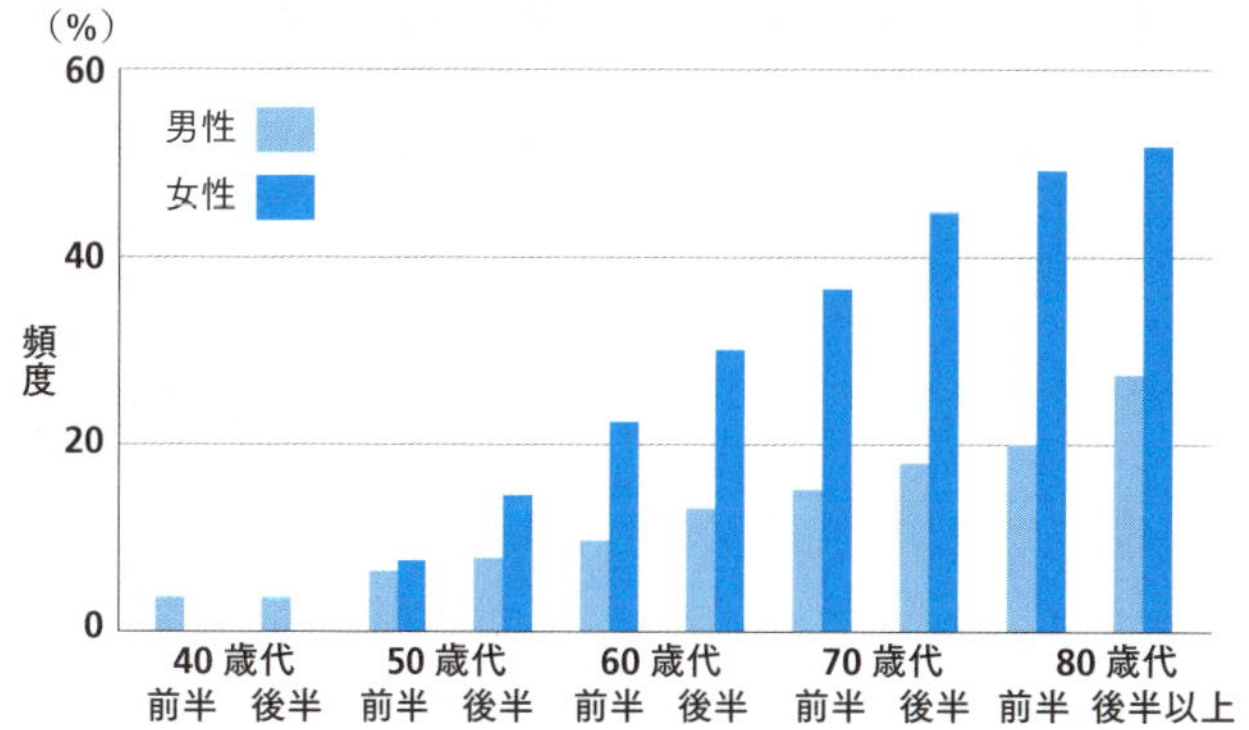

出典：骨粗鬆症の予防と治療ガイドライン　2006年版

　日常生活の中での対策としては、カルシウムと骨代謝を盛んにするビタミンD、骨の形成を促すビタミンKを十分に摂ることが重要である。また食事全体の栄養バランスやカロリー量にも配慮する必要がある。また、適度な運動（1日8000～1万歩の歩行に相当する運動）は、骨代謝を盛んにし、骨を強くするのに有効である。食物のカルシウム吸収率を向上させるビタミンDは、日光浴により皮下脂肪に生成するため、少なくとも1日30分程度の日光浴が必要といわれる。他に、骨を強化する薬の内服・注射、転ばないように、つえやヒッププロテクターの使用なども効果的である。

筋肉 Muscle

ヒトなどの脊椎動物の体を構成する組織の一つで、収縮することによって運動を行うためのものである。

筋肉は**筋繊維**と呼ばれる繊維状の細胞が集まってできている。ヒトの筋肉には、**骨格筋**、**心筋**、**平滑筋**の三種類がある。そのうち、「骨格筋」は骨に付着して手足などを動かす筋肉であり、細長い骨格筋細胞の集まりである。一つの骨格筋細胞は、長さ数mm～15cmであり、多数の核を持っている。骨格筋細胞の中には、タンパク質のアクチン線維とミオシン線維からなる筋原線維がつまっていて、二つの線維が互いに滑り込むことで、筋肉を収縮させる。

「心筋」は、分岐した心筋細胞の集まりであり、心筋どうしは網目状につながり、丸い袋状の心臓を形成している。「平滑筋」は、平滑筋細胞の集合で、自分の意思で動かしたり、止めたりはできない。

アスベスト
Asbestos

アスベスト（石綿＝いしわた、せきめん）は、岩石から取り出される天然の鉱物繊維である。この物質による環境汚染や健康被害の広がりが、アスベストを扱う工場従業員ばかりではなく、周辺住民にも広く及ぶことが、２００５年、兵庫県尼崎市のクボタ旧尼崎工場の周辺で発覚した。２００７年、総務省の中小の42民間施設に対するアスベストの使用実態調査によると、旅館など16％（7施設）の施設で吹き付けたアスベストが露出したまま放置されていることが明らかになった。

日本で使われた石綿のおもな種類には、**白石綿**（クリソタイル）、**茶石綿**（アモサイト）、**青石綿**（クロシドライト）などがあり、カナダ、ロシア、南アフリカ、ジンバブエ、中国などで産出される。この物質は、耐火性、断熱性、防音性、耐腐食性、紡績性などの特性にすぐれ、しかも安価で加工しやすく、「奇跡の鉱物」あるいは「夢の素材」と呼ばれ、欧米では19世紀に本格的に産業に利用され始めた。日本では特に第二次世界大戦後の高度成長期に建築物や駐車場の壁や天井に吹き付けられて使用されてきた。輸入・使用のピークは１９７０～80年代であったが、このころ既に欧州諸国ではアスベストの危険性が認識され、使用が禁止されたり、輸入量が激減していた（83年アイスランド、84年ノルウェー、90年オーストリア、91年オランダ、92年イタリア、93年ドイツ、97年フランス、98年ベルギー、99年英国でそれぞれ原則禁止）。欧米諸国から5～20年遅れ、２００４年に日本でアスベストが原則禁止された。

この物質は製品として安定的に使われている場合、健康被害の恐れはほとんどないが、解体などの際に、きわめて細かな繊維状の粉塵となり、空気中に漂う。そのアスベスト繊維は、毛髪の５０００分の1程度ときわめて細いため、人体に吸い込まれるとほとんど排出されずに蓄積されて種々の健康被害を引き起こす。おもな疾患には、**肺がん**、**中皮腫**、**アスベスト肺**（肺細胞が破壊されて呼吸困難になる）、**胸膜疾患**などがある。中皮腫は、胸膜や腹膜を覆う中皮にできるがんで、潜伏期間が30～50年、この悪性中皮腫の原因は、ほぼアスベストとされる。中皮腫による死亡者数は、統計が開始された１９９５年に５００人、２０００年に７１０人、２００６年に１０５０人（人口動態統計）と増加傾向にあり、男女別では男性が約70～80％を占めている。肺がんは、アスベスト肺の所見などから石綿関連肺がんと診断され、潜伏期間が20〜40年、喫煙でリスクがさらに高まり、患者数は中皮腫の2倍といわれる。アスベストによるこのような健康被害は、暴露（アスベストにさらされること）から発症するまでの潜伏期間が20年から50年と長く、このことが国や企業の対応の遅れを招いた大きな要因の一つである。使用のピークと潜伏期間から、アスベストに起因する健康被害は、今後、本格的に増えると懸念されている。

これまでの日本のアスベスト総輸入量は１９９０年代初めまで約１０００万ｔ、その多くが建材として使われた。高層ビルや公共施設、マンションなどの鉄骨・鉄筋造りの建物は、耐火や防音などのため、アスベストを含む吹き付け材が多用された。アスベストを混ぜた成形板（石綿スレートなど）などは、破壊しなければ、飛散の心配はないが、これから建物の改修や解体で排出量が増加すると予想されている。このため、国は２００５年、石綿障害予防規則を試行するなど、改修・解体時のアスベスト飛散防止を義務付けている。公共施設や大規模な民間施設では、アスベストの飛散防止や、２００６年3月に、「石綿による健康被害の救済に関する法律」が施行され、病気にかかった住民に医療費などを給付している。

中小の紡績工場が集中した大阪・泉南地域でアスベストを吸い、肺がんなどを発症した元労働者や周辺住民らが国に損害賠償を求めた集団訴訟で、大阪地裁が国の責任を認め賠償を命じる判決が２０１０年5月にあった。

石綿は水道管としても50年代後半から60年代にかけて使わ

アスベストが原因となる疾患

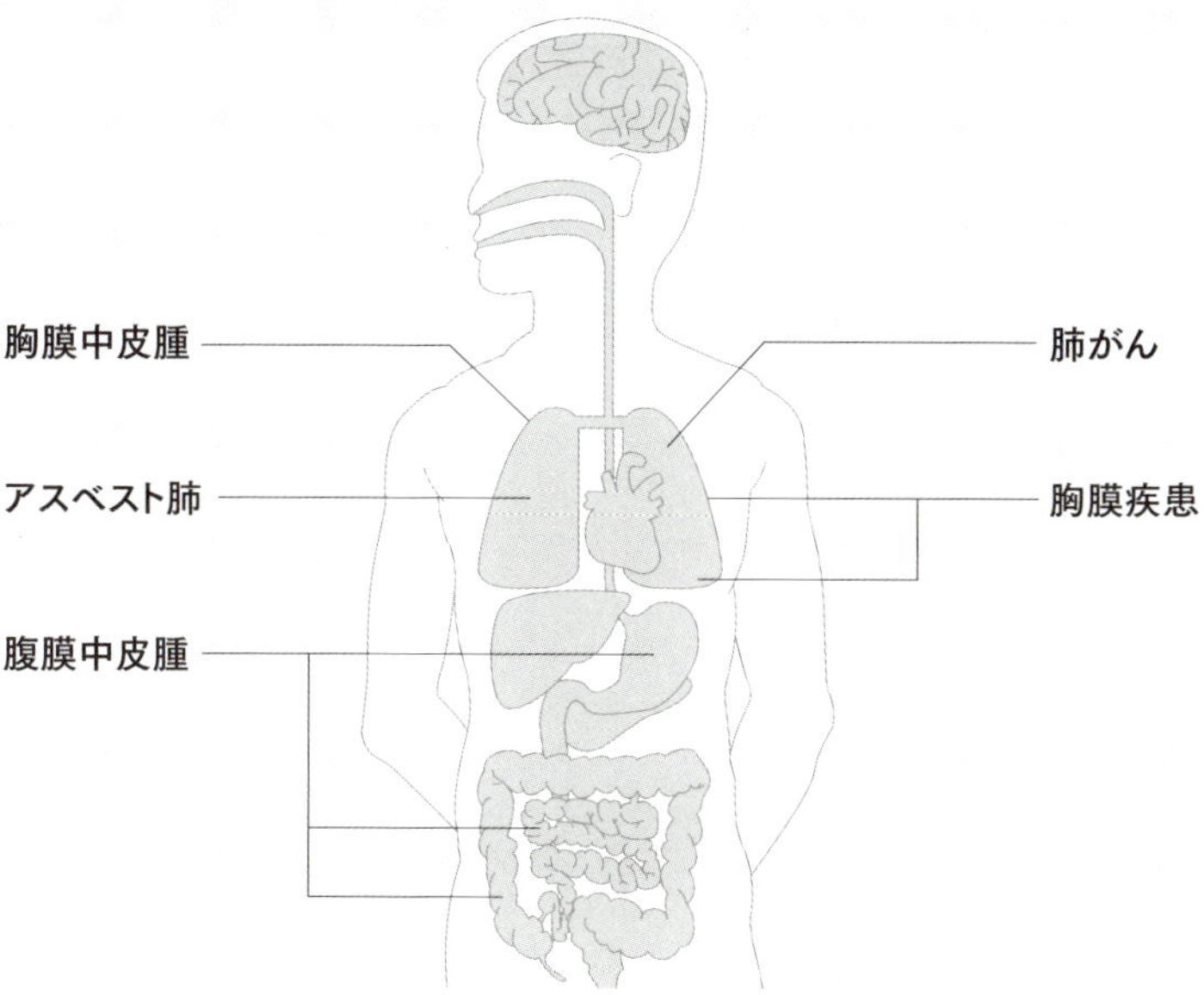

れていた時期があるが、石綿の健康被害が問題となり、85年に生産が中止された。87年当時、全国で石綿管は7万7千km（水道管総延長の約18・2％）だったが、その後、取替えが進み、03年には、約1万8千km（同3.2％）に減少している。石綿管の健康への影響について、水道水中の石綿の影響調査は88年の東京都の調査結果がある程度で未だ十分ではないが、国は92年の水道水基準の改正で「石綿は呼吸器からの吸入に比べ、経口摂取に伴う毒性はきわめて小さく、水道水中の石綿の残存量は問題となるレベルにない」として、石綿の環境基準は設けられなかった。なお、米国環境保護局（ＥＰＡ）の基準は、動物実験による毒性データに基づき、「繊維の長さ10μm以上で、1リットル中７１０万本以下」となっている。

現在、欧米や日本、韓国、台湾、中米などではアスベストが使用禁止になっているが、中国、インド、ベトナムなどでは使用量が増加しており、世界規模での使用禁止が課題となっている。

中皮腫 Mesothelioma

悪性胸膜中皮腫は、ほとんどの場合、**アスベスト**被曝が原因とされ、２００６年以降、年間１０００名以上が死亡している。被曝から発病までの期間は、一般的に30～50年くらいといわれ、石綿関連疾患のなかでも最も潜伏期間が長く、また他の疾患に比べてより少ない暴露量でも発症することが知られている。ただし、アスベスト被爆から中皮腫発症までの具体的なメカニズムは未だに不明な点が多い。

腫瘍として頻度が少ないため、外科手術、放射線治療、化学療法などが行われてきている。２００７年1月、新しい治療薬「アリムタ（一般名ペメトレキセド）」が使われるようになった。アリムタは、肺がんや中皮腫患者を対象に開発された抗がん剤であり、シスプラチンとの二剤併用療法が注目されている。欧米のデータによると、アリムタとシスプラチンの併用の場合、シスプラチン単独使用に比べて約3ヶ月生存期間が延びている。現在、国立がんセンターなどでは、抗がん剤と外科治療を組み合わせた治療法とさらに放射線治療を加えるケースなどについて、臨床試験が実施されている。

漢方 Kampo

6世紀に中国から伝来し、江戸時代に日本独自の医療体系として確立された。中国での伝統医学は「中医学」と呼ばれ、日本の漢方とは診断や生薬の配合方法が大きく異なる。

漢方では、問診や腹診、舌の状態などから患者の体の様子を見きわめて適応を判断し、**漢方薬**を処方する。病名が同じであっても体質などから使用する漢方薬は様々である。漢方薬用の生薬は、木の皮や根など植物由来の物が多く、200～300種類あるといわれる。天然物成分のため、一般には体に優しいと思われがちであるが、下痢や発疹などの副作用を伴うことがある。また、漢方には、漢方薬による治療のみでなく、鍼灸や按摩、食養生などが含まれる。

漢方では、従来、医師の経験や患者の主観に依存していた効果の有無を科学的に説明する試みが増え、現代医療に根付いてきている。2001年から医学部教育で漢方が必須になり、かつてのように西洋医学と対立する構図は薄れてきている。西洋医学では解決できない原因不明の体調不良や、外科やがん治療にも漢方が広がっている。がん治療では、抗がん剤と漢方薬を併用して副作用を軽減する試みが注目されている。

貧血 Anemia

血液中の赤血球の数や、赤血球に含まれ、肺から全身の組織に酸素を運ぶタンパク質である**ヘモグロビン**の濃度が低下した状態をいう。貧血になると、血液は酸素を十分に供給できなくなる。その結果、疲れやすくなり、動悸《どうき》・息切れ、めまい、頭痛などの症状が起こる。

貧血の原因の約80％は、**鉄欠乏性貧血**である。鉄分が無くなると、ヘモグロビンを作れなくなり、数も少なくなる。その結果、全身に酸素が行き渡りにくくなり、慢性的な酸素不足の状態になる。体内で鉄が不足する原因は、偏食やダイエットによる鉄の摂取不足、成長や妊娠・授乳などによる鉄の必要量の増加、胃切除や胃酸分泌低下などによる鉄の吸収低下、月経過多、潰瘍、痔など失血による鉄の排泄増加などがある。鉄欠乏性貧血が長く続くと、唇の端が切れやすくなったり、爪の変形など、皮膚や粘膜の症状が現れる。

体が十分な量の赤血球をつくれないことも、貧血の原因になる。赤血球の産生には多くの栄養素が必要になる。最も重要なものは鉄、ビタミンB_{12}、葉酸であるが、ごく微量のビタミンC、リボフラビン、銅も必要である。また、ホルモンの適切なバランスも必要で、特に赤血球の産生を促進するホルモンである**エリスロポエチン**が重要である。これらの栄養素やホルモンがないと、赤血球の産生速度や産生量が低下したり、赤血球が変形して酸素を十分に運べなくなったりする。

ヘモグロビンの基準値は、男性で14～18g／dl、女性で12～16g／dlであるが、貧血は赤血球数、ヘマトクリット値などと合わせて総合的に診断される。体内の鉄は、ヘモグロビン鉄と肝臓にある貯蔵鉄の2つのタイプがあり、血液中の鉄が減ってくると、貯蔵鉄を使ってヘモグロビンを作る。そのため、肝臓の中の鉄の貯蔵状態がわかる**フェリチン値**が重要であり、ヘモグロビン値が正常でもフェリチン値が低いと貧血に対する注意が必要となる。男性や閉経後の女性でヘモグロビン値が低い場合は、胃潰瘍、がん、痔、子宮筋腫など別の病気が疑われる。

貧血の治療として、最も多い鉄欠乏性貧血の場合、治療は鉄剤の服用と食事療法（鉄を確保できる肉や魚、野菜など）が中心である。

なお、じっと立っているときや、立ち上がったときなどにふらつく症状の多くは**脳貧血**である。脳貧血は、おもに自律神経の働きに問題があって脳への血流が低下することで起こる一過性の症状であり、血液に問題がある貧血とは別のものである。この症状は、睡眠不足、過労、ストレスや慢性的な肩や首のこりがあると起こりやすい。脳貧血は、多くの場合、安静にしていれば回復する場合がほとんどである。しかし、頻度が高かったり、耳鳴りや頭痛をともなう場合、他の病気が原因の可能性もある。

鉄分以外の栄養が足りない場合にも、貧血が起こり、最もよく知られているのがビタミンB_{12}欠乏による**悪性貧血**である。昔は原因がわからなかったが、現在はビタミンB_{12}不足を補うことで治療できる。

ドライマウス［口腔乾燥症］ Dry mouse

唾液が出なくなったり、分泌量が急に減り口の中や喉が渇く病気。男性よりも女性に多く現れやすい症状といわれ、推定800万人の患者がいるといわれる。

軽度な症状には、口の中のネバネバ感、虫歯、歯垢、舌帯の増加とそれに伴った口臭などがある。重度になると、唾液の分泌量が低下し口腔内の乾きが進行して、口臭が強くなり、舌表面がひび割れ、割れた舌の痛みいわゆる「舌痛症」で食

唾液の役割

消化作用
アミラーゼが、でんぷんを糖に変換

抗菌作用
リゾチーム、ラクトフェリンなどの物質が
細菌やウイルスを退治

粘膜保護作用
唾液中の粘性物質（ムチン）が、
食べ物をオブラートのように包み込み、
食道や胃を損傷から防御

成長因子の修復作用
上皮成長因子（EGF）が粘膜などを、
神経成長因子（NGF）が神経細胞を修復

歯の保護作用
虫歯や歯周病菌の繁殖を抑制、
歯のエナメル質を修復

事がとれない**摂食障害**、会話がしづらいなどの発音障害も現れたり、不眠の原因になったりする。

　原因には、糖尿病、腎不全、放射線障害、脳血管障害、口の筋力の低下、薬物の副作用、現代人に多いストレス、不規則な食生活、シェーグレン症候群（唾液や涙が出にくい自己免疫疾患）などがある。

　治療法は、生活指導や対症療法が中心になる。口の中の粘膜保護が必要なため、人工唾液、保湿ジェル、スプレーによる噴霧、夜間の乾燥を防ぐ保湿用マウスピース、夜間義歯などが症状に応じて処方・投与される。その他、原因によって、フェイスエクササイズや投薬療法がある。

アレルギー［過敏症］

Allergy

　生物の体には、病原体やウイルスなどの外部からの異物を排除しようとする働き（**免疫**）があるが、その機能が過剰に働いて引き起こる病気を「アレルギー」という。アレルギーは、ギリシャ語で〝変わった反応〟という意味がある。わが国では、生活環境の急激な変化にともない、現在では3人に1人がこの病気にかかっているといわれる。

　アレルギーはその反応メカニズムの違いから、ⅠからⅣ型の4つに分類することが広く用いられている（その後加えられたⅤ型を含めることもある）。アトピー性皮膚炎や花粉症など**ＩｇＥ抗体**に依存するタイプのⅠ型アレルギーと、ツベルクリンテストのときの赤いはれや接触性皮膚炎が起こるⅣ型の2つが一般的なアレルギーとよばれている。このほか、血液型の異なる血液の輸血時に起こる溶血反応が含まれるⅡ型、狂犬病や破傷風などの血清治療による副作用（血清病）のあるⅢ型がある。しかし、このような分類は、必ずしも明確に区別できるわけではなく、一つの疾患でも症状の強さや時間的経過により、複数のタイプのアレルギーが連続したり、重複して起こることがある。

　アレルギーを引き起こす原因物質を**アレルゲン**という。空中に浮遊するダニ、カビ、花粉など、食物性アレルゲン（卵、大豆、牛乳、そばなど）、肌に触れるものでウルシ、ギンナン、印刷インキなど、ハチや蚊などにかまれる刺咬性アレルゲンなど多様なものがある。また、アレルゲンには含まれないが、建材や防虫剤などに使われる化学物質がアレルギーを誘発・悪化させることがある（**化学物質過敏症**）。

　アレルギーの一般的な検査には、血液検査（ＩｇＥテスト検査など）と皮膚検査（皮膚に傷をつけ抗原をたらすスクラッチテスト、皮内テスト〔抗原を注射〕、抗原をしみこませた絆創膏を使うパッチテストなど）がある。アレルゲンを特定しにくい食物アレルギーの場合、食物除去試験と食物負荷試験がある。また、ぜん息の場合、エックス線検査、呼吸機能検査、吸入誘引テスト（カビ、ダニ、ほこりなどを吸わせる）がある。

アレルギーに対する治療法はまだ確立していないが、薬には3タイプある。肥満細胞の細胞膜を強くし、化学伝達物質の放出を防止する**抗アレルギー薬**、ヒスタミンより早くカギ穴をふさぐ**抗ヒスタミン薬**、抗体を作る働きを抑える**ステロイド剤**である。しかし、ステロイド剤は副じん皮質ホルモンと同じ構造であるため、長期間にわたって使用したり、突然やめたりすると、体内のホルモンバランスが崩れ、皮膚炎、消化性潰瘍、骨粗鬆症などの副作用が引き起こされることも多い。

東京都の「3歳児検診」を受けた乳幼児7247人に対するアレルギーの調査結果（2009年10月実施）によると、食物アレルギーが約2割と10年前の調査のほぼ2倍に増えている。さらに食べ物以外の花粉症などのアレルギー性鼻炎などもこの10年で増加傾向にあることが明らかになっている。

主なアレルギー性疾患の種類

疾患	アレルゲン	症状
アレルギー性鼻炎 結膜炎（花粉症）	花粉、ダニ、ハウスダスト等	涙目、くしゃみ鼻水、鼻づまり
気管支ぜんそく	ハウスダスト、ダニ等	呼吸困難、せき、ぜん鳴等
薬剤アレルギー	薬剤（ペニシリン等）	アナフィラキシーショック
アトピー性皮膚炎	ダニ等	湿疹、乾燥肌、白内障、脱毛等
食物アレルギー	主に食物のタンパク質	全身に症状、アナフィラキシーショック
化学物質過敏症	化学物質	自律神経・感覚異常等

花粉症 Pollinosis

植物の花粉が風によって飛ばされ、それが原因となって起こるアレルギー性の症状が「花粉症」である。花粉に対して体の免疫反応が過剰に反応し、鼻炎や結膜炎、ぜん息、咽頭炎などの症状が引き起こされる。

花粉症のメカニズムは、まず花粉（アレルゲン）が結膜につくと、**IgE抗体**が作り出される。侵入したアレルゲンとそのIgE抗体とが反応して**ヒスタミン**などの化学伝達物質を吐き出し、アレルギー症状を引き起こす。その結果、まず目のまわりがかゆくなり、まぶたがはれぼったくなり、結膜がはれる。重症になると結膜に浮腫が生じる。このほか鼻、のど、気管支、胃腸にも様々な症状が現われ、全身の倦怠感や発熱が生じる場合もある。近年、花粉症の患者数は年々増加し、全国で２０００万人と推定されている。

原因となる植物は、大きく樹木と草木に分けられ約60種あり、そのうち春先のスギ花粉が最も多く、全体の約80％を占めているといわれる。日本は南北に長く、土地によって花粉症の原因物質は異なり、花粉の飛散時期が異なる。また、同じ植物でも北と南の地方では飛散時期が違う。

代表的な原因植物の花粉の飛散時期

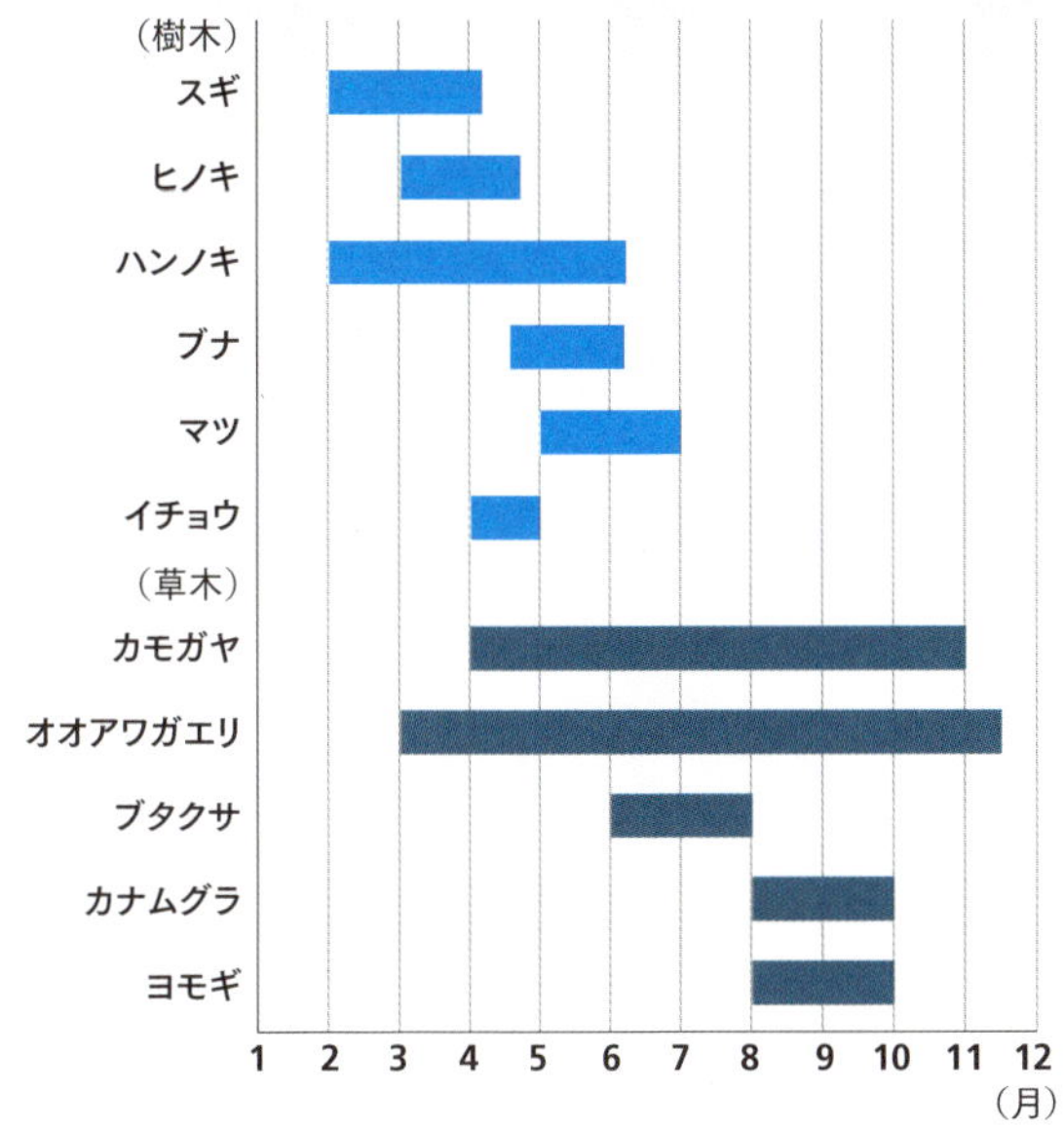

最近、花粉症の人が増えた要因として、花粉だけではなく、ストレスの増加や、ディーゼル排ガスなど大気汚染との関係も指摘されている。また、温暖化の影響で花粉の飛散量が大幅に増加しているという説もある。

花粉症の症状改善のため、ヒスタミンの働きを抑える「抗ヒスタミン薬」が広く処方されている。この薬剤は効果が高いが、一方で副作用として、眠気や気づかないうちに集中力や判断力の低下をまねき、仕事や勉学に影響することがあるため注意が必要である。

食物アレルギー
Food allergy

特定の食品を食べた後、免疫システムによってアレルギー反応が生じ、体にさまざまな悪影響が現れることである。かゆみ、発疹、涙目、目の充血といった皮膚粘膜症状が最も多いが、他に腹痛、嘔吐、下痢などの消化器症状、くしゃみ、鼻水、呼吸困難など呼吸器症状、ときには**アナフィラキシーショック**などの全身症状として現れることもある。場合によっては、命を落とすこともあり、重傷者は外食も難しい。

食物アレルギーの原因となる成分は、食品中のある特定のタンパク質である。そのため、タンパク質を多く含んだり、大量に摂取する機会の多い食品ほどアレルギー反応を引き起こしやすくなる。日本では**食品衛生法**施行規則などにより特定原材料等として、表示の義務付けや推奨が規定されている（表参照）。

治療は、原因食品を避け、アレルギー反応を引き起こさないようにすることが原則であるが、発症時は、早めの適切な処置が重要となり、抗ヒスタミン薬などの処方を受ける必要がある。

表 特定原材料

食品衛生法施行規則で表示が義務、あるいは推奨されている原材料のことで、一般的には次の25品目が該当する。

えび、かに、卵、小麦、そば、落花生、乳、あわび、いか、いくら、オレンジ、キウイ、牛肉、くるみ、さけ、さば、大豆、鶏肉、豚肉、まつたけ、もも、やまいも、りんご、バナナ、ゼラチン

アナフィラキシーショック

Anaphylaxis shock

日本では、ハチ毒による死者は、多かった１９８９年が70人、毎年、40人前後に達するといわれている。原因は主としてキイロスズメバチとオオスズメバチによるハチの毒成分の直接作用ではなく、アレルギー反応による。

このような人体の免疫機構に備わった**抗原抗体反応**により引き起こされるアレルギー反応の一つを「アナフィラキシーショック」という。

ハチに刺されたり、毒蛇に噛まれた場合、人体の免疫反応はハチ毒や蛇毒に対しての**抗体**をつくる。この抗体をもった人が、再度、ハチに刺されたり、毒蛇に噛まれると、既に存在する体内の抗体がハチ毒や蛇毒に対して過剰免疫反応を起こす。その結果、大量のヒスタミンが体内に放出され、毛細血管拡張を引き起こすことで、ショック症状に陥る。これによって、数分～数十分で呼吸困難、めまい、意識障害といった症状を伴うことがある。また、血圧低下等の異常が急激にあらわれるとショック症状を引き起こし、最悪の場合には命の危険を伴うことがある。

熱中症

Hyperthermia

真夏の炎天下などで高温や高熱に長時間さらされたことによって、体温調整がうまくいかなくなり、急に高熱が出たり、意識不明に陥ったりする病気である。最近、都市部でのヒートアイランド現象や気温30℃以上の真夏日の増加など、**熱中症のリスク**は高まっている。

厚生労働省の人口動態統計によると、２００８年に熱中症で死亡した人は５９１人、猛暑だった２００７年は９２３人で、いずれの年も65歳以上の高齢者が約7割を占めた。夏に多いが、他の季節でも起きることがあり、また屋外だけではなく、屋内でも、温度、湿度が高く、風が無い場所では熱中症の危険がある。窓を閉め切った室内の就寝、入浴時に発症するケースもある。さらに、体力がある人や若い人はかかりにくいと思われがちであるが、体力や年齢にはかかわりなく起きる危険性がある。

熱中症の症状の分類と対策

重傷度	症状	対策
I度	▪めまい、立ちくらみ ▪汗をふいても発汗 ▪筋肉のこむら返り	▪水分と塩分を補給 ▪涼しい場所で休息
II度	▪頭痛、吐き気(嘔吐) ▪体のだるさ ▪判断力・集中力の低下	▪水分と塩分を補給 ▪足を高くして休む ▪水分を取れない場合病院で治療
III度	▪意識障害 ▪体のひきつけ ▪体温上昇 ▪まっすぐ歩行不能 ▪おかしな言動・行動	▪首、わきの下、足の付け根などを冷却 ▪すぐに救急隊を要請

暑いときや運動時は、通常、発汗による汗の蒸発と皮膚から空気中へ熱を放出することで体温調整が行われる。しかし、高温や多湿、風が弱い、日差しが強い、といった環境になると、体温調整機能が崩れて体に熱がたまり、熱中症になりやすくなる。

熱中症対策として脱水症状を迅速に回復させるためには、0.1～0.2％の食塩水や、ナトリウム濃度が１００mlあたり40～80㎎のスポーツ飲料を飲むことが有効であるといわれる。

なお、この病気のうち、特に程度の厳しいものを熱射病という。また、日射病は、熱中症のうち、原因が直射日光に当たって起きるものである。

水中毒 Water intoxication

私たちは、1日に約2.5リットルの水分を摂取・排出している。普通に生活していれば、食事によって1リットル程度の水分を摂取でき、さらに、たんぱく質や炭水化物、脂肪などが体内で燃焼して約0.5リットルの水分ができる。したがって、残りの約1リットル以上の水を補給すれば、生命を維持できることになる。

しかし、水を短時間に過剰に摂取すると、細胞内に水が飽和状態に貯留し、血液中の**ナトリウムイオン濃度**が低下しすぎて中毒症状を起こす。血液中のナトリウムイオン濃度の低下に伴って、嘔吐やけいれんといった症状が現れ、さらに意識不明となり、死に至ることもある。これを「水中毒」という。人間の腎臓が持つ最大の利尿速度が16ml／分であるために起こる。

水中毒の例として、2007年1月、米国で水の飲みすぎによる死亡事故があった。カリフォルニア州サクラメントのラジオ局のトーク番組が「トイレに行かずにどれだけ水を飲めるか」というコンテストを主催し、7.6リットルの水を飲んだ28歳の女性が優勝したが、帰宅後、死亡した。死因は水中毒であった。また、2002年の米国でのマラソン大会でも、完走後に水を大量に摂取し2人が死亡した事例がある。

依存症 Behavioral addiction

依存とは人間が生まれつき持っている、心の安心や肉体の満足を求め、自分の持ち味や能力を発揮するために、相手と支え合う行為である。しかし、その程度がエスカレートすると、依存にしがみつき〝生き方の病〟ともいわれる「依存症」という病気に陥る。

WHOの概念では、〝依存症〟とは、「精神に作用する化学物質の摂取、ある種の快感や高揚感を伴う特定の行為を繰り返し行った結果、それらの刺激に対して抑制しにくい欲求が生じて、その刺激を追及する行動が優位となり、その結果、刺激がないと不快な精神的・身体的症状を生じる状態」とされている。

依存症は、以前はアルコール依存症などに限られ、男性の病気のイメージが強かったが、現在では多様化し、女性の間にも広がっている。依存症増加の背景には、他人とのつきあいがストレスになり、人間関係が楽しくなくなるケースや、家族や社会との関係の崩壊で孤独な人が増えていることがあげられている。

〝依存〟は、自分自身の成長や自立につながる満足感や達成感を得る「よい依存」もあるが、依存の対象から満足感や心の安心を得るために意思がコントロールできなくなり、人間

依存症の種類

依存症	例
物質依存	アルコール、タバコ、食べ物、薬物
行為依存	買い物、収集、仕事、携帯電話、インターネット、ギャンブル
対人依存	家族（ひきこもり）、恋愛、職場、DV（ドメスティックバイオレンス）

関係や金銭面で支障をきたす「悪い依存」が問題となる。このような依存には、物質への依存（アルコール、タバコ、薬物など）、行為への依存（買い物、収集、ギャンブルなど）、人間関係への依存（家族、恋愛など）がある。

アルコールに対する依存は、**アルコール依存症**とよばれ、アルコールが脳を刺激し、**ドーパミン**などの神経伝達物質によって心地よくなることが原因である。日本には、約80万人のアルコール依存症患者がいるといわれるが、そのうち約5万人程度しか治療を受けておらず、病気であるという意識の低さがある。また、アルコールや薬物以外の依存症の場合、日本では病気とみなさない医師が少なくない。しかし、米国などは、ギャンブル依存症などは病気と認めている。

依存症は、自分の意思ではコントロールできない「コントロール障害」ともいえ、回復させるには家族や仲間の協力が不可欠であり、またストレスの解消法など、生活習慣の見直しも必要である。

認知症 Dementia

脳の後天的な障害が原因で記憶、思考、理解、計算、判断、言語などの**認知機能**に障害がある状態になったことをいう。

日本では、以前は「痴呆症」といわれていたが、２００４年に呼称変更がなされた。

65歳以上の高齢者人口が22・7％（２００９年、総務省調べ）と増加している日本において、認知症ケアはひじょうに重要な問題になっている。認知症高齢者は２００５年で１６９万人、２０１５年に２５０万人に上ると推定され（厚生労働省の推計による）、さらに**介護保険**の要介護認定者の約50％に認知症があるといわれる。運転免許を更新する75歳以上の高齢ドライバーに、２００９年6月から認知症検査が義務付けられた。２００９年6月から２０１０年5月までの1年間に認知症と診断され、免許を取り消された高齢者が全国で39人に上った（警察庁のまとめ）。

認知症の代表的原因は、約50％を占めるといわれる**アルツハイマー病**（脳の2種のタンパク質（βアミ

認知症の治療

非薬物療法	
回想法	昔使っていた道具や写真などに触れて過去を振り返る回想法
作業療法	脳の活性化や情緒の安定を図るため、絵を描いたり陶芸などで指や手を動かす。
薬物療法	
ドネペジル	認可されている唯一のアルツハイマー病治療薬であり、症状の進行を抑える効果がある。
その他	非定型抗精神病薬、抗うつ薬などで興奮や抑うつ症状を抑える。

ロイド、タウ」の蓄積によって神経細胞が死滅）、脳の血管が少しずつ詰まって起こる脳血管性認知症（約40％）である。その他、**甲状腺機能低下症**、**正常圧水頭症**、**慢性硬膜下血腫**、**脳腫瘍**、**うつ病**なども認知症とよく似た症状を示す。18〜64歳で発症した認知症を**若年性認知症**といい、全国で2万7千〜3万5千人（1996年度の厚生省調査）と推計されている。

認知症の診断は、問診や各種検査（血液、尿、肝機能、脳波など）、神経心理検査、画像検査（CT、MRI、SPECT、PET）などが行われている。また、簡便な識別法として、改訂長谷川式簡易知能評価スケール（HDS-R）がある。

認知症の治療は症状の進行を抑えることが中心となるため、早期に発見して治療を行うことが重要である。現時点では対症療法しかないが、症状の緩和、記憶・認知障害の改善、昼夜リズムの回復などを目的とした治療が行われている。

アルツハイマー病 Alzheimer's disease; AD

大脳の神経細胞が変性し、大量に死滅することが原因として発病する。体験したことをほとんど忘れてしまう記憶障害や、段取りが立てられない実行機能障害など、生活にさまざまな支障が出る。被害妄想や抑うつ、徘徊、暴言などの症状が出ることもあり、**認知症**の一つである。通常は65歳以降に発病することが多く、最終的には人格が崩壊して死に至る。国内の推定患者は100万人以上といわれる。40歳代で発病する若年性のアルツハイマー病もあるが、これは遺伝によるものと考えられている。

患者の脳には、3つの特徴、①脳が縮小、②「アミロイド」というたんぱく質が沈着した**老人斑**の存在、③神経細胞内に**神経原線維変化**という繊維状の構造、が認められている。

現在、アルツハイマー病の絶対的な治療法は確立されてい

図 脳の神経細胞間の情報の伝わり方

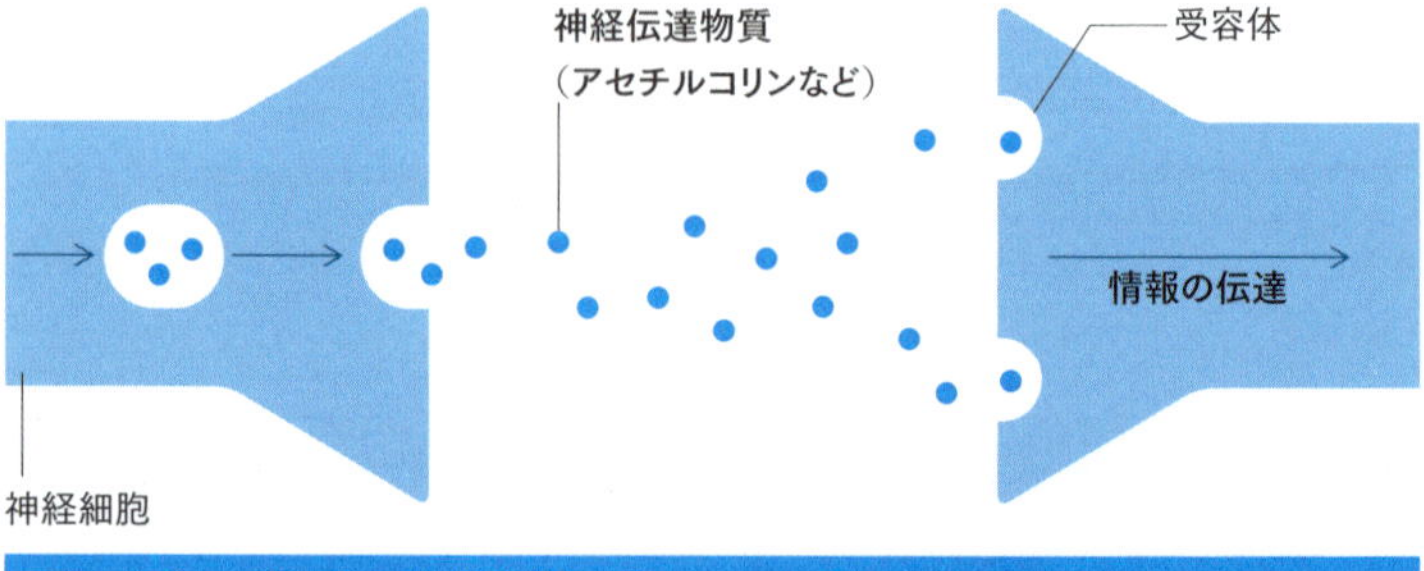

アルツハイマー病の人では、健常な人に比べ、神経伝達物質が減り、情報のやりとりに障害が出る

ないが、治療薬には、2010年現在、日本では唯一「ドネペジル」がある。ドネペジルは、脳内の神経伝達物質**アセチルコリン**の分解を抑制し、神経細胞の働きを強め、認知症の進行を遅らせる効果がある。

現在、アルツハイマー病の進行を停止させる新薬の開発が英国をはじめ世界中で行われている。

ロコモティブシンドローム Locomotive syndrome

加齢によって起こる様々な運動器の障害のことである。医学上は**メタボ**と対の人間の身体の首から下の骨、関節、筋肉、神経など、内臓を除いた部分をさす骨や関節に問題がおき、重くなると寝たきりになる危険性がある症状である。

たとえば、変形性関節症、骨粗鬆症に伴う円背、易骨折性、変形性脊椎症、脊柱管狭窄症などである。あるいは関節リウマチなどでは、痛み、関節可動域制限、筋力低下、麻痺、骨折、痙性などにより、バランス能力、体力、移動能力の低下をきたす。

この予防には、**骨粗鬆症**にならないためにも食生活にカルシウムは欠かせないが、適度な運動を継続することが大事であるといわれる。

摂食障害 Eating disorder

おもに過食や嘔吐、逆に拒食を繰り返し、体重が極端に増減する一種の心の病である。10代で発症するケースが多く、

摂食障害の症状

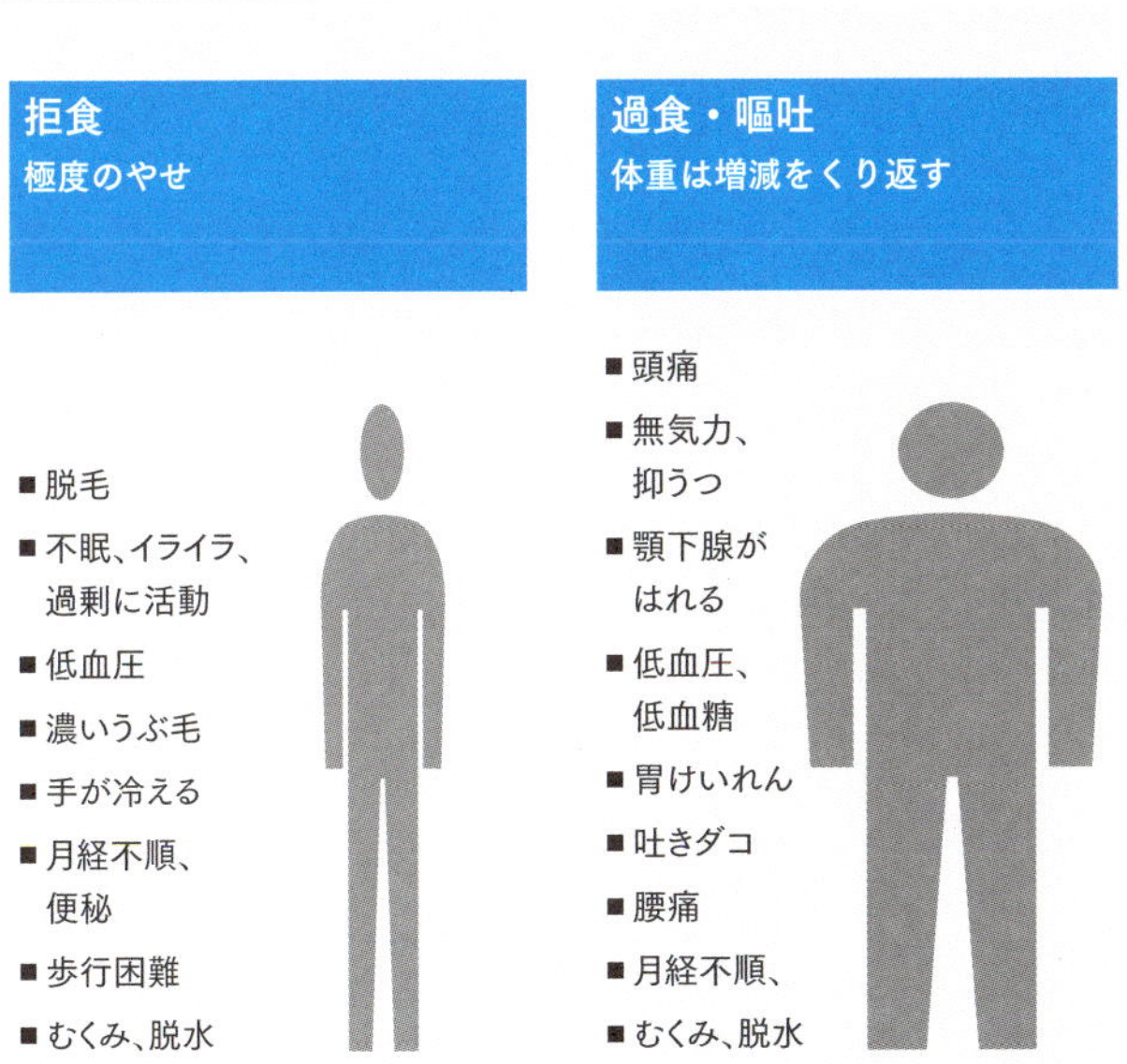

外見を気にしてダイエットに挑戦する機会に発症することが多く、思春期の女性だけではなく、最近では30代以降の既婚女性や小学生にも広がっている。医療機関を受診した患者の推計は、1980年代から20年間で約10倍に増加している。

　極度にやせる拒食はきわめて少なく、過食と嘔吐によって体重が増減するパターンが多い。摂食障害になると、他の精神疾患を併発しやすく、社会不安障害やパニック障害になるケースが多いといわれる。

　摂食障害を引き起こす主な要因には、やせ願望、ストレス、思春期の自律葛藤、親の過保護・過干渉、家庭の不和、将来への不安、体重増加への不安や恐怖、失敗体験などがあげられている。

　摂食障害に根本的な治療法は、今のところなく、精神療法や認知行動療法が中心となっている。

アンチエイジング［抗加齢］ Anti-aging

体の老化の進行を緩やかにして、若々しい体を保とうとする考え方のことである。年をとることによって起こりうる老化現象、しわ、しみ、白髪、視力の低下、動脈硬化等は防げないが、老化を遅らせたり、逆にある程度逆行させることは可能であるとするものである。

　超高齢化社会に突入した日本では、医学のほか、運動生理学、栄養学、美容外科、美容皮膚科、エステ、アロマ、ハーブ、補助栄養学など多岐にわたる分野で、栄養指導や運動、ストレスケアなども含めた取り組みが始まっている。

　医薬品によって老化を遅らせる試みもある。1956年、ルーマニアでプロカインという局所麻酔剤を適量用いると、関節炎、動脈硬化症、老人性の皮膚の変化、はげ頭の防止に役立つということが見出された。プロカインには副作用として、アレルギー反応を起こすことがあるが、欧米では注射または錠剤で使用されている。また、プロカインやその誘導体などは、植物の成長を速めたり、収量を増す効果が認められており、ルーマニアでは農業でも用いられている。

　最近、老化と**活性酸素**との関わりが次第に明らかになりつつあり、体の年齢を調べることで健康を保つ取り組みが行われ始めている。現在、体内の活性酸素を除去するためのさまざまな研究が進んでいる。ビタミンCやEには、活性酸素を直接消去する抗酸化作用がある。また、B_2には活性酸素などによって産生された過酸化脂質を消去する働きが知られている。体内でビタミンAに変化する**ベータカロテン**や、体内でも産生される**コエンザイムQ10**などにも強力な抗酸化作用がある。最近、さびない金属プラチナ（白金）の抗酸化作用が注目されている。プラチナを人体に作用しやすくなるように超微粒子化した**白金ナノコロイド**が開発されている。この状態で触媒として作用し、4種類の活性酸素のすべてを除去する酵素の働きを促進することが明らかになっている。

老化の原因としては、その他に**誤り蓄積仮説**と**細胞寿命仮説**がある。「誤り蓄積仮説」は、DNAやタンパク質などの分子、細胞、組織に異常が徐々に蓄積して老化していくというものである。一方、「細胞寿命仮説」は、体の基本単位である細胞には、細胞分裂の回数が決まっていて（ヒトの場合には約50回）、細胞が増殖を停止すると老化するという説である。個体の老化に対して、細胞が分裂しなくなった状態を**細胞老化**という。

なお、体の老化の進行度を知るには、「抗加齢ドック」がある。抗加齢ドックは、人間ドックとは異なり、採血や尿検査のほか、骨密度、肌の弾力測定など医療機関によって検査項目に違いがある。

湿潤療法

Dressing

切り傷、すり傷、やけどなどの外傷治療は、従来は傷口を消毒し、ガーゼでおおって早く乾燥させ、かさぶたをつくる治し方が主流であった。これに対し、傷口に染み出す体液の働きを生かして、乾かさずに治す新しい治療法を「湿潤療法」という。傷口を水で洗った後、密閉性が高く傷口を乾燥しにくくする被覆材（専用の絆創膏）を貼って、細胞の成長や再生を促す体液で傷口を満たし、細胞を再生させるものである（図参照）。

1962年、英国の動物学者が、「傷口は乾燥させるより**体液**を逃さないように覆った方が早く治る」と提唱したのを契機に知られるようになり、日本でも現在、やけど、すり傷などの治療のほか、長期療養による床ずれなどの治療に取り入れられている。

湿潤療法のしくみ

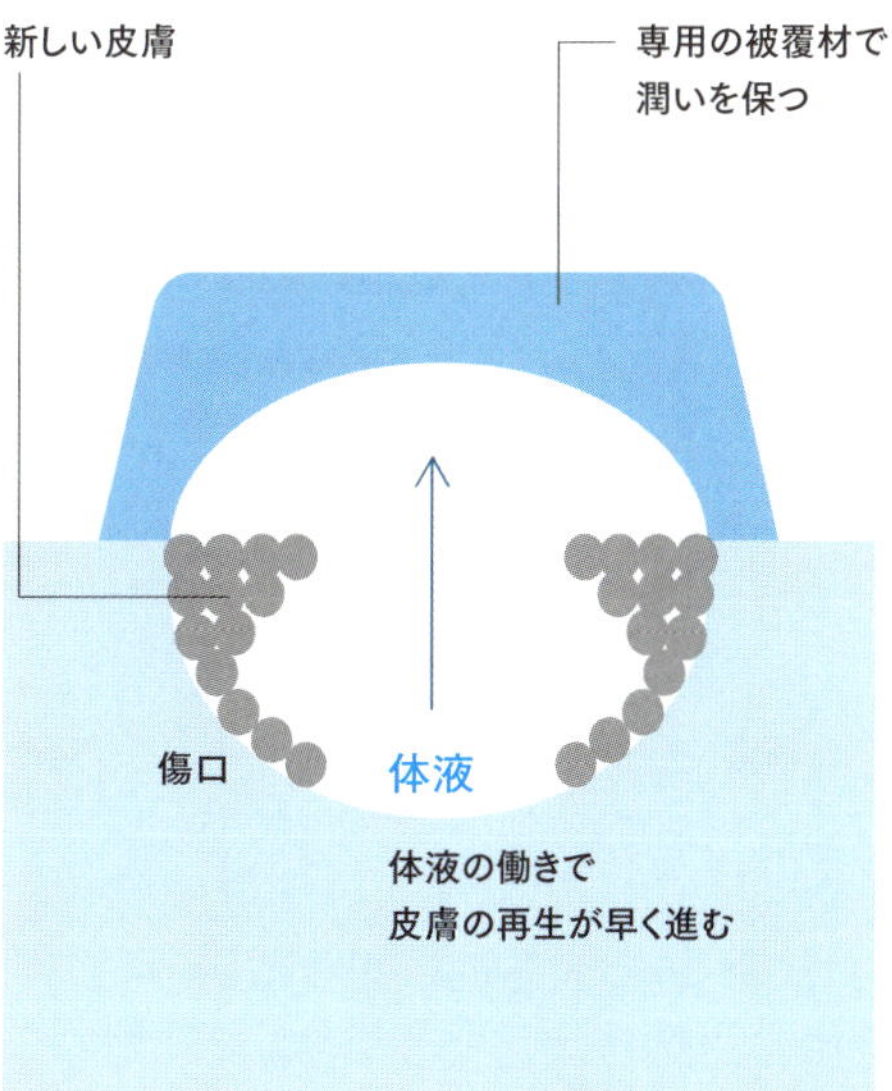

従来の治療法より湿潤療法の方が、傷が早く、きれいに治るケースが多いといわれるが、適さない傷もある。傷口を閉鎖するため、細菌感染（化膿）を助長する可能性があり、動物にかまれたり、傷に異物が入り込んだり、深い傷や感染症である水いぼ、とびひ、虫刺されなどは、湿潤療法によって傷を悪化させる恐れがあるため注意が必要である。

AED［自動体外式除細動器］

Automated external defibrillator

心臓が不規則かつ小刻みにけいれんした**心停止**（心室細動）の状態になったとき、必要に応じて強い**電気ショック**（除細動）を与え、心臓の働きを正常に戻すことを試みる医療機器のこと。一般市民でも電極パッドを患者の体に貼り付け、音声ガイダンスに従って操作をすることができる。

日本では２００４年７月から、医療従事者ではない一般市民でも救急目的にこの機器を使用できるようになった。従来、一般市民は原則として口と手を用いて、「気道の確保」、「人工呼吸」、「心臓マッサージ」による救命処置しかできなかった。

心筋梗塞や不整脈などの心疾患による死者は、厚生労働省の人口動態調査によると、年々増加傾向にある。２００３年の死者は約16万３千人と推測されているが、病院外での心停止の発生件数は、年間２～３万人とも推定されている。

心停止の状態になると、心臓からの血液の送り出しがほとんどできなくなり、１分ごとに生存退院率が７～10％低下するといわれる。したがって、心臓への電気ショックをいかに迅速に行うかが重要であり、このＡＥＤを用いた救命処置による患者の救命率の向上が期待されている。

米国ではＡＥＤが50万台ほど設置されているが、２００８年12月現在、日本では約20万台設置され、そのうち医療・消防機関を除く市中設置台数は約14万９千台である。しかし、実際の使用例はきわめて少なく、07年に病院外で心肺停止に陥った約11万件中、一般人が目撃して応急処置を施したのは約９３００件、そのうちＡＥＤが使われたのは２８７件にすぎない（総務省消防庁のデータ）。

AED による処置例

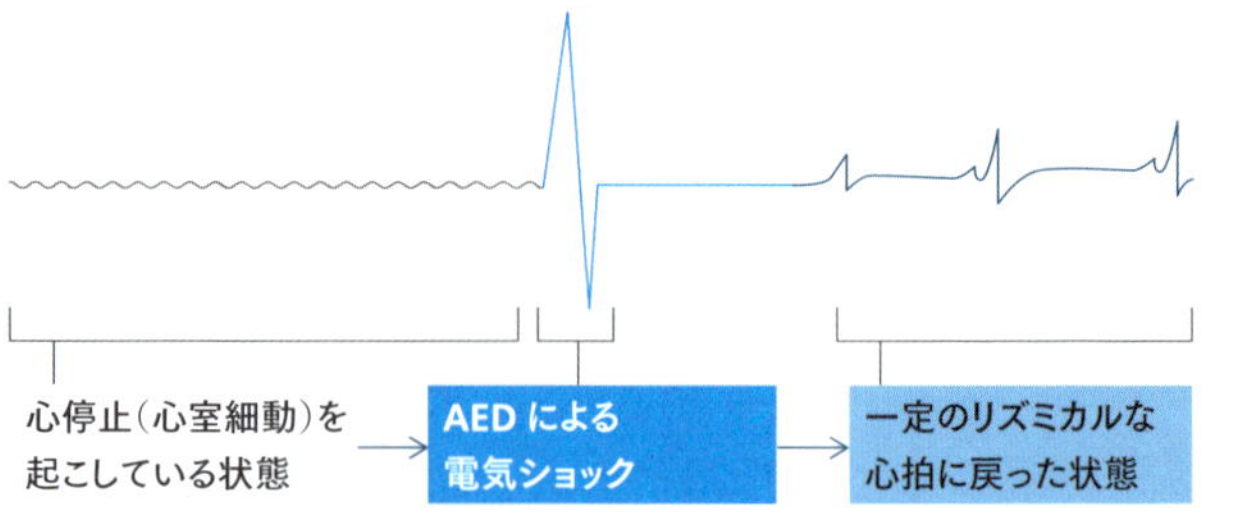

現在、わが国ではＡＥＤは急速に普及しているが、一方で長期間保守点検されず放置されているものも多いとされ、また心肺蘇生法の一般人への普及など課題も多い。

ロングフライト症候群［エコノミークラス］ Economic class syndrome

この病気は、飛行機などの乗り物に長時間乗っている時に起こる**肺血栓症**（**深部静脈血栓症**）のことである。特に水分が不足した状態で、機内のような気圧が低く、低湿度の環境下で長時間同じ姿勢をとっていると下肢の奥の方にある静脈に**血栓**ができやすいといわれる。歩き始めた時に、その血栓が肺などの血管に詰まって、突発性の呼吸困難が起こり、心臓機能を低下させる。重症の場合、死に至ることもある。

体を動かすスペースの少ない飛行機のエコノミークラスの席で比較的多くみられることから、エコノミークラス症候群とも言われるが、実際には上のクラスの座席でも起こる。

血栓症の既往がある人、糖尿病、高脂血症、肥満、動脈硬化などの人は、血栓ができやすく注意が必要である。対策には、長時間同じ姿勢でいることにより血流速度が低下し血栓が出来やすくなることが原因であるため、適宜、体を動かし、十分な水分補給や深呼吸をすることなどが有効であると考えられている。

川崎病 Kawasaki disease

おもに4歳以下の乳幼児がかかる急性熱性発疹性疾患である。38〜40度の熱や発疹が出て、両目が充血する。「イチゴ舌」といわれる口の中が真っ赤になり、指先の皮がむけることもある。１９６７年に川崎富作医師が論文で報告し、その名前が病名になったものであり、川崎市や川崎公害とは無関係である。日本をはじめとするアジア諸国に多い。

川崎病発見から50年経過したが、患者数の増加傾向は１９９０年以降続いており、２００５年以降は毎年1万人以上が発病している。この病気の罹患率（0〜4歳の10万人当たりの患者数）は、２００８年に２１８・６と過去最高を記録している。

発病原因は、細菌などによる感染説が有力であるが、病原体が未発見であり、原因は未だに不明である。しかし、治療には、血液製剤ガンマグロブリンを24時間かけて点滴投与すると、熱が下がり炎症も治まる。致死率は、かつては1〜2％だったが激減し、２０００年以降の死亡率は、約０・05％程度（年間0〜5人）にとどまっている。

Encyclopedia of Bioscience and Human Health

第6章

薬・化学物質と健康

薬は、私たちの命と健康を守る上で欠かせないものであるが、
ほとんどの薬は副作用を持っている。

約500年ほど前のパラケルススの名言、「すべての物質は有毒である。

有毒でないものはなく、用量によって薬であるか毒であるかが決まる」で示されるように、
薬は毒にも変わる「両刃の剣」のような性質を持つ。

また、巷にはさまざまな化学物質があふれ生活の利便性の向上に役立っているが、

〝化学物質過敏症〟など種々の問題が起きている。

薬を含めた化学物質を上手に使うための基礎知識が重要である。

抗がん剤

Anticancer agent

がん細胞を死滅させるために使用する薬剤の総称である。「抗がん剤」を用いる治療（化学療法）は、**外科手術**、**放射線治療**と並ぶがん治療の三本柱の一つであるが、がん細胞が全身に広がった患者に対する唯一かつ最適の治療法といわれる。

抗がん剤は、通常、がんが転移している場合も想定して全身のがん細胞を攻撃するために用いられる。しかし、抗がん剤は**がん細胞**のみを選択的に攻撃することができず、正常な細胞も攻撃してしまうため、一般に強い副作用があることが大きな問題となっている。

現在、約110種類の様々な抗がん剤が日本で使われているが、それらは大きく、**アルキル化剤**（DNAの構造を変える）、**代謝拮抗剤**（がん細胞の中に入ってDNAの合成を止める）、**植物アルカロイド**（がん細胞の有糸分裂を阻害）などに分類することができる。使い方も静脈注射、内服、肝臓など局所の動脈への注入などいろいろある。

1971年、米国でニクソン大統領がいわゆる〝**がん戦争**〟を宣言したころから、がんを治すための抗がん剤の探索・開発が開始された。米国では莫大な予算を投じてがんを治す化学物質の探索が100万種類もの物質を対象として行われた。しかし、副作用の強い毒物や劇薬ばかりで、がん細胞に有効な物質はごくわずかしか発見されなかった。

現在、数種類のがんでは、転移した後も抗がん剤で完治が期待できるようになっている。しかし、他のタイプのがんでは、完治は期待できず、延命か、症状の緩和が目標になっている。最新の抗がん剤、**分子標的薬**ソラフェニブ（腎細胞がんの治療用）の場合でも、この薬の臨床試験結果では、投与の有無で比較すると、数ヶ月程度の延命効果しかないことが分かっている。卵巣がん、乳がんや大腸がんなど、**転移がん**のほとんどには、最新の分子標的薬でも数ヶ月程度の延命効果のある薬しか開発できていないのが現状である。

なお、がん治療の際、腫瘍自体を原因とする痛みのほか、化学療法や外科手術などの治療でも痛みが起こる。日本では、がんの痛みを抱える患者が推定で60万人程度いるとされる。世界保健機関（WHO）では、がんの痛みを3段階にわけ、第一段階の弱い痛みには抗炎症薬、痛みが強くなるにつれて医療用麻薬が使われる。**がん鎮痛薬**は経口剤が主であるが、注射薬や座薬、貼り薬もあり、抗がん剤の投与に伴う吐

◇抗がん剤で完治できるがん（進行・転移がん）

急性白血病

悪性リンパ腫

精巣（睾丸）腫瘍

絨毛がん

出典：国立がんセンターホームページより

き気などによって薬を飲みにくい患者にも使いやすくなっている。

分子標的薬 Molecular target drug

新しいタイプの**抗がん剤**である。１９８０年代から１９９０年代に、がんの分子生物学が進歩したことがきっかけとなり開発が進められている。この薬は、分子生物学を駆使してがんが増殖・転移するメカニズムを解明し、悪さをするタンパク質の働きなどを抑え込むように設計された。通常の抗がん剤は、細胞分裂に狙いを定めているため、がん細胞だけでなく正常細胞も同じように攻撃するが、分子標的薬は、がん細胞特有の分子をターゲットにする。

２００１年、慢性骨髄性白血病の治療薬として登場した「グリベック」が最初とされている。それまで不治の病とされていた**白血病**が治るようになり、「魔法の薬」ともいわれた。その後、肺がん、腎がんや乳がんなど様々ながんを対象として開発され、現在、がんの薬物療法は、分子標的薬が中心となりつつある。乳がんの治療に使われているハーセプチン（一般名トラスツズマブ）、肺がん治療に使われるイレッサ（一般名ゲフィチニブ）、大腸がん治療に使われるアバスチン（一般名ベバシズマブ）などは、比較的よく知られている。

分子標的薬は、当初はがん細胞のみを攻撃するため副作用が少ないとみられていたが、世界に先駆けて日本で承認された「イレッサ」では間質性肺炎で死亡するケースが相次ぎ、社会問題になった。米国は一度イレッサを承認したが、延命効果が確認できずに原則禁止にした。現在では、分子標的薬ごとに既往の抗がん剤とは異なる種々の副作用が出るとみられている。

腎がんの治療で用いられている「ネクサバール（一般名ソラフェニブ）」や「スーテント」は、がんに栄養分を送り込む新しい血管の新生を阻害するタイプの薬剤で、効果が確認されているが、通常の抗がん剤ではあまりみられない**ハンドフットシンドローム**という手足の皮膚障害などが課題になっている。

H_2ブロッカー H_2 antagonist

ヒスタミンH_2受容体拮抗剤ともいい、胃酸の分泌を促すヒスタミンの働きを妨害する薬である。〝H〟はヒスタミンの頭文字で、〝2〟はヒスタミンの受容体のうち2番目に発見された受容体（H_2受容体）、〝ブロッカー〟はその受容体を遮へいするものという意味である。このH_2受容体は、胃の壁細胞にあり胃酸分泌を担っている。胃酸は、殺菌や消化の補助を担う重要な役割があるが、過剰に分泌されると胃の粘膜を荒らし、びらんや胃炎、胃潰瘍を引き起こす原因になる。

H_2ブロッカーは、特に胃の壁細胞に存在し**胃酸**分泌を促進する**ヒスタミンH_2受容体**を競合的に拮抗することができ、胃酸分泌を強力に抑制する。主に**胃潰瘍**や**十二指腸潰瘍**などの消化性潰瘍の治療薬などとして用いられる。

一方、副作用として、血液の成分である血小板や白血球を減少させたり、シメチジン含有製剤など、他の薬との飲み合わせで相互作用が起きることがある。また、腎臓・肝臓の病気で、機能が低下している人の場合、薬の代謝や排泄がうまくいかず、血中濃度が高くなり、作用が強く出ることがある。

抗生物質

Antibiotics

微生物が産生し、他の生物の発育や機能を阻害する化学物質である。

アオカビの一種から取り出され、化膿菌の繁殖を阻止する**ペニシリン**が世界最初の抗生物質であるが、現在では土壌中に生息している各種の**放線菌**から、**ストレプトマイシン**、オーレオマイシン、クロロマイセチンなど、多くの病気に有効な物質が発見されている。

抗生物質によって、これまで数多くの細菌性の病気が克服されてきており、用途は農薬や動物飼料薬などへも広がっている。

しかし、一方では、不適切な使用によって、抗生物質に対して耐性を獲得した細菌の発生の問題が生じている。特に多くの抗生物質に耐性を示す**多剤耐性菌**、なかでもメチシリンが効かない**メチシリン耐性黄色ブドウ球菌**（ＭＲＳＡ）による院内感染が、最近、大きな問題となっている。

最も新しい抗生物質の1つで、２００６年、米国・メルク社が25万種以上の天然物からスクリーニングによって見出した**プラテンシマイシン**（platensimycin）は、細菌の脂肪酸合成経路を阻害する新しいタイプである。この作用機序は既存のものとは全く異なり、耐性菌がほとんど出現しにくいと考えられており、メチシリン耐性ブドウ球菌や、**バンコマイシン耐性腸球菌**（ＶＲＥ）にも効果があると期待されている。

２０１０年4月、国内で標準的に使われる約30種類の抗菌薬が効かない**アシネトバクター菌**が検出された。アシネトバクター菌は、土や水回りに存在する細菌であり、医療従事者などの皮膚にも見られることがある。健康な人は触れても問題ないが、免疫力の落ちた人が感染すると、肺炎や敗血症などを併発する。

薬剤耐性菌

Drug-resistant bacteria

抗生物質などの抗菌薬が効かなくなったり、効きにくくなった細菌など微生物のことである。抵抗力の弱い患者が多く集まる病院内は、耐性菌の発生・感染の温床になることが多い。

耐性菌の発生は、同じ薬剤を長期間にわたって多用・乱用すると起こりやすく、菌が増殖の際、遺伝子の一部を変化させて性質を変えることが主な原因とみられている。複数の薬剤が効かないものは**多剤耐性菌**とよばれる。

たとえば、複数の耐性遺伝子を取り込み、多くの抗生物質に耐性をもつ**メチシリン耐性黄色ブドウ球菌**（ＭＲＳＡ）の報告が最も多く、炎症などの症状がなくても入院病棟では多くの保菌者がいると推定されている。高齢者や体力の低下した患者では死に至ることもある。

さらに、家畜の飼料に発育促進用として添加された抗生物質（アボパルシンなど）が、家畜の体内で耐性菌を生み出し、肉食（汚染肉を不完全な加熱処理で摂取）によって人間に感染する場合もあるといわれる。また、抗生物質は、元来、微生物が作り出しており、自然界にも耐性遺伝子は存在していると考えられている。

最近、ほとんどすべての抗菌薬が効かず、発病すると治療の手だてがない**スーパー耐性菌**が世界に広がり始めている。現在のところ弱毒性で、健康な人なら感染しても発病しないが、免疫力が低下した人の場合、肺炎や敗血症を起こす可能性がある。スーパー耐性菌は、これまでの菌が作り出した多数の耐性遺伝子を取り込んでいる。さらに、それらの遺伝子をグラム陰性菌（アシネトバクター、クレブシエラ、緑膿菌など）であれば異なる種や属の間で受け渡すことが可能であり、複数の種類の菌にスーパー耐性菌が広がっている。なお、通常の耐性菌にはグラム陽性菌とグラム陰性菌があるが、耐性グラム陰性菌が進化してスーパー耐性菌ができる。

◆抗生物質の開発と耐性菌出現の略史

年	できごと
	黄色ブドウ球菌など
1940 年	ペニシリン G
1942 年	耐性菌出現 テトラサイクリンなど
1950 年代	多剤耐性菌出現
1960 年	メチシリン
1961 年	MRSA 出現
1970 年代	バンコマイシン（MRSA に有効）
1980 年代	バンコマイシン耐性菌出現

人や家畜、ペットの治療現場で発生した耐性菌や耐性遺伝子は、食物連鎖などを通じて人の生活圏と自然界を循環している可能性が高いと考えられている。家畜の飼料も含め、抗生物質の適正な使用が重要である。

２００７年４月の改正医療法施行で、医療機関に薬剤耐性菌への院内感染防止に向けた体制整備が義務づけられた。改正法では、安全管理の指針作成や感染発生時における迅速な対応をとるための「院内感染対策委員会」の設置を医療機関に義務づけた。このほか、職員への研修、感染発生事例の病院内での情報共有なども求めている。

ジェネリック医薬品［後発医薬品］
Generic drug

新薬（先発医薬品）と同じ成分、同じ効き目を有するが、先発医薬品の特許期間が満了する（特許出願日から20～25年間が経過）か、再審査期間が過ぎてから市場に出る医薬品のこと。新薬の開発には9～17年もの歳月と、約５００億円もの投資が必要であるといわれているが、ジェネリック医薬品の開発期間は約3～5年、コストも大幅に抑えられるため、価格は新薬の2～7割と低く設定されている。

欧米では、医師が処方箋を発行する際、薬を商品名ではなく、一般名（成分名）で指示する**一般名処方**や患者自らが、新薬かジェネリック医薬品かを選択できる**代替調剤**が広く普及しているため、ジェネリック医薬品が医薬品市場の50％以上を占めているケースが多い。わが国では普及率が約20％（２００８年）と低いが、医師が処方箋を出すとき、薬の商品名で指示することが多いことが一因といわれる。日本政府は、医療費抑制のため２０１２年までに現在のジェネリック医薬品の普及率（数量ベース）を現在の約20％から30％に引き上げることを目標にしている。

なお、**改良医薬品**といわれているものは、化学構造が既知の医薬品と類似してはいるが異なるため、ジェネリック医薬品ではない。また、医師が患者向けに処方する薬の価格が薬

◆医薬品の分類

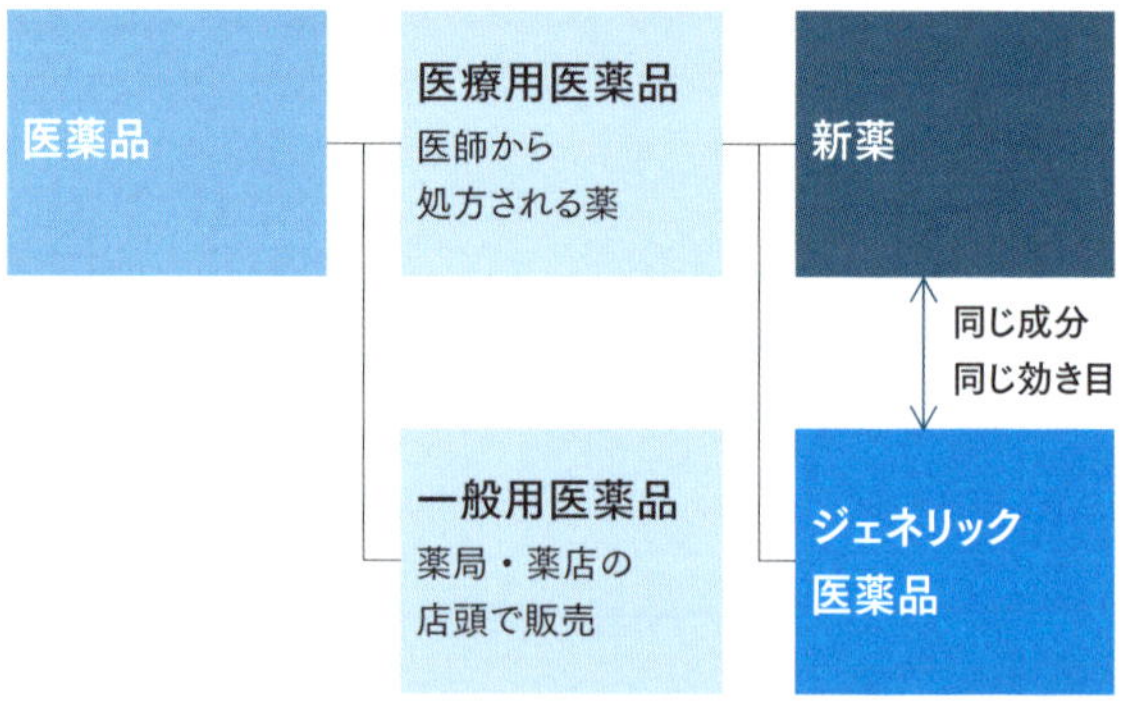

価であるが、ジェネリック医薬品が出ると新薬の価格も引き下げられる。ジェネリック医薬品の主成分は新薬と同じであるが、微量成分などは異なることに留意すべきである。

OTC医薬品

Over-the-counter drugs

医師による処方箋を必要とせずに、生活者が自分の判断で選び、自分で服用する医薬品のことである。一般用医薬品、大衆薬、市販薬、家庭用医薬品などと呼ばれている。**改正薬事法**（2009年6月1日施行）によって、「医薬品のうち、その効能及び効果において人体に対する作用が著しくないものであって、薬剤師その他の医薬関係者から提供された情報に基づく需要者の選択により使用されることが目的とされているもの」と定義された。

この改正薬事法によって、医薬品は**薬局医薬品**（医療用）と**OTC医薬品**の2つに大きく分けられた。さらに、OTC医薬品は、従来の使用実績によって、リスク別（副作用など注意が必要なことが起こる度合い）に第1類、第2類、第3類医薬品の3種に分けられることになった。

第1類医薬品は、使用方法によっては稀に副作用を生じる成分が含まれ、個人が安全に使用するには、まだ不慣れな医

薬品である。**第2類医薬品**は、第1類よりは副作用のリスクは少ないが、個人の使用慣れがある医薬品である。**第3類医薬品**は、副作用も少なく、比較的長い期間、安全に使用され続けてきた医薬品である。

これら第2類および第3類のOTC医薬品は、実際の医薬品の販売ではリスクによって異なる陳列が行われ、第1類医薬品の場合には、薬剤師の説明を受けないと購入できないよう、直接、手にとれない陳列方法が行われている。

◇ 改正薬事法による医薬品の分類

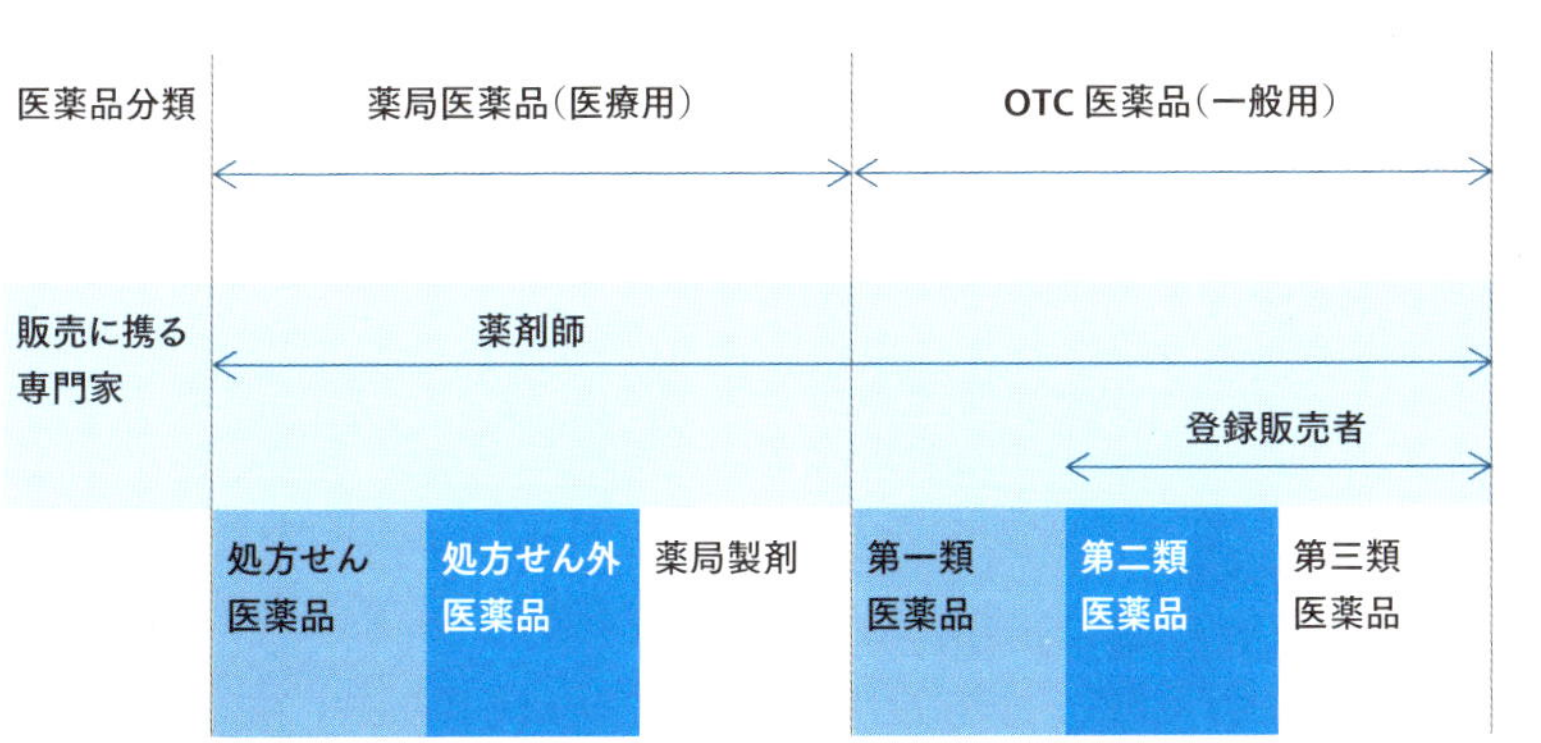

漢方薬
Chinese herbology

一般的に複数の植物の根や実を乾燥させた**生薬**を組み合わせたものである。中国でも中薬とよばれるものがあるが、日本では中国古代の医学が１５００年ほど前に入り、鎖国した江戸期に改良されて独自の発展を遂げた。西洋医学の「蘭方」の対義語として**漢方**とよばれたという。

伝統的な漢方薬は、薬効のある生薬を病状に合わせてブレンドし、せんじて飲む方法が一般的である。現在は、せんじた液を乾燥させて錠剤や顆粒にして、製薬会社などが販売している。漢方は、人間に本来備わっている治癒力を高めるのが目的とされ、同じ病名でも個人の症状や体質によってそれぞれ処方が変わることがある。

現在、感冒用の**葛根湯**、胃炎用の**八味地黄丸**などの漢方薬を医師の約7割が処方するといわれ、西洋医学とも密接につながっている。

◇保険が適用されている漢方薬の例（2010年1月）

漢方薬	効能
葛根湯	感冒、熱性疾患の初期など
八味地黄丸	胃炎、糖尿病、腰痛など
小青竜湯	気管支炎、鼻炎、感冒など
大建中湯	腰痛、腹部膨満感

抗うつ薬
Antidepressant

主に**うつ症状**を緩和する薬剤であり、現在、うつ病患者の大半が服用しているのは、「ＳＳＲＩ」と「ＳＮＲＩ」である。

SSRIは、脳内がうつ状態のとき減少している神経伝達物質**セロトニン**の働きを強めて抗うつ作用を示す薬である。従来の「三環系抗うつ薬」と薬が効くメカニズムや作用は類似している。しかし、三環系抗うつ薬（分子中に三つの環状構造がある）と比べ、セロトニンの濃度を選択的に上げるため、便秘、太りやすい、心臓への負担などの副作用が軽減され、不安を取り除く作用があるといわれる。

一方、**SNRI**はセロトニンばかりでなく、**ノルアドレナリン**の濃度を高める。ノルアドレナリンの濃度が高まることによって、意欲や活動性を高める効果が期待されている。

わが国で現在、販売されているＳＳＲＩには、「パキシル」、「デプロメール」、「ルボックス」、「ジャイゾロフト」の4種で、最も多く使われているパキシルの年間投与者は

123万人、SNRIは「トレミデン」などで年間約38万人に投与されているとそれぞれ推計されている。うつ病は薬の適切な服用で回復が早まるケースが多いといわれる。しかし、うつ病には比較的抗うつ剤が効きにくいタイプもあるといわれ、2009年6月、SSRIとSNRIに対して、「他人への攻撃性が増す可能性がある」として注意が喚起された。

バイオ医薬品 Biotech-discovery based drugs

人間や他の生物のタンパク質や遺伝子の働きを生かして生産される医薬品の総称のことで、**抗体医薬品**や**生物学的製剤**などがある。細菌の遺伝子組換え技術など、バイオテクノロジーを活用して製造される。化学物質の合成による従来型の一般的な医薬品と比べ、高価であるが免疫力の向上などで病気を治すため、副作用が少ないという利点が期待されている。

1970年代の遺伝子組換え技術の実用化後、欧米を中心に急速に発展してきた。1982年に開発された**ヒトインスリン**が第1号であったが、その後、インターフェロンや成長ホルモンなど、もともと人体に存在している有用な微量因子やホルモンが相次ぎ薬剤として開発されてきた。

現在、特定の人体中の分子に結合して、がん治療や免疫反応の制御などの効果を発揮する新薬が商品化されて急速に普及し、世界の医薬品売上額の上位20のうち5～6品目を占めるまでになっている。がん治療以外では、関節リウマチ治療薬や低リン血症性くる病などに効く抗体医薬品の開発が進められている。今後、遺伝子情報の解読に基づいて**テーラーメイド医療**の**ゲノム創薬**などへの発展が期待される。しかし、従来型医薬品に比べはるかに高い生産コストの削減が重要な課題である。

抗体医薬品 Antibody drug

人体には、体の中に入った異物（ばい菌やウイルス）を認識して体を守る免疫システムがある。

抗体は免疫力の一つとして体内でつくられ、ウイルスなどが体内に入ると抗体がウイルスを捕まえ、この抗体を目印に免疫細胞がウイルスを攻撃する仕組みになっている。「抗体医薬品」はこの仕組みを応用して人工的に抗体をつくって病気を治そうというものである。

抗体医薬品は人間の免疫反応を利用しているため副作用が少なく、また患部の目的箇所にのみピンポイントで作用させることができるなどの高い治療効果が見込まれている。特にがんやリウマチ、ぜん息などの難病への有望な治療薬として期待されている。

抗体医薬品は１９８０年代から研究開発され、現在、世界で約20種類の医薬品が販売されている。たとえば、スイス・ロシュ社では、乳がんに効果を持つ抗体医薬品「ハーセプチン」を実用化し、米国などで販売している。

現在の課題は、新しいタイプの薬であるため、安全性が完全には確立されていない点と高い薬価である。

◇ 抗体医薬品の作用の仕組み

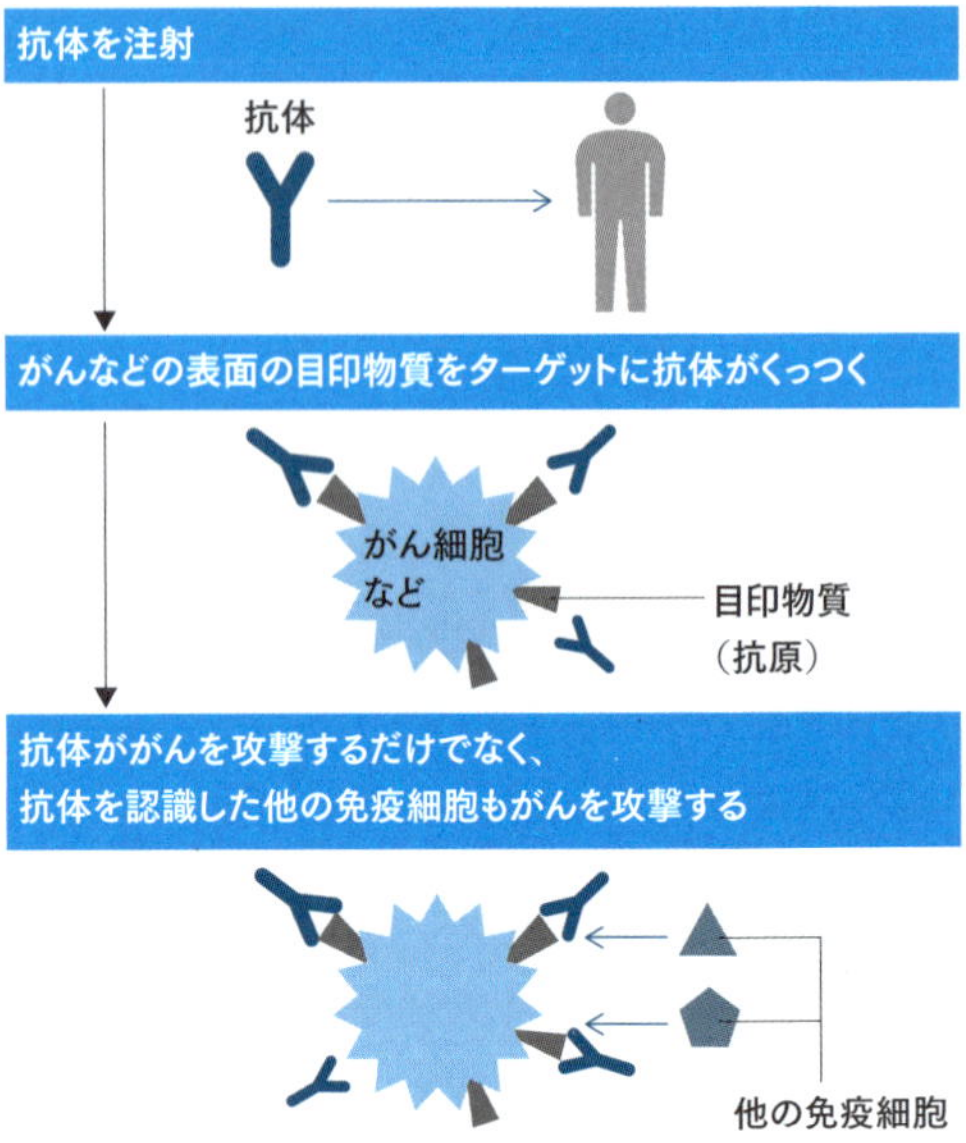

生物学的製剤

Biological Products

生物が生み出すタンパク質を利用し、バイオテクノロジー技術を駆使して開発された新しいタイプの薬で、炎症を起こすサイトカインの働きを抑える役割をする。ワクチン、トキソイド、抗毒素製剤、血液製剤などのタイプがある。

この生物学的製剤の登場により、特に関節リウマチの治療は大きく進歩した。成人の関節リウマチには、これまでに４剤が承認され使用されている。この薬剤は、関節リウマチの炎症や痛み・腫れ、そして骨や軟骨などの関節破壊を引き起こす原因となる物質を抑えることにより、その効果を発揮する。

国内で初めて研究開発され２００８年、「若年性突発性関節炎」の治療に対して承認されたアクテムラ（一般名トシリズマブ）は、投与中の肺炎や帯状疱疹などの感染症の合併、投与時のアレルギー反応などの副作用も報告されている。

抗インフルエンザウイルス薬

Neuraminidase inhibitors

ウイルス感染症に関しては、一般にワクチンが最も有効であるとされるが、従来の季節性インフルエンザ用ワクチンは新型インフルエンザには効かない。また、新型用ワクチンの開発・製造には、ウイルス株を入手してから半年ほどかかる。そこで、治療薬として**タミフルとリレンザ**の効果が期待されている。

この2つの薬は、ウイルスの表面に存在するノイラミニダーゼという酵素の作用を阻害することによってインフルエンザウイルスの増殖を阻害する抗インフルエンザウイルス薬である。ノイラミニダーゼはA、B型に共通であることから、A型、B型インフルエンザの両方に効果がある。しかし、ノイラミニダーゼを持たないC型インフルエンザウイルスには無効である。

タミフル（一般名：リン酸オセルタミビル、$C_{16}H_{28}N_2O_4$）は、48時間以内に服用すると高い解熱効果があり、重症化を抑える効果がある。早めの診断、治療が必要となる。カプセルとシロップの2種類がある経口薬で、スイスのロシュが製造し、2001年2月よりわが国で使用できるようになった。副作用には、腹痛、下痢、嘔気などが報告されている。未成年者の飛び降りなど行動異常が問題となっているが、インフルエンザ自体の症状によるものか、副作用か未だ明らかになっていない。2007年3月より、厚生労働省は、10代の患者へのタミフルの原則使用禁止措置を実施している。

一方、リレンザ（一般名：ザナミビル水和物、$C_{12}H_{20}N_4O_7$）は、1999年12月より健康保険の適用となっている。吸入薬で専用の吸入器（ディスクヘラー）を用いて気道に吸い込むタイプの薬剤で、英国の製薬会社グラクソ・スミスクラインが製造販売している。リレンザの使用における重篤な副作用は、これまで報告がない。

2008～9年の冬にかけて、タミフルの効かないウイルスがノルウェーで最初に見つかり、高い頻度で検出されている。2009年1月の調査では、Aソ連型（H1N1型）ウイルスの98%がタミフル耐性であることが明らかになった。現在のところ、リレンザには耐性は見つかっていない。この耐性ウイルスは、通常の400倍の量を投与しないと効果が期待できないほどタミフルへの薬剤耐性が強い。耐性ウイ

◆ワクチンの構造

タミフルの構造

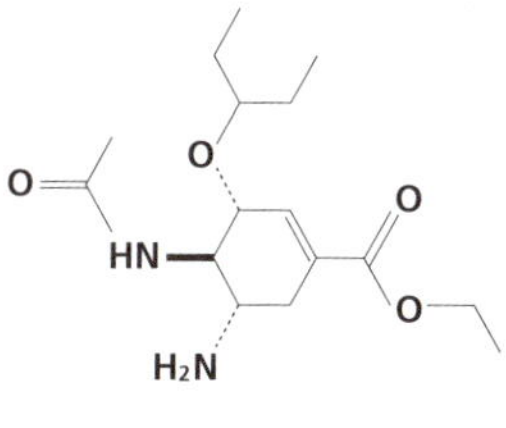

リレンザの構造

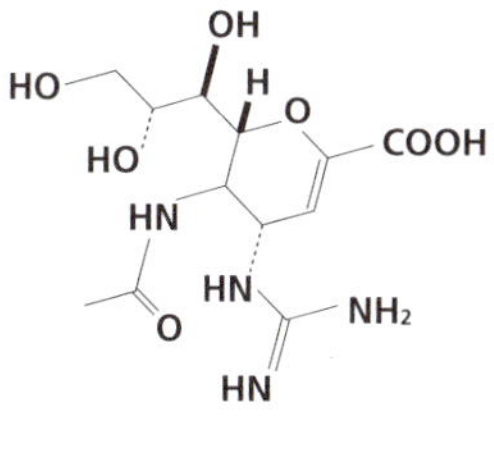

ルスは、ウイルス増殖時の複製エラーによる遺伝子変異によって、ノイラミニダーゼの構造が従来のウイルスとは少しだけ変わり、タミフルがそのタンパク質と結合できなくなり、薬の効果がなくなる。

2009年現在、わが国では新型インフルエンザに備えて2,800万人分のタミフルを備蓄している。しかし、耐性ウイルスが鳥のインフルエンザなどと混じりあって新型インフルエンザとなった場合、初めからタミフルの効かない新型ウイルスとして出現する恐れが危惧されている。

他に、現在小児に使うことのできる唯一の抗インフルエンザ薬として、**アマンタジン**（シンメトレル）がある。インフルエンザAに対して有効であるが、発病から48時間以内でないと効果はないとされている。さらに、リレンザに似た化学構造を持つ新インフルエンザ薬「ベラミビル」について、わが国で臨床試験中（2010年現在）である。

ワクチン Vaccine

インフルエンザなどの感染症にかかったり、症状がひどくなったりするのを防ぐ生物製剤のことである。人工的に免疫をつけるため（体内に抗体を作る）、予防接種（注射や経口

投与）で用いられることが多い。ウイルスや細菌などの病原体を材料につくられるが、大きく分けて次の2種類がある。

■ **弱毒生ワクチン**

病原体の毒性を弱め、生きたままワクチンに使うものである。感染はするが、発症せずに免疫をつけることが可能であり、BCG、ポリオ、痘そう（天然痘）、麻しん（はしか）、風しん、おたふくかぜなどの予防に使われている。1回の接種で効果が持続する。

■ **不活化ワクチン**

病原体や病原体が作る毒素を殺して作るもので、日本脳炎、インフルエンザ、百日咳、ジフテリア、破傷風、狂犬病などの予防に使われる。効果が弱いため、2、3回繰り返して接種する必要がある。病原体代謝産物（毒素、毒素の不活化物であるトキソイド）が使用されることもある。

ワクチンの接種により生体内に作られる抗体が病原体の感染・伝播・流行を阻止する。**B型肝炎ワクチン**は、遺伝子組換え体が使用されている。なお、世界で初めてのワクチンは、英国の医師であるジェンナー（Edward Jenner）が1796年に開発した天然痘ワクチンである。2009年、フ従来の注射針に代わる接種方法として、

ランスのサノフィ・アベンティス社が、微細な針による皮膚内へのインフルエンザワクチン接種の方法を開発し、実際に使われ始めた。日本でも痛みがない皮膚に張り付けるタイプや鼻にワクチンを噴霧する方法などの開発が進められている。

なお、ワクチン接種後に、一時的に発熱したり、接種した部分が赤く腫れたりすることがある。これらの健康被害は、**副反応**とよばれる。

「不活化ワクチン」では、副反応は通常7日以内に起こるが、「弱毒生ワクチン」では種類によって異なり、通常、接種後、1ヶ月以内に起こることが多い。

がんワクチン

Cancer vaccine

がん細胞の遺伝子解析が進み、がん細胞と正常細胞の違いが明らかになってきた。「がんワクチン」は、患者自身の免疫力を高めてがん細胞だけを攻撃して、がんの増殖や転移を防ぐもので、手術、放射線、化学療法につぐ第4のがん治療法として注目されている。2009年現在、わが国では膵臓がんのワクチンが、安全性と有効性を確認する臨床試験の最終段階（総合評価）にある。

がん細胞には、正常な細胞と異なるペプチドが表面に出ているが、体の中の免疫をつかさどるリンパ球はがん細胞を敵とはほとんど認識できない。そこで、リンパ球にがん細胞を攻撃させるため、がん細胞のペプチドと同じものをつくり大量に投与すると、体の外からきたペプチドをリンパ球が敵と認識して攻撃する。一度、ペプチドを認識したリンパ球は、同じペプチドを持つがん細胞を攻撃するようになるという仕組みで「がんワクチン」が働くと考えられている。正常な細胞もダメージを受ける化学療法に比べて副作用がほとんどないという利点がある。

がんワクチンを注射するだけでがんの増殖を抑え、臨床試験では余命数ヶ月と宣告された患者が2年以上も生存した例もある。しかし、わが国では臨床試験の経費が莫大（第一段階だけで数億円程度）であり、膵臓がん以外のワクチンの開発が資金不足で遅れている。

ポリオワクチン

Poliomyelitis vaccine

ポリオ（小児麻痺＝急性灰白髄炎）を予防するために、小児に投与されるワクチンである。ポリオは、ふん便に混じった**ポリオウイルス**が口に入って広がる感染症で、脊髄神経の灰白質が侵され、最初の数日間の風邪のような症状の後、中枢神経が侵され、急に足や腕が麻痺して動かなくなり、その麻痺が残ることがある。

　かつて日本では、1960年に北海道を中心に5600人以上の患者と300人の死者が出る大流行があった。1961年に、旧ソ連とカナダからワクチンを緊急輸入し、ワクチン接種によって発生が激減し、1981年以降は野生型ウイルス感染による患者は出ていない。

　WHOは、1980年5月に、かつて高い致死率で恐れられた**天然痘**をワクチン推進によって根絶したと宣言した。88年、WHOはポリオを次の根絶目標に定めたが、当初の目標だった2000年を過ぎても完全に根絶できていない。現在、ポリオウイルスが常に存在する「常在国」としてインド、パキスタン、アフガニスタン、ナイジェリアの4カ国があげられ、周辺国への感染の広がりが危惧されている。WHOによると、近年の患者発生数は、年間1000件を超えている。

　現在、日本で使われているワクチンは、ウイルスの病原性を弱めた上で生きたまま口から投与する**経口生ワクチン**（OPV）と呼ばれるタイプで、多くの発展途上国でも同じタイプが使われており、安価で効果が高い。しかし、生きたままのウイルスを飲むため、きわめて稀であるが接種後、体が麻痺する副作用が生じることがある。このため現在、ほとんどの先進国では、ウイルスを死滅させてから注射する**不活化ワクチン**（IPV）を使用している。日本では、IPVの開発が進められている段階で、早期の実用化を求める声が出ている。

◆世界でのポリオ確定症例数の推移

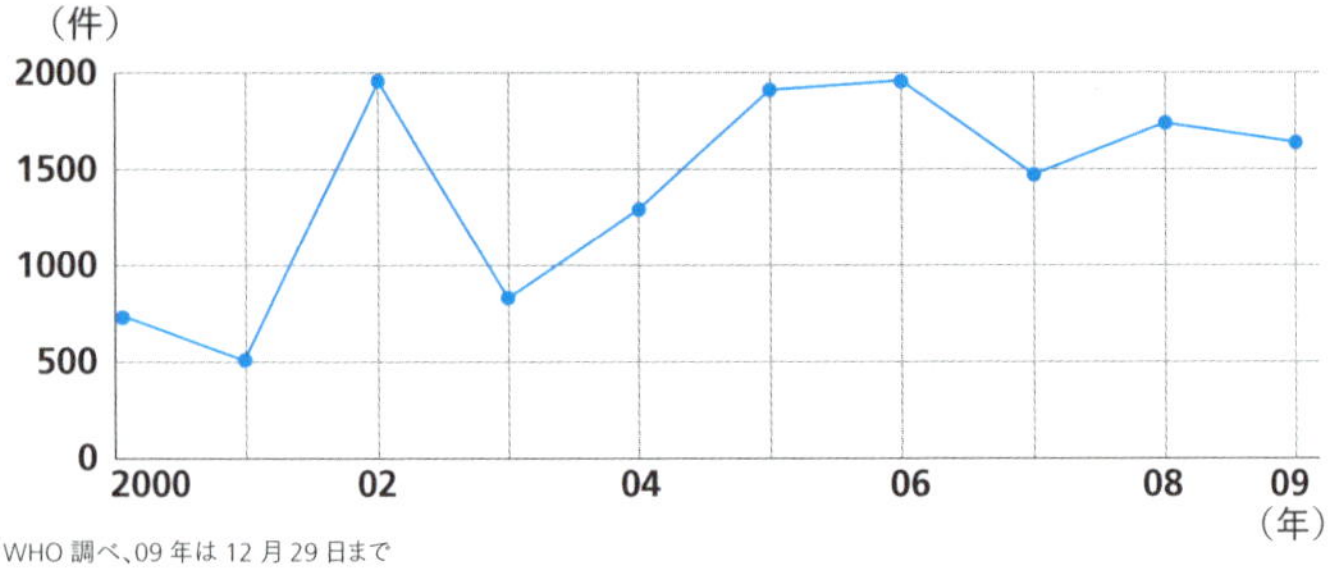

WHO調べ、09年は12月29日まで

サリドマイド
Thalidomide

サリドマイドは、1956年に西ドイツ（当時）の製薬会社グルネンタールで開発され、睡眠導入剤として1957年に発売された。日本では、「イソミン」の名称で、大日本製薬（現・大日本住友製薬）が発売した。しかし、1960年代に妊婦が服用すると肢体の不自由な子供が生まれる薬害が明らかになり、使用が禁止された。しかし、２０００年ごろから、がんやエイズなどの難病治療で有効性が見つかり、世界で再び使われ始めた。わが国でも２００８年、**多発性骨髄腫**の治療薬として製造販売が認められた。

サリドマイドの２つの光学異性体

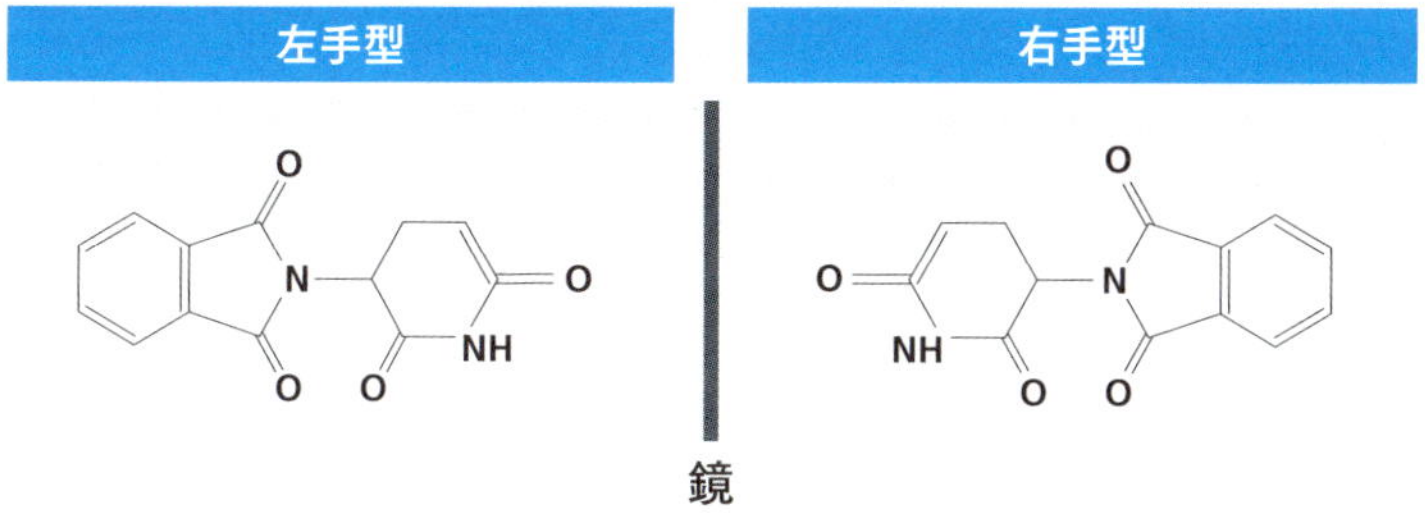

グルタミン酸から合成されるサリドマイドには、構成原子が同じでも、右手と左手の関係のように立体構造が違う2種類があり、生体内での振る舞いが異なる。以前は、右手型だけに睡眠作用があり、もう一方が**催奇形性**を持つと考えられていたが、現在、この説は否定されている。

最近の研究では、サリドマイドが作用する仕組みは、サリドマイドそのものが働くのではなく、体内で分解された種々の成分が、複雑に絡み合って作用しているためだと考えられている。

また、サリドマイドが成長に障害を引き起こす副作用の仕組みの解明が進められている。今後、免疫の活性化・抑制、新しい血管の形成阻害など多岐にわたるサリドマイドの機能と成分との関係の解明が期待されている。

ホルモン療法

Hormone therapy

更年期障害、がん、不妊などの治療で用いられている治療法で、**ホルモン**を人工的に投与し、内分泌機能の不全・欠損に対する補充療法として体を正常な状態に戻したり、種々の疾患をホルモンの特性によって治療する。

たとえば、糖尿病にインスリン、甲状腺機能低下症にチロキシンなどを用いる。高齢の女性に多い骨粗鬆症では、不足している女性ホルモンを補充する。乳がん治療では、がん細胞の増殖を促すエストロゲンなどのホルモンが受容体と結合するのを妨ぐため、原因となるホルモンの働きを鈍らせたり、そのホルモンと拮抗するホルモンを投与する。炎症、アレルギー性疾患、リウマチなどには、副腎皮質ホルモンが用いられる。

しかし、更年期障害に対する女性ホルモンを補充する療法が、リスクが高いと言う理由で米国では２００２年に試験が中止されている。一般に、ホルモン療法の実施に際しては、投与するホルモン量を最低限に抑え、治療期間はできる限り最短にすることが重要であると考えられている。

シトクロムP450
Cytochrome P450

医薬品や毒物などの化学物質が体内に入ると、必ず肝臓で代謝（分解・解毒）される。このとき、薬物代謝に最も重要となるのが「シトクロムP450」である。

薬物の多くは細胞膜を通過するのに都合がいいように**脂溶性**（水に溶けにくいが油にはよく溶ける）が高い。シトクロムP450は、肝臓に入ってきた薬物を酸化し、水に溶けやすい形にし、血管を伝わって腎臓でろ過して、尿として排出されやすいようにする作用がある。

シトクロムP450は細胞内の**小胞体**に多く、一部は**ミトコンドリア**に存在する。動物では肝臓に多く、特によく研究されている。人間のシトクロムP450には、約100種類もの種々のタイプがあり、また個人差や人種差がある。しかし、シトクロムP450は、万能ではなく、全ての化学物質に対して働くのではなく、ダイオキシンやPCBなどには対応できない。

◇肝臓での化学物質の代謝

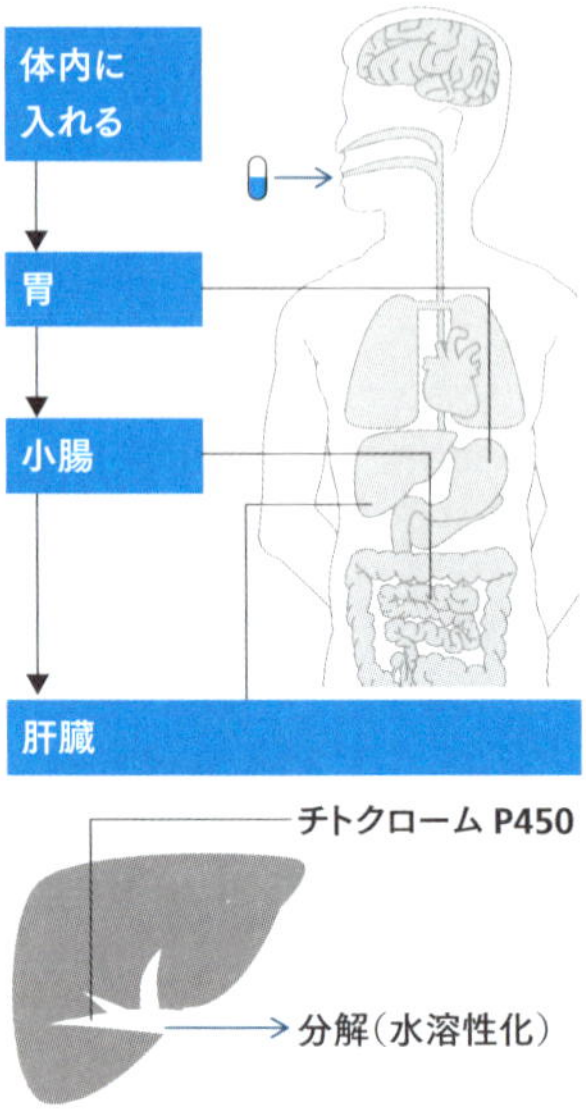

薬物血中濃度モニタリングシステム
Therapeutic drug monitoring; TDM

患者に投与した薬物が体内にどれぐらい残っているかを調べ、治療効果の判定や副作用の判断に役立てるためのシステムのことである。近年の微量分析の技術の進歩によって可能になった。

同じ量の薬物が投与されても一人一人の血液の中の薬物の濃度が違い、効果が変わることがある。これは、それぞれの**薬物代謝酵素**の働きや年齢、性別、体形、体の大きさ、基礎疾患の有無などによって、血中濃度に違いが出てくるのが原因である。そこで、このTDMの結果や臨床の所見から、薬の用量・用法が調整される。

ＴＤＭの実施にあたっては、精度の高い測定方法の確立が不可欠であり、また薬効、副作用の発現と薬物の血中濃度との定量的な関係が明らかになっている必要がある。現在、免疫治療剤、抗てんかん薬、心不全治療薬、不整脈治療薬などで実施されている。

時間治療［時間薬理］ Chronotherapy

人間の体内のほとんどの臓器の働きが、**体内時計**によって24時間周期の生体リズムで変化するのを利用して、薬の投与の時刻を考慮して効果的な薬物治療を実践する試みのこと。

生体リズムは病気の発症や症状の重さに関連していることは古くから知られていた。たとえば、心筋梗塞などの虚血性心疾患は起床後3時間以内に起こりやすい。これは、血圧や脈拍が朝、急に上昇して心筋の酸素消費量が急増することが大きな要因とされる。その他、ぜん息やリウマチ様関節炎は早朝、脳出血やウイルス感染による発熱は夕方、脳梗塞やアトピー性皮膚炎、片頭痛などは夜間に発症・重症化しやすいことが知られている。

一方、同じ薬でも、服用する時間により効き目が違うこともわかってきた。たとえば、腎不全で人工透析を受けている患者に骨がもろくなるのを防止するビタミンDは、朝に服用するより、夜服用する方が副作用（血中のカルシウム濃度を異常に高める）を軽減する上で好ましいことが分かってきた。高血圧などの治療薬「アンジオテンシン変換酵素（ＡＣＥ）阻害薬」は、夕方に投与すると夜間の血圧をより効果的に下げることが明らかになっている。また、抗がん剤でも、がん細胞の分裂が盛んになる時間帯が正常細胞の場合と異なるため、この時間差を利用し、副作用の少ない時間帯に抗がん剤を投与する試みもある。

時間治療の課題には、深夜勤務の人などは体内時計がずれていると考えられるが、個人個人の体内時計を簡単に測定する方法が確立されていないことである。現在の体内時計の測定は、血中の**メラトニン濃度**を測定する方法が一般的であるが、1時間おきに一日中起きていて採血するなど、臨床試験も難しいのが現状である。

多剤併用療法 Combination drug therapy

一般に同じ生物活性を持つ二種類以上の薬剤を同時に使う

場合、薬効に相互作用が生じる。作用を相互に強めあう**相乗効果**、個々の薬剤の効果の和となる**相加効果**、逆に相互に作用を弱めあう**拮抗効果**である。

「多剤併用療法」とは、以上のような薬剤の相互作用に着目して、感染症やがんなどの治療に際して、薬剤による治療効果を高め、**副作用**を減らすことを目的に、数種類の薬を組み合わせて用いる治療法のことである。**がん**や**エイズ**、**結核**などで効果を上げている。

がんの場合、そのがんに有効な薬と、少しずつ作用の異なるものを2、3種類組み合わせて使用するのが一般的である。1種類の抗がん薬を大量に使った場合、特定の副作用が強く出ることがあるが、多剤併用によって薬剤の投与量を減らして、副作用を分散することができる。また薬の組み合わせをいろいろ検討し、できるだけ相乗効果が得られるように処方される。

創薬 Drug discovery

新しい医薬品の開発において、薬の候補を見出し、絞り込んで、製品となるまでの一連のプロセスのことである。

新薬の候補は、自然界の植物や動物などから抽出したり、実験室で新しい化合物を合成したりして作る。最近は、化学合成によるものがほとんどであり、既にある薬を改良する方法が増えている。このプロセスに2～3年かかる。現在ではコンピューターを用いた化学構造設計やゲノム研究、バイオテクノロジー技術なども駆使して候補化合物の選定が行われている。

次に薬として、目的の薬効があるか否か、また安全性などを動物や植物を使って調べる非臨床試験が実施され、3～5年の時間がかかる。この試験で問題がなければ、**臨床試験**（治験）に入り、3～7年かけて人に飲んでもらったり、接種して効果と安全性を確認する。

このプロセスは三段階からなり、第1相試験では健康な人に投与して安全性と体内での働きを調べる。第2相では少数の患者を対象に、薬としての効果と最適な用量を調べる。第3相ではこれまでの薬との比較などを行う。このとき、薬としての作用がない**プラセボ**（偽薬）を使うグループと新薬候補を使うグループに分けて比較することがよく行われる。プラセボを用いても被験者の症状がよくなることがある。特に抗うつ薬や抗不安薬などでは30～60%程度の改善率が観察されることがある。これを**プラセボ効果**といい、心身に備わる自然治癒力や暗示効果のためと考えられている。

以上のようなプロセスで**スクリーニング**（ふるい分けて選別）された新薬が、厚生労働省の審査を受け承認されると製造販売が可能になる。薬害による健康被害が出ないよう、新薬の承認審査は世界的に厳しくなっており、今では、創薬の現場では、数万の候補物質から一つの新薬が誕生するか否かという厳しさがある。

なお、新薬として販売が開始された後も多くの患者が実際に長期間使用した場合の効果や安全性を調べるため、臨床試験が行われることがある。ほかにこの臨床試験では、副作用や複数の薬を混ぜて使ったときの働きを調べる目的もある。

抗がん剤は、副作用が強く健康な人には使えないため、第2相の臨床試験を患者で終えれば、承認・販売される。販売後の臨床試験が通常の第3相に相当する。

また、薬が市場に出た後、患者の要望などから薬を改良していくプロセスを育薬という。同じ薬の成分のまま、剤形や投与方法を変えて飲みやすくしたり、効果を高めたりすることが目的である。

ゲノム創薬 Genome-based drug discovery

ヒトをはじめ、すべての生物の特徴を決定する遺伝情報（ゲノム情報）に基づき、医薬品を開発すること。

バイオテクノロジーの進歩とともに、がんや糖尿病、高血圧症など多くの病気に、遺伝子が関連していることが明らかになってきた。このため、ゲノム創薬は、ゲノム情報から、疾患の原因の的を絞って化合物を選択することができるため、低コストで、効果が高く、副作用の少ない医薬品を提供できることが期待されている。しかし、ヒトのゲノムの情報量は膨大で、価値のある遺伝子を見つけるのは難しい。

現在、多くの製薬会社が遺伝子情報を活用して新薬開発を進めている。最近では、発症など病気の進展とともに発現量が変動する遺伝子（疾患変動遺伝子）から薬の作用点を探す方法などが取り入れられているが、新薬が本格的に登場するのは、まだしばらく先になるとみられている。

ハイスループットスクリーニング High-throughput screening; HTS

新薬を開発するためのスクリーニング技術の一つであり、新薬の候補となる多数の化合物の生物活性（受容体への結合や酵素活性阻害など）を高速で短時間に自動的に調べられるシステムのことである。

候補物質のデータバンクには、通常2～20万種の物質が含まれ、それらを計算と生物検定を組み合わせて、スクリーニングして候補物質を絞り込んでいく。

従来の化合物を一つ一つ入手して段階をおって人の手で検証していく方法と違い、検体の評価（スクリーニング）にかかる時間が大幅に短縮でき、研究開発の効率化に役立っている。最近では、遺伝子や蛋白質の機能解明などにもこの技術が応用されている。

◆ハイスループットスクリーニングの手法

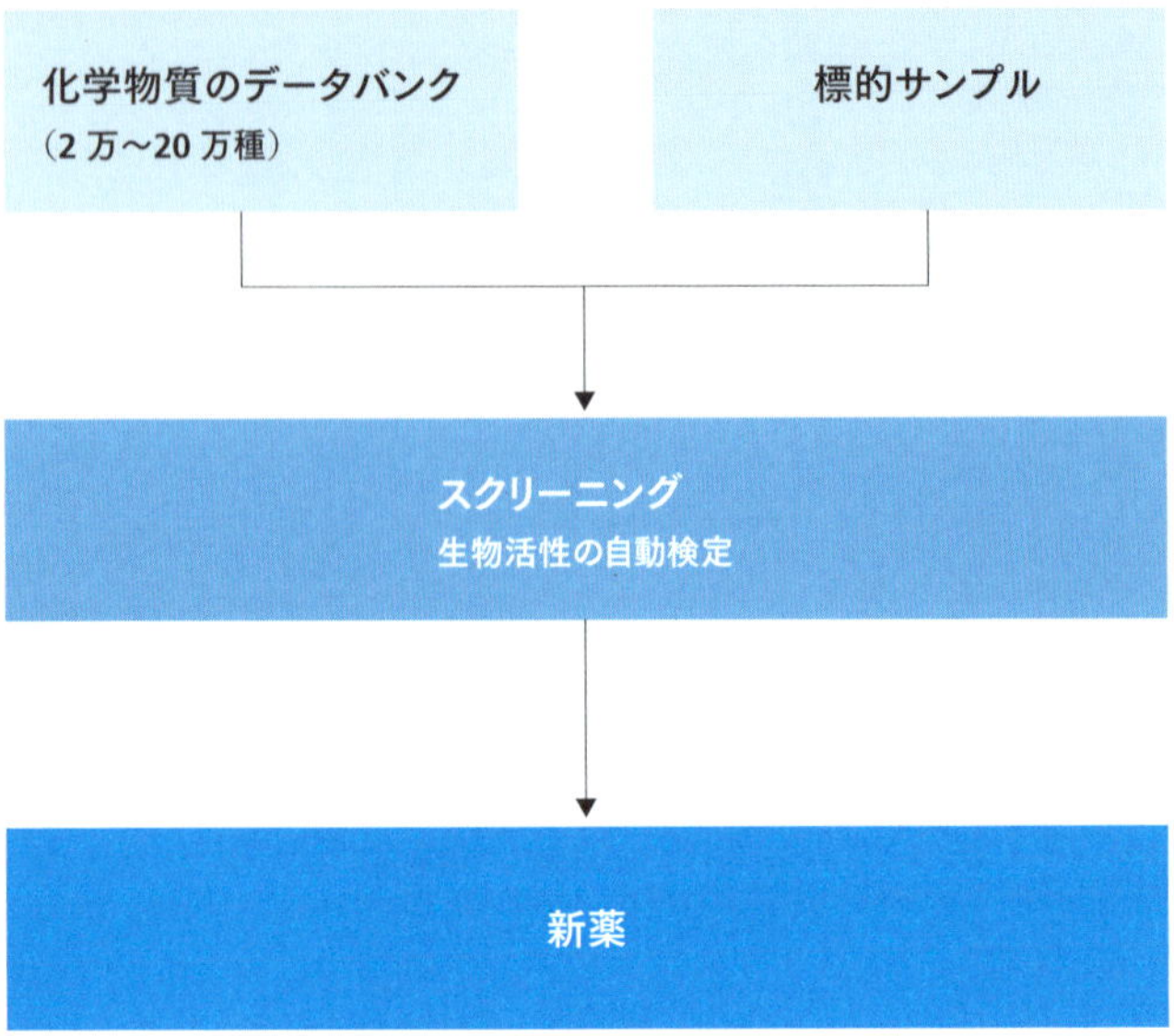

薬物送達システム
Drug delivery system; DDS

一般に飲み薬や注射薬は、胃、小腸で吸収され、血管に入り、循環系のシステムによって心臓へ送られる。心臓は、薬を体の各部に押し出し、患部へ届く。このため、肝臓による**代謝**などによって薬の濃度が低下し、他の器官にも薬が届くため副作用の心配がある。そこで、患部に薬物を必要な時間、必要な量だけ届くように設計し、効き目を最大限に引き出す技術を「薬物送達システム」という。

薬を**カプセル状の微粒子**で包む方法や患部を狙い撃ちする**ターゲティング**という方法が研究されている。カプセル材料にリポソームという脂質や高分子のミセルが使われている。薬剤を徐々に放出する性質をもたせ、投与間隔を広げるなどの使い方もある。

薬剤のＤＤＳ化は、副作用の低減や治療効果の向上を目指して、抗がん剤向けで先行している。前立腺がんやカポジ肉腫の治療向けなど一部は実用化段階にあり、超音波や光、熱を組み合わせ、がんが巣くう患部の近くで薬を効かせる手法も開発されている。重度の腎臓病や糖尿病の治療に使う**タンパク製剤**は、分子量が大きく経口投与は難しいため、ＤＤＳ化により注射回数を減らすことが課題となっている。

プラセボ効果［偽薬効果］

Placebo Effect

実際に臨床で、治験薬の薬効や安全性などのデータをとるため、治験薬と全く同じ形、大きさ、色でありながらも、有効成分は含まない**偽薬**（擬薬）を使い比較を行う。

その結果、偽薬に治療効果が認められることを「プラセボ効果」という。

抗不安薬などの治験では、医者も患者も本物の薬かプラセボか分からないようにしておいて、薬の効果を判定する**二重盲検法**という手法が実施されている。この方法では、治験が終わった後、本物の薬がプラセボより有効だったかどうか判定することになる。

プラセボ効果は、〝病は気から〟といわれるように、ほとんどの病気について、どのようなニセ薬に対するどんな薬でも、大体30％くらいはあるといわれている。うつ病などの精神疾患や慢性疼痛といった痛みの治療で顕著に出る傾向が多いが、感染症では表れにくいとされる。

すなわち、実際の薬の効果は、薬そのものによる**薬理作用**とプラセボ効果との総和であると考えられている。なおプラセボ効果には、副作用や検査値異常が出ることが報告されている。

活性酸素

Reactive oxygen species

老化やがんなど種々の疾患の原因として有力視されているのが「活性酸素」である。酸素は私たちの生命活動に不可欠なものであるが、その酸素の一部が体内で必然的に活性酸素に変化する。

酸素は呼吸によって肺に取り込まれるが、そこで毛細血管を流れている血液中のヘモグロビンと結合し、血液の循環により全身の末端組織の細胞に到達する。細胞では、この酸素を使って、脂肪や炭水化物、タンパク質などを酸化する。この酸化反応のエネルギーを使って、細胞の成長と分裂が繰り返される。酸素はその過程で図のように変化していき、最終的にはH_2分子と反応して水H_2Oになるが、その途中の段階で活性酸素ができる。

活性酸素には図中の4種類のほかにも種々あるが、特に活性の高いものが**フリーラジカル**の**スーパーオキシドアニオンラジカル**と**ヒドロキシラジカル**である。**過酸化水素**と**一重項酸素**（紫外線によって高活性状態になった酸素）はラジカルではないが、同様に激しい反応性を持つ分子である。フリーラジカルは、他の分子から電子を奪う「酸化作用」が強く、脂質やDNAと反応して性質を変えてしまうことがある。

このような活性酸素は、白血球などの好中球やマクロファージが体内の異物や毒物を認識し取り込み分解する際に放出されて働くことが知られている。しかし、過剰の活性酸素が体内に生成すると、関節リウマチ、発がん、ストレス性の胃潰瘍、アトピー性皮膚炎など様々な病気や老化の原因となることがわかってきた。

人体中の過剰な活性酸素を消去あるいは除去し、活性酸素が細胞に損傷を与えるのを防ぐ役割をしているものに、**SOD**（スーパー・オキシド・ディスムターゼ）という酵素をはじめ、その他の抗酸化酵素の存在が知られている。

なお、広義の活性酸素には、酸素の同素体の**オゾン**（O_3）がある。オゾンは酸素原子が3つに折れ曲がってつながった分子であり、酸素中や空気中で、電極に高電圧をかけて放電させることによって生成する。オゾンは酸化作用がひじょうに強く、有毒であるが、水道水の殺菌や繊維の漂白に使われている。

体内での活性酸素の生成

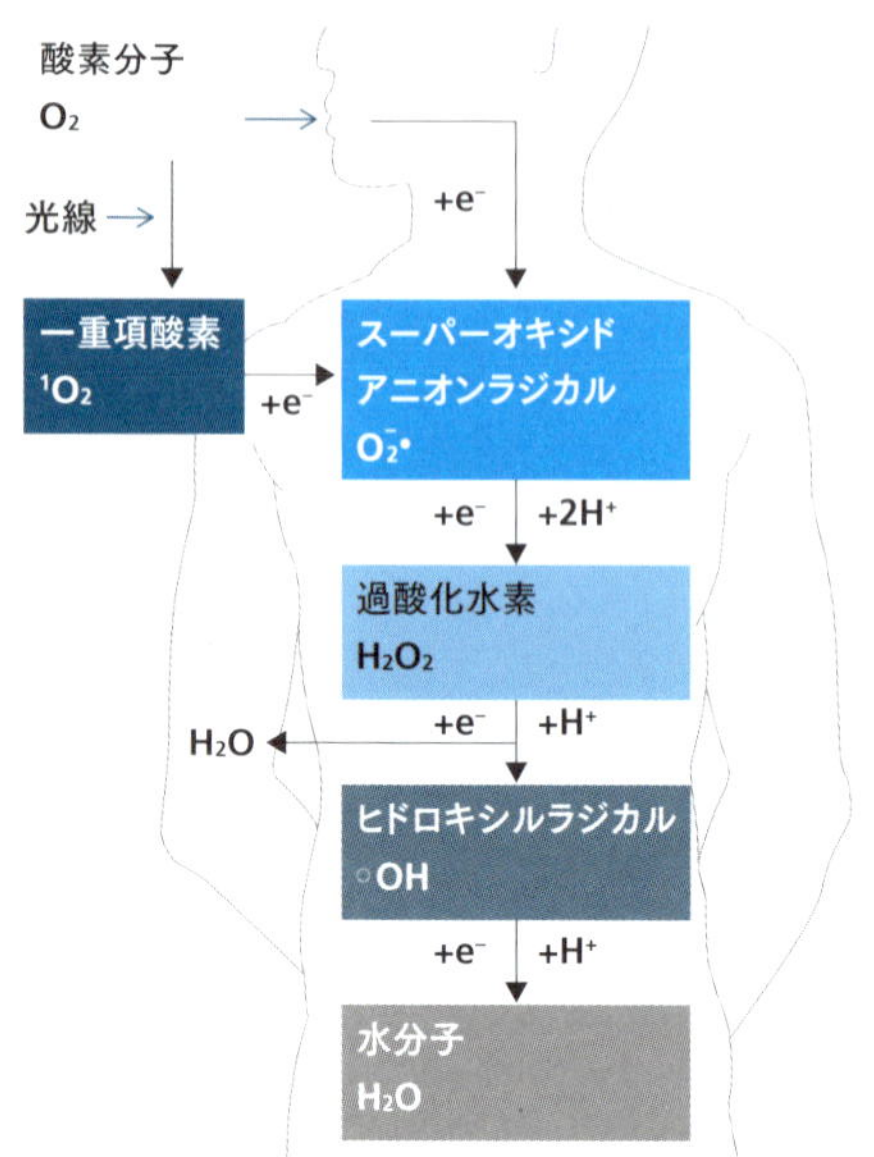

受動喫煙

Passive smoking

タバコの害は、がんや心筋梗塞をはじめとして、さまざまな病気の誘引になることが知られている。タバコの葉には**ニコチン**が2～8%含まれている。ニコチンは**アルカロイド**（分子中に窒素原子を含む有機化合物のうち、ペプチドやタンパク質、アミノ酸、DNA、RNA以外の物質）の一種で、特異な臭気があり、苦く、中枢、抹消神経を興奮、麻痺させ、鎮静効果を示すが、強い中毒症状を示し、循環器に障害を起こす。特に脳に働き**ドーパミン**という快感を感じさせる化学物質を放出させるために、喫煙者に**ニコチン依存症**を引き起こす。

一方、タバコの煙にはニコチン、ナフチルアミン、ベンゼン、アンモニア、ホルムアルデヒド、ベンゾ［a］ピレン、一酸化炭素、鉛、ポロニウムなどの有害物質をはじめ、少なくとも数千種類の化学物質が含まれているといわれ

◆ 環境タバコ煙

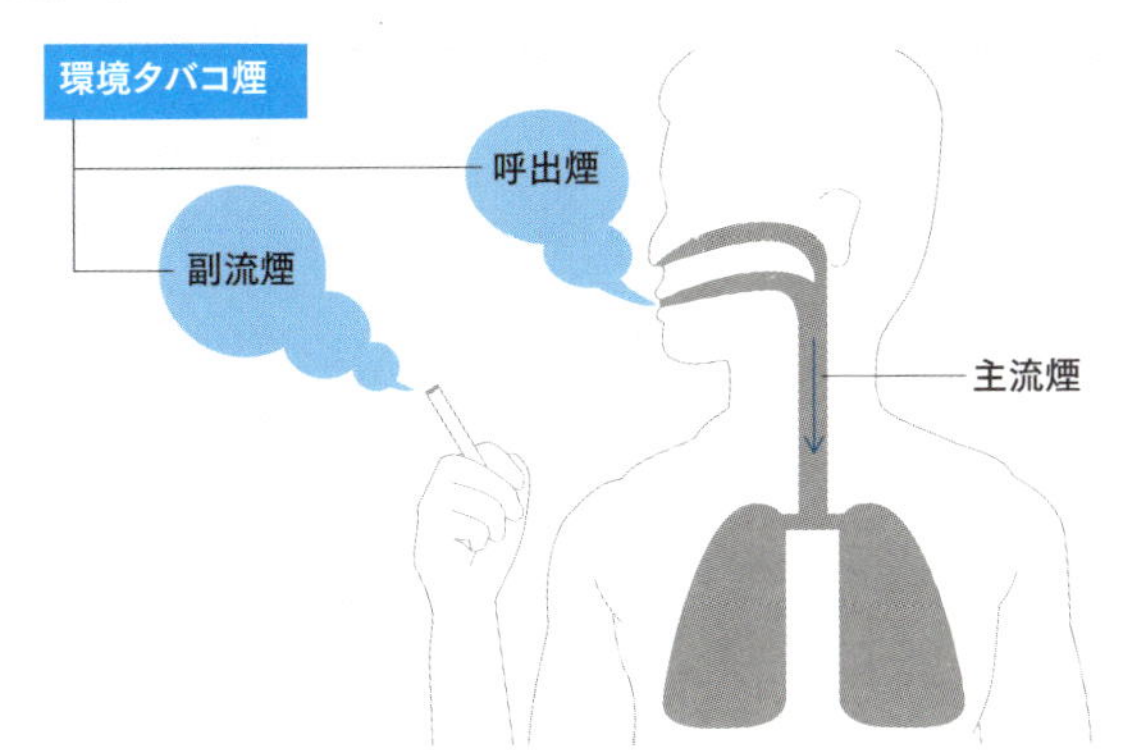

る。特に５００〜６００℃で発生する**副流煙**は、９００℃前後で発生する**主流煙**の数倍ないしそれ以上の有害物質を含んでおり、きわめて危険であると警告されている。主流煙は弱酸性であるが、副流煙は多量のアンモニアを含み強アルカリ性で刺激性が強い。

喫煙によって生じるタールには、生体内で強い発がん性を持つ化合物に変化する**ベンゾ［a］ピレン**などを多量に含んでいる。なお、**ジメチルニトロサミン**は、ニコチンが変化してできる発がん物質であり、きわめて拡散しやすく、喫煙者のまわりの非喫煙者も喫煙者とほとんどかわらない量を吸い込むといわれている。なお、アンモニアはニコチンを体内に吸収させやすくするために添加されている。

喫煙しない人が、周囲の喫煙者のタバコの煙を吸わされる

◆ タバコ１本あたりの煙に含まれる有害物質

	有害物質	主流煙	副流煙
微粒子状物質	タール	10.2 mg	34.5 mg
	ニコチン	0.46 mg	1.27 mg
	ベンゾ[a]ピレン	20 〜 40 ng	68 〜 136 ng
気体	一酸化炭素	31.4 mg	148 mg
	窒素酸化物	0.014 mg	0.051 mg
	アンモニア	0.16 mg	7.4 mg
	ジメチルニトロサミン	5.7 〜 43 ng	680 〜 823 ng

1ng（ナノグラム）は 10 億分の 1g

ことを「受動喫煙」という。喫煙者が直接吸い込む主流煙に対し、非喫煙者が吸い込む煙は、火のついた部分から立ち上る副流煙と喫煙者が吐き出す「呼出煙《こしゅつ》」が混合した**環境タバコ煙**と呼ばれる。

世界保健機関（ＷＨＯ）は２００２年、環境タバコ煙を「動物実験と疫学調査で証明された人間への発がん物質」に分類した。米国環境保護局（ＥＰＡ）も環境タバコ煙をＡクラスの発がん性物質に分類している。ＷＨＯは、２００８年、タバコに関連する世界の死者数が、現在、推定で年間５００万人、２０３０年までに年間８００万人に上り、その約80％が発展途上国で占められる恐れがあると警告する報告書を発表している。日本は喫煙対策がひじょうに遅れ、受動喫煙の害が十分認識されていない。非喫煙者を受動喫煙のリスクから守るために公共の場における禁煙規制を進め、タバコが個人の嗜好品という枠を超えた〝有害物質〟であることを国民に広く啓蒙することが求められている。

急性毒性

Acute toxicity

毒物は、天然に存在する**天然毒**と人為的につくられた**人工毒**（合成化学物質）に大きく分けられる。天然毒は、自然界のいたるところに存在し、フグなどの動物毒、トリカブトなどの植物毒、ボツリヌス菌などの微生物毒と水銀やカドミウムなどの鉱物毒がある。

このような毒には、**急性毒性**と**慢性毒性**を示すものがある。急性毒性の強さは、「LD_{50}（半数致死量）」で表される。これは、毒を与えた実験動物の半数（50％）が死亡した量であり、通常、動物の体重1kgあたりの薬物投与量で表される。また、オタマジャクシやメダカなど水生生物に対する毒性の場合には、投与した化学物質の濃度を用いたLC_{50}（半数致死濃度：Lethal Concentration 50%）が用いられる。LD_{50}やLC_{50}はその値が小さいほど、急性毒性が強いことを意味し、横軸に化学物質の投与量（摂取量）、縦軸に化学物質の生体反応（作用）の強さをとった**用量応答曲線**から上図のように決定される。

LD_{50}は、体重1kg当り検体の半数が死ぬ物質の量で表されるので、体重50kgの人は50倍して考える必要がある。LD_{50}の値が小さいほど、毒性が強いことになる。

◆ 用量応答曲線とLD_{50}の決定

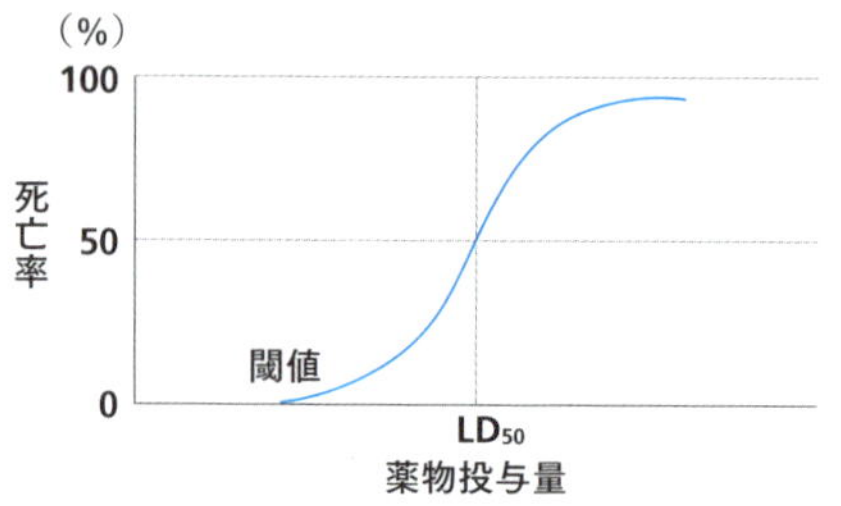

よく知られている毒物の強さのランキングをLD_{50}値で比べたものを右の表に示す。ボツリヌス菌、破傷風菌の毒素など、微生物の作り出す天然物には**ダイオキシン**などと比べてひじょうに強い毒性を持つものが多いことが分かる。また、2, 3, 7, 8—ダイオキシンは、モルモットとハムスターでは

◆ 急性毒性のLD_{50}によるランキング

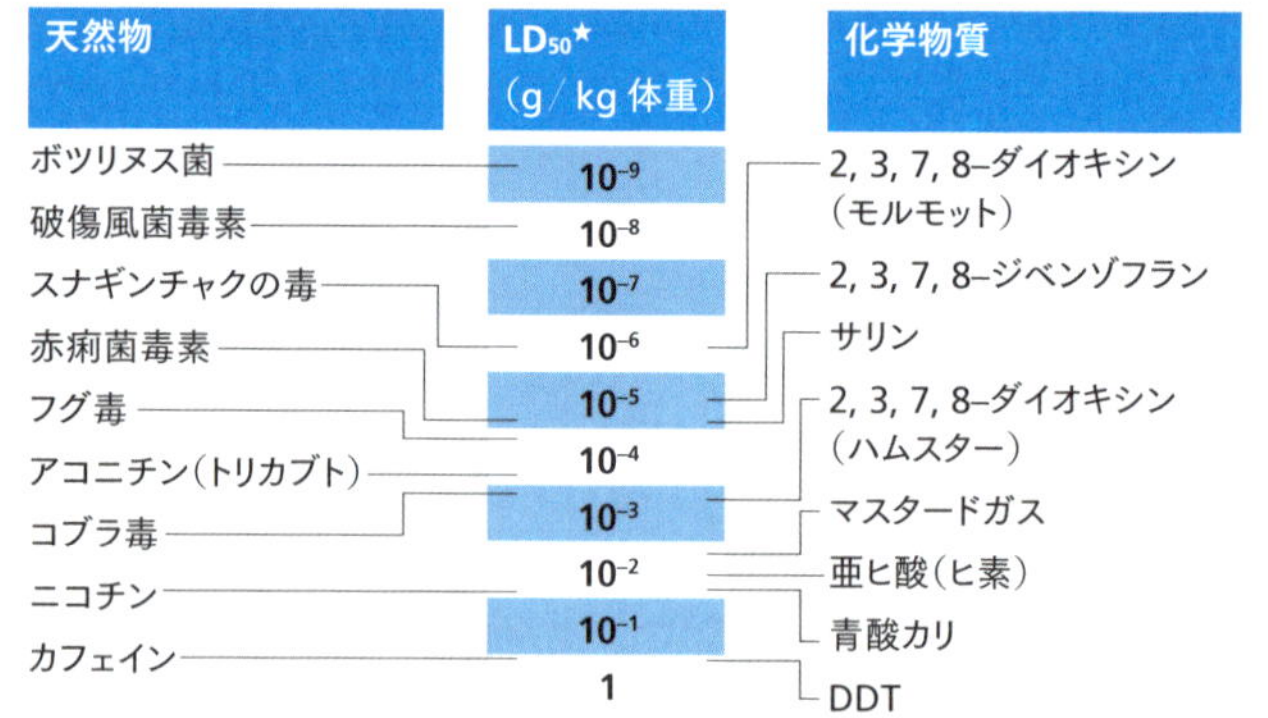

★—実験動物（ラットやマウス）に与えたときに半数が死亡する量

LD_{50}値に1000倍の違いがある。このように、LD_{50}値は、実験動物の種類、体重、雌雄、またその投与方法（経口投与、静脈注射など）などによって著しく異なることがあるので注意が必要である。

一方、慢性毒性は、動物に化学物質を6ヶ月以上の長期間にわたって連続または反復投与し、発がん性や催奇形性を評価する必要があり、急性毒性のような定量化は難しい。

テトロドトキシン
Tetrodotoxin; TTX

フグは、口や指先などにしびれを生じさせる「テトロドトキシン」という強い毒を含むが、美味であるため日本人とは密接なかかわりを持っている。縄文時代の貝塚からフグの骨が出土していることからもわかるように、2千年前から食べていたといわれる。

フグ食は、豊臣秀吉によって禁止され、明治維新後まで続いていたが、1888年に当時の総理大臣・伊藤博文が下関でフグ料理を食べて当時の知事に解禁を指示し、その後、フグ食は徐々に解禁されていった。

現在、食用として認められているフグは、トラフグ、マフグ、サバフグ、カラスフグ、ショウサイフグ、ハリセンボンなど22種類である。フグの毒をもつ部分を取り除く作業を「身欠き」といい、特殊な技術が必要なため、フグ調理師の免許を持った人だけが行える。一般には、肝臓と卵巣（真子）だけに毒があると思われているが、皮や腸、肉にも毒を持つ種類もある。

◇フグ毒テトロドトキシンの構造

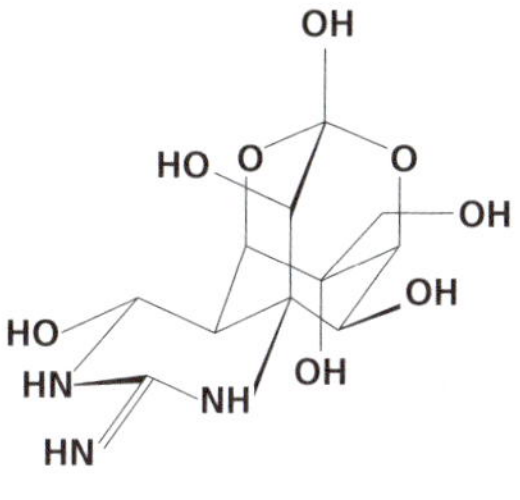

テトロドトキシンの分子構造は、図に示すように複雑なカゴ状の構造で、酸素を多く含んでいることが特徴である。フグは、テトロドトキシンを自分では作れず、餌として取り入れるか、体内に寄生した緑濃菌などによって生産されたものを卵巣や肝臓に蓄積している。最近、フグは、外界から隔離した環境（養殖場など）で孵化・飼育すると毒をもたないことが分かった。

テトロドトキシンは、神経細胞や筋線維の細胞膜にある**ナトリウムチャンネル**を遮断するために神経から筋肉への指令が届かなくなり、麻痺などの毒性を発揮する。その中毒症状は、消化管からの吸収速度が速いため、0.5〜4時間程度で現れ、唇や舌、指先のしびれに始まり、言語障害、運動失調、知覚麻痺が現れ、麻痺がひどい場合、呼吸麻痺で死に至る。成人の致死量は1〜2㎎と推定されている。

薬物乱用

Drug abuse

一般に「薬物乱用」とは、医薬品を本来の目的から逸脱し、社会的ルールから外れた目的や方法で自己使用する行動のことである。

日本では、長年、**シンナー**などの有機溶剤や**覚せい剤**乱用が大半であったが、この10年余りで世界的に最も乱用者数の多い**大麻**の乱用が広がってきた。大麻による検挙者の6割以上が30歳未満で、若者に大麻汚染が広がっている。

◆ 主な違法薬物と作用

薬物	作用
覚せい剤（スピード）	興奮作用
コカイン	興奮作用
MDMA（エクスタシー）	興奮、幻覚作用
マジックマッシュルーム	幻覚作用
LSD	幻覚作用
大麻（マリファナ）	幻覚、抑制作用
大麻樹脂	幻覚、抑制作用
向精神薬（睡眠薬、精神安定剤など）	抑制作用
あへん系麻薬（ヘロインなど）	抑制作用

この増加の要因には、俗称（たとえばエス＝覚せい剤の俗称など）の流行、薬物価格の低下、使用方法が注射から吸引へ簡便化、携帯、インターネットの普及による購入の容易化、不良外国人による無差別な密売などがある。

大麻や覚せい剤、MDMAなどの薬物は、脳で作用して、高揚感や万能感をもたらす興奮作用、気分を鎮め、陶酔感をもたらす抑制作用、色や音などの感覚を増幅させる幻覚作用などがある。薬物乱用が進むと、脳神経の回路が壊れ、自らの意思ではやめられなくなる**薬物依存症**に陥る。

覚せい剤の場合、薬物乱用から薬物依存症になるまで、個人差はあるが凡そ2～3年であるといわれている。一度、壊れた脳の修復は困難とされ、薬物依存症は完全に治すことは不可能である。依存に基づく乱用の結果、慢性中毒になり、覚せい剤精神病、大麻精神病、喫煙による肺がん、飲酒による肝硬変などに至る。

ドーピング

Doping

一般にスポーツ選手が薬物などを不正に使って競技能力を向上させることをいう。2003年に「世界ドーピング防止規定」、07年に国際連合教育科学文化機関（ユネスコ）の「スポーツにおけるドーピングの防止に関する国際規約」（反ドーピング条約）が発効している。

ドーピングが禁止される理由には、「健康を害する」、「フェアではない」、「社会に悪影響を与える」、「スポーツ固有の価値を損ねる」といったことが挙げられている。世界アンチ・

ドーピング機構（WADA）の規定によると、2008年の禁止物質・方法のリストには、200種以上の物質が載っている（表参照）。これは例示であり、類似の化学構造・効果をもつ物質も同様に禁止される。また、リストには「すべてのβ2作用薬」というように、個別名ではなく、カテゴリーとして挙げられているものもある。

その他、酸素運搬能の強化のための**血液ドーピング**（自分や他人の血の輸血や赤血球製剤の投与など）、身体能力を高めるための**遺伝子ドーピング**（赤血球やタンパク質を作り出す遺伝子を人体に組み込む）、尿検体のすり替え、点滴など静脈注入などの不正操作が挙げられている。

ドーピングによる不正は年々巧妙化しているため、検査技術の向上、ドーピング検査数の増加などの対応措置がとられている。2006年には、世界で約20万件、日本では4千件以上の検査が実施された。

◆WADAの禁止薬物リスト（2008年版）

タンパク同化薬（73種）

β2作用薬（気管支拡張剤）

ホルモン拮抗薬と調節薬（13種）
抗エストロゲン作用を持つ薬物など

ホルモンと関連物質（7種）
エリスロポエチン、成長ホルモン、
性腺刺激ホルモン、インスリン類など

利尿薬・他の隠ぺい薬（16種）

興奮薬（62種）
アンフェタミン、コカイン、ストリキニーネなど

麻薬（11種）
モルヒネ、ヘロインなど

カンナイノイド
マリファナなど

特定競技で使用禁止
β2遮断薬（20種）、アルコール

環境ホルモン［外因性内分泌かく乱化学物質］
Endocrine disruptors

環境中に存在している人工あるいは天然の化学物質が体内に取り込まれ、ホルモン作用を乱す（撹乱する）ものが、「環境ホルモン」（外因性内分泌かく乱化学物質）とよばれる。これまでの知見では女性ホルモン（エストロゲン）と似た生理作用を示すため、**エストロゲン様物質**ともいわれる。

一般にホルモンと、そのホルモンの**レセプター**（受容体）は、「かぎ」と「かぎ穴」にたとえられる。環境ホルモンは、本物のホルモンとは違うが、**エストロゲンレセプター**（ER）にうまく組み合わさって「合いかぎ」のように作用し、本物と同様の作用をもたらすと考えられている。また、「合いかぎ」が先にERに結合してしまい、本物が「かぎ穴」に結合することを阻害させて異常を引き起こすタイプや、ホルモンの生成、代謝などに作用することでかく乱を引き起こすパターンもあるといわれている。

環境ホルモンは、天然の女性ホルモンに分子の構造やサイ

ズが似ているものが多く、分子サイズが小さい、水にほとんど溶けずに脂肪に溶けやすい、環境中で分解しにくい、微量で生物学的作用を示す、などの特徴がある。

現在、環境ホルモンとして疑われている物質は、ダイオキシン、ＤＤＴやＨＣＨなどの農薬、プラスチックやエポキシ樹脂の原料であるビスフェノールＡ、界面活性剤が微生物の働きで分解して生じるアルキルフェノールなどがある。しかし、人体への影響、生態系への影響など不明な点が多い。

◇ 環境ホルモンの想定メカニズム

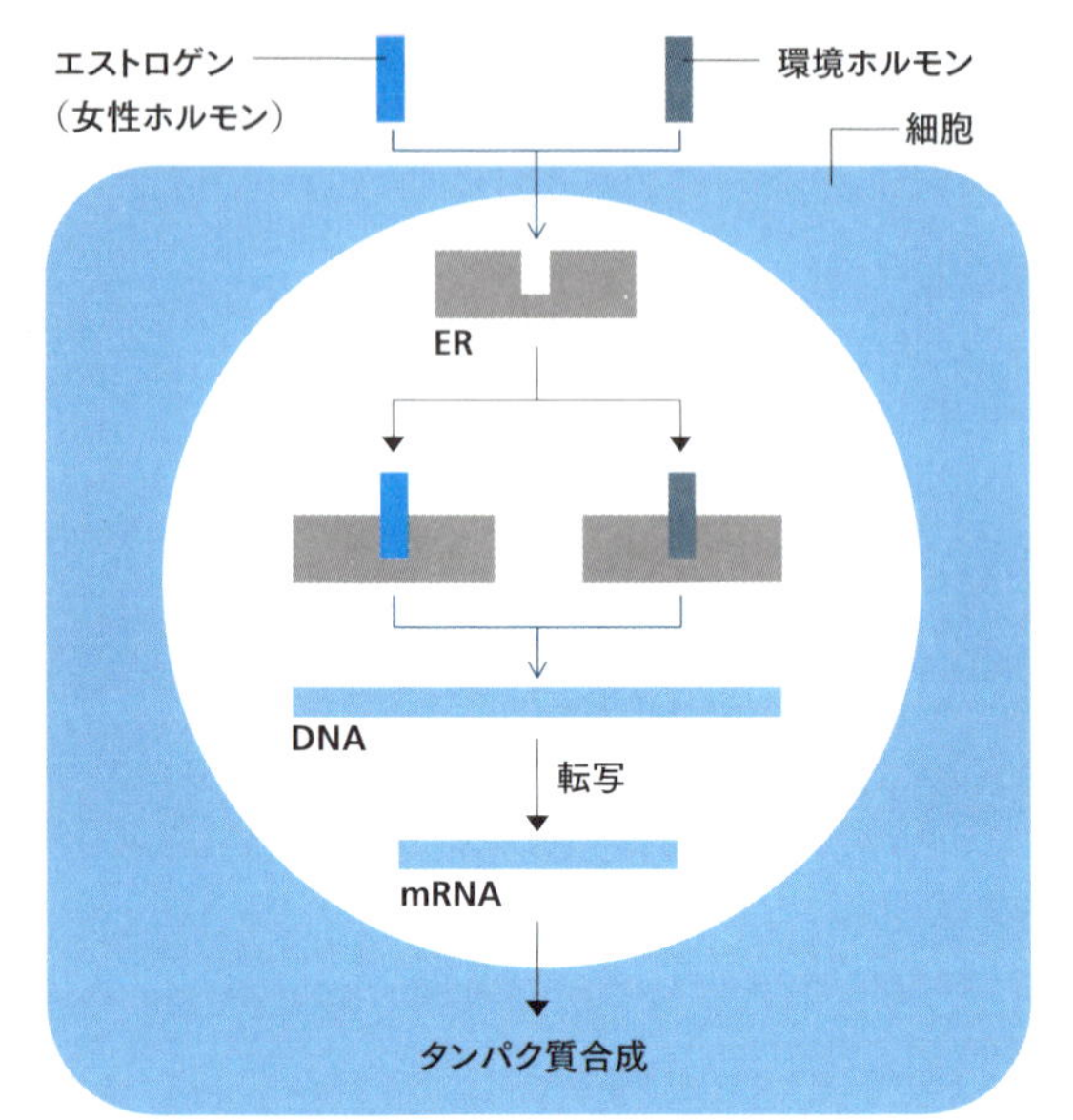

これまでに種々の合成化学物質が、分子レベルや細胞レベルではＥＲに働くことが確認されている。しかし、個体や個体群に対して、環境省による36種の合成化学物質についての哺乳類に対する実験結果では、明確な影響は出ていない。内分泌かく乱物質に関する２００５年プラハ宣言では、「男性の生殖機能への深刻なリスク」について警告している。２００８年4月、米国国家毒性プログラム（ＮＴＰ）は、ビスフェノールＡについて、「乳幼児の神経や行動に何らかの影響を及ぼす懸念がある」とした報告書をまとめ、国内外でビスフェノールＡの影響評価が実施されている。

さらに、われわれの体内には、検出可能なレベルの数百種類の合成化学物質がさまざまな割合で蓄積されており、一部の物質が単独では内分泌のかく乱について無害でも、他の物質と組み合わさると有害になる可能性があり、予防的方策の確立が重要である。

特定保健用食品［トクホ］

Foods for specified health uses

食品は、原則としてパッケージや広告で健康への効能をうたうことができない。

しかし、国が生活習慣病予防への効果や安全性を審査した上で、例外的に「血圧調整」、「コレステロール調整」、「整腸効果」、「虫歯予防」などといった表示を認められた食品を「特定保健用食品（トクホ）」という。

この制度は、１９９１年に「栄養改善法」で法制度化された。企業はまず動物実験のデータに加え、数十人程度の臨床試験データなどを保健所経由で国（消費者庁）に提出して申請する。

消費者委員会と食品安全委員会が二重に審査し、消費者庁が最終決定するしくみになっている（２００９年12月現在）。認可されると、企業はその食品に健康強調表示と許可マークを表示できる。

現行のトクホ制度の課題は、一度審査を経て表示許可を受ければ無期限に有効である点にある。さらに、認可した食品の安全性に疑念が生じた場合、食品安全委員会の最終結論が出るのに長期間かかり、行政側が迅速な対応を取るのが困難である。

２００９年９月、「体に脂肪がつきにくい」との効能をうたった花王の植物油「エコナ」に、ラットの体内でグリシドール脂肪酸エステルという発がん性物質に変化する含有成分があることが分かり問題になった。

２００９年８月末現在、トクホの表示許可を受けている食品は８９２品目ある。市場規模は07年度で６７９８億円（財団法人日本健康・栄養食品協会調べ）に達している。

食塩 Salt

食用、医療用に調製された純度の高い塩のことである。化学名は「塩化ナトリウム（NaCl）であり、ナトリウム（Na）と塩素（Cl）が結びついてできており、塩化カリウム（KCl）や塩化マグネシウム（$MgCl_2$）なども微量含まれる。

食塩は無色透明な結晶で、細かい粒がたくさん集まると光が反射して白く見える。水にひじょうによく溶け、海水中には平均2.8％含まれる。海水中の塩は46億年の地球の歴史の中で種々の形や姿に変わり、現在、世界で1年間に生産される約1億８０００万ｔの塩のうち、海水からつくられる天日塩は１／３程度、残りは地下の岩塩や塩湖の塩としておもに採取されている。

食塩は、生物にとって重要な生理作用を持ち、生命維持に無くてはならない物質である。人体内には約２５０gの食塩が存在し、体液として、また細胞や血しょうの浸透圧（細胞膜にかかる圧力）を調整する重要な役割を担っている。そのため、暑い日や激しい運動などにより多量の汗といっしょに塩化ナトリウムが体外に出てしまった場合には、直ちに食塩を補給する必要がある。しかし、必要量は食塩で1日1～2gであり、取りすぎると高血圧を招き、脳卒中などの原因となる。胃の粘膜を傷つけて胃がんのリスクが高まることも国内外の疫学調査で明らかになっている。

日本人はみそや醤油、漬物などの影響があり、塩分摂取量の多い国民といわれている。日本人の1日当りの平均食塩摂取量は図のように減少してきており、2008年には男性が11・9g、女性で10・1g（厚生労働省「国民健康・栄養調査」）である。しかし、欧米に比べると依然として高く、厚生労働省の「日本人の食事摂取基準」（2010年4月改訂）によると、1日摂取の目標値が男性で9g未満、女性で7.5g未満と旧基準より引き下げられた。

◆日本人の1日あたりの平均食塩摂取量

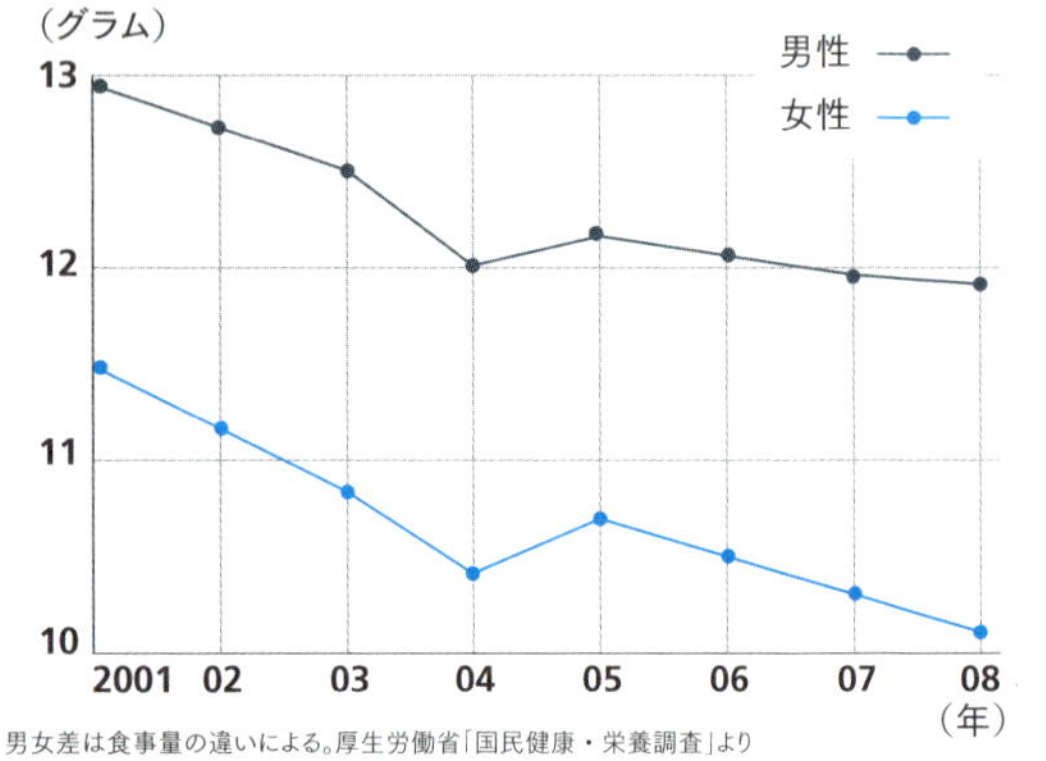

男女差は食事量の違いによる。厚生労働省「国民健康・栄養調査」より

日本では1年間に約960万tの塩が消費されているが、家庭で使う塩の量はわずか3.2%、みそ、醤油、加工食品などの食品加工用に使う分を合わせても、食用は全体の13%ほど

にすぎない。ほとんどは工業用の原料になり、その用途は鏡やタイヤ、せっけん、CD（コンパクトディスク）、新聞紙など、多岐にわたっている。

アルコール
Alcohol

炭化水素の水素原子が水酸基（-OH）と置き換わった有機化合物である。分子中の水酸基の数によって、1個のものを一価アルコール（メタノール、エタノールなど）、2個のものを二価アルコール（エチレングリコールなど）、3個のものを三価アルコール（グリセリンなど）という。

一般にエタノールを単にアルコールとよぶことが多い。エタノールは酵母によるアルコール発酵や植物の嫌気呼吸などによって生じる。医療用の消毒用アルコールは、エタノールの約80%水溶液であり、100%のものより殺菌力に勝っている。

酒は、エタノールの水溶液（ビール：3～5%、ウイスキー：40～45%、ウオッカ：60%程度）である。純粋なエタノールは無色の液体で沸点が78・5℃、脂溶性（油に溶けやすい）でも水溶性の物質でもよく溶かす性質がある。

エタノールが人体内に入ると、まず、肝臓でアルコール脱水素酵素（エタノール分子から水素原子を2個とる）によって酸化され、**アセトアルデヒド**になる。アセトアルデヒドは毒性が強く、悪酔いや二日酔いの原因になる。次にアセトアルデヒドは、アルデヒド脱水素酵素によって無害な**酢酸**になり、最終的に**二酸化炭素**と**水**になる。日本人には、2種ある**アセトアルデヒド脱水素酵素**のうち、大きな働きをする酵素（ALDH2）が遺伝的に欠損しているか、少ない人の割合が多く、少量の飲酒でもアセトアルデヒドが体内に蓄積することになる。

◇アルコールの体内での代謝

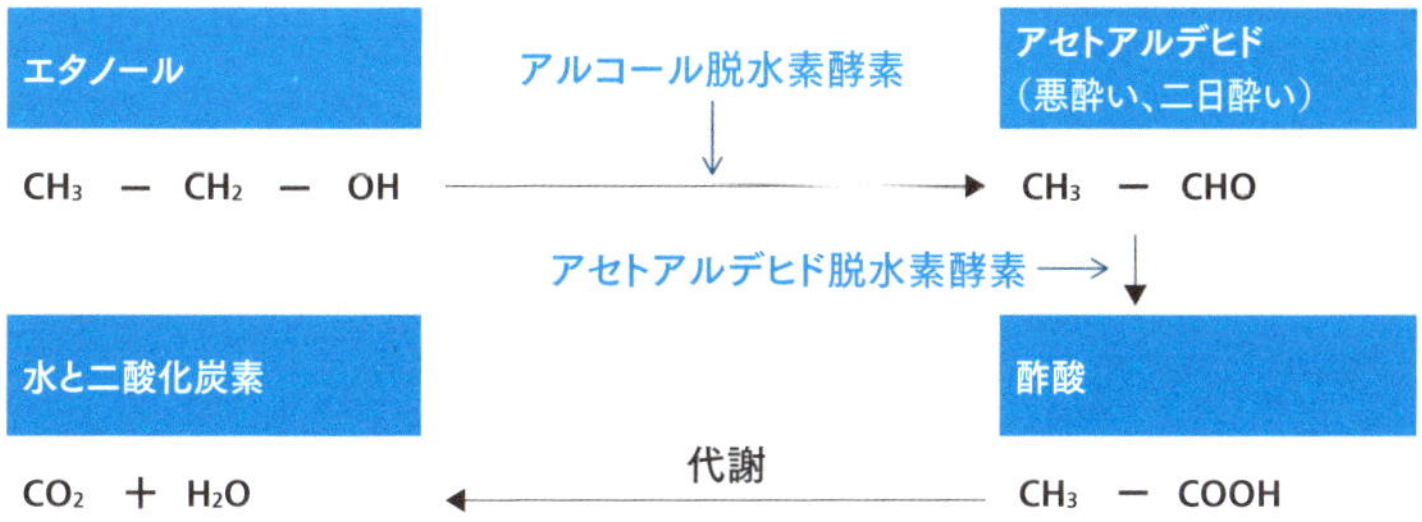

　エタノールと**メタノール**（CH_3OH）は、炭素原子が一つ異なるだけでなく、代謝産物が違うため、毒性が大きく異なる。もしヒトがメチルアルコール（劇物）を摂取すると、上のスキームと同じ酵素による代謝に

よって、**シックハウス症候群**の原因物質の一つといわれる**ホルムアルデヒド**と毒性の強い**ギ酸**が生じる。このホルムアルデヒドは目の中のタンパク質を変性させるため、死に至らなくても失明することがある。

　酒類による健康や社会への害を減らしていくため、世界保健機関（WHO）は2010年5月の総会で「アルコールの有害な使用を減らす世界戦略」を採択している。WHOの調査によると、2004年に世界中で約250万人がアルコール関連の原因で死亡している。

カロテノイド
Carotenoid

植物、細菌、藻類、甲殻類、魚類、哺乳動物などに広く見出される赤、橙、黄色などの脂溶性（油に溶けやすい）の色素である。紫外線が強い場所に生息する動植物は、「カロテノイド」を体の表面に蓄積して、色鮮やかなケースが多い。

　自然界には600種類以上のカロテノイドが存在するが、日常では約50種類が野菜や果物から摂取されている。黄赤色の**β—カロテン**は、にんじん、かぼちゃ、ほうれん草などに最も広く存在している。トマトには赤色の**リコピン**、サケの身には赤色の**アスタキサンチン**が多く含まれている。β—カロテンやミカンや柿に多い**クリプトキサンチン**などは、生体内で**ビタミンA**に変換され、**プロビタミンA**とよばれる。

カロテノイドは、**活性酸素**やフリーラジカルを消去する抗酸化作用や免疫増強作用、抗がん作用などが認められている。人間は、カロテノイドを体内で作り出すことができないため、老化防止や疾病予防のため、カラフルな食材による多くのカロテノイドの摂取が必要であるといわれている。

ベータカロテン β-Carotene

にんじんやカボチャなどの黄色やオレンジ色の野菜、ブロッコリーなど緑黄色野菜にたくさん含まれている**カロテノイド系色素**のなかの一種であり、植物や藻類、バクテリアなどによってつくられる。「ベータカロテン」は、純粋な結晶状態では赤から赤紫色をしている。摂取されたベータカロテンは、必要に応じて体内で**ビタミンA**に変化する。ビタミンAに変わるのは必要量（摂取量の1／6）だけで、残りは、ベータカロテンのまま、体内で生じる活性酸素を捕捉して活性を消去する働き（抗酸化作用）がある。ビタミンAの前駆体であるため、ビタミンA源の栄養機能食品として認められている（上限値は3600μg、下限値1080μg）。

◇ベータカロテンの化学構造

トランス型

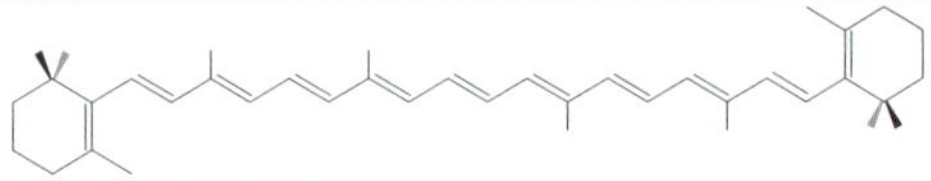

シス型

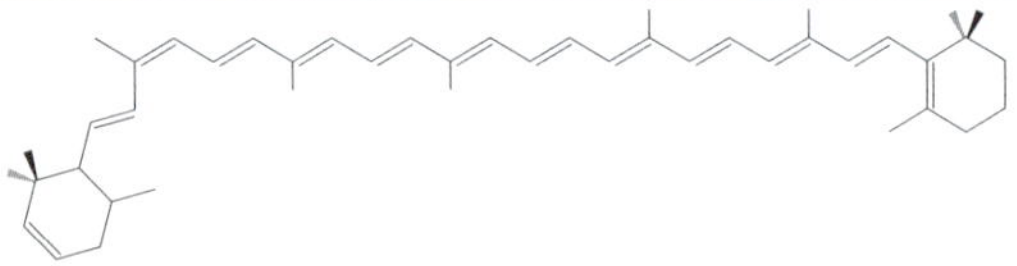

ベータカロテンの化学構造は、立体的に異なる2つのタイプ、**シス型**と**トランス型**がある。上図に示すように、トランス型は直線形構造であるが、シス型は湾曲している。ベータカロテンには合成と天然のものがあるが、合成のものは全部がトランス型で、食品や薬品の添加色素として使われている。果物や野菜、ドナリエラなどの藻類に含まれるベータカロテンは、シス型とトランス型の混合物で、その割合は、植物の成長過程で受ける太陽光線の強さで決まる。

ベータカロテンは発がん予防作用との関係で注目されてきているが、これまでのほとんどの臨床試験では合成のものが用いられてきており、2つの型のうち、どちらがより高い効力をもつか、または両者共同で効力が増強されるのかなど、まだ未解明である。

ポリフェノール Polyphenol

一つの分子中に複数の**フェノール性水酸基**（ベンゼン環に-OH〔ヒドロキシ基〕が付いたもの）をもつ化学物質の総称である。ほとんどの植物に含まれる成分であり、5000種以上あるといわれる。植物が自らを酸化障害から守るために作り出していると考えられている。

このポリフェノールは、光合成によってできた植物の色素や苦味の成分であり、**活性酸素**を除去する抗酸化作用が強い物質である。代表的なものに花の色の成分の**フラボノイド**、ウコンに多く含まれる**クルクミン**、胡麻の**セサミン**などで知られる**リグナン**、桜の葉に多く含まれる**クマリン**などがある。ブドウ、紫芋などの赤紫色をした植物に多く含まれる**アントシアニン**、緑茶に多い**カテキン**、大豆に含まれる**イソフラボン**などがよく知られている。

赤ワインがよく飲まれる南フランスでは、他の欧米諸国と同様に乳脂肪摂取量が多いが動脈硬化の患者が少ない現象、「フレンチ・パラドックス」がよく知られている。その原因が、研究の結果、赤ワインの原料となる黒や紫、赤のブドウの皮や種に多く含まれる「ポリフェノール」にあることが判明した。コレステロールを多く含む**低密度リポタンパク質**（LDL）が酸化することによって動脈硬化が起こるが、ポリフェノールは、LDLの酸化を抑制する効果がある。

食品添加物 Food additive

食品の製造、加工、保存の際に、色や形、香り、舌ざわりなどをよくしたり、長期保存を可能にしたり、栄養を補う・強化する目的などで加えられる化学物質を「食品添加物」という。

これらの化学物質には、天然の動植物から取り出された物と人工的に化学合成によってつくり出された物がある。日本では、安全性と有効性を確認して大臣が指定した「指定添加物（340種、天然物を含む）」、天然添加物として使用実績が認められている「既存添加物（489種）」、「天然香料」と「一般飲食物添加物」の4種類に分類され、現在、約1500品目が認可されている。加工食品には、原則として、食品添加物の表示が義務付けられている。

たとえば、人工甘味料には、**アスパルテーム**（$C_{14}H_{18}N_2O_5$）やサッカリン（$C_7H_5NO_3S$）などが用いられる。ビタミンCやビタミンEは、空気中の酸素による食品の品質劣化を防ぐ酸化防止剤として使われている。安息香酸ナトリウムやソルビン酸は、食肉製品、チーズ、清涼飲料水や醤油などの食品のカビや細菌による腐敗を防ぐ保存料に用いられている。

調味料では、グルタミン酸ナトリウムやイノシン酸ナトリウムは、それぞれコンブとかつお節の**うま味成分**であり、酵素を利用して製造されている。

食品添加物の安全性はさまざまな試験によって確認されている。しかし、天然に存在しない化学合成添加物の毒性や、まだリスク評価されていない蓄積性や環境ホルモン作用など、人体に対する有害性が疑われているものもある。レモンやオレンジなどの防カビ剤のオルトフェニルフェノール、殺菌剤の過酸化水素、酸化防止剤のブチルヒドロキシアニソールなどは、**発がん性**が確認されている。また、発色剤や食中毒防止用の亜硝酸ナトリウムは、それ自体には発がん性はないが、タンパク質中に含まれる特定の物質と結合して、発がん物質の**ニトロソアミン**が生じる。このような食品添加物は、微量であれば問題ないが、長期間摂取し続けていると人体に何らかの影響をおよぼす恐れがある。

おもな食品添加物

種類	代表的な添加物	使用食品例
着色料	タール系色素、天然着色料	菓子、清涼飲料水、漬物
発色剤	亜硝酸ナトリウム、硝酸ナトリウム	ハム、ソーセージ チーズ
調味料	アミノ酸、有機酸、無機塩	食品全般、ソース、漬物
甘味料	アスパルテーム、サッカリン	ダイエット食品 漬物、醤油
酸味料	クエン酸、L–酒石酸 乳酸	清涼飲料水、ジャム、キャンディー
保存料	安息香酸ナトリウム、ソルビン酸	マーガリン、シロップ、佃煮
殺菌剤	過酸化水素 次亜塩素酸ナトリウム	カズノコ、野菜、果実
防カビ剤	オルトフェニルフェノール、ジフェニル	柑橘類、バナナ
酸化防止剤	ビタミンC、ビタミンE	漬物、パン、油脂 食肉加工品
乳化剤	グリセリン脂肪酸エステル、レシチン	アイスクリーム マーガリン、菓子
強化剤	ビタミン類、炭酸カルシウム	マーガリン、清涼飲料水

サプリメント Dietary supplement

わが国では、国の制度上、明確な定義はなく、食品と位置づけられている。栄養補助食品、健康補助食品あるいは健康食品ともよばれ、ビタミン、ミネラル、アミノ酸、食物繊維などを錠剤やカプセル、粉末、ドリンク剤などの医薬品に似た形態で摂ることが多い。サプリメントの中で、その成分と含量が、国の規格基準に合致するものは、**保健機能食品**（**栄養機能食品**）と表示ができる制度になっている。

このサプリメントには、栄養を補助するものから、健康維持を目的とするものまであり、国民の6割が摂取したことがあり、6000億円市場（2009年）に拡大しているといわれる。通常の食事では摂りにくい栄養成分や、自然治癒力や免疫力を高め、体の機能をうまく循環させて、病気にかかりにくくするといった「予防効果」を持つものも多いといわれる。しかし、過剰摂取や、特定の医薬品と同時に摂取したりすると、副作用をもたらす場合があり、今、サプリメントによる健康被害が医療現場で問題になってきている。

たとえば、サプリメントが医薬品の効果を弱めてしまうケースも出てきている。パーキンソン病の場合、その治療薬とある種類のアミノ酸を同時に飲むと、吸収が妨げられ効果を弱められることが最近の研究でわかってきた。サプリメントの供給側が、消費者に摂取量の目安量、使用リスクなどを十分に注意喚起することなど情報提供が重要である。

おもなサプリメント

種類	例
ビタミン	ビタミンA、ビタミンB_1、ビタミンB_2、ビタミンC……
ミネラル	カルシウム、マグネシウム、鉄分、セレニウム、亜鉛……
ハーブ	イチョウ葉、ノコギリヤシ……
不飽和脂肪酸	DHA、EPA、アラキドン酸……
アミノ酸	ロイシンなど
その他栄養素	カテキン、ベータカロチン、セサミン……
補酵素	コエンザイムQ10など
関節痛に効く	グルコサミン、コンドロイチン
栄養素	ヒアルロン酸など

ニュートリゲノミクス［栄養遺伝学］

Nutrigenomics

「ニュートリゲノミクス」とは、栄養（ニュートリション）と遺伝子（ゲノミクス）を組み合わせた造語であり、「栄養遺伝学」といわれる。

食品や栄養素が生体におよぼす栄養効果や生体機能調節効果を、遺伝子発現に与える影響を研究することにより解明する研究手法である。DNAやたんぱく質を分析する手法など複数のゲノム関連技術や分子生物学的技術を総合した方法で調べる。

ニュートリゲノミクスは、食品成分による発がん性の有無など安全性を確認する医術開発に適用され始めている。

コエンザイムQ10

Coenzyme Q10

別名をユビキノン、またはユビデカレノンといい、その語源は"Ubiquitous（ユビキタス＝普遍に存在する）"からきている。私たちが生活していく上で必要なエネルギーは、細胞にある**ミトコンドリア**で生み出されているが、そのエネルギー産生に関わる酵素の働きを助ける**補酵素**である。下の構造式からわかるように、同じ構造が10個つながっているため、「コエンザイムQ10」の名前の由来となっている。

コエンザイムQ10は、オレンジ色の結晶状の粉末で、油に溶けやすい脂溶性の成分である。体内でつくられ、厳密にはビタミンではないため、ビタミン様物質とよばれる。体内でのコエンザイムQ10の合成は、20歳代をピークに年齢の上昇とともに徐々に低下していくといわれ、40代では体内のコエンザイムQ10の量が、20代の70％程度まで減少する。

コエンザイムQ10には、強い抗酸化作用が認められ、老化の主原因といえる活性酸素を消去する働きもある。このコエンザイムQ10の含有量が多い食品には、いわし、さば、牛や豚肉、ほうれん草、ブロッコリーなどがある。最近では、サプリメントとして需要が広がっている。

◆コエンザイムQ10の構造式

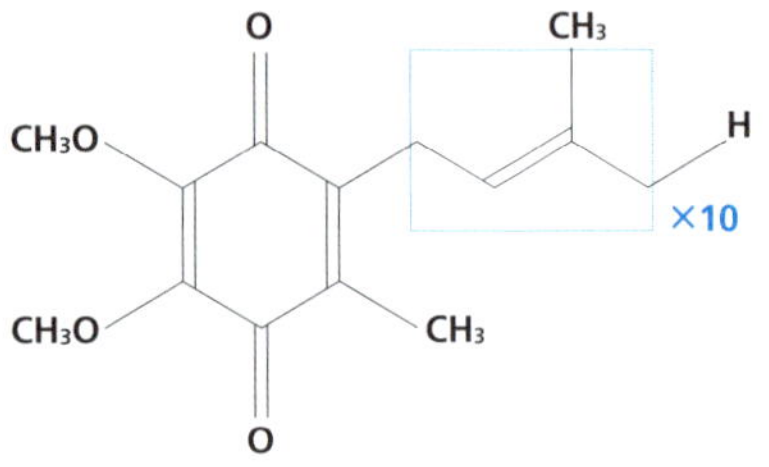

トランス脂肪酸
trans-Unsaturated fatty acids; TFA

構造中にトランス型の二重結合（二重結合の反対側に2つの原子・原子団が結合）を持つ不飽和脂肪酸。天然植物油にはほとんど含まれないが、菓子などに使われるショートニング（硬化油）、マーガリン、コーヒー用クリームなどの加工油脂に比較的多く含まれる。多量に摂取すると**LDLコレステロール**（悪玉コレステロール）を増やし、**HDLコレステロール**を減少させる働きがあるとされ、動脈硬化や心臓疾患のリスクが高まるなど健康面の影響が指摘されている。

世界保健機関（WHO）と国連食糧農業機関（FAO）が示すトランス脂肪酸摂取量の目安は、1日の総エネルギー摂取量の1％未満である。米国人の平均摂取量は1日5.8gで2.6％、日本人は0.7

◆おもな食品中のトランス脂肪酸の含有量

食品	最小値〜最大値	平均値（g／100g）
マーガリン類	0.36〜13.5	7.00
バター	1.71〜2.21	1.95
ショートニング	1.15〜31.2	13.6
クリーム類	0.01〜12.5	3.02
マヨネーズ	0.49〜1.65	1.24
ラード、牛脂	0.64〜2.70	1.37
ビスケット類	0.04〜7.28	1.80

〜1.3gで0.3〜0.6%となっている（2007年食品安全委員会の調査報告）。

米国では2006年から加工食品へのトランス脂肪酸の成分表示を義務付けている。デンマークでは2004年から、油脂中のトランス脂肪酸の含有量を2%未満とする制限を設けている。カナダ、フランス、韓国、台湾などでも表示義務があるが、日本では容器包装類への成分表示は義務付けられていない。食品安全委員会の調査では、一般的な食生活をしている日本人の平均摂取量は諸外国よりも少ないとされている。

ビタミン
Vitamin

ビタミンは、ラテン語の生命を意味する〝vita〟から作り出された言葉ともいわれる。ビタミンA、Cなどの正式名はレチノールやアスコルビン酸であり、C、H、O、Nなどを含む有機化合物である。

ビタミンは水に溶ける水溶性と脂に溶ける脂溶性の物とに分けられる。**水溶性ビタミン**にはビタミンB群とCの9種類があり、必要な分以外は体外に排出される。一方、**脂溶性ビタミン**は、多く摂りすぎると体内に蓄積され、体に不都合な症状を引き起こすことがある。ビタミンA、D、E、Kの4種類がある。

老化の原因といわれる**活性酸素**をビタミンCやEは直接消去する抗酸化作用がある。また、B_2には活性酸素などによって産生された過酸化脂質を消去する働きが知られている。人体は、細胞膜や血液中のコレステロールのように脂質からできている部分と、細胞内外液や尿などの水溶性の液を含む部分が存在している。ビタミンCは細胞膜の水が多い部分で、ビタミンEは細胞膜内で、AとCが互いに協合的に働き抗酸化作用を発揮している。体内でビタミンAに変わる**ベータカロテン**や、体内でも産生される**コエンザイムQ10**などにも強力な抗酸化作用がある。

ビタミンは栄養強化剤や酸化防止剤として**食品添加物**に指定されている。

アスパルテーム
Aspartame

アスパルテーム（$C_{14}H_{18}N_2O_5$：日本での商品名はパルスイート）は、人工甘味料の1つで、2種のアミノ酸であるアスパラギン酸とフェニルアラニンが結びついた構造を持っている。室温では白色の結晶性の粉末であり、砂糖の約200倍の甘さを持つ。砂糖と同じ甘さを出すためにごく少量ですむため、代表的な**低カロリー甘味料**として知られている。しかし、熱に弱い欠点があり、料理には用いられない。

　アスパルテームの安全性については、遺伝によって起こるフェニルケトン症（ＰＫＵ）という病気を持っている人は、アスパルテームを分解する酵素を持っていないため、アスパルテームが使用されたものを摂取するのは危険であるとされている。

　一方、**サッカリン**（$C_7H_5NO_3S$）は、甘さが砂糖の約５００倍もあり、10万倍に薄めても甘さを感知できるといわれる。１９６０年代に**発がん性**が疑われ、一時使用禁止になったが、その後安全性が確認され、人工甘味料や糖尿病患者などの医療用甘味料として用いられている。

◆アステルパームとサッカリンの分子構造

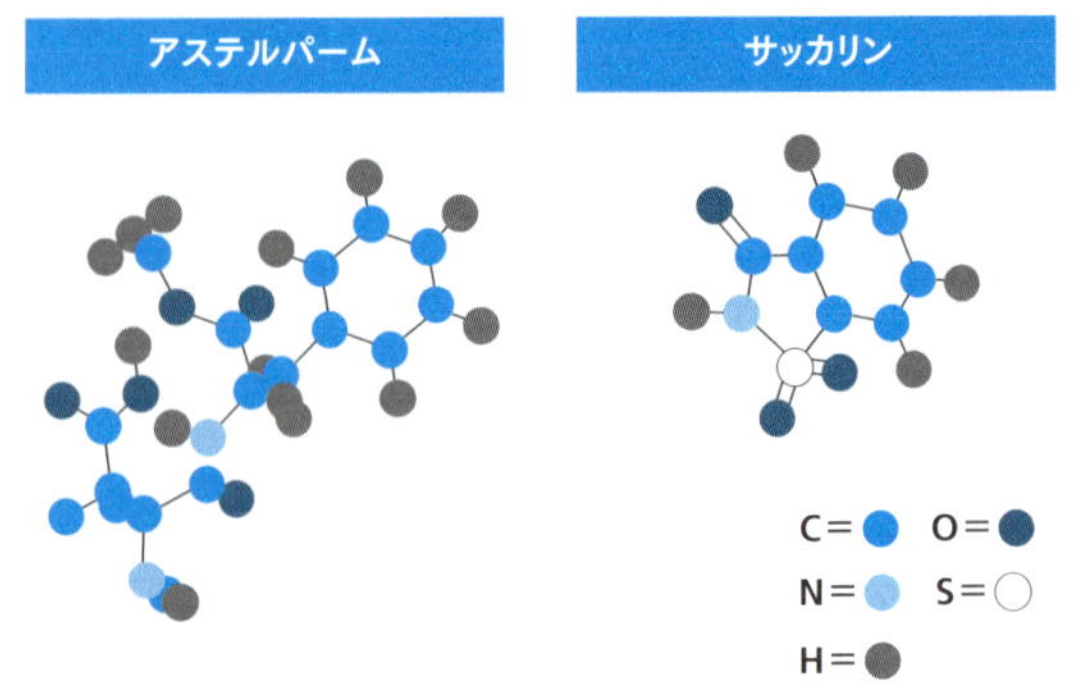

キシリトール

Xylitol

キシリトール（$C_5H_{12}O_5$）は、工業的にはシラカバなどの樹木に含まれるキシロースから合成されるが、自然界には、野菜や果物の中に存在している。厚生労働省は、１９９７年に**食品添加物**として承認した。

　グルコースによく似た構造を有し、グルコースと同程度の甘みを持つ。しかし、小腸から吸収された後、代謝されずに尿中に排出されるため、カロリーが4割低いという特徴がある。また、加熱による甘みの変化がないため、加工にも適している。

　キシリトールは、口内の細菌による酸の生成が無く、また細菌の増殖も抑制する効果があるとされ、虫歯になりにくい糖としてガムなどに添加されるようになっている。虫歯菌であるミュータンス菌の多くのタイプは、キシリトールを栄養源として細胞内に取り込むが、キシリトールは菌の細胞内で分解されないため、虫歯の原因となる酸を生成できない。キシリトールの虫歯予防効果は、フィンランドや世界保健機関（ＷＨＯ）などの研究で実証されている。

　その他の用途として、糖尿病患者の水・エネルギー補給に使われる。

イソフラボン

Isoflavone

イソフラボンは、大豆胚芽に特に多く含まれる**フラボノイド**の一種であり、これまでのところ、ダイゼイン、ゲニステインを代表とする15種類の大豆イソフラボンが確認されている。

イソフラボンの化学構造は女性ホルモンの**エストロゲン**に似ており、女性ホルモンと同じような作用がある（植物エストロゲンともいわれる）。大豆イソフラボンは、骨粗鬆症や更年期障害、糖尿病などの改善に効果があるとされ、**特定保健用食品**（**トクホ**）として認可されたものがある。しかし、**サプリメント**などにより大豆イソフラボンのみを過剰に摂取すると、女性ホルモンのバランスが崩れる可能性があり、月経周期の遅れや子宮内膜増殖症などのリスクが高まることも報告されている。

離乳食

Baby food

乳幼児に対して、栄養を母乳やミルクから固形食が摂取できるように切り替えるための食品のことである。「離乳食」は、個人差もあるが、5ヶ月くらいからスタートし、15ヶ月くらいまでに完了させ、通常の食事へ移行させるのが一般的である。

離乳が必要な理由は、母乳やミルクだけでは発育に必要な栄養が不足すること、消化酵素の分泌状況が変化すること、でんぷんを分解する酵素の活性が急速に上昇すること、炭水化物からエネルギーを摂取できる準備が整ったことなどが考えられている。

従来、離乳開始や卒乳について期間を区切って行う考え方もあったが、基本は乳を要求する状況と体重の増加具合などを確認しながら、3歳ぐらいまで、個人差を念頭に続けていくことが大事であるといわれている。

アミノ酸スコア

Amino acid score

人間が体内に取り入れる理想的な9種類の**必須アミノ酸**のバランスを１００点満点として、それぞれの食品のタンパク質の栄養価を数値化したものである。

卵、牛乳、肉、魚、大豆などはバランスよく必須アミノ酸を含んでいるため、アミノ酸スコアは１００、あるいはそれに近い値にある。一方、穀物や野菜などに含まれる植物性タンパク（米7％、小麦11％など）は、9種類の必須アミノ酸のうち、リジンやスレオニンといったアミノ酸が不足していることが多い。

◆ 必須アミノ酸と非必須アミノ酸

必須アミノ酸

リジン、スレオニン、ヒシチジン、メチオニン、バリン、ロイシン、イソロイシン、フェニルアラニン、トリプトファン

非必須アミノ酸

チロシン、アラニン、セリン、グリシン、グルタミン、グルタミン酸、アスパラギン、アスパラギン酸、アルギニン、プロリン、システイン

体内では一番少ないアミノ酸までしか利用できないため、米や麦のアミノ酸スコアは低い。このようなアミノ酸スコアが100未満の食品を「制限アミノ酸」という。

ヒアルロン酸 Hyaluronan

動物の体全体の結合組織内に多量に含まれる**ムコ多糖類**（アミノ基を含むヘキソースが多数結合した多糖類の総称）の一つ。

人間の体内にあるムコ多糖類は分子量数千～数百万の高分子化合物で、数種類が知られている。なかでも分子量が最も大きく、水を大量に包み込む力を持っているものがヒアルロン酸である。1gのヒアルロン酸は、6リットルの水を保持できる。人間の体内のヒアルロン酸濃度は、部位によって異なり、へその緒（臍帯）、関節液、目の硝子体などに多く含まれている。関節の動きを滑らかにする潤滑油の役目をしたり、へその緒が胎児の運動によってねじれても、弾力性を保ち血管が損傷をうけないようにしている。

ヒアルロン酸濃度は、成長とともに減少し、皮膚では40歳後半から加齢とともにヒアルロン酸濃度が減っていき、皮膚にみずみずしさがなくなり、シワが増えることが報告されている。この理由は、水を大量に包み込むヒアルロン酸が老化と共に徐々に減少し、代わりに水を含みにくい別の多糖類が増え始めるためと考えられている。

最近、ヒアルロン酸は、健康食品や美容食品・化粧品・医薬部外品の添加物や、医薬品の主成分として使われている。特に、化粧品、医薬品では、ヒアルロン酸の保水性や粘弾性の特性が活かされている。

コラーゲン Collagen

タンパク質の一種で、身体の皮膚や筋肉・内臓・骨・関

節・目・髪等あらゆる全身の組織に含まれている。人間では生体内の全タンパク質の約30％を占め、うち40％が皮膚に、20％が骨や軟骨に含まれている。コラーゲンは、鶏肉や豚肉、魚の皮などにも多く含まれている。

　コラーゲン分子は、長さ約３００nm、直径約1.5nmの棒状の形をしていて、3分子が右巻きの強固な三重らせん構造をしている。これが規則的に集合し、繊維状になって人間の各器官に存在している。さらにこの分子同士が橋のようなもの（架橋）を出して結びつき、結合強度を高めている。コラーゲンは、グリシン、プロリン、ヒドロキシプロリンなどのアミノ酸と各種酵素で合成される。この合成過程でビタミンCが酵素の働きをスムーズにしており、ビタミンCが不足するとコラーゲンが生成しなくなったり、骨の形成や関節の動き、傷の治癒などで不都合が生じる。

　コラーゲンは体内で働くだけでなく人間生活にも様々な場面で利用されている。たとえば、ゼラチンの原料はコラーゲンであり、化粧品、医薬品などにも様々に用いられている。最近では、コラーゲンを多く含む健康食品が、皮膚の弾力性を保つ、関節の痛みの改善に役立つなどと宣伝され販売されている。

　しかし、コラーゲン摂取による皮膚の改善効果について、動物実験のデータはあるが、人間における科学的検証は十分ではなく、コラーゲンの摂取効果に否定的な見方もある。さらに、コラーゲンを多く含む食品は、同時に脂肪を多く含むものが多く、摂取に際しては注意が必要である。

◇コラーゲンの構造

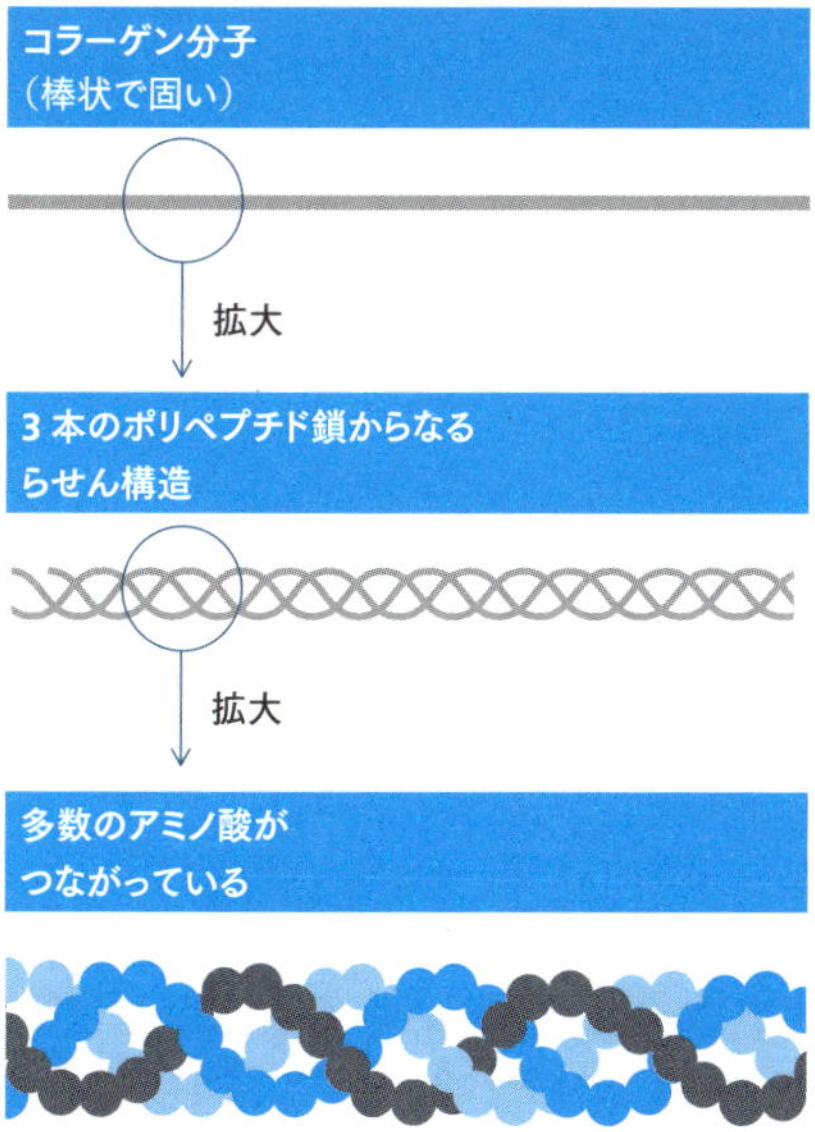

フードファディズム

Food faddism

　現代は、マスメディアや食品・健康食品産業などから、食と健康に関する情報が氾濫しているが、全てが信頼できる正しい情報とはかぎらない。食物や栄養成分が健康や病気に与える影響を過大に評価したり、信じることを「フードファディズム」という。〝ファド（fad）〟は、英語で「熱狂的で、一時的な流行」を意味する。

たとえば、**ポリフェノール**を体によいと必要以上にもてはやしたり、逆に砂糖や塩、油を一方的に悪くとりあげることなどである。ある一種類の食品を食べたり、飲んだりすることで、健康問題がすべて解消するようなイメージが浸透し、爆発的な流行が起こることがある。紅茶キノコ（１９７５年ごろ）、野菜スープ（１９９４年ごろ）、ココア（１９９６年ごろ）、にがり（２００４年ごろ）などの例がある。

フードファディズムの対象には、健康食品、ダイエット食品、ミネラルウォーターなど種々ある。フードファディズムは、場合によっては食生活を混乱させ、健康被害につながる恐れもあり、そのリスクを念頭におくことが重要である。

アロマテラピー
Aromatherapy

「アロマテラピー」という言葉自体は１９３０年代のフランス人化学者ルネ・モーリス・ガットフォセの著した〝Aromathérapie〟に由来し、芳香療法と訳される。一般に、花や木などの植物から抽出された芳香成分（精油）を用いて、心身の健康や美容を増進する技術もしくは行為と捉えられている。

クレオパトラがバラの精油成分、麝香（ジャコウジカの皮腺から分泌される香り）、シベット（シベットキャットの性腺分泌物で甘いジャスミンの香り）を愛用したといわれるように、ヨーロッパでは**精油成分**を体に直接塗って香りとして用いる、長い歴史を持っている。一方、東洋では古代のインドや中国では、**香木**を焚いて衣服に香りを移し、香りを楽しんだとされる。

わが国では、英国を中心とした翻訳された書籍によってアロマテラピーが紹介された１９９０年代ごろから、徐々に広がってきている。

アロマテラピーの主役の**精油**が心身に働きかける経路は図のように２つある。ひとつは嗅覚から脳へ伝わるもの、もうひとつは皮膚や粘膜を通して血管に入り、血液循環により全

◆ 精油が心身に作用する2つの経路

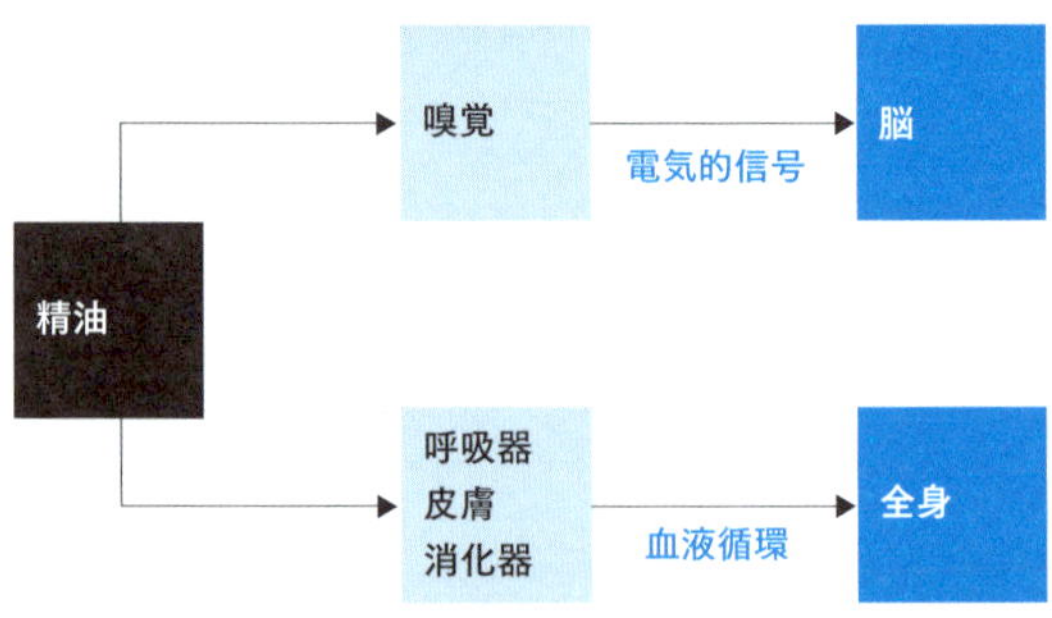

身に伝わる経路である。

なお、精油（エッセンシャル）は、植物の花、葉、果皮、樹皮、根、種子、樹脂などから抽出された天然の素材である。しかし、植物の中にはたいへん有毒なものもあり、天然であるから１００％安全とはいえず、また有効成分をかなり高濃度に濃縮しているため、使い方次第では有毒で、取り扱いには十分な注意が必要である。

プロバイオティクス Probiotics

ヒトの体には、大腸を中心に少なくとも５００～１０００種類の**腸内細菌**がいるが、食生活の乱れやストレスでその種類や数が変動する。腸内細菌のバランスを保ったために、乳酸菌やビフィズス菌を増やす試みのことを「プロバイオティクス」という。これまでの研究によると、整腸作用だけでなく、病原菌やウイルスの侵入を防いだり、全身の免疫力を高める効果もあることがわかってきた。

実際には、乳酸菌やビフィズス菌が入ったヨーグルトや乳酸菌を飲むことになるが、大部分の菌は、胃酸に弱いため90％近くが胃で死滅してしまう。しかし、これらの細菌類が生息していた溶液が腸に届くことで、胃の中の細菌類の増殖

が促進されることが確認されている。

最近、乳酸菌に代表される善玉腸内細菌の餌になるオリゴ糖や糖アルコール、水溶性の食物繊維などの物質を腸内に取り込むプロバイオテックスも実施され始めた。なお、オリゴ糖は、でんぷんや砂糖、大豆、乳糖などを原料として作られるものである。大豆、ごぼう、たまねぎなどにオリゴ糖が多く含まれている。

抗菌 Antimicrobial effect, Antibacterial effect

「抗菌」は、一般には種々の細菌の付着や増殖を阻止する意味として、台所用品から衣類、家電、建材まで「抗菌」や「抗菌加工」を表示した日用品が数多く販売されている。この背景には、**病原性大腸菌Ｏ１５７**などによる食中毒、清潔志向の高まりなどがある。

「抗菌」を明確に定義した学術的、法的な決まりはないが、図のように**滅菌**（微生物を完全に死滅）、**殺菌**（微生物を死滅）、**除菌**（微生物を除去）、**消毒**（人畜に有害な微生物を死滅）、**静菌**（微生物の増殖阻害・抑制）までの広い範囲を意味している。

１９９８年に出された通産省（現経済産業省）の抗菌加工製品ガイドラインでは、その対象を細菌に限定（カビなどの真菌

類は除外）し、抗菌を「製品の表面において細菌の増殖を抑えること」と定義づけをしている。

ここで「細菌」とは、大腸菌やサルモネラ菌などを指しており、カビなどの真菌類は対象に含まれていない。

抗菌加工は、原料に抗菌剤を混ぜて成型して製品とする「練り込み法」と製品の完成後に表面を抗菌剤入りの樹脂で覆ったり、製品を抗菌剤に浸したり吹き付ける「後加工」の2つの方法がある。抗菌剤には、金属（銀、銅、亜鉛など）の抗菌作用を利用する**無機系抗菌剤**と、殺菌剤、殺虫剤、防カビ剤、防腐剤などとして使われている**有機系抗菌剤**、植物など（ユーカリ、ヒノキ油、アロエエキス、ドクダミ、ハーブ抽出物〔精油成分〕、キチン／キトサンなど）から抽出した成分を用いる**天然系抗菌剤**、最近、機能が注目されている**光触媒**などがある。

◇ 抗菌の定義

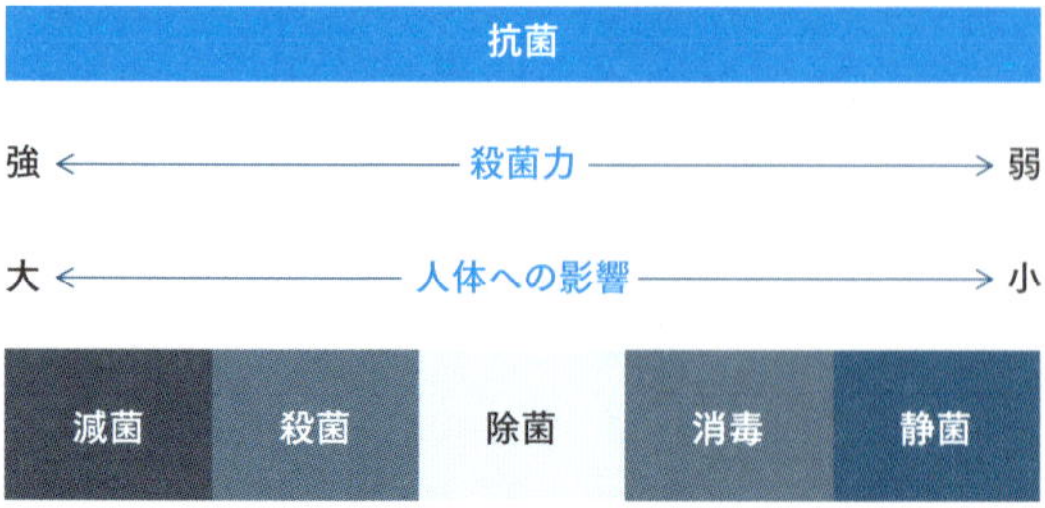

有機系抗菌剤の場合、下図に示すようなメカニズムで作用し、無機系抗菌剤よりも直接的に作用するため、即効性があり、作用が強い。しかし、細菌のタイプにより効果のある薬剤の種類が限定されたり、一つの薬剤を使い続けると、**耐性菌**が生まれることもある。また、殺菌できてもその死骸や菌が出した毒素には有効ではない。

無機系抗菌剤のメカニズムには、細菌細胞付近の金属が金属イオンに変化し、接触した細胞内に入り呼吸や代謝を阻害して細胞を死滅させる**金属イオン説**と細菌細胞のまわりの金属がきっかけとなり空気中の酸素が活性酸素に変化して細胞を破壊させるという**活性酸素説**がある。

◇ 抗菌のメカニズム（有機系抗菌剤）

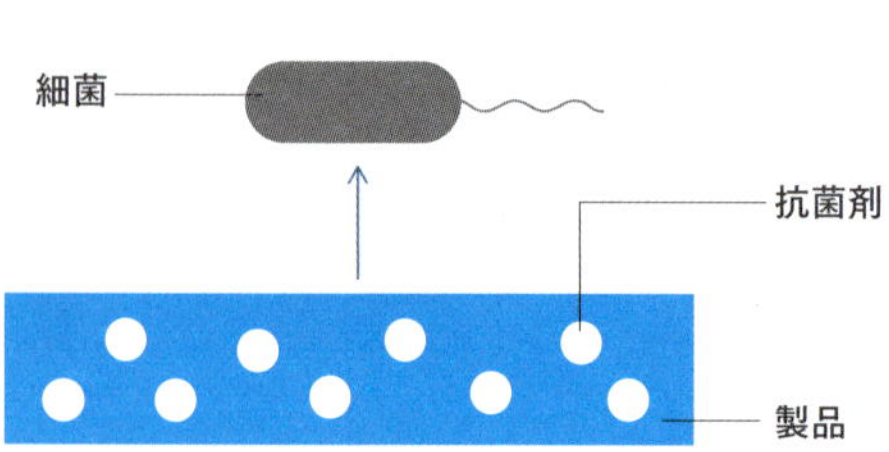

無機系抗菌剤も有機系抗菌剤も表面に汚れがついたりすると効果が生じない。抗菌効果を高めるため、複数の抗菌剤を併用したり、細菌と抗菌剤との接触をよくするために加工を工夫している。

また、抗菌剤が溶出しにくい技術開発も進められている。

一方、近年、抗菌タイルなど実用化され始めた**光触**

媒（二酸化チタン TiO_2 など）は、細菌の種類にかかわらず作用し、また耐性菌が生じる可能性はほとんどない。さらに、化学物質も分解できるため、菌の死骸や毒素の分解・除去も可能である。しかし、十分な抗菌力を発揮するためには、屋外の光（紫外線）が必要であり、これまでは外装材での利用がほとんどであった。現在、室内灯の光でも有機物を十分に分解する光触媒の開発が行われている。

抗菌加工製品には医薬品、医療用具、化粧品、農薬などに使用されている抗菌剤も転用されているため、抗菌剤による皮膚かぶれなどの健康被害が起こった事例も報告されている。国民生活センターの１９９６～98年のデータ（57件の健康被害相談）によると、湿疹などの皮膚障害が約45％と最も多く、次いで呼吸器系障害、その他、頭痛、目の痛み、気分が悪くなるなど化学物質過敏症のような被害が出ている。

一方、われわれ人間の皮膚には1㎠あたり数百から数千個の細菌（常在菌）が存在しているといわれ、これらは病原菌の侵入や増殖を抑えるなど、他の有害な微生物から体を守る役割をしている。

したがって、必要以上に抗菌グッズを用いて、必要な細菌まで殺してしまうと病原菌がはびこり、体に悪影響を与える可能性もあり、注意が必要である。消費者は、抗菌製品が本当に必要か否か、抗菌加工の効果と健康被害などのマイナス面とのバランスをよく考え、抗菌加工製品を使う必要がある。

温泉 Hot spring, Spa

温泉法（１９４８年制定）によると、地中から湧出する温水、鉱水、水蒸気、その他のガスであり、温泉源から採取されるときの温度が25℃以上であるか、水素イオン、総硫黄、ラドンなど19種類の成分のうち一つ以上が規定以上の量を含むものが「温泉」と定義される。

温泉水には種々の**ミネラル**が含まれているため、皮脂と結合して皮膚の表面に皮膜をつくり、入浴後も体温の発散が抑えられ保温効果がある。温泉浴によって、一般に慢性の関節痛、神経痛、腰痛などが軽快し、また血管拡張、血液循環や新陳代謝の促進によって疲労物質や老廃物の排出が促進する。

化学成分の違いによって分けられた各種の温泉水には、それぞれ薬理作用がある。たとえば、食塩を含む塩化物泉は、保温効果のほか切り傷、やけど、慢性皮膚病などに効果がある。硫酸温泉は、硫酸イオンが主成分で、動脈硬化の予防になる。鉄分を多く含む含鉄

◇温泉が禁忌症のおもな病気

- ■急性疾患（特に発熱時）
- ■重い心臓病
- ■腎不全
- ■高度の貧血
- ■悪性腫瘍
- ■呼吸不全
- ■出血性疾患

泉は、飲用で貧血の防止に役立つ。微量のラジウムやラドンなど放射性元素を含む放射能泉では、入浴中に取り込まれた放射能が体内に摂取後、間もなく呼吸とともに排出され、通風、動脈硬化、高血圧、胆石、慢性皮膚病などに効果があるとされる。

紫外線 Ultraviolet

地上に届く太陽光には、目に見える**可視光線**、熱として感じることができる**赤外線**、目にもみえないし、感じることもできない**紫外線**が含まれている。

太陽光の中で、紫外線は約5～6％に過ぎないが、紫外線の浴びすぎが、顔のシミやしわ、がんなどの原因になるという認識が１９９０年代に浸透した。特に子供は、皮膚が薄く紫外線の影響を受けやすいとされ、母子手帳から日光浴を勧める記述が削除され、将来への影響を懸念する考えが世界的に広がった。

紫外線は波長により生体に対する作用が異なり、その違いから3つに分けられる。波長の長い順にUV-A（３２０～３８０nm）、UV-B（２８０～３２０nm）、UV-C（１８０～２８０nm）である。最も生物に有害なＵＶ-Ｃはオゾン層を通過する際、オゾンや酸素に吸収されて地表には到達しない。一方、ＵＶ-ＡとＵＶ-Ｂは地表まで到達するが、ＵＶ-Ａは皮膚を透過して真皮まで入り、皮膚の老化に関与する。ＵＶ-Ｂがより危険であり、皮膚細胞に吸収されると、ＤＮＡの構造が変化してがん化が引き起こされ、皮膚がんになることもある。

近年、**フロン**などによる**オゾン層の破壊**によって地表に到達する紫外線量が増加している。ヨーロッパ上空では、ここ30年ほどで4～7％のオゾン濃度の低下が観測されており、ヨーロッパでの皮膚がんの発生率が１９７５年の4倍に増えた原因との因果関係が調査されている。日本上空でも高緯度地方の上空ほどオゾン濃度の低下が観測されており、札幌ではこの30年間で5％低下し、紫外線量が7％ほど増加したと推定されている。さらに、紫外線量の増加は、植物（大豆など）の成長やプランクトンの増殖などにも影響をおよぼすことがわかっている。

一方で紫外線には効能もあり、殺菌効果やＵＶ-Ｂによって、体内でビタミンＤが生成する。ビタミンＤは骨や歯の形成を助ける作用があり、体に必要とされるビタミンＤは１日15分程度の散歩で十分得られる。

紫外線対策には、外出の際、サングラスやつばの広い帽子の着用、長袖の服で日差しを遮ることや日焼け止めで肌を守ることが効果的であるといわれている。

紫外線とオゾン層破壊

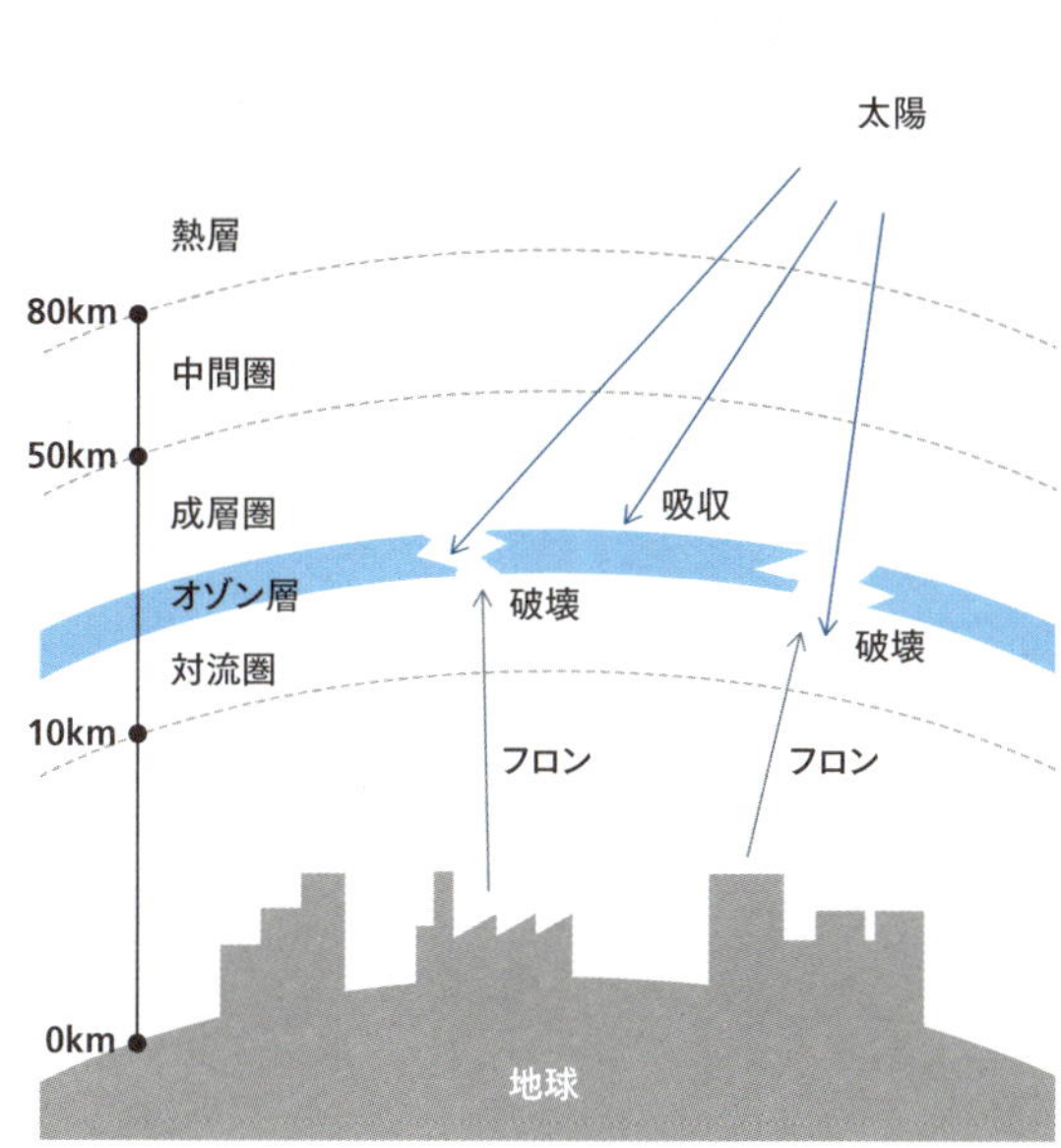

紫外線量の多いオーストラリアは、皮膚がんの発病率と死亡率が世界で最も高く、子供のころから紫外線対策は徹底している。小学校は季節を問わず、外に児童が出るとき帽子の着用を義務付け、さらにほとんどの子供が日焼け止めクリームを持ち歩いて、1、2時間おきに塗布している。日焼け止めはUV-Bを防ぐ効果を示す**SPF**（紫外線防御指数）とUV-Aを遮る効果を表す**PA**（UVAに対する防御格付け）という二つの指標がある。

化学物質過敏症
Multiple chemical sensitivity

車の排気ガスやタバコの煙など大気中の化学物質をはじめ、化粧品や洗剤などに含まれる微量の化学物質にも反応して引き起こされる心身の支障、倦怠感やいらいら、目まい、アトピーや喘息、湿疹、体調不良や健康障害のことを「化学物質過敏症」という。

その中でも、**シックハウス症候群**（Sick house syndrome）は、住宅の新築、改装後に発生する揮発性化学物質などが原因となる。頭痛、吐き気、思考力低下、皮膚炎、動悸、喘息など広範囲な症状を引き起こし（図参照）、その原因物質で最も多いものは**ホルムアルデヒド**である。ホルムアルデヒドは、合成樹脂の原料、家具、合板などの接着剤などから揮発する。その他、衣類の防虫剤のパラジクロロベンゼン、塗料からトルエン、ベンゼン、キシレンなどが、塩化ビニル製の内装材からフタル酸エステル類などが、シロアリ駆除剤からクロルピリホスが放出される。

化学物質過敏症の発症メカニズムは、健康な人でも特定のある化学物質が一定以上（ストレスの総量がその人の適応能力を超える程度）蓄積して許容量を超えると、突然発症し、そしてその特定の化学物質に対して、ごく微量でも反応するようになるといわれている。

　血液検査で明確な反応があり、目や鼻などに特有の症状が出るアレルギー症状と異なり、自律神経の異常のため、血液を検査しても異常がみられない。未だ決定的な治療法はなく、スポーツ・入浴などで新陳代謝を活発にして、原因物質を体外に排出することが唯一、効果的であるといわれている。２００９年10月から、化学物質過敏症の治療に、健康保険が適用されるようになり、社会的な理解も広がりつつある。

　化学物質過敏症は、ひじょうに希薄な濃度の化学物質によって起こり、個人差も大きいため、健康被害との因果関係を証明していくことは難しく、科学的に解明すべき多くの課題がある。

シックハウス症候群の主な症状

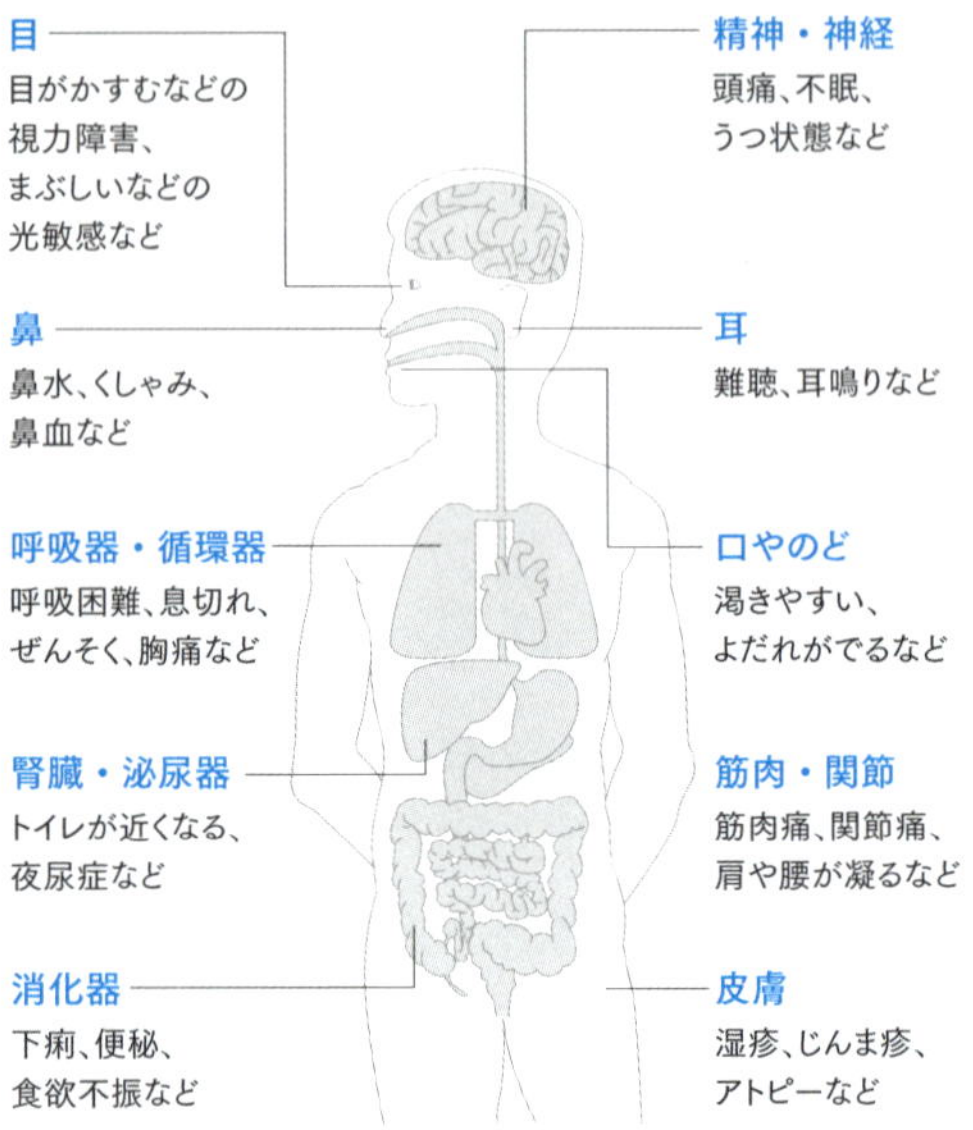

エコチル調査
Eco & child study

環境省が２０１０年度から開始した「子どもの健康と環境に関する全国調査」の愛称のことである。

　近年、子供たちの間で心身の異常が年々増加していることが報告されている。**小児喘息**は、２００７年までの20年間で3倍、**先天異常**は25年間で2倍に増加し、同様の傾向は米国でも報告されている。また、子どもの教室での立ち歩き、引きこもりなどの異常行動が、胎児のころから接する環境中の化学物質が原因ではないか、という学術的な仮説に基づいている。

　調査の対象となる化学物質は**ダイオキシン類**、**ポリ塩化ビフェニル**（ＰＣＢ）、**重金属**（水銀、カドミウムなど）、**環境ホルモン**などである。日本中で10万人の両親や子どもを対象とした大規模な疫学調査で、胎児期・小児期の化学物質の曝露が子どもの成長・発達に与える影響をみるため、13歳に達するまで、定期的に健康状態を確認する計画になっている。

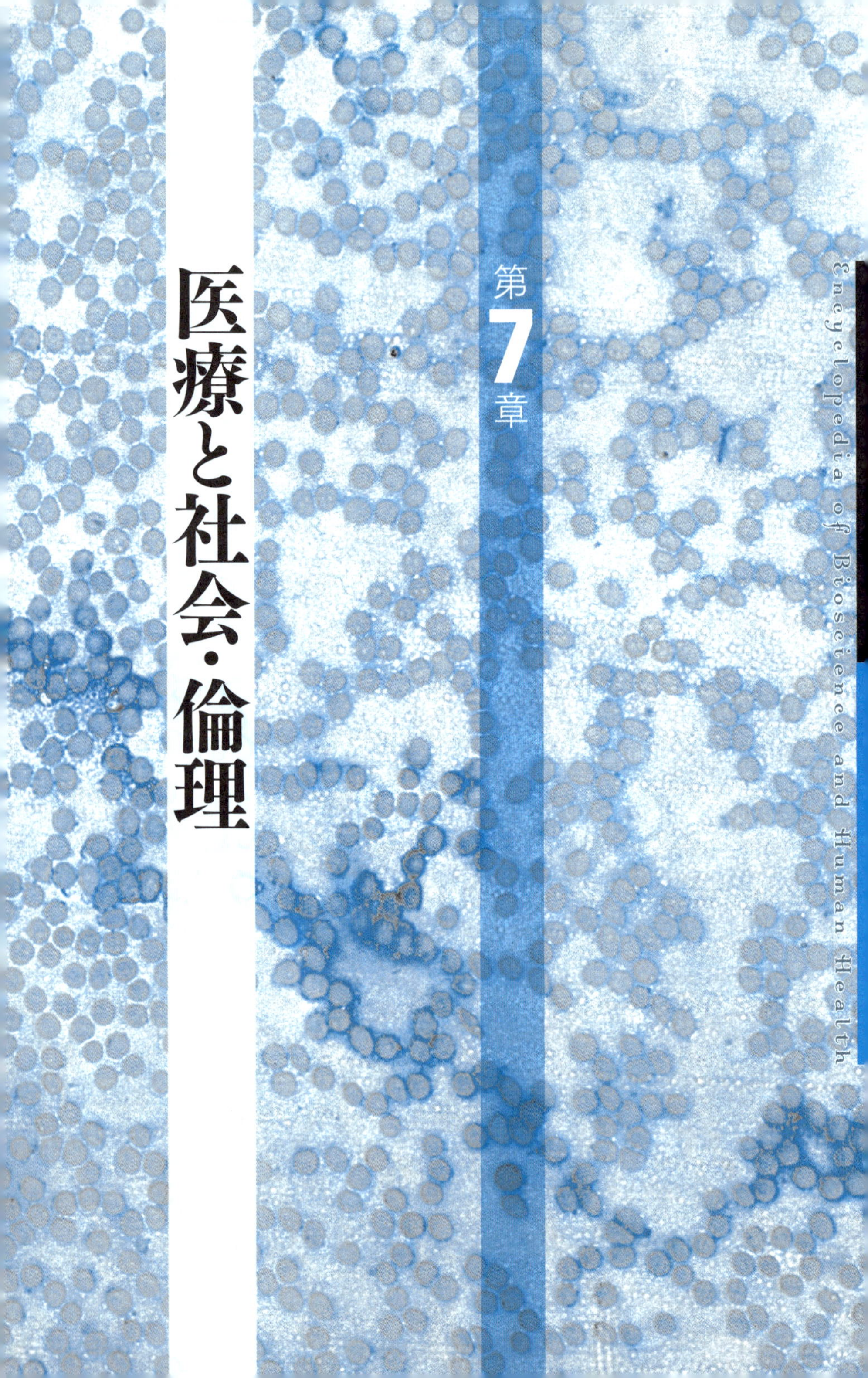

第7章

医療と社会・倫理

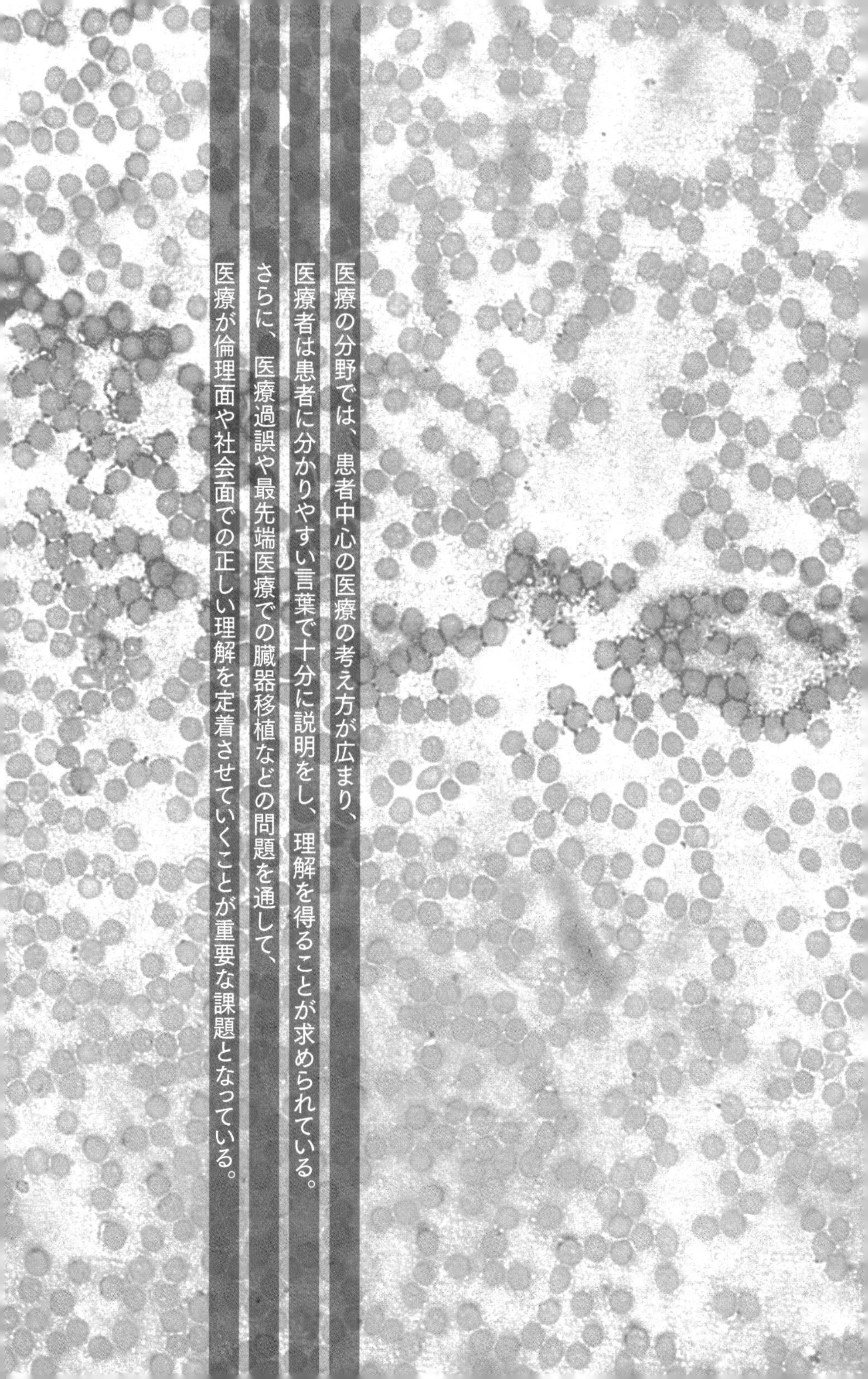

医療の分野では、患者中心の医療の考え方が広まり、
医療者は患者に分かりやすい言葉で十分に説明をし、理解を得ることが求められている。
さらに、医療過誤や最先端医療での臓器移植などの問題を通して、
医療が倫理面や社会面での正しい理解を定着させていくことが重要な課題となっている。

インフォームド・コンセント
Informed consent

1970年代から米国で急速に広がった概念であり、医師が患者に対して、医療行為（治療内容の方法や意味）、効果、成功率、副作用などのリスク、その後の予想や治療にかかる費用などについて、十分わかるように説明し、治療の同意を得ることである。

わが国では、1990年ごろからこの概念が広がり始め、最近、この考え方が広く受け入れられるようになっている。たとえば、**がん**の告知では、次第に告知が行われる方向に向かっているが、その際には十分に慎重な態度で臨み、前提条件が備わっている場合に限り、告知をすべきであるとされている。

しかし、インフォームド・コンセントにおける最も大きな問題は、医師と患者の間の医学知識の格差にある。医師側の難しい医療用語を並べた画一的・マニュアル的説明ではない、平易な言葉での説明が前提になければならない。

患者側も常日頃から心身両面の健康や医療について関心を持ち、知識を豊かにしておく必要性がある。さらに、病気になった場合、どのような医療を受け、どのような生き方を選択するか、家族と話し合っておくことが大事である。

セカンドオピニオン
Second opinion

今かかっている病気の診断や、その治療法について、患者自身が理解を深め十分に納得するため、主治医以外の他の病院の専門医の意見を聞いて参考にすることである。これは、**インフォームド・コンセント**と共に適切な治療を受けるか否かを判断するための、患者側の一つの手段である。

医療技術のめざましい進歩によって、さまざまな治療法が生まれている。特にがんや心臓病のように治療法が日進月歩している領域では、治療法の選択肢が多岐にわたるため、医療の専門家でさえどのような治療法がその患者にとって最適か、判断が難しいことがあるといわれる。また、医師や病院によって、医療技術や診療の質に差があることも考えられる。

米国では、がんを手術で切除するか、放射線治療を行うかというような判断は、複数の医師の意見を聞いた上で患者自身が判断することが多くなっている。がんの治療で知られるニューヨークのスローンケタリング記念がんセンターには、全米から「セカンドオピニオン」を求めて多くの患者が訪れている。

日本でも、**医療過誤**をめぐるトラブルや患者の意識の高まりを受けて、セカンドオピニオンが次第に広がってきている。

プライマリーケア

Primary care

総合病院での専門医療に対して、日常、近所でどのような病気でも診察が受けられ、また健康に関する種々の相談にものってくれる身近な医師（主に開業医）による、総合的な医療のことである。

「プライマリーケア」を行う医師は、そのための専門的なトレーニングを受け、患者の抱える様々な問題にいつでも幅広く対処できる能力を身につけている必要がある。必要に応じて、最適の専門医に紹介したり、在宅診療や地域の保健・予防など、住民の健康を守る役目も担っている。

今後の日本の社会的な医療体制を考える上で、プライマリーケアを行う医師と大病院の専門医を中心とした医療者とが綿密に連携して、患者優先、人間重視の立場で互いに協力することが望まれている。

緩和ケア

Palliative care

末期がんなど生命を脅かす疾患を患っている患者に、病気に伴う痛みや苦しみを和らげることを優先して行う医療行為のことである。その主な目的は、体の苦痛や心の苦悩などを軽減することであり、**緩和医療**ともよばれる。

具体的には、痛みや吐き気、呼吸困難などの症状を改善させたり、不安などを軽くしたりするケアを行う。ＷＨＯでは、痛みの強さに応じて、早い段階から積極的に痛みを取り除くことを勧めている。

緩和ケアは、医師と看護師だけでなく、薬剤師や栄養士、理学療法士、作業療法士のほか、必要に応じて宗教家なども交えたチームで協力して行われる。薬剤師は痛みを和らげる薬の処方、栄養士は食べやすい調理法、理学療法士は痛みを軽減させる姿勢や体の動かし方、作業療法士は生活環境作りの相談などをそれぞれ担うことになる。患者と趣味や嗜好が同じであるボランティアの協力を得ることもある。

「緩和ケア」という言葉の認知度は、日本ではまだ低いが、これからの医療において、患者にとっても恩恵のある概念だと考えられ、普及が望まれている。

ホスピス

Hospice

末期がんやエイズなどによって死期が迫った患者に対し

て、看護など**ターミナルケア**（終末期ケア）を行う施設、あるいは在宅で行うターミナルケアのことである。抗がん剤治療や延命措置などによる治療を目的とするものではなく、心のケアや精神的やすらぎに重点をおき、患者の人生の**クオリティーオブライフ**（QOL）を高めることに主眼が置かれる。医療的処置に加えて精神的側面を重視した総合的な措置がとられる。

〝Hospice〟の原義は、中世ヨーロッパの教会活動に由来するが、わが国では最近、がんセンターや各地の総合病院でも採用するところが増えている。

クオリティーオブライフ
Quality of life; QOL

病気や加齢による心身の障害によって、日常生活を送る上でいろいろな制約ができたり、苦痛を伴ったり、その人らしく生活することができなくなるケースがある。また、手術や抗がん剤治療などが原因となって、それまで通りの生活ができなくなる場合もある。

そこで、このような苦痛や不安、不便さを最大限に軽減し、できるだけその人の従来どおりの生活に近づけることを目指した医療の考え方を、「クオリティーオブライフ」という。

日本語では「生命の質」、「生活の質」、「生きることの質」などと訳され、頭文字をとってQOLとも称される。

医療の発展から今日、多くの人の生命を病気や怪我などから救うことが可能になった。しかし、QOLの概念から、患者の人生観や価値観を尊重し、その人が満足できる生活をできるだけ維持することに配慮した治療を行うことが、現代医療では求められている。

診療ガイドライン
Medical guideline

医療現場で、医療従事者が治療に際して適切な判断を下せるように、患者に対する従来の治療の実績や、学会での研究成果に基づいて作成された疾患別の診療の指針のこと。

これは、最新の治療法を含め多くの情報から有効性、安全性などを総合的に評価して、診療方法の指針を示したもので、病院では「ガイドライン」、「ガイド」、「診療指針」、「標準治療」などともよばれている。

診療ガイドラインの活用に際し、それはあくまで標準的な指針であって、すべての患者に画一的に当てはまるものではないということに注意すべきである。最近では、患者向けのガイドラインを作成するところが出てきている。

根拠に基づいた医療

Evidence-based medicine; EBM

従来の医師の経験に基づく臨床判断に対し、現時点で利用可能な過去の治療効果、副作用や予後の臨床結果、特異度といった信頼できる定量的データに基づき、患者にとって最良の検査・診断を科学的根拠に基づいて選択するという考え方のことをいう。**エビデンス**（臨床結果）に基づく医療ともいわれる。

具体的には、臨床上の疑問点を整理し、専門誌や学会で公表された過去の臨床結果や論文などを広く参照したり、あるいは新たに臨床研究を行う。その結果得られたデータの質を評価した上で、なるべく客観的な疫学的観察や統計学による治療結果の比較に根拠を求めながら、患者と相談しながら治療方針を決定することが心がけられる。

セルフメディケーション

Self-medication

自分の健康を管理して自分自身で守ろうとする生活スタイルのこと。たとえば、「風邪ぎみ」、「胃腸の調子が悪い」、

「頭痛がする」といったことに対して、病気や薬について正しい知識を持って市販薬を活用し、積極的に健康管理に関わろうと意識することである。

この考えは欧米では１９８０年代に広がったが、日本での関心は低かった。国民皆保険のため、何かあれば、すぐ病院にかかる人が多く、また、薬局・薬店の場所の偏在や夜間に薬を購入できなかったことによるとみられている。

２００９年６月に改正薬事法が施行され、医師の処方箋が必要ない大衆薬（一般用医薬品）の販売方法が変わったため、「セルフメディケーション」の普及が期待されている。また、薬が購入しやすくなることで、病院への通院が減り、公的医療費の抑制につながるとみられている。

疫学調査［疫学研究］

Epidemiological survey

ある規定された人間集団の中で生じる種々の病気、それらの治療に役立つ要因の解明や医薬品の治療効果の検証など、健康に関連する因果関係の証拠を探ったり、確認する手法が「疫学調査」である。なお、疫学 epidemiology とは、ギリシャ語の〝epi〟（〜の上に）、〝demos〟（人々）、〝logos〟（学問）を複合させたものといわれ、「人々の上に起こる様々な

出来事に関する学問」という意味になる。

疫学調査では、まず、人の属性、時間、場所の面から疾病の発生頻度と分布の特徴を調べるため、死亡統計やがん登録、各種健康調査データなどを使い実態を把握する。

次に疾病などとの関連が疑われる要因をリストアップし、関連性を検討する。予防の場合、リスク要因と疾病の発生との関係、治療の場合には薬と効き目の関係である。この調査方法には、要因を持つ人が持たない人と比較して、どの程度病気になりやすいかなどを数年間追跡調査する**コホート研究**と、過去に遡り調査する**症例対照研究**とがある。たとえば、過去の喫煙の程度と肺がんの発生との関係を比べることなどが、症例対照研究になる。

そのほか、新薬の臨床試験（治療）が代表例の**ランダム化比較試験**もある。対象者を2グループに無作為に分け、薬を飲んでもらう人ともらわない人の効果を比較する方法である。

医療事故

Medical accident

病院など医療に関わる場所で発生する人身事故（医療行為による患者の障害などの被害）のことであり、おもに次の2つのパターンがある。

①**不可抗力によるもの**

予測できず、また対応が迅速であっても防げなかったケースであり、訴訟で賠償責任を問われない。

②**過失によるもの**

十分な注意を払い対策を講じれば防げたケースで、**医療過誤**と呼ばれ、賠償責任を問われる。

近年、全国で左記のような医療事故が多発しており、2006年の1年間に1296件の事故例が厚生労働省に報告されている。そのうち、事故の程度は、死亡例が152例あったほか、障害が残る可能性が高い例が201件、障害が残る可能性が低い例が731件に上っている。

主な医療事故のタイプ

タイプ	内容
手術ミス	患者や手術部位を取り違えたり、体内に止血用ガーゼや手術器具を置き忘れるなどの単純ミスや執刀医の未熟な技術による事故。
麻酔事故	麻酔薬を過度に投与したり、脊椎麻酔の注射で死亡するケースもある。
注射・輸血事故	注射（点滴）や輸血の際、患者や薬剤を取り違えたり、方法や量を誤る事故。
投薬ミス・副作用	抗がん剤や抗生物質、鎮痛剤、アレルギー治療薬などによる副作用によって死亡する場合。
出産事故	陣痛促進剤の副作用による子宮破裂や胎児仮死などで死亡するケースが多い。

しかし、1991年、米国ハーバード大の研究による推定死亡者数をもとに推定すると、日本では年間2万6000～4万6000（1998年度）が医療過誤で命を落としている可能性があるとみられている。

医療事故の背景には、医師の技術の未熟さや、日本では先進国の中で患者あたりの看護師数が極度に少ないなどの医療基盤の脆弱さが根底にあると考えられている。

医療事故による被害者の多くは、医療機関の不適切な対応や、「医療過誤訴訟」の難しさから泣き寝入りを強いられ、精神的、経済的にも苦しんでいるケースが多い。1999年の医療過誤訴訟は638件と1990年（352件）の2倍になり、その後さらに増加し2005年に1110件になったが、2006年には999件と減少に転じた。一審が終わるまで最低5年もかかる裁判の長期化と原告の主張が認められた割合（認容率）が一般的な民事訴訟の約1／3という厳しい訴訟であり、さらに被害者をはばむ医学界の壁など医療過誤訴訟の難しさが存在している。

ソリブジン Sorivudine

分子式 $C_{11}H_{13}BrN_2O_6$ の白色～淡黄白色の結晶で、ウイルス感染症の治療薬、特に単純ヘルペスウイルス、帯状疱疹の特効薬として製造、販売された（商品名ユースビル）。内服で使用でき、既存の抗ウイルス剤よりも1日の服用量が少なくて済む利便性があった。

1993年、抗がん剤**5−フルオロウラシル**（5−FU）との併用によるソリブジン薬害が問題となった。この薬害事件は、同年9月の発売後1ヶ月余りで15人が死亡し、その後、治験段階で投与された患者3人が死亡していたことが判明したものである。

この薬害は、**薬の飲み合わせ**（薬物間相互作用）によるものとしては世界最大となった。

この副作用の発生メカニズムは、ソリブジンが5−FUの代謝を阻害し、体内にいつまでも5−FUが貯留するために、その血中濃度が上がり、5−FUの副作用である白血球減少や血小板減少などの重篤な血液障害を引き起こしたことが明らかになった。

ソリブジンは、当時の厚生省から承認取り消しはされなかったが、1995年に販売会社が自主的に承認を取り下げて、市場から完全に抹消された。

その後、わが国での帯状疱疹治療薬はアシクロビル系統のみとなっている。

これを契機にその後のわが国における新薬開発と審査承認の体制が大きく変化した。

実験動物
Experimental animals,Laboratory animals

生命科学や医学の研究、教育などに使う動物のこと。実際に人間の臓器などで起こる現象を試験管内では再現することが難しいため、動物を用いて人為的に病気を起こさせ薬や細胞移植の効果などをみるために使われる。

治療研究などに用いる実験動物は、１９６１年、英国で免疫力が弱く毛の無い**ヌードマウス**が発見されてから盛んになった。ヒトのがん細胞などを移植しても拒絶反応が起きないため、体内でのがん細胞の挙動を詳細に観察できる。

最近では、糖尿病の**ブタ**や特定の遺伝子を組み込んだサルなど、新たな実験動物が誕生し、病気の治療研究や新薬開発に役立てる研究・実験が行われている。ブタは臓器のサイズが人間に近く、血糖値などの数値もほぼ同じであり、有用なデータを得やすいといわれる。

実験動物は、今後、さらに多くの病気や治療法開発にとって重要な役割を果たすと考えられる。しかし、一方では、動物を乱用したり、苦痛を与えないようにすることも大事である。欧州連合（ＥＵ）では、動物の使用を登録制にするなど使用法について規制を設けている。わが国には、現在、ＥＵのような厳しい規制がなく、動物を犠牲にすべきでないと批判する声も多い。

脳死
Brain death

昔から死は、心臓停止、呼吸停止、瞳孔散大・対光反射の消失の**三兆候**で判定されてきたが、人工呼吸器の発明や**臓器移植**の発達が、死の時期の確定を必要なものにした。

「脳死」とは、呼吸や血圧を調整するなど、人が生きていくために必要な働きをしている**脳幹**を含む脳全体の機能が失われた状態で、医学的には「脳幹を含む全脳の不可逆的な機能喪失」といわれる。交通事故による外傷や病気などによって、知能をつかさどる大脳だけでなく、脳幹の機能までが失われた状態で回復することはないといわれる。ただし、国によって脳死の定義は異なり、ほとんどの国は大脳と脳幹の機能低下に注目した**全脳死**を脳死としているが、英国では脳幹のみの機能低下を条件とする**脳幹死**を採用している。

日本では、１９９７年10月に定められた**臓器移植法**によって、「臓器を提供します」という意思表示をした場合に限り、「脳死を人の死」としていた。しかし、２０１０年７月に施行の**改正臓器移植法**では、脳死者からの臓器提供用件を大幅に緩和しており、より厳格な脳死判定基準が求められ

脳死と植物状態の違い

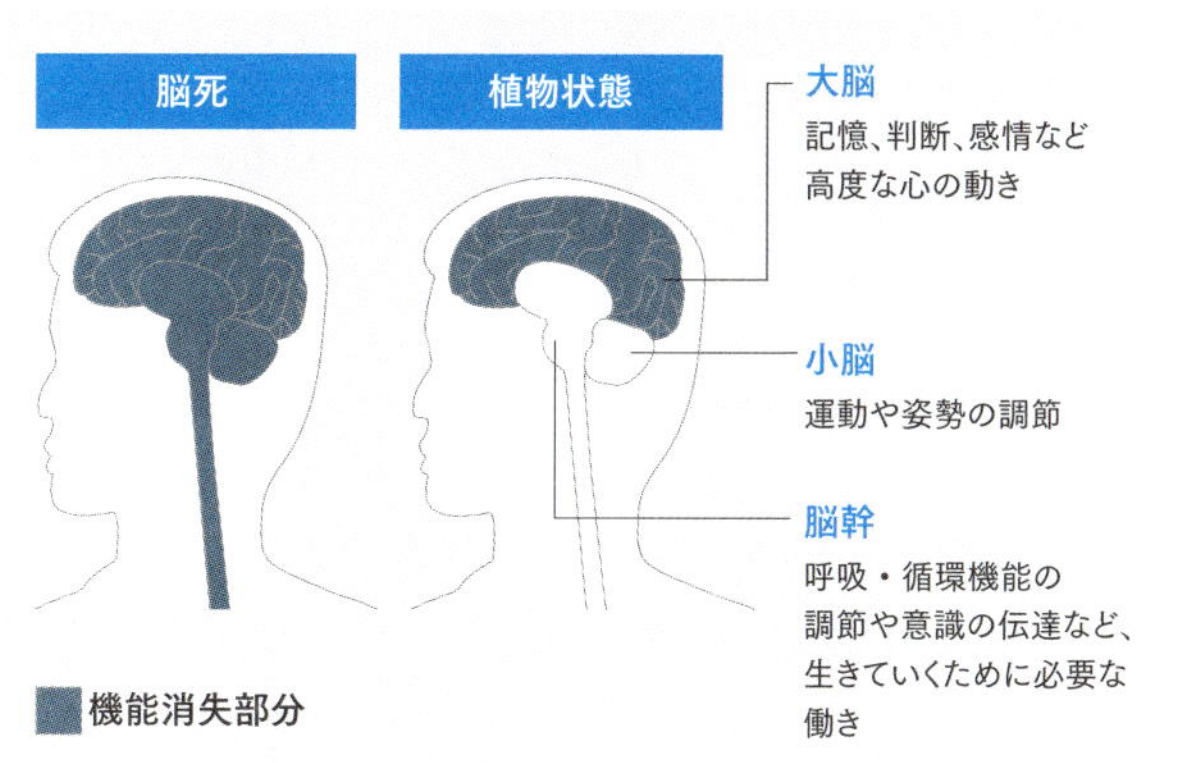

ている。そのため、判定基準に**コンピュータ断層撮影**（CT）などによる頭部の画像診断や脳血流検査の実施を盛り込むことなどが検討されている。

なお、脳死は**植物状態**とは根本的に異なる。脳死は、人工呼吸器をつけていてもいずれ心臓が停止し、脳は融解するが、植物状態は自発呼吸ができ、回復の可能性も残されている。

臓器移植
Organ transplantation

人体は、日常生活の中で機能が低下したり、事故や病気によってうまく動かなくなることがある。薬物療法や手術によって損なわれた機能が回復する場合もあるが、心臓、肝臓、腎臓、肺などの臓器がうまく機能しないときや生まれつき重度の病気の場合、臓器を入れ換えるしか手段が無い場合があり、これが「臓器移植」である。

臓器提供の方法には、脳死後の提供、心臓停止後の提供、そして生体からの提供の3つがある。移植の対象になる臓器は、身体全体に及ぶが、法律によって定められている。脳死の場合、角膜、心臓、肝臓、肺、小腸、腎臓、膵臓である。心停止では呼吸と血液の流れが無いため、脳死に比べて提供できる臓器の種類が少なくなり、角膜と膵臓、腎臓のみになる。一方、健康な人の臓器の一部を患者に移植する生体からの提供は、肝臓と肺の一部に限られている。

日本の臓器移植は、現在のような法律が整備されていなかった１９６８年、札幌医大で国内初の**心臓移植**が行われたのが最初であった。しかし、情報公開が不十分であったため、密室手術として批判され、移植医療への強い不信感を招く結果となった。

１９９７年10月、「臓器の移植に関する法律」（臓器移植法）が施行され、法的な裏付けができた。本人が臓器提供を事前に書面で意思表示している場合で、家族が同意した場合に限り、脳死を人の死として臓器提供を認める内容であった。それから２０１０年までの13年間に86例の脳死状態での臓器移植が行われた。一方、移植希望者の登録数は２０１０年６月末現在で、心臓１６９人、肺１５０人、肝臓２７０人、腎臓１万１５３９人に上っている。移植を待ちながら死亡する人や、高額の費用を工面して海外で移植を受けざるをえない人々が相次ぎ、伸び悩む国内の臓器移植者数を増やすために法改正が検討された。なお、厚生労働省によると、２００７年の主要国の心臓移植は、米国２２１０件、フランス３８６件、英国１３８件、韓国50件に対し、日本は10件であった。国際移植学会が、２００８年には「自国内で臓器の提供者を確保するよう努力すべきだ」との宣言をまとめ、世界保健機関（ＷＨＯ）も同様の方針を打ち出している。

２０１０年７月に施行された**改正臓器移植法**では、本人の意思が不明の場合でも家族の承諾があれば脳死判定を実施でき、**法的脳死**であるならば臓器を提供できるようになった。この家族の範囲は、原則として配偶者、子、父母、孫、祖父母と同居の親族である。提供拒否の意思は、年齢に関係なく有効である。さらに、本人の意思が法的に有効とされない15歳未満からの臓器提供も可能になった。事前に意思表示しておけば、親や子、配偶者に優先提供できる規定も盛り込まれている。今後は、臓器移植の拒否の意思を示さない限り、ドナーカードを持たない場合でも、家族が同意すれば臓器を摘出されることになり、誰もが臓器提供について判断を迫られる可能性がある。

臓器移植の対象となる臓器

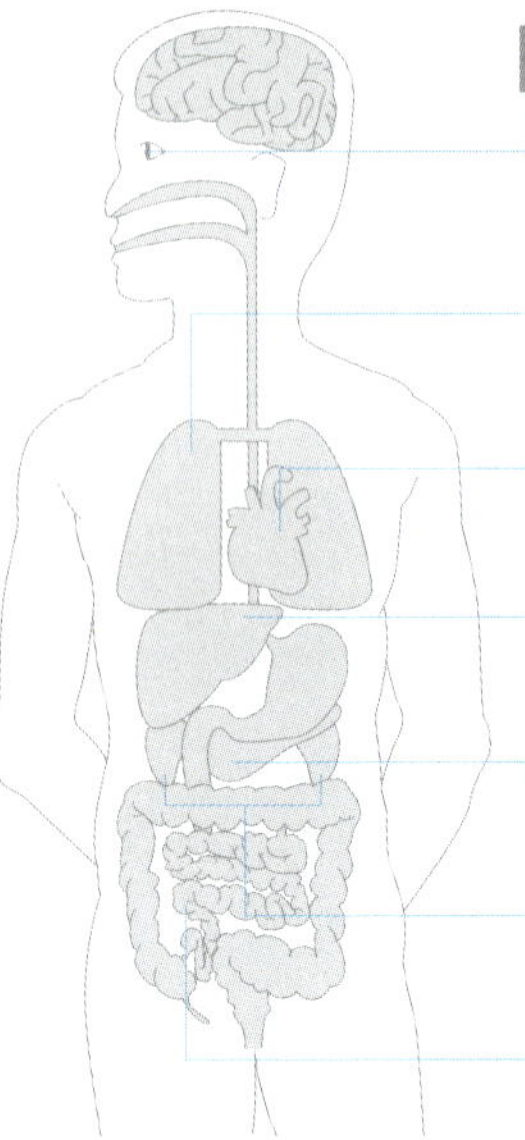

部位	脳死	心停止
眼球	○	○
肺	○	×
心臓	○	×
肝臓	○	×
膵臓	○	○
腎臓	○	○
小腸	○	×

わが国の臓器移植法をめぐる動き

年	動き
1968 年 8 月	札幌医大で国内初の心臓移植
1992 年 1 月	政府の「脳死臨調」が 脳死臓器移植について答申
1997 年 10 月	臓器移植法が施行
1999 年 2 月	高知赤十字病院で法施行後の脳死臓器提供
2009 年 7 月	改正臓器移植法が成立
2010 年 7 月	改正臓器移植法が施行

生体肝移植 Live donor liver transplantation

重度の肝臓病になった患者に対して、親族などの提供者（ドナー）から健康な肝臓の一部を切り取って、患者の体内に移植する治療法である。

1989年に日本で初めて実施され、2009年末までに5千件を超える移植が行われた。現在では脳死下での移植が認められているが、脳死提供者が不足しているため、肝臓移植の中心は、「生体肝移植」となっている。

現在の移植手術では、肝臓は再生するため約2／3を切りとり、それを移植するケースが多いが、提供者の負担が大きく、提供者側に障害が起きることがある。そのため、切り取る肝臓ができるだけ小さくなるようにする移植方法が求められている。

骨髄バンク Marrow donor program

日本の公的な骨髄バンクは、1991年に発足した骨髄移植推進財団が主体となり、1992年にドナーおよび患者の登録を開始した。1993年1月に初の骨髄移植を行い、2008年12月には骨髄移植1万例に到達した。現在の骨髄移植は、人口10万人当り5～6人の割合で発病する白血病患者が7割を占めている。

骨髄移植は、白血病や再生不良性貧血などの血液難病によって人体の造血能力がおかされ、正常な血液が造られなくなった患者の造血幹細胞を、放射線照射や抗がん剤によって消滅させ、かわりに健康なドナー（提供者）の骨髄液（造血幹細胞）と入れ替える**造血幹細胞移植**である。化学療法（抗がん剤）で治らない場合に治療が行われる。

造血幹細胞移植には、親兄弟からの「血縁者間移植」と他人からの「非血縁者間移植」がある。後者の場合、骨髄バンクを通じての**骨髄移植**と、**さい帯血移植**に分類される。骨髄は海綿状の組織で、血液はおもにここで造られる。骨髄液に

骨髄移植

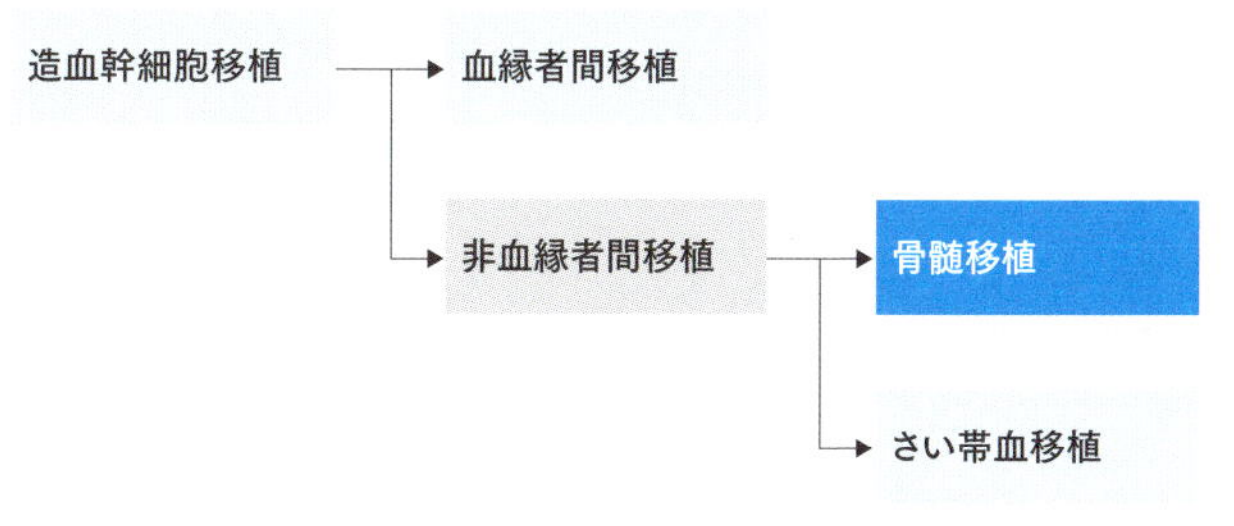

は大量の造血幹細胞が含まれており、通常は腰の腸骨に針を刺して骨髄液を採取する。さい帯血は、新生児のへその緒、胎盤から採取した血液で、造血幹細胞が多く含まれている。骨髄と違い、白血球の型がすべて一致しなくても移植できる利点がある。なお、**さい帯血バンク**は、第三者への提供が目的の「公的バンク」と新生児本人や家族の治療用に預かる「民間バンク」がある。2000年に約160件だった移植件数はその後増え続け、2009年は約900件と骨髄移植（約1200件）に迫っている。

　骨髄バンクのドナー登録者数は、約35万人（2009年10月末現在）に達している。骨髄移植後の患者の生存率を50％ほどとする推測もあるが、追跡調査のデータは現状では不十分である。生存率は、血液疾患のタイプや症状、患者の年齢などで変わり、一般的には若年層ほど、生存率は高いといわれている。

　世界では、日本、米国、ドイツ、英国など41カ国・地域の56骨髄バンクと21カ国38のさい帯血バンクが活動している。

生殖医療 Reproductive technology

国内で初の代理出産が2001年5月、長野県で明らかになった。最先端の「生殖医療」を望む不妊症の夫婦が増加する一方、医療をめぐる社会制度の整備は遅れている。

　現在の生殖医療はおもに3種類の技術がある。**不妊治療**はその1つで、排卵誘発剤などの薬物療法、排卵疎通障害の治療や**人工授精**などの一般不妊治療と、これらで妊娠しない場合の**体外受精・胚移植**と**代理出産**の高度生殖医療とに分けられる。

　人工授精には、夫婦間人工授精（AIH）と第三者男性が介在する非夫婦間人工授精（AID）がある。体外受精・胚移植は、卵管が詰まっていたり、子宮内膜症や欠精子症などの場合、卵巣から取り出した卵子と精子を受精させ、培養した胚を子宮内に戻す技術である。

　また、卵子の膜に穴を作って受精を促進し、精子を注入する**顕微授精**と、胚を液体窒素内（マイナス196℃）で冷凍保存し、必要なときに溶かして子宮内に戻す方法がある。**代理出産**は、人工授精や体外受精の技術が進み、がんなどの病気で卵巣や子宮を失って妊娠できない妻の代わりに第三者の女性に生んでもらうことである。

　第2の技術は、出生前診断、男女産み分けなど生命の質を選択するものである。

　出生前診断は、両親から受け継いだり、その他の原因などで生じた遺伝病があるか否か、超音波検査などによって出生前に胎児を調べる検査である。子供に遺伝子異常（特に神経管の欠損）や染色体異常（特に母親が35歳以上の場合）が生じるリスクの高い場合に行われる。

第3の技術は、精子・卵子作成、**クローン技術**など生命を操作するものである。

生殖医療に対して厳しい規制があるのは、イスラム教圏やドイツ、オーストリアなどであり、日本では卵子提供、胚提供、代理出産は認められていない。

以上のような生殖医療の進歩は、さまざまな倫理的問題を生み出した。人工授精は、子供のできない夫婦に福音をもたらしたが、夫以外の精子を用いる方法や、代理出産が技術的に可能になった。

このような先端技術によって誕生した子供たちは、夫婦以外の第三者が生殖にかかわることで、誰が子の責任を持って養育すべきか、不安定な状況に置かれる可能性のある大きな問題がある。生殖医療が想定されない時代につくられた現民法は、生殖医療により新たに形成される家族形態を前提としていない。

さらに、1996年にはヒツジの乳腺細胞1個から1匹のヒツジがつくりだされたこと（クローン技術）により、人間のコピーをつくることができる可能性まで出てきた。現時点では各国で人間のクローニングの研究には歯止めがかけられているが、生殖医学に関する倫理的問題には法的規制のみでは十分ではないであろう。

介護保険
Long-term care insurance system

高齢化社会を迎え、介護の負担を社会全体で支える仕組みとして2000年4月に創設されたものである。40歳以上の国民が加入し、全国の市町村と東京23区が国や都道府県の支援を受けて、運営主体になった。介護の必要な状態になりやすい65歳以上の人口は2009年、約2900万人であるが、2025年には3635万人まで今後増え続けると予測されている。

この制度のしくみは、**在宅**（訪問介護、日帰り介護〔デイサービス〕、訪問看護など）と**施設**（特別養護老人ホーム、老人保健施設など）での介護の2本柱になっている。

保険給付の対象は、介護の必要度について5段階に分け、認定を受けた65歳以上の高齢者がサービスを受けられる。40～64歳については、加齢に伴う特定の病気（脳出血など）が原因で要介護になった場合に限定される。利用者の負担は国が定めた介護報酬の原則1割であり、利用者負担を除いた介護費用（給付金）の5割を40歳以上の国民からの保険料、5割を税負担でまかなっている。介護報酬は3年ごとに見直されている。

2010年でこの制度が始まって10年になり、利用者は大幅に増加した。

しかし、住み慣れた家や地域に安心して暮らし続けるための環境整備の遅れや、高齢者を受け入れる施設の不足や地域格差、介護を担う人材の不足など、多くの課題がある。特に介護の必要な人が入る**特別養護老人ホーム**に入れない待機者が、２０１０年現在、約42万人に上っている。

この背景には、国と自治体の財政難があり、膨らむ需要に対するサービスの提供が不十分な状態にある。また、サービスを提供する事業者の不安定な経営状態や不足する介護従事者の低賃金・労働環境の悪さなどの問題も指摘されている。

ＡＤＬ［日常生活動作］ Activities of daily living

一人の人間が食事、排泄、着脱衣、入浴、移動、寝起きなど、日常の生活を送るために最低限必要な基本的動作すべてを指す。身体運動だけではなく、精神活動やコミュニケーション能力も含む。高齢者の身体活動能力や障害の程度をはかるための重要な指標となっている。

介護保険制度では、個人のＡＤＬをさまざまな手法で評価し、その結果で、その人に必要な介護レベルやリハビリテーションを進める上での情報としている。

救急救命士 Emergency life-saving technician

厚生労働大臣の免許による医療従事者で、１９９１年にできた国家資格であり、翌年には第1号が誕生している。救急車の出動が爆発的に増加する中、救急現場での応急処置の充実と救命率の向上を目的に設けられた。全国の自治体の消防機関に配置される救急隊の救急車に、常時最低一名の「救急救命士」を乗車させることが目標とされている。救急救命士が活動するための救急車を特に高規格救急車という。消防官、医療関係者、自衛隊員などが、救急救命士の資格を取得するケースが多い。

救急救命士は、心肺停止状態の傷病者に対して、医師の指示のもとに（この二つの要件を欠いた場合には違法行為）、次の三種の救急救命処置（特定行為）を行うことができる。

①**電気ショック**（除細動）……心臓の鼓動を正常に回復させる。
②**点滴**（輸液）……静脈路確保のために行う。
③器具を用いた**気道確保**

また近年、救急救命処置の範囲が拡大され、各都道府県のメディカルコントロール協議会の認定を受けた救急救命士は、気管挿管や薬剤（アドレナリン）投与を行うことが可能となった。**気管挿管**とは、患者の口または鼻から管を気管に入れ、気道を確保する医療行為のことである。異物がのどに詰まっているときなどに有効な方法であるが、失敗すると気道がふさがれて窒息する恐れがあり、技術的に難しい医療行為である。なお、救急救命士が行った救急救命処置は、各メディカルコントロール協議会の検証医によって検証・フィードバックされ、医療の質の保証に寄与している。

電子カルテ Electronic medical record

従来の紙のカルテの代わりに、医師が患者の診断や治療、検査などの医療情報を電子データとしてパソコンに記録・管理するシステムのことである。

紙のカルテに比べ管理が容易で、データの検索や共有もしやすく、院内に数台のパソコンを置き、それらをつないで相互にデータをやりとりできる。さらに、複数の医療機関がネットワーク経由で患者とカルテの情報を共有し、地域単位での診療の効率化を図る取り組みも増加している。また**コンピュータ断層撮影装置**（CT）などの画像データもカルテに添付することも可能である。

さらに、紙のカルテでは、保管場所の関係で、通常はすぐに引き出せるのは2年程度といわれているが（法的なカルテの保存義務は5年間）、電子カルテでは膨大なデータがハードディスクなどの記憶媒体に記録できる。

電子カルテの問題点としては、システムの導入にまだかなり高いコストがかかるという点がある。さらに、電子カルテシステムのシステムダウンやシステムエラーが発生すると、外来の延滞や診察の遅延、処置、指導、検査、病理、リハビリ、手術、入院手続き等、すべての業務を延滞または、ストップする事態が生じる恐れがある。患者の重要なプライバシーに関わる個人情報を取り扱うため、その流出防止も重要な課題の一つである。

世界禁煙デー World No-Tobacco Day

世界保健機関（WHO）が1989年、タバコによる健康被害を防ぐため、禁煙に向けた対策を各国に求めるため制定した。毎年5月31日が「世界禁煙デー」になっており、毎年重点的に取り組むテーマが定められる。2010年は、「タバコの拡販から女性を守れ」といった内容のテーマであった。日本では、5月31日～6月6日までの一週間が**禁煙週間**である。

厚生労働省の調査によると、男性の平均喫煙率は減少しているが、女性は横ばいで、20～40代では増加している。この要因には、女性はメンソール系などの軽いタバコを好む傾向があるが、メンソールの作用で煙を肺の奥まで吸引しやすくなり、ニコチンの吸収量が増加して依存性が高まるとみられている。

近年、タバコを吸わない人を巻き込む**受動喫煙**の危険性が広く認知されるようになり、先進国や東南アジアを中心に、職場やレストランなど人が多数集まる場所を原則的に禁煙とする法整備が急速に進んでいる（図参照）。日本も参加しているＷＨＯのタバコ規制枠組み条約（ＥＣＴＣ、２００５年発効）が、約１７０カ国に対し、受動喫煙防止に向けた対策を義務付けている。

わが国では、２００３年に施行された**健康増進法**の25条で受動喫煙の防止を定め、病院、都道府県庁、学校など公共的空間の全面禁煙はほぼ達成された。しかし、努力義務のみで罰則を定めていないため、職場やレストランなどでの対応は、２０１０年現在、不十分な状況にある。このような状況下、神奈川県では２０１０年4月から、全国で初の**受動喫煙防止条例**を実施し、禁止区域での喫煙者には2万円以下、義務に違反した施設管理者には5万円以下の罰金が科せられるようになった。レストランやホテルなどでは、禁煙と喫煙のエリアを分けるなど、**分煙対策**を実施するところが増加し

受動喫煙の法規制がある国・地域

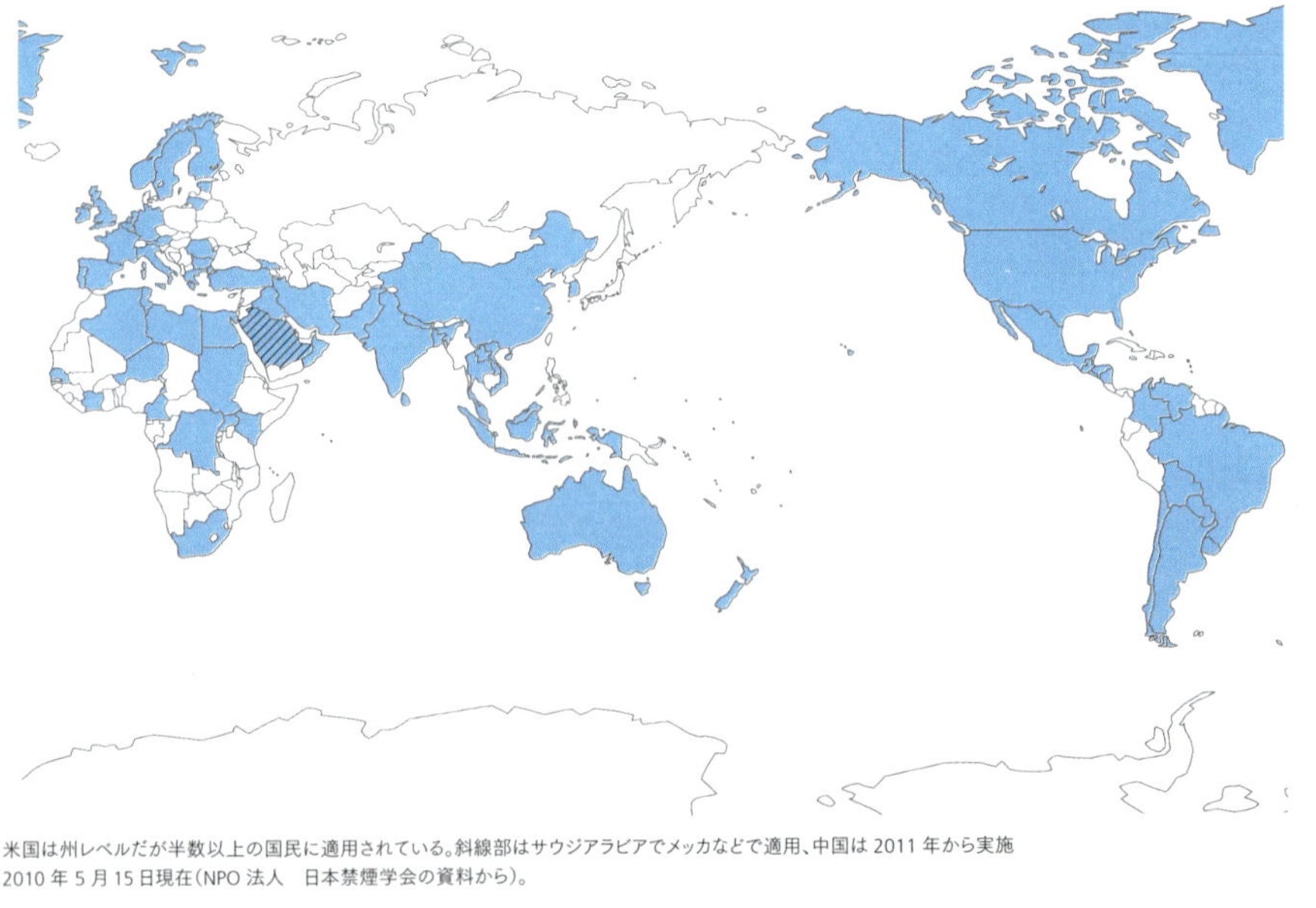

米国は州レベルだが半数以上の国民に適用されている。斜線部はサウジアラビアでメッカなどで適用、中国は2011年から実施
2010年5月15日現在（NPO法人　日本禁煙学会の資料から）。

ている。
一方、欧州連合（ＥＵ）は、２０１０年２月、２０１４年1月までにタバコの最低税率を現在の平均57%から60%に引き上げるよう指令を出した。これにより、5年間でタバコ消費の10%削減を目指している。タバコの価格（1箱20本）は、既に英国では約八百円、アイルランドは約千円とかなり高くなっている。日本のタバコは先進国の中で安価で問題視されてきたが、２０１０年10月から、一本当たり3.5円（1箱当たり70円）の増税が実施された。

わが国での禁煙治療は、２００６年度から**ニコチン依存症**の治療として、健康保険で外来治療が可能になった。テストを受け、依存症と診断されるなど条件を満たした場合、12週間の治療を受けられる。治療薬は、喫煙状況や依存度などを確認した上で選択される。２００８年度から発売されたバレニクリン（商品名：チャンピックス）は、タバコの煙を吸引してもニコチンが脳の中枢神経を刺激せず、満足感を得られなくなり、禁断症状を抑えられるとして注目されている。

喫煙（自らタバコを吸う能動喫煙）による代表的な病気は、肺がんや心筋梗塞であるが、実際には全身のさまざまな病気と関わっている（上図参照）。タバコの摂取、代謝に関わる臓器などの他、糖尿病やメタボリックシンドロームなどの要因となる。さらに、大動脈瘤、閉塞性動脈硬化症などの循環系の深刻な疾病の発症リスクが高くなることが知られている。一方、受動喫煙では特に「乳幼児突然死」の発症リスクが、周りに喫煙者がいない場合に比べ、約5倍にもなるとみられている。

また、肌のつや、張りが無くなったり、顔色も暗褐色になり、しわが増えるといった喫煙者特有の「タバコ顔」になるなど、美容面でも問題が生じる。タバコが嗜好品を超えた有害物質であることを認識することが重要である。

図 能動喫煙による代表的な病気

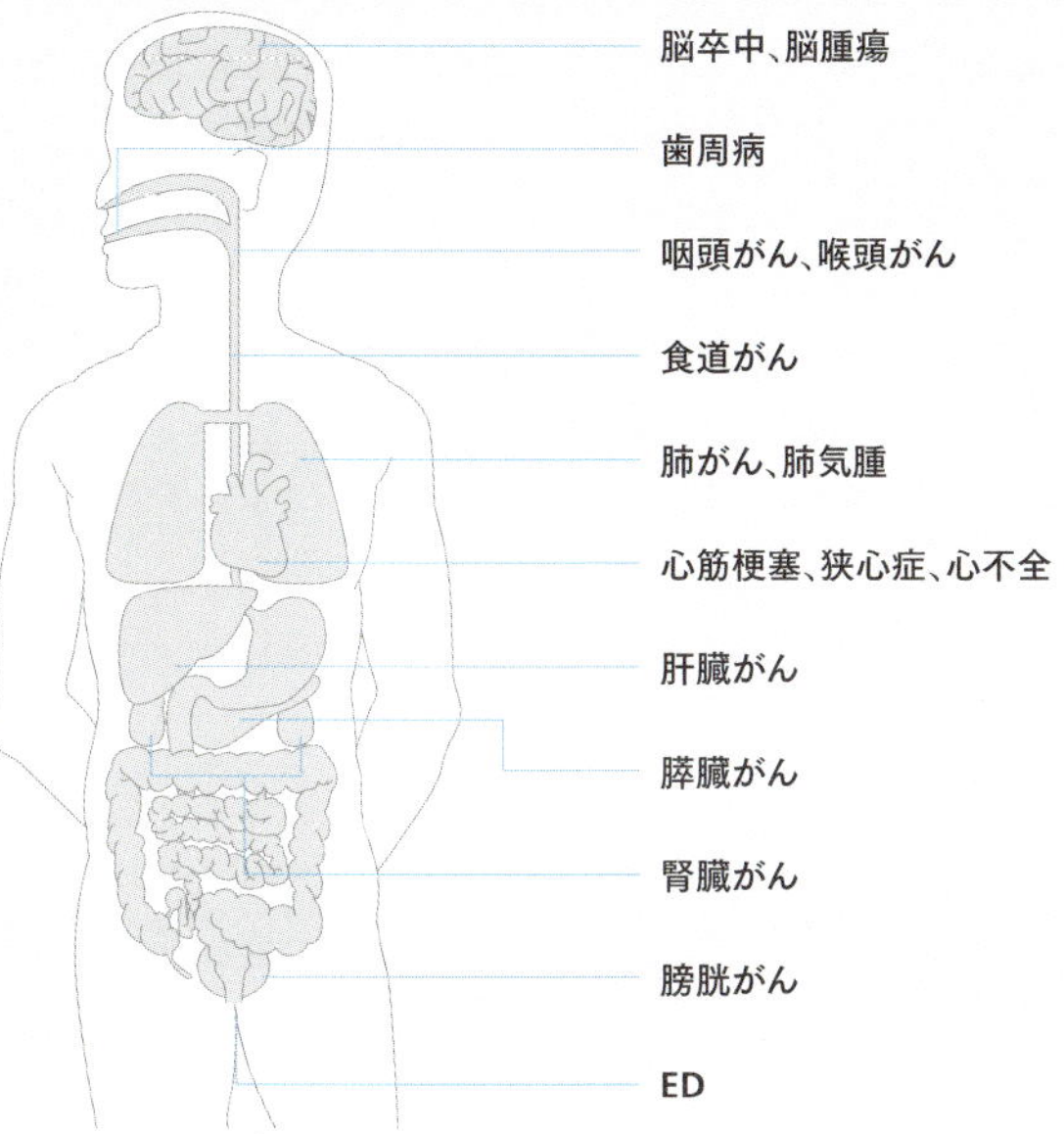

column ❶

塩と砂糖の防腐効果

塩には防腐作用があるといわれ、食品に塩を加えると、腐敗しにくくなるが、食塩自体に防腐効果や殺菌作用があるわけではない。塩分の濃度が高くなると浸透圧が高くなり、食品から水分が除去されると共に、生物中の水分が細胞外に引き出されて、微生物（細菌、カビ、酵母など）が死滅するためである（しかし、腸炎ビブリオ、ブドウ球菌、病原性大腸菌、ボツリヌス菌などの好塩菌は、カリウム塩類などを細胞の中に蓄積して細胞の外の浸透圧とバランスさせているため死滅しない）。

また、砂糖を加えても、浸透圧が生じるため、食塩と同様に防腐効果があり、砂糖漬けとしても食品を保存できる。砂糖がたくさん入ったジャムやケーキなどが腐りにくいのはこのためである。しかし、砂糖は食品の重量の約半分の重量が防腐効果には必要であるが、塩は砂糖よりも入手しやすく、少ない重量で大きな浸透圧が得られるため、砂糖よりも防腐効果が高いといえる。

野菜類を塩に漬けることによって、腐らせず長持ちさせることができる、食塩の防腐効果を利用した料理の代表例には干物や漬物がある。

図のように野菜に塩を加えると、浸透圧の違いで細胞内の水分が外部に引き出され、細胞のまわりの繊維組織がたるみ、ソフトな食感に変化する（塩ごろし）。

これによって細胞内の栄養分が保持され、さらに固い食感の野菜類が食べやすくなる。

また、食塩の浸透圧によって雑菌の活性も抑えられ、保存性の高い食品となる。

塩で漬物ができるメカニズム

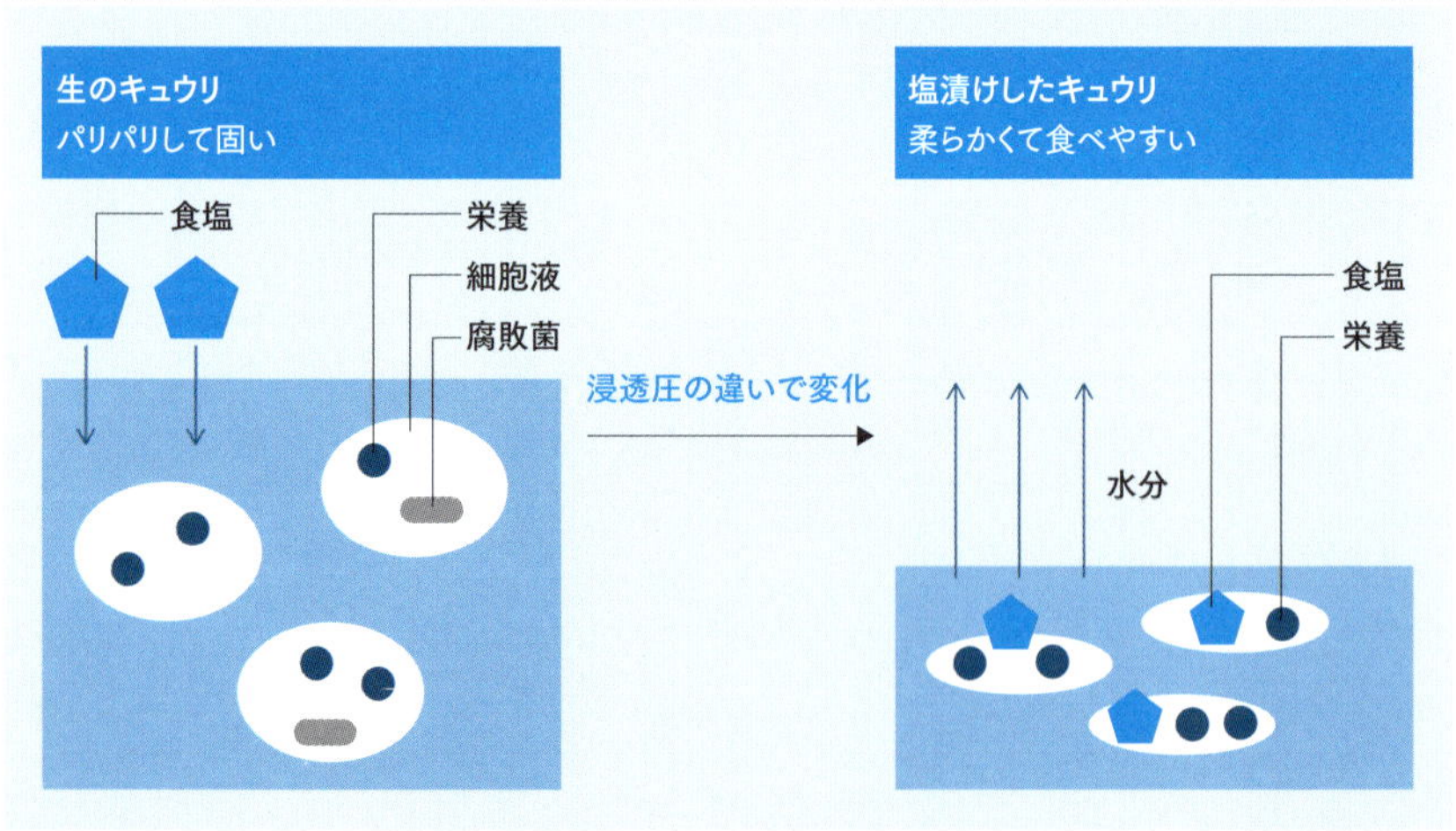

第8章 生物の機能と利用

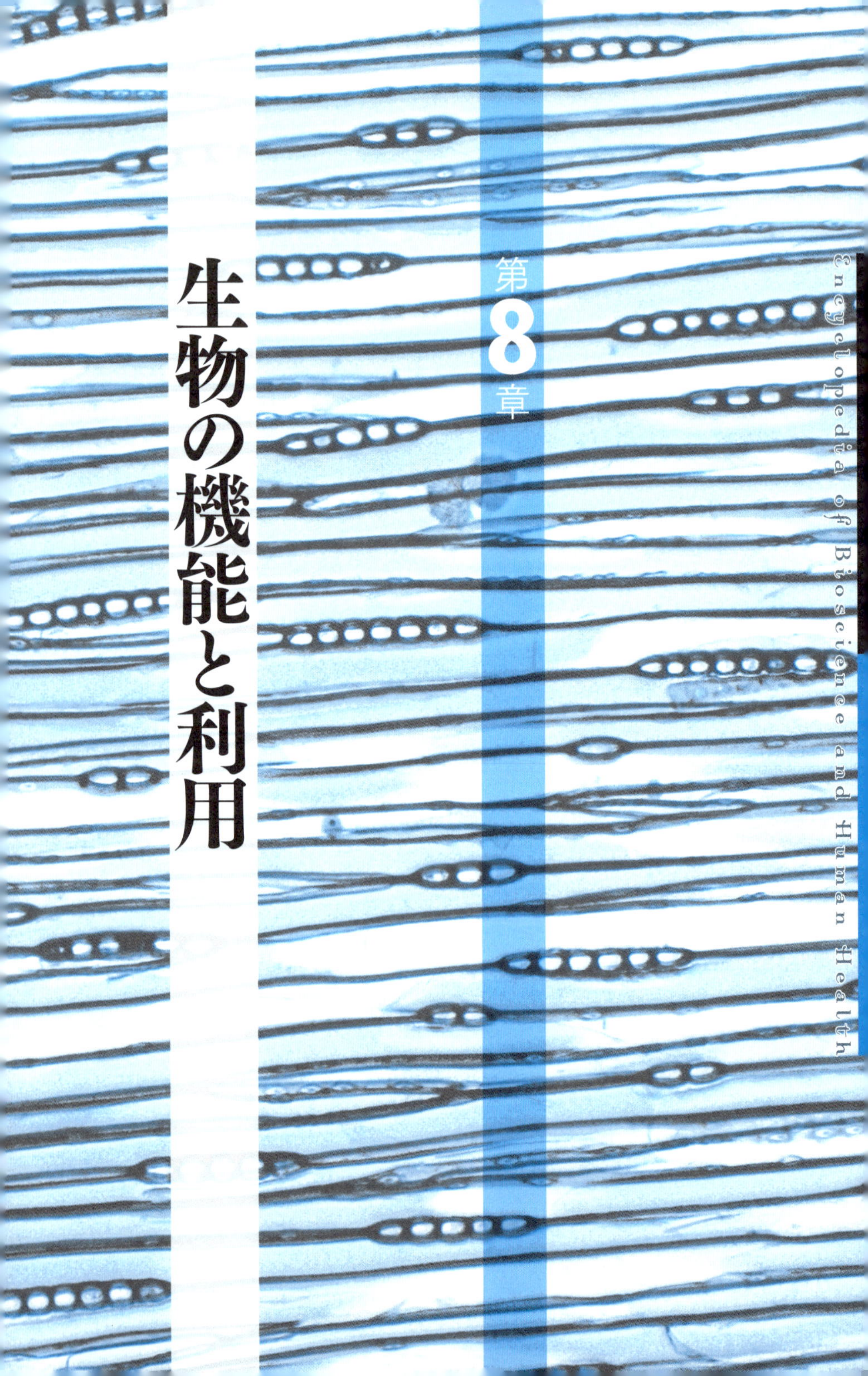

生物の機能から触発されて開発された科学技術には、
これまで飛行機、ナイロン、コンピューター、ロボットなど数多くある。
これから、私たちの生活をさらに安全で豊かなものにしていく上で、
生物の柔軟な動きや〝生体ゆらぎ〟と呼ばれるあいまいな行動などには、
人知のおよばない優れた機能があり、参考にすべきことがたくさんある。

バイオミメティクス［生体模倣］

Biomimetics

昆虫をはじめ生物の形態や動きの巧妙な仕組みにヒントを得て、それを分析し、先端製品の開発などに応用する試みのこと。生物の体はナノメートル単位（1ナノメートル＝100万分の1ミリメートル）の微細な構造を持ち、柔軟で壊れにくい組織や生命をつかさどる精巧な生体活動を実現している。人間が大量の素材とエネルギーを使って実現しているものを、生物は特殊な構造・機能を身に着けることによって得ている。

古くは、レオナルド・ダ・ヴィンチ（Leonardo da Vinci, 1452–1519）が、鳥の羽ばたきの様子を詳細に研究し、それに基づきいくつかの飛行用装置を試作したことがよく知られている。

昆虫は、障害物を巧みによけて縦横無尽に空を飛び、ひじょうに遠くはなれたところにある花の香りなどをかぎ分ける。昆虫の細胞は、単純であるが柔軟性が高く、筋肉細胞のシステムをまねたロボットの開発が1990年代からわが国を中心として進められている。また、ハチの脳が、障害物を検知して回避行動を始めるまでの時間は0・01秒と人間よりも約10倍速い。この仕組みをまね、障害物をよけるロボットや自動車の開発が進められている。

その他、水の抵抗が少ないサメの皮膚構造をまねた競泳選手用の水着、蝶や蛾の羽の輝きを車の塗料などに応用する試みがよく知られている。ハスの葉の撥水性をヒントにした傘や建材の防水・撥水性の向上など、植物の優れた機能に着目した利用例もある。

ナノテク技術の進歩とともに、チョウの羽をまねた神秘的な色合いのドレスや、ハスの葉をまねた水をはじく布など、生物を模倣した繊維の開発が進められている。さらに超微細な構造で内蔵の働きを再現する人工腎臓、人工肝臓などの研究も進められている。また、現在の工業製品は大量のエネルギーを使って生産されているが、昆虫などは体の微細な構造を使ってひじょうに少ないエネルギーで働くことができ、これを応用した省エネ型製品の実用化も期待されている。

昆虫の鋭い嗅覚の例

1㎞先のフェロモンをかぎ分けるカイコガ

ゆらぎ

Fluctuations

自然界に常に存在する、生物や分子に備わっている〝ゆれ動く〟現象のこと。空気中の窒素や酸素、二酸化炭素の分子があらゆる方向にランダムに飛び回る**ブラウン運動**も、ゆらぎの一種である。生物は本来、気候など周りの環境が急変してもいろいろな場所をふらふらしながら別の快適な状態に移り、環境変化に柔軟に対応していることが近年、明らかになってきた。

たとえばハエは、複雑な脳神経制御システムを持っていないが、障害物や危険をうまく回避して飛びまわれる理由は、**生体ゆらぎ**を使って巧妙に不規則な運動をコントロールしていると考えられている。

また、筋肉で働くアクチンとミオシンの2つのたんぱく質は、ミオシンがアクチンの上で柔軟に動くことによって小さなエネルギーで効率よく筋肉を動かしている。

この「生体ゆらぎ」と呼ばれる生物の柔軟な行動を応用し、介護や道案内といった動作を行うロボットの開発が進められている。現在の腕ロボットは、関節にモーターを使い、厳密な制御（PID制御など）を行っているが、直線運動の組み合わせによる単純な運動しかできない。

一方、生体は数十の筋肉を使っているが、それに似た複雑な運動が可能なように複雑な関節と多数の**アクチュエータ**（物を動かしたり、制御したりする機械的あるいは油空圧的装置）をもつ腕ロボットの開発が進められている。この進化したロボットでは、従来の制御方法では困難なため、**ゆらぎ**を制御回路に用いている。

ゆらぎの産業応用は、他に生体特有の適応性・自律性を持ったコンピュータ・ネットワークシステム、情報処理センサーを組み込んだ人工臓器の開発など種々の研究が進められている。

生物をまねた最新ロボットの開発の例

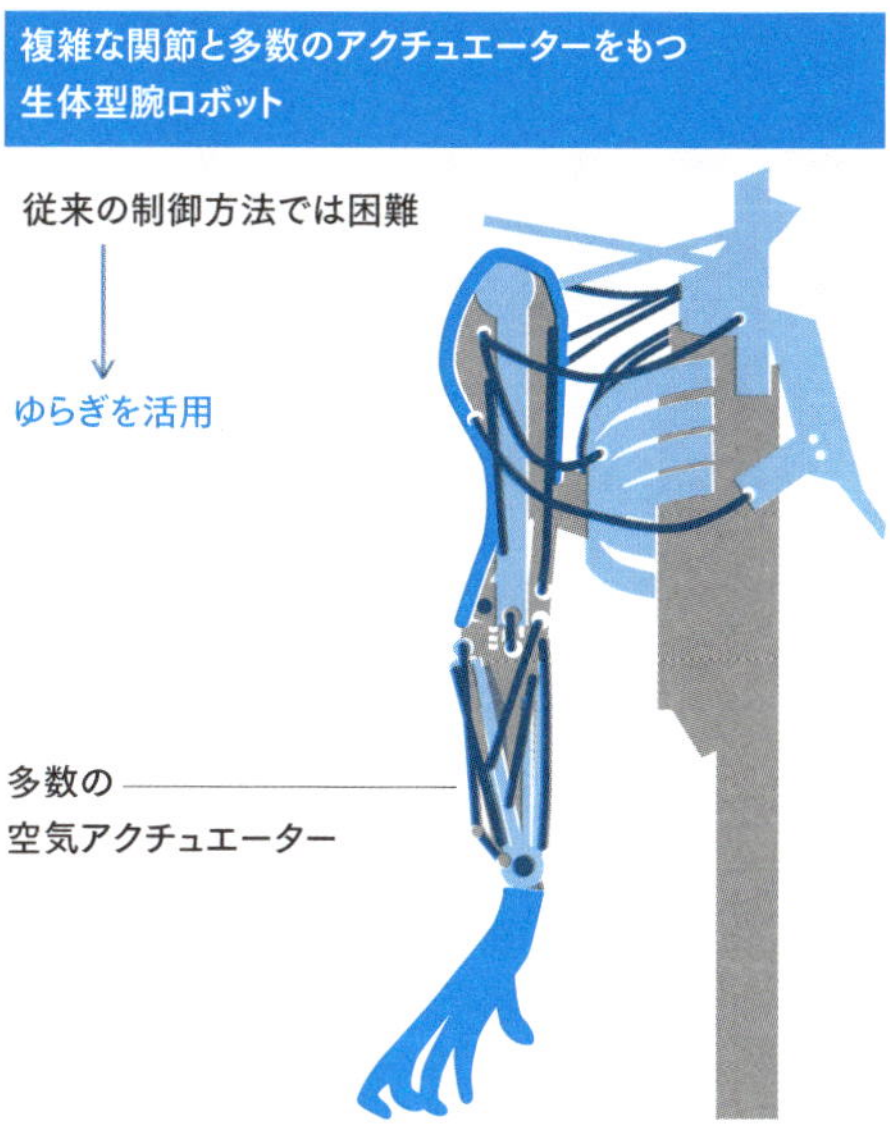

合成生物学

Synthetic biology

人工的に、自然界の進化では誕生しなかった人工生命の作製を目指す研究分野であり、**構成的生物学**ともいわれる。

米国のベンチャー企業が、2010年、人工的に化学合成したゲノム（全遺伝情報）も持つ細菌を作製することに成功した。

従来、遺伝子を一個ずつ細菌・動植物細胞などに入れてタンパク質を作ることは医薬品や新品種の開発などで実用化していたが、人工的に合成したゲノムによって遺伝情報を完全に置き換えたのは初めてであった。この研究では、菌の体（細胞）は作製していないため、人工生命の創造とまではいえない。しかし、身近な化学物質から新たな生命体を作る「人工生命」誕生につながる技術であるとみられている。

合成生物の作製

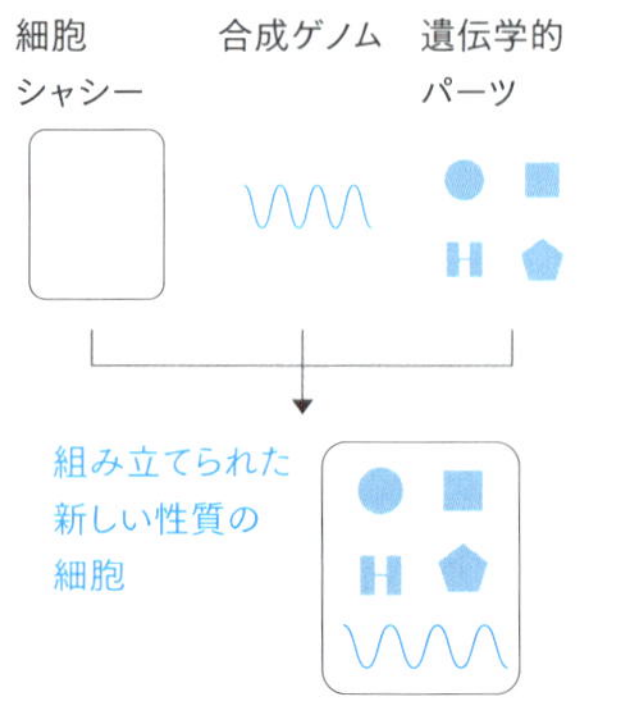

この技術が進むと、人工的に合成した細胞膜やＤＮＡなどから、自立して生育・増殖する生命体の作製が可能になる。たとえば、医薬品やバイオ燃料の製造などに役立つ**人工細菌**の開発の可能性がある。また、細菌や遺伝子など生命の基本的な仕組みを調べるためにも有用である。一方、生命倫理の問題に加え、細菌兵器や生態系を破壊する生物などを生み出す恐れもあり、社会全体で安全性などを幅広く議論していく必要がある。

なお、**合成生物**は、元々はコンピュータ上で生物のように動くキャラクターなどを指す用語であったが、バイオテクノロジーの進歩にともない、実際に生きた細胞などに使われ始めた。

生体認証［バイオメトリクス］

Biometrics

人の体や行動の特徴（生体情報）を使って自動的に個人を識別したり、「本人」と確認すること。生物学を意味する〝Biology〟と測定を意味する〝Metrics〟を合成した造語で英語では〝Biometrics（バイオメトリクス）〟といわれる。

ネットワーク上での情報や商品のやり取りの機会の増加とともに偽造カードによる犯罪や個人情報の流出が相次いでいる。また、2001年の米中枢同時テロを契機とし、国境や重要施設への出入りを厳しく監視する動きが世界中で強まっている。これらの問題に対する対策として、本人であることを証明してセキュリティーを高めることが求められ、生体認証が**本人確認**の有力な手段の一つとして注目されている。

認証に用いられる生体情報は、誰もが有し、一人一人が異なり、経年変化が無いことが必要である。ＤＮＡが最も高い精度で個人を識別できるが、現状では解析に少なくとも数時間かかるため、生体認証への利用は、まだ実用化されていない。

現在、最も多く利用されている生体情報は、**指紋**、瞳の中の**虹彩**、手のひらや指の**静脈**であるが、他に**声紋**、**顔形**、**署名**（筆跡）などによる認証が実用化されている。その他、**掌形**（手のひらの厚みや形）、**掌紋**（手のひらの紋様）、**耳介**（耳の形）、**網膜**（血管のパターン）、**キーストローク**（キーボードをたたくリズムや強さ）がある。

生体認証の最も大きな利点は、ＩＤカード、免許証、暗証番号などと違い、忘れたり、紛失する危険性が無いことである。しかし、生体情報の種類や認証装置、利用環境などに依存するため、偽造した指紋や虹彩によって他人になりすます危険性が指摘されている。

手のひらの静脈パターンによる認証

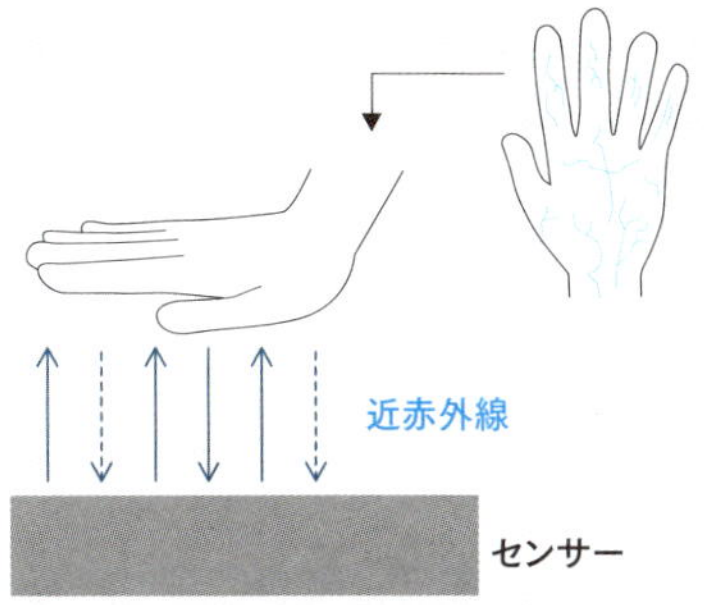

手のひらから反射してくる近赤外線をセンサーで読み取る

２００７年11月の改正入管難民法施行によって、強制退去者の再入国防止などのため、16歳以上の外国人に入国審査で指紋と顔写真の提供を義務付ける**生体情報認証システム**が導入された。８４６人が入国を拒否された。２００９年12月には、指の手術で指紋を変えて、わが国の入国審査をすり抜けた中国人が逮捕されている。

また、生体認証は、登録してある情報と入力された情報がどれだけ似ているか（違っているか）を統計的手法によって判別するため、本人を他人と判定したり（本人拒否率〔ＦＲＲ〕）、他人を本人と判定（他人受入率〔ＦＡＲ〕）したりする危険性があることに注意が必要である。さらに、経年変化によって認証が出来なくなる可能性もある。

最近、銀行のＡＴＭで静脈のパターンによる認証を用いることが多くなっている。出入国審査や航空機の搭乗手続きを正確、迅速に行うため、ＩＣチップ入りのパスポートや搭乗券に顔などの情報を記録して認証する試みも検討されている。

暮らしの中の様々な場面でセキュリティーの確保が求められる中、生体認証の安全性と利便性を正しく理解して利用す

生体認証に利用される主な情報

指紋

犯罪捜査で利用される最も古い認証方式。

同じ人のどの指も指紋は異なる。入退室やログイン管理などに利用。

顔

顔の輪郭と目、口、鼻などの各部位の位置関係を登録データと照合する方法や多数の顔のデータから作られた「固有顔」との違いをみる方法、局所的なパターンを利用する方法などがある。

虹彩

虹彩は、目の瞳孔に入る光の量を調整する膜であり、表面にあるしわ模様のパターンを利用して認証する。精度がきわめて高く、高度の安全性が要求される施設の入退室管理などに使用される。

静脈

手のひらや指の中の静脈のパターンは、きわめて複雑であり、指紋、虹彩と同様に一卵性双生児でも異なる。指や手のひらに近赤外線を当て、その吸収量や透過量を測定する。一部の金融機関が窓口や ATM での本人確認に利用。

音声（声紋）

音声の周波数やその時間的変化を解析し、声道（のどや口、鼻）の形状の違いによる特性を取り出して比較する。電話など離れた場所からも利用でき、認証に特別な機器が不要。

署名（筆跡）

センサーを内臓した電子ペンやタブレット（ペンで操作する板状の入力装置）を使い署名などを入力する。登録済みのサインと入力サインについて、ペン先の位置、筆圧の時系列データなどを比較して総合的に判定する。

ることが求められている。

生物農薬

Biological insecticide

昆虫、線虫、菌類、酵母や大腸菌、ウイルスなどの生物を農薬として使うものであり、化学農薬（殺虫剤）と比べて、他の有用な天敵に悪影響がなく、また残留毒性や人畜に害がないなどの利点がある。特に微生物を利用する場合を**微生物農薬**、害虫の天敵を利用する場合を**天敵農薬**ということがある。なお、農薬には、生物由来の抗生物質や毒素などの化学物質もあり、これらも含めて「生物農薬」ということもある。

クワコナカイガラムシの防除に使うクワコナヤドリバチなどは生物農薬としてよく知られている。現在、生物農薬として世界各国で最も広く使われている細菌は、バチルス・チューリンゲンシス菌〝*Bacillus thuringiensis*（Ｂｔ）〟である。この菌は、土壌中に生活している昆虫病原菌の一種で、自然界に広く分布している。Ｂｔには種々の系統があるが、その系統ごとに異なった種類の害虫（昆虫）に対し殺虫効果のあるタンパク質（ＢＴトキシン）が含まれている。この菌は製剤化されており、製品の種類と生産量の両面で微生物農薬の中で最も多い。

また、この菌の遺伝子を酵母や大腸菌などに組み込んで殺虫性をもたせ農薬として散布させたり、農作物にこの菌の遺伝子を組み込んで農作物を害虫から防除する方策などが検討されている。

生分解性プラスチック Biodegradable plastics

普通のプラスチックとして使用できるが、使用後、土壌に埋めておけば微生物や分解酵素によって水と二酸化炭素に分解されるプラスチックのことである。

現在の生分解性プラスチックには、植物のトウモロコシやでんぷんなどを微生物によって発酵させて得られる**乳酸**から合成されるものと、石油や天然ガスなどから化学的に酸素を加えてつくられる二つのタイプがある。生分解性プラスチックの構造は、基本骨格を形成している炭素原子の一部を、微生物が炭素鎖を切断して低分子化できるように、酸素原子によって置き換えることによって造られている（図参照）。

■生分解性プラスチック

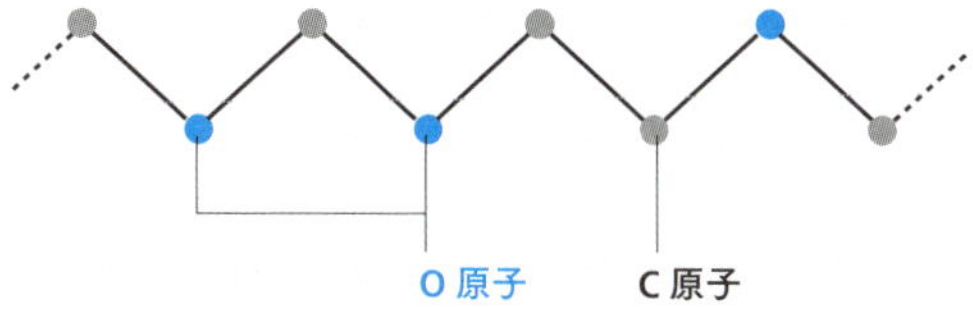

また、**水素細菌**のような微生物がつくるポリエステルが、生分解性プラスチックとして利用できることがわかっている。

生分解性プラスチックは、まだコストが高く、耐久性や機械的強度が劣ることが大きな欠点である。しかし、使い捨てを前提とした医療用や農業用などの製品、使用後に環境中に放置される可能性のある製品の材料に適し、種々の製品開発が進められている。最近、わが国では食品包装材、自動車材やパソコン部品に使われ始めた。

ビオトープ Biotope

“Biotop（ドイツ語）”で「生き物」と「場所、空間」を意味する言葉からできた造語であり、野生生物が本来の環境に近い形で生息できる場のことである。現在、多くの自然が破壊され、野生生物の種と数が激減している。そこで、かつて野生生物が生息していた地域の草地や川、池、森、林などの失われつつある**生物生息空間**を人の手で再生・復元することが重要であると考えられるようになった。

このような考えに基づくビオトープづくりの取り組みは、各地の公園や河川敷の造成、環境学習用に学校の中などに多くみられる。これは、特に都会の子供たちに自然とふれあい、**生態系**の一つのモデルを観察できる場を提供するという重要な役割を担っている。

生物生息空間の好ましい形と配置

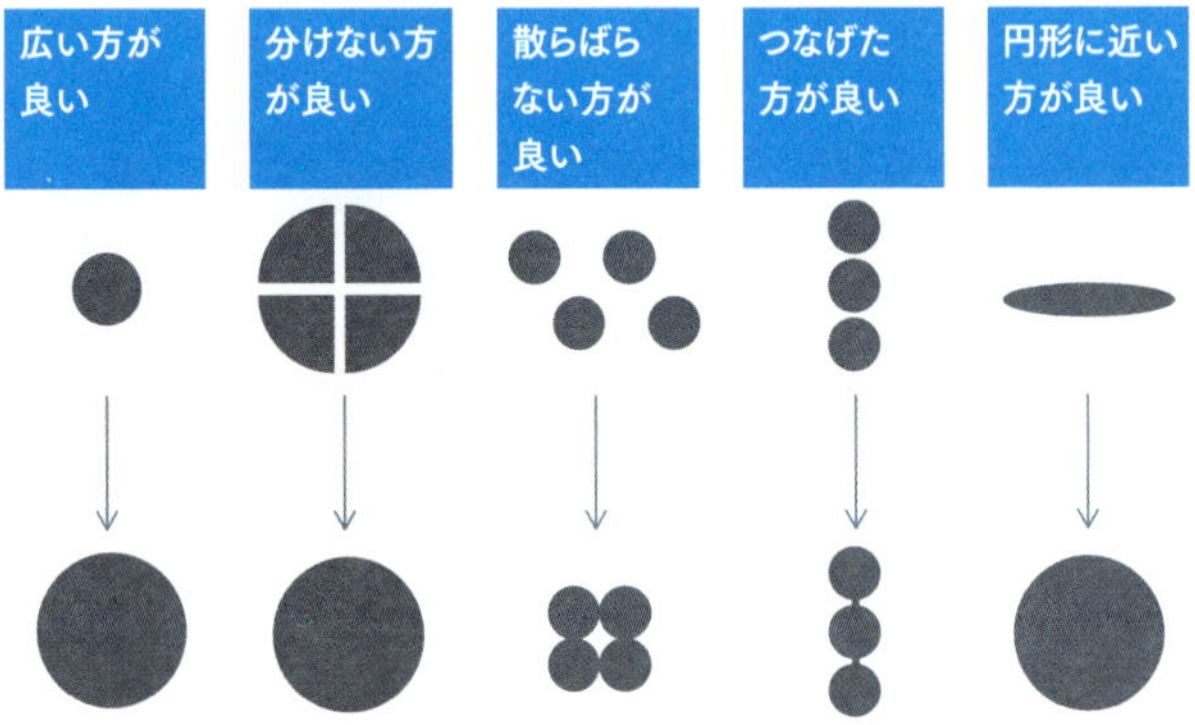

たとえば、横浜市では、1986年から自治体、学校および市民グループが協力して、トンボの生息空間をつくる活動を行ってきている。本牧市民公園では、5種のトンボしかいなかったが、ビオトープを整備することにより、22種のトンボが戻ってきたという報告がある。川崎市麻生区の「万福寺の森」とよばれた**里山**は、東京ドーム8個分の広さがあったが、2008年の完成に際して住宅地（高層マンションや一戸建て）の整備が進められた。この中の最も湧き水の多い0.7haほどの土地がビオトープとして設けられ、絶滅危惧種のホトケドジョウも生息している。このような試みは自然との共生を図り、環境教育上も意義が大きい。しかし、貴重な生き物が持ち去られたり、外来種が持ち込まれたりして、地域固有の生態系が破壊される恐れがある。ビオトープの設置にあたっては、生態系の混乱が起こらないような十分な配慮と継続的なモニタリングが必要である。

環境エンリッチメント
Environmental enrichment

動物園、水族館や野生生物保護センターなどにおいて、動物福祉の立場から、飼育動物の幸福な暮らしを実現しようとする試みで、積極的に取り入れられるようになってきた。飼育環境を工夫して、その動物本来の行動を引き出すような取り組みのことである。

たとえば、高所を好む動物には塔を立てたり、ケージのサイズを大きくしたり、餌を食べる時間を長くなるよう給餌方法を工夫したり、おもちゃを与えて退屈する時間を減らしている。飼育方法でも、動物を群れで一緒にしたり、単独にしたりと多くの取り組みがある。さらに、繁殖や子育てができない、発育が正常でないといった障害や異常行動の解消も目的になっている。

このような「環境エンリッチメント」の取り組みは、動物のためばかりでなく、動物園などを訪れる人間にとっても動物の生き生きとした姿が見られるというメリットがある。

生態系サービス

Ecosystem services

人間に利益、あるいは恩恵、恵沢をもたらす**生態系**の機能のこと。これは、必ずしも経済的価値のあるものだけにかかわらず、私たちの日常生活に欠かせないものである。たとえば、植物の光合成による大気成分の維持、干潟や葭原による水質浄化、森林の水循環による気候緩和、ミツバチによる農作物の受粉などが生態系サービスの例である。

一般に**生物多様性**が保持されている状態は、種々の生き物が存在し、相互に繋がり合っている。生態系サービスの基盤は、生物多様性であり、その機能は次の4つに分類される。

①供給サービス

衣食住の原材料となる直接的なモノの供給（淡水、繊維、燃料、食料、食品添加物、医薬品、遺伝子資源など）

②調整サービス

快適、安全な暮らしに役立つ、複雑な自然の仕組みから生まれる制御・調整機能（水、気候、害虫の制御、病気の抑制、自然の浄化機能、自然災害の防護など）

③文化的サービス

伝統・文化の発展や癒しになる生態系から得られる非物質的な利益（農業社会、牧畜社会、漁業、山岳信仰、娯楽、エコツーリズムなど）

④基盤的サービス

すべての生態系サービスを支える機能（水循環、土壌形成、光合成、栄養塩循環など）

国連は、2001～05年に生態系に関する総合的評価、「ミレニアム生態系評価」を実施した。その中で、海洋の魚種の1／4が乱獲で枯渇するなど、生態系サービス24項目のうち約60％が過去50年以上にわたる人類の改変により、劣化していると結論づけた。さらに将来の予測や改善に向けた提言を行った。

2008年、ドイツのボンで開かれた「生物多様性条約第9回締約国会議（COP9）」では、国際共同研究「生態系と生物多様性の経済学（TEEB）」の中間報告が発表された。何も人類が手を打たない場合、2050年までに生物多様性が失われることによる経済学的損失は世界のGDP

の7％に達すること、自然の価値査定方法の欠如が問題であることが指摘された。

生態系サービスは、企業活動などビジネスの分野でも注目され始めている。**企業の社会的責任**（CSR）に基づく取り組みに加えて、**生態系サービス評価**（ESR）を指標として用いることの重要性の認識が広がっている。

私たちの日常生活には精神面も含まれているが、生態系や生物多様性が供給してくれるサービスの重要性を再認識し、生態系サービスを保つ仕組みづくりの構築が求められている。

アニマルセラピー Animal therapy

犬や猫などとの触れ合いによって、人間の健康に種々の効果を利用する行為を「アニマルセラピー」という。古代ギリシャ時代には、傷病兵のリハビリに「乗馬療法」が行われていたとされ長い歴史を持つが、現在、大きく分けて、3つに分類される。

動物と触れ合うことが目的の**動物介在活動**（AAA）、医療従事者が治療行為として行う**動物介在療法**（AAT）、子供に動物との触れ合い方や命の大切さを学んでもらうのが目的の**動物介在教育**（AAE）である。


人間は動物と接することにより、生理的・身体的なほか、心理的、社会的な効果がある。たとえば、動物をなでると血圧が低下し、ストレスが軽減したり、生活に張りや楽しみができたり、世話をすることで責任感や自尊心が生まれたり、共通の話題ができたり、動物を通して外部に関心を持つようになったりする。

現在、日本では治療を目的とした動物介在療法は、まだほとんど実施されていないが、動物と触れ合う動物介在活動は広がりつつある。

しかし、課題としてボランティアや目的にあう動物の不足、アニマルセラピーが心理面の要素を含むため、科学的な効果の測定・評価の難しさなどがある。

アニマルセラピーの課題

感染症
動物からのかみ傷、ひっかき傷、排泄物などを経路として、動物から人に共通の感染症が生じる

動物側のストレス
活動時間が長くなると（40分以上）、瞳孔が開いたり、尾をふったり、あくびを頻繁にするなどのストレス症状が生じる。

不適格な対象者
動物アレルギーや、動物に嫌な思い（かまれたなど）があったり、動物を乱暴に扱う人など。

ロボットセラピー
Robot assisted therapy

ロボットとの触れ合いを通じて高齢者や患者の心を癒す試みであり、**認知症**の症状改善などに効果がみられる例もある。動物の癒し効果を担う**アニマルセラピー**の代わりとして、近年、急速に研究が進められている。

アニマルセラピーは、対人関係を気にせずにリハビリが行えることや、精神的な癒し効果によって、加療期間が短縮化するという効果が報告されている。しかし、感染症や動物アレルギー、噛み付き、引っかきの事故などに対する予防が不可欠である。さらに、医療の現場では衛生面で問題視されることが多く、また動物嫌いの人たちにとっては単なる苦痛でしかないというマイナス面もある。そのため、すべての人に積極的に導入することは難しいといえる。

そこに対して、ロボットは安全で衛生的であり、アレルギーや感染症の心配もない。ロボットセラピーには、次の3つの効果があるといわれる。

①人を元気づけたり、うつの状態が改善する心理的効果
②血圧が安定したり、ストレスが低減するなどの身体的な状態に表れる生理的効果
③会話が進み、人間関係が改善するなどの社会的効果

人件費が膨らむ一方の医療現場で、固定費の削減にもつながるため、ロボットによるこうした支援は今後の大きな発展が期待される。

味覚
Taste

食物にはそれぞれ味があり、食物を食べるときには味を感じる。この味を感じることを「味覚」といい、通常は水に溶解した化学物質が刺激になる感覚である。

私たちが感じる味は大きく分けて5つあり、**基本味**とよばれている。**甘味**、**塩味**、**酸味**、**苦味**、**うま味**の5つである。

うま味は、元々、西洋にはなかった味であり、特に日本人が大事にしてきた昆布や鰹節のだしの味である。英語でも〝umami〟として、世界共通の公式用語となっており、**食品添加物**として、風味をよくするために使われている。

1908年、東京帝国大学の池田菊苗博士が昆布のうま味の正体がアミノ酸の一種、**グルタミン酸**にあることを突き止めた。これ以来、アミノ酸と食べ物のおいしさとの関係が注目されるようになった。その後、アミノ酸にはうま味以外に苦味や甘味などを持つものがあることが判明している。

私たちを含め哺乳動物は、**味蕾**《みらい》という舌にある器官で味を

5 基本味と代表的物質

味	物質
甘味（sweet）	果糖、ブドウ糖、ショ糖（砂糖）など
塩味（salty）	塩化ナトリウム（塩）など
酸味（sour）	酢酸、クエン酸、酒石酸など
苦味（bitter）	キニーネ、ホップ、カフェインなど
うま味（umami）	グルタミン酸、イノシン酸など

感じる。味蕾は、数十個の味細胞が花の蕾に似た形に集まったものであり、乳児は舌に1万個あるが、成長とともに減っていき、成人では約6000個になる。味細胞の先端には、ひだ状の突起が存在し、この部位が味物質と結合すると、細胞の電位が変化し、味細胞にあるカルシウムイオンチャンネルが開き、味細胞から信号の伝達物質であるノルエピネフリンという化学物質が放出される。次に、それによって味神経にインパルス（衝撃電流）が発生して、味覚の信号として脳に情報が伝わり、食べてもよいかどうかなどが判断されるシステムになっている。

5つの味以外に、**辛味**、**渋味**、**えぐ味**（山菜などをゆでたときに出る「あく汁」の味）、炭酸飲料の爽快感などもあるが、これらは、味神経とは別の口の中の**三叉神経**で感じているため、厳密には味には含まれない。三叉神経は、温かさや痛さ、圧力などを感じる神経であり、辛味の成分である唐辛子、コショウ、ワサビ、ショウガなどの辛さは、痛みと同じような刺激として感知している。

味覚障害 Taste disorder

食べても味がしない、あるいは変な味があるなど、味が正常に感じられないことを「味覚障害」という。

わが国における味覚障害の患者数は年間14万人と推定されているが、軽い症状の人々を含めると35～40万人に上るといわれていて、年々、増加傾向にある。年齢的には、50～80歳の高齢者に多くみられ、男女別では女性の味覚障害が最近は多くなっている。また、味覚障害は日本人に多い疾患として知られている。

味覚障害の原因は、さまざまであるが、最近は食事からとる亜鉛が不足することによる**亜鉛欠乏性**、原因は特定されないが亜鉛投与が効果的な突発性の食事の内容による障害が増えている。亜鉛は体重70kgの人の体の中に約2g程度しか含まれないが、細胞が生まれ変わるときに必要になる「転写活性タンパク質」に多く含まれる。味を認識する器官の**味蕾**は、約1ヶ月で生まれ変わるが、亜鉛がないと新生できず、古い細胞が死滅して正常な働きをしなくなり、味が感じられなくなる。日本人の場合、亜鉛を多く含む肉類の摂取量が欠米人に比べて少ないこと、食生活の変化で亜鉛を含む米を食べない人が増加していること、若い世代に偏食が増えていること、亜鉛の吸収を妨げたり、結合して体外に出してしまう食品添加物を摂取していることなどがあげられている。

そのほかの原因には、服用している薬（降圧利尿薬、肝治療薬、抗生物質、抗がん剤、インターフェロンなど）の副作用、高血圧や肝不全、糖尿病などによる全身疾患、舌炎等の口腔の病気、ストレスによるものなどがある。

味覚障害の診断は、甘味、酸味、塩味、苦味の4味をしみこませた小さなろ紙を舌の上において、各々の味に対する味覚障害の程度を調べる「ろ紙ディスク法」、舌に電極をあて、かすかな電気刺激で金属味の有無を調べる「電気味覚検査法」、「だ液分泌検査」などがある。

治療は亜鉛投与のほか、原因が特定されればその病気に即したものになる。

さまざまな味覚障害の症状

症状名	症状
味覚消失	味がまったくわからない
味覚減退	食べ物の味がうすく感じる
自発性異常味覚	何も食べていないのに 口の中がいつも苦い味がする
悪味症	食べ物が何ともいえないイヤな味になる
異味症	ある食べ物の味が本来と違う
舌痛症	舌がヒリヒリ痛い
口渇	口が渇く

嗅覚システム

Olfactory system

におい（香り）は、数千年もの昔から人間の生活に取り入れられ、衣食住を豊かにしてきた。においの原因物質は、揮発性を持った比較的小さな物質（分子量30〜300程度）といわれているが、〝におい〟として脳で感知・識別されるメカニズムは、長い間謎のままであった。

半世紀ほど前から、いくつかの説が提唱された。一つは、におい分子の立体構造と鼻腔内の受容部位が一致したときににおいを感じるという**立体化学説**である。二つ目は、生体膜に直接作用する膜吸着説や粒子説であった。さらに、三つ目として匂い分子がもつ固有の分子振動が神経の共鳴や電気振動を引き起こすという分子振動説もあった。

この人間の五感の中で最も謎といわれる嗅覚の解明において大きなブレークスルーとなった発見「においの受容体の発見と嗅覚システムの解明」によって米国のリチャード・アクセル（Richard Axel）博士とリンダ・バック（Linda B.Buck）博士が2004年度のノーベル医学生理学賞を受賞した。これによって、立体化学説が実証され、匂い分子の形やサイズや官能基の性質が受容体によって認識され、それが匂いの質を決定することがわかった。

におい分子は40～50万存在し、しかも多くの香り（いい匂い、悪い臭いなど）は複数のにおい分子からできている。われわれ人間は1万種の香りを識別できるといわれるが、鼻にあるそれぞれ構造の異なる数百種の受容体がにおい分子をいくつもとらえ、脳に送る。においの情報は、脳の嗅球内の**糸球体**というところから、さらに脳の高次領域で処理される。この仕組みによって、人間は、食物が適切なものか否かを判断したり、特定の花の香りをかぐことによって季節の情景を思い出したりする。生命科学の中でこれまであまり重要な分野とみなされなかった嗅覚がこの受賞によって注目を浴びることになった。

　ワインの香りの科学的研究は1950年代から本格化し、白ワインの一種、ソーヴィニヨン・ブランの香りには、グレープフルーツ、パッションフルーツの他に〝猫尿臭〟の特徴的な香りをもつチオール化合物（分子の中にSHという原子団がある）が含まれていることが最近、明らかになっている。

　なお、味覚と記憶とは密接な関係があり、においが引き金になって記憶が呼び覚まされることを、フランスの文豪マルセル・プルースト（Marcel Proust）の大作小説『失われた時を求めて』にちなんで**プルースト効果**という。主人公がマドレーヌを紅茶に浸し、その香りをきっかけとして幼年時代の記憶を取り戻すという描写からきている。

においの受容体と嗅覚

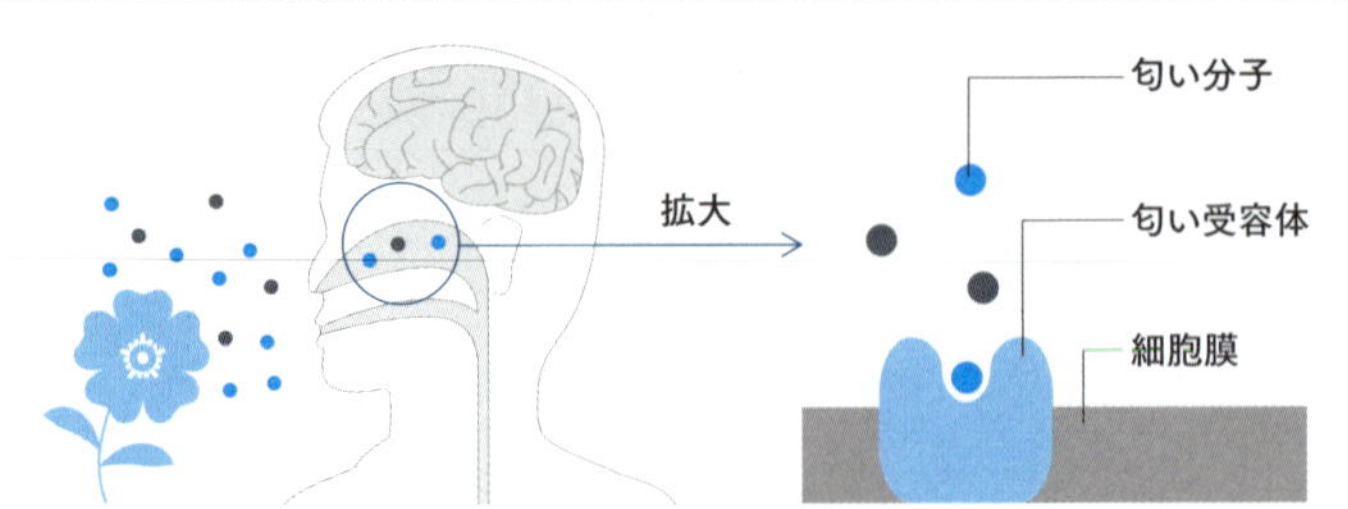

錯覚 Illusion

実際とは違うものを見たり聞いたりする現象で、感覚器に異常が無いが、正常な脳の働きで起こる。一般に健常者に起こるものをいい、健康上異常があるときに起こるものと区別するときは、特に**生理的錯覚**という。存在しないものや刺激を存在するとみなしてしまう**幻覚**とは異なる。

　音楽が流れている、多少の雑音が入っても気にならずスムーズに聞こえ続けるといった現象も「錯覚」の一つといわれる。危機に直面したとき、とっさの行動をとるのにも錯覚が関与する場合があるなど、錯覚は生存に不可欠な機能と考えられている。現在、錯覚を科学的に水面下の意識・感情や視覚と関連づける研究が始まったばかりである。

生物時計

Biological（internal）clock

生物の種々の生理的周期を維持するために体内の時間的測定機構で、**体内時計**ともいう。地球上での種の長い歴史の中で体内に組み込まれたと考えられている。

昼夜の変化に対応したほぼ24時間の概日リズム、潮汐の変化に対応した月周リズム、四季の変化に対応した年周リズムといった様々な生命の活動のリズムは、日長の変化や温度変化などの外的環境条件と関係しながら、生活活動のリズムをつくっている。生物時計は渡り鳥やミツバチが太陽の位置から方位を知るのにも不可欠であるといわれる。

生物時計のメカニズムの研究は、発展途上にあるが、哺乳類の生物時計は、間脳視床下部にあると考えられている。最近、細胞の生活周期を支配する遺伝子として**時計遺伝子**が多くの生物で次々と発見されており、生物時計の本体はこれらの遺伝子による細胞制御にあると考えられている。

近年、睡眠時間と健康についての科学的な研究が進展している。人の体内時計は複雑で、その働き方は年齢とともに変化し、また個人差もある。たとえば、子供は成人より睡眠時間が長く、思春期前には9時間ぐらいであるが、25歳ぐらいまでに平均で6～8時間へと変化する。この移行期間は、体内時計がひじょうに不安定になるといわれる。また、最近、遺伝的な要因により体内時計が強固で、規則正しい睡眠時間が必要な人もいれば、多少、睡眠時間が変動しても対応可能な人も存在することがわかってきた。一方、体内時計の乱れは、うつ病やがん、心筋梗塞などの病気に関係しているとされている。

バイオインフォマティクス

〔生物情報科学〕

Bioinformatics;s

生命科学（Bioscience）と情報科学（Informatics）の融合した新しい学問分野のことである。ゲノムデータ、スーパーコンピュータ、ソフトウェア開発の3つの要素技術の発展とともに領域を広げている。

たとえば、遺伝子配列から含まれている情報を解読したり、その情報から計算によって各遺伝子の機能を予測する。また、遺伝子間の相互作用、合成されるタンパク質の立体構造の予測などがこの分野の代表的な例である。タンパク質のアミノ酸配列のデータベースは1960年代、DNAの塩基配列のデータベースは1980年代から作成されている。

人工生命
Artificial life, Man-made life

生物の振る舞いや進化の仕組みをシステムの機能に取り入れて、高度な機能を持つシステムを構築する手法の総称である。AL（Aライフ）とも呼ばれ、情報・通信の分野で広く使われている。

1980年代後半に、米国・サンタフェ（Santa Fe）研究所のクリストファー・ラングトン（Christopher G. Langton）が提唱した考え方である。簡単なプログラムから多種多様な動きをするロボットや、利用者が細かな指示をしなくても適切な処理が可能なソフトウェアの開発に役立てる研究開発が進んでいる。

人工生命では、従来の**人工知能**（AI）のアプローチと大きく異なり、システムが全体としてどのように振る舞うべきかを明示的には記述しない。すなわち、人間が詳細に設計、制御する「トップダウン」方式とは異なり、システムを自律的に進化させてモノを生み出す「ボトムアップ」方式である。

人工生命に関する主な研究項目には、①**遺伝的アルゴリズム**（GA：genetic algorithms）、②エル・システム（L System）、③生物を模倣したアーキテクチャや機能を備えた自律ロボット、の3つがある。

①は生物の進化原則と考えられている〝適者生存〟を模倣した最適化手法、②は生物の発生過程での〝形態形成〟のメカニズムを使ったシステムのこと、③は単純な働きをする複数の認識個体（エージェント）が協調し合って知的ロボットを実現しようとするものである。

実際への応用例には、有機分子を使って生命の進化を探る試みや、ゲームソフトや芸術などのエンターテインメント分野などがある。なお、〝人工生命〟という用語は、最近は**人工生命**の誕生を目指す**合成生物学**の分野でも使われている。

ニューラルネットワーク
Neural network

ヒトの脳の学習機構を計算機を用いたシミュレーションによって模倣する数学的な手法である。生物学や神経科学で用いられる用語との区別のため、**人工ニューラルネットワーク**とも呼ばれる。

ニューラルネットワークは、図のようにニューロン同士の結合により構成される。ヒトの大脳は、約140億個のニューロン（細胞）から構成されている。それらのニューロンは平均で他の1000ぐらい（多いものでは20万ぐらい）のニューロンと相互に結合し、巨大なネットワークを築いている。このネットワークを再現するのが、ニューラルネットワークというアプローチである。

シナプスの結合によりネットワークを形成した人工ニューロン（ノード）が、学習によってシナプスの結合強度（重み）を変化させ、問題解決能力を持つようなモデル全般を指す。人間が経験をすることで、そこに一定のパターンを見出し、未知の事象にもそのパターンを応用して対応するのと同様、過去のデータを学習させることにより一定の法則、数学的関係を発見して、新しい入力に対して出力し、予測することが可能になる。

ニューラルネットワークの計算法は、あらかじめ数学モデルを仮定しなくても、画像や統計など多次元量のデータでしかも非線形の問題に対して、比較的少ない計算量で良好な解を得られることが多い。このことから、**パターン認識**や**データマイニング**（データの集合から知識を発見する手法）をはじめ、さまざまな分野において応用されている。

ニューラルネットワークの考え方

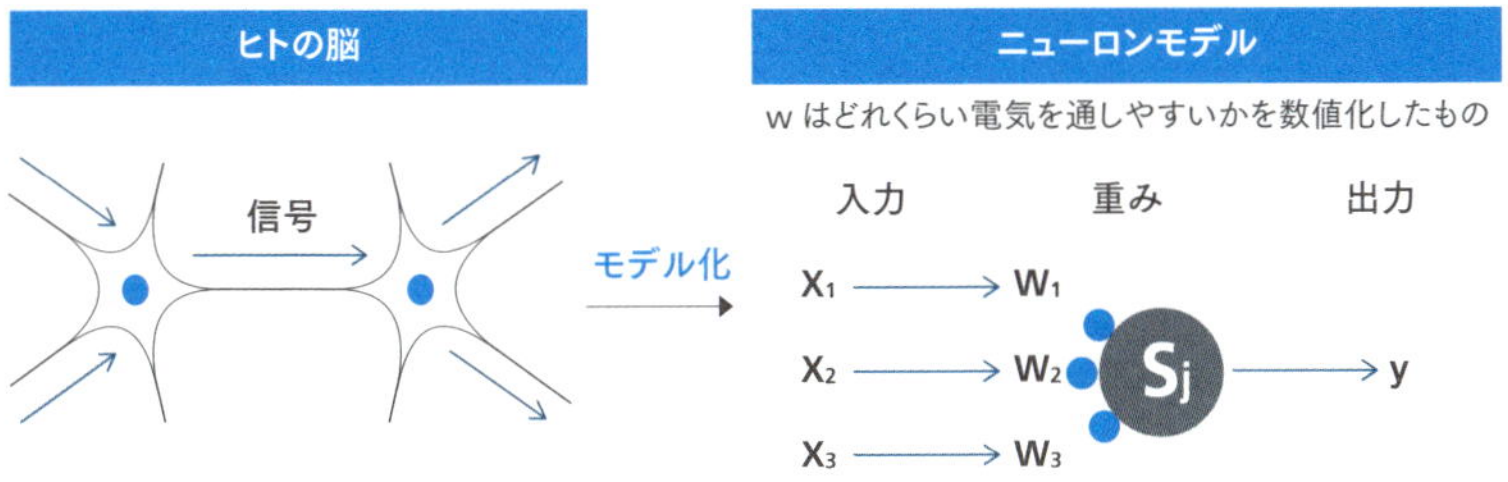

遺伝的アルゴリズム Genetic algorithm, GA

ニューロコンピュータが人間の脳を模擬しようとすることに対して、生物の進化の過程を模擬して新しい情報処理の手法として役立てようとするものが「遺伝的アルゴリズム」である。

遺伝的アルゴリズムでは、**淘汰**、**増殖**、**交叉**、**突然変異**などの生物進化の原理を用いて次のような手順で計算を行う。

①対象とするシステムの種々のパラメータの集まりを一つの遺伝子とみなして表現する。

遺伝的アルゴリズムの基本操作

淘汰
環境への適応度が低いものが次第に滅びていく

増殖
環境への適応度が高いものは栄える

交叉
性質の混合（遺伝子の交叉）

突然変異
強制的にわずかに変化した個体を生成する

②多くの異なった遺伝子を作成し、生物進化の原理を適用させていく。

遺伝的アルゴリズムは、従来の数学的な解の探索法として提案されてきたニュートン法や勾配法などと比べて、複数の個体間の相互協力によって解を探索でき、微分演算などは不要で、よりよい解が見つかりやすいという長所がある。遺伝的アルゴリズムの応用分野には、各種システムの設計や最適化がある。

進化回路 Evolutionary circuit

分子コンピュータという技術の一種で、人間の脳神経細胞のネットワーク構造が変化していく**自己進化**プロセスをまねたコンピュータ技術のことであり、2010年に発表された。その基本的な概念は、フォン・ノイマン（J.von Neumann）が1955年に提案した「セルオートマトン」モデルに基づいている。

現在のコンピュータは半導体チップやハードディスクでできているため、回路構成が固定されている。一方、この技術では直径1nmの有機分子の薄膜がコンピュータ本体となり、分子に電子を与えてプログラムやデータの入出力を行う。デジタルの電気信号を使わず、問題を入力すると、分子層の中に生成される回路の形やサイズが分子間の相互作用で変化していき、別の回路構成のコンピュータになっていく。状況に応じて回路の構成を自分で変化させていくコンピュータ技術であるため、「進化回路」と呼ばれる。このコンピュータでは、分子が脳神経細胞、回路が脳神経細胞ネットワーク、分子層全体が脳という構成になっている。

進化回路は、現在のスーパーコンピュータでも膨大な計算時間が必要な気象現象など多数の要因が相互作用する問題に適し、また画像認識処理などにも適している。

ブレイン・マシン・インターフェース Brain-machine interface; BMI

脳の働きをもとに機械などを操作する技術のことであり、2000年ごろから本格的な研究が始まった。脳神経活動による脳波や血流、磁界の変化などの微弱な信号と、記憶や運動、思考といった脳機能との関係をコンピュータで解析し、人の意図を推測して機械やロボットを直接操作する。これは、**出力型BMI**とよばれ、現在、活発な研究が行われている。

一方、機械の動きが人間に作用して脳に作用する**入力型BMI**もある。このタイプは、最近、リハビリなどの分野で注目されている。たとえば、脳卒中を発症すると、場合によっては脳細胞が損傷し、半身麻痺・意識障害・失語などを引き起こす。脳梗塞や脳卒中で足などに後遺症が残った場合、脳の指令の代わりに電気刺激で筋肉を収縮させ足を動かす。その結果、足を動かす指令が送れなかった脳が、この動きを学習して、損傷してない脳細胞で再び指令を出せるようになるといわれる。

この技術の起源は、1980年ごろ米国の研究者がサルの脳波などを使いコンピュータを動かす実験に由来するといわれる。

2種類のBMIの比較

非侵襲式	侵襲式
頭部にかぶせる脳波計などを使い、頭の外側から測定	頭部を手術して電極を脳神経に刺す
被験者を傷つけないが、雑音が多い	手術によるリスクがあるが、直接信号を取り出せる

1990年代以降、脳波計や機能的核磁気共鳴画像装置（fMRI）、近赤外光計測機器などの計測機器の性能の大幅な向上によって実現性が高まった。さらに、脳科学の進歩も加わり、生きた脳の活動をリアルタイムで観測して機械を操作できるようになってきた。

現在のBMIの技術は大きく2つに分類される。

頭の表面に脳波計や近赤外光計測装置などを付ける**非侵襲式**は、頭部を傷つけずに済むが、皮膚を介して信号を受けるため雑音の影響が大きく、測定や解析が難しい。

他方、電極を頭部を切開するなどして直接、脳神経に刺す**侵襲式**は、信号の読み取り精度が高い反面、技術的にもまだ未完成な点が多く、実用化しても人体を傷つけて取り付けなければならない。さらに、手術による感染症などのリスクもある。将来的には、この二種類の手法を組み合わせることでより実用的かつ高度な活動が可能になるとみられている。

BMIのシステムが発達すれば、医療分野では脊椎損傷のため手足の麻痺した患者、事故によって義手や義足となった人、神経の異常から全身の筋力が衰える筋萎縮性側索硬化症（ALS）などの患者の治療法として役立つと予想されている。これらの場合、いずれも患者は体が動かないが、脳機能は十分に働いているため、BMIで脳の信号を読み取り機械を通して意思を伝達できれば、患者の生活を大きく改善できる。

また、遠隔操作で人の思い通りに動くロボットが実現すれば、体の不自由な人や高齢者を支援する機器に役立てられるとして、期待されている。

しかし、実用化に際しての課題として、人体内に機械を入れることの是非や倫理面での十分な議論が必要である。

column ❷

天然物は安全、合成化学物質は危険？

世間では一般に天然物は安全で健康にいいが、石油などからつくられた合成化学物質は悪く、危険であると思われている。合成洗剤、化学農薬、食品添加物などが疑われている。

しかし、天然物の中には合成物質以上に強い急性毒性をもつものはたくさんある（p.248 急性毒性の項参照）。現在、知られいる最も強い毒性はボツリヌス菌毒素である。この毒性は森林火災や火山活動で発生するダイオキシンの1000倍以上強い。また、コーヒー、緑茶、紅茶などに含まれているカフェインの毒性は、1962年、レイチェル・カーソンの「沈黙の春」によって取り上げられた殺虫剤DDTの毒性とほぼ同レベルである。フグ毒テトロドトキシン（p.249）は、サリンとほぼ同じ強毒である。

テトロドトキシンはハゼやホラガイ、またホラガイが餌とするヒトデにも見つかり、下図のようなフグが毒をもつ原因とみられる食物連鎖が想定されている。しかし、この食物連鎖ではフグが毒を蓄積する全体像が不明であり、なぜフグが毒をもつのか、その仕組みの解明が進んでいる。

フグ毒と食物連鎖（想定メカニズム）

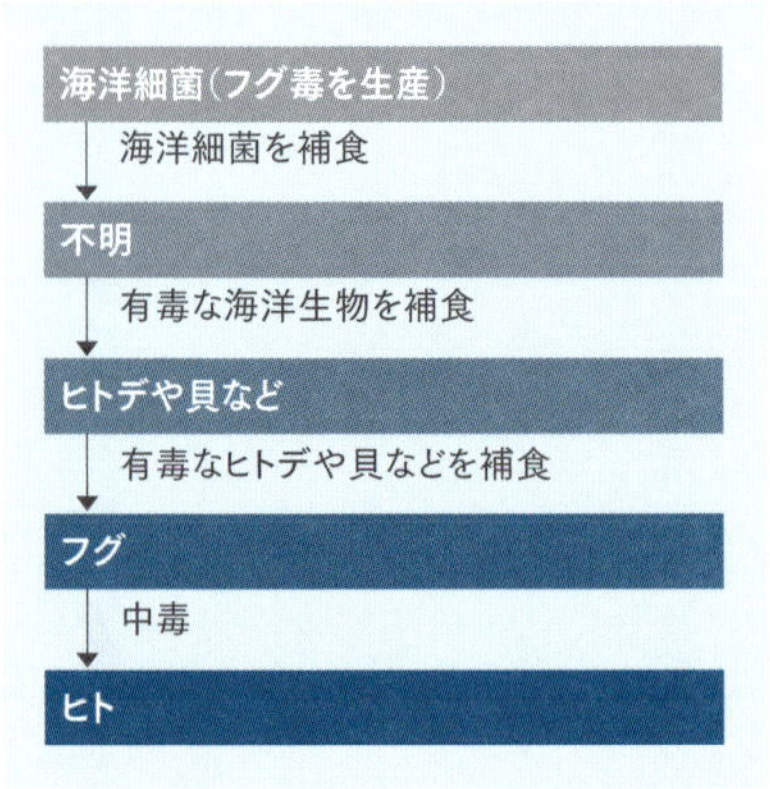

植物も自身を守るために毒性化学物質を有しており、われわれが日常の食生活で摂取する野菜や果物には天然の殺虫剤が含まれている。その中には農薬（残留農薬基準）の1万倍の毒性を持っているものが数多く存在している。

江戸時代、世界初の全身麻酔薬を用いた手術を成功させた華岡青洲（1760–1835）は、その麻酔薬の通仙散の主成分は毒草として知られていたチョウセンアサガオの葉であったことはよく知られている。

現在、人工農薬の開発は、天然農薬の毒性も考慮して天然農薬よりはるかに安全なものが開発、認可されている。たとえば、よく使用されている除草剤の急性毒性は、食塩より低い。食塩は30g、砂糖では1kg、カフェインを含むコーヒーでは100杯を短時間の間に続けて一気に摂取すると、死に至ることもある。私たちの生命維持に不可欠な水も量を過ぎれば毒（p.215「水中毒」参照）になり、また空気も血管内に注射すれば命にかかわる。

したがって、私たちの健康に対して、天然物か合成物であるかの違いは全く無く、100％安全な物質は存在しない。毒物であるか否かは、物質の種類の他、量と摂取の方法で決まる。

索引

あ行

アウストラロピテクス……104
亜鉛欠乏性……306
青潮……120
アオコ……117, 119, 120
赤潮……120, 124
アガロースゲル電気泳動……083
秋まきコムギ……055
悪性腫瘍……180, 195
悪性新生物……180
悪性脳腫瘍……090
悪性貧血……210
アクチュエータ……297
アグロバクテリウム……070, 077, 078
アグロバクテリウム・トゥメファシエンス……077
アグロバクテリウム法……071, 077
アシネトバクター菌……228
アジア風邪……149, 151
亜種……045
アスタキサンチン……255
アスパラギン酸……053
アスパルテーム……033, 257, 261
アスベスト……206
アスベスト肺……206
アセチルコリン……219
アセトアルデヒド……255
アセトアルデヒド脱水素酵素……255
アディポサイトカイン……179
アデニン……024, 034
アデノウイルス……075
アデノシン三リン酸……036
アデノシン二リン酸……037
アトランティックサーモン……071
アナフィラキシーショック……213, 214
アニーリング……083
アニマルセラピー……304
アバスチン……187
アフィニティークロマトグラフィー……075
アプビオーシス……044
アブラナ……055
アベナ屈曲試験……069
アポトーシス……043, 094
甘味……305
アマンタジン……236
アミ……112
アミノ基……031, 032
アミノ酸……030, 053, 102
アミノ酸スコア……263
アミノ酸の定量……069
アミラーゼ……033, 195
アメーバ……020, 056, 158
アメーバ性赤痢……156
誤り蓄積仮説……042, 221
アユ……128
アラニン……030
アラード……055
アリゲーターガー……117
アリマキ……056
アリムタ……187, 208
アルカロイド……246
アルキル化剤……226
アルコール……193, 197, 199, 254
アルコール依存症……216
アルコール発酵……064
アルギニン……053
アルツハイマー病……094, 217, 218
アルディピテクス・ラミダス……104
アレック・ジェフリーズ……085
アレルギー……211
アレルゲン……211
アロマテラピー……181, 266
アンチエイジング……220
アントシアニン……257
アンドリュー・ファイアー……084
暗反応……055
アンモニア……053, 197, 247
胃……188
胃・十二指腸潰瘍……191
胃液……188
イエローストーン国立公園……134
異化……037
胃潰瘍……189,190, 228
胃がん……090, 189, 190, 254
胃酸……191,192, 228
育種……070
育薬……243
イクリオン……080
石綿……206

イソギンチャク 056
イソフラボン 257, 263
依存症 216
一塩基多型 088
一重項酸素 245
一次構造 032
イチョウ 043
一般名処方 230
遺伝暗号表 029
遺伝子 024, 070, 104
遺伝子異常 087
遺伝子組換え技術 062, 070, 074, 076, 085, 114
遺伝子組換え作物 071
遺伝子組み換え不分別 072
遺伝子組み換えでない 072
遺伝子組換え食品 071, 079
遺伝子検査 089, 144
遺伝子工学 070
遺伝子サイレンシング 085
遺伝子資源 113
遺伝子診断 087
遺伝子操作 065
遺伝子銃法 074
遺伝子ターゲティング 078
遺伝子治療 035, 062, 076, 085, 087
遺伝子突然変異 103
遺伝子ドーピング 251
遺伝的アルゴリズム 311
移入種 116
イネ 112, 131
イモリ 090
イリオモテヤマネコ 116
医療過誤 276, 280
医療過誤訴訟 281
医療事故 280
イレッサ 088, 187, 227
インクレチン 173
インスリン 172, 177, 193, 195
インターフェロン 143, 199, 233
インターフェロンα 185
インターフェロンγ 054
インターロイキン2 054
インテグリン 076
イントロン 040, 085
インフォームドコンセント 089, 276
インフルエンザ 148
インフルエンザウイルス 048, 148
ウイルス 020, 047, 053,139, 147,198, 233
ウイルス性肝炎 141
ウエストナイル熱 139, 147, 153
ウエストナイルウイルス 153
ウォーズ 108
ウォーリン 069
牛海綿状脳症 159
ウシ型結核菌 144
うつ病 218
うま味 305
うま味成分 258
ウミネコ 129
ウラシル 024, 026
ウレアーゼ 189
エイズ 044, 138, 145, 242
エイズ患者 146
エイズ予防法 146
栄養遺伝学 259
栄養改善法 253
疫学調査 254, 272, 279
疫学研究 279
エキノコックス症 157
エクソン 040, 085
エコチル調査 272
エコノミークラス症候群 223
壊死 044
エストロゲン 205, 239, 263
エストロゲン様物質 251
エストロゲンレセプター 251
エタノール 254
エチジウムブロマイド 084
エネルギー代謝 037
エビデンス 279
エピデミック 151
エマージング感染症 138
エマージング・ウイルス 138
エラーカタストロフィー説 043
エリザベス・ブラックバーン教授 095
エリスロポエチン 209
塩化ナトリウム 253
塩基 024, 026
塩分 188
猿人 104
延髄 185

エンテロウイルス……161
エンドウ……106
横隔膜……186
欧州連合……072
黄体化ホルモン……201
オオカミ……134
オオヒゲマワリ……022
オーキシン……058, 069
オーシスト……158
オーダーメイド医療……088
オールドバイオ……062
オゾン……246
オゾン層の破壊……270
オタマジャクシ……044
オランウータン……116
オリゴ糖……267
オルニチン……031, 053
オルニチン回路……032, 053
オレタチ……070
オワンクラゲ……080
温泉……269
温暖化……113, 154

か行

科……108
蚊……153
カーボンニュートラル……063, 064
カール・エレキー……062
ガーナー……055
界……108
カイコ……081
介護保険……217, 287
改正臓器移植法……282, 284
改正薬事法……231
潰瘍性大腸炎……196
回転円板法……068
回遊……129
改良医薬品……230
外因性内分泌かく乱化学物質……251
概日リズム……309
外来生物……116, 118
外来生物法……118
カエル……056
カオ……069
化学進化……102
化学物質過敏症……211, 269, 271
核……021
核酸……023
核分裂……050
覚せい剤……250
かくはん槽型……065
河口干潟……123
過酸化水素……245
核磁気共鳴画像法……098
花成ホルモン……055
かぜ症候群……152
ガソリン……064
家畜由来感染症……147
葛根湯……232
活性汚泥法……068
活性酸素……220, 245, 256, 257, 261
活性酸素説……043, 268
褐虫藻……126
カテキン……257
カビ……046
過敏症……211
過敏性腸症候群……196
花粉症……212
カポジ肉腫……146
カメ……043
ガラパゴスゾウガメ……043
カリニ結核……146
顆粒球……175, 202
カルシウム……204
カルシウムイオン……069
カルシウムイオンチャンネル……306
カルタヘナ議定書……073, 096
カルタヘナ法……073
カルボキシル基……031, 032
カロテノイド……054, 255
カロテノイド系色素……256
カロリー制限……041
川崎病……223
カハヒバリガイ……117
間期……050
環境エンリッチメント……302
環境タバコ煙……247
環境ホルモン……251, 272
桿菌……045, 144, 158
幹細胞……092
肝炎……141, 198
肝炎ウイルス……141

肝硬変……143, 199
肝機能障害……198
肝細胞……142, 197
感染症……138
感染症サーベイランス……164
感染症新法……138
感染症の世界的大流行……151
関節リウマチ治療薬……233
間脳……185
漢方……208, 232
漢方薬……209, 232
緩和ケア……182, 277
緩和医療……277
肝臓……053, 157, 197, 240, 249, 254
肝臓がん……090, 143, 199
がん……044, 087, 089, 180, 242, 276
がん遺伝子……181
がん幹細胞……090
がん検診……184
がん細胞……049, 085, 094, 097, 180, 226
がん戦争……226
がん対策基本法……182
がん対策推進基本計画……184
がん鎮痛薬……226
がん登録……184
がん抑制遺伝子……041, 094, 181
がん抑制タンパク質……041
がん免疫療法……184
がんワクチン……237
眼点……022
器官……020
気管支ぜん息……186
気管挿管……289
キサントフィル……022
企業の社会的責任……304
ギ酸……255
基質……033
基質特異性……033, 066
キシリトール……262
寄生……047, 126
基礎代謝……168
気道確保……288
擬態……127
揮発性有機化合物……067
気泡塔型……065
基本味……305
木村資生……105
キメラ……078
キメラ遺伝子……078
キメラ動物……078
キメラマウス……078
ギープ……078
偽薬……245
キャグ・エータンパク質……188
キャリアー……142, 199
キャロル・グレイダー教授……095
逆転写……028, 039
逆転写酵素……028
逆流性食道炎……188
ギャンブル依存症……217
嗅覚システム……307
救急救命士……288
球菌……045
急性胃炎……188
急性毒性……248
救世主兄弟……091
巨核球……175
強化……134
胸腔鏡手術……187
胸膜疾患……206
狂牛病……158
共生……125
強毒性……148
極体……050
禁煙週間……289
金属イオン説……268
筋肉……205
筋繊維……205
ギンブナ……056
グアニン……024, 034
食いわけ……125
クオリティーオブライフ……091, 173, 278
釧路湿原……124
薬の飲み合わせ……281
組換えＤＮＡ技術……070, 074
組換えＤＮＡ実験……074
クラゲ……056
グラム陰性菌……077, 229
グラム染色……045
クリーンベンチ……052
クリプトキサンチン……256
グリセミック指数……174
グリコーゲン……194
クリック……024, 028

グリシン ……030
クリストファー・ラングトン ……310
クリプトスポリジウム ……157
クリプトスポリジウム・ミュリス ……157
グリベック ……227
グルカゴン ……193
グルタミン酸 ……030, 305
クレイグ・メロ ……084
グレゴール・メンデル ……106
クロイツフェルト・ヤコブ病 ……159
クローニング ……076, 082
クロマトグラフィー ……075
クロロフィル ……022, 054
クローン ……056, 079
クローン技術 ……062, 287
クローン羊ドリー ……080
クローン病 ……196
クローンコンティグ法 ……036
クロストリジウム ……045
群生相 ……128
経口生ワクチン ……238
形質 ……106
形質転換 ……070
軽油 ……064
継代培養 ……048
外科手術 ……181, 226
化粧品 ……264
結核 ……140, 144, 242
結核予防法 ……145
結核菌 ……144
欠失 ……103
結腸 ……195
血液 ……174
血液型 ……107
血液ドーピング ……251
血球 ……174
血小板 ……174
血しょう ……174
血清 ……089
血糖値 ……173, 174, 194
血友病 ……107
ゲノム … 034, 075, 086, 089, 105, 298
ゲノム創薬 ……233, 243
ゲノム情報 ……243
ゲノムDNA ……035, 121
健康寿命 ……168
健康食品 ……265, 266
健康増進法 ……290
限界暗期 ……055
幻覚 ……308
原核細胞 ……020, 022
原形質体 ……070
原始地球 ……102
原人 ……104
原生生物 ……022, 121
減数分裂 ……050
原腸 ……056
原腸胚 ……056
原発巣 ……181
顕微授精 ……286
綱 ……108
抗アレルギー薬 ……212
抗インフルエンザウイルス薬 ……234
抗ウイルス薬 ……152
抗うつ薬 ……232
高エネルギーリン酸結合 ……036
抗エイズウイルス薬 ……147
光化学反応 ……054
光学異性体 ……031
抗加齢 ……220
抗加齢ドック ……221
虹彩 ……299
抗がん剤 ……069, 197, 209, 226, 241, 243
抗がん剤治療 ……181
抗菌 ……267
抗菌加工 ……267
抗結核薬 ……144
高血圧 ……253
高血圧症 ……169
抗酸化作用 ……256, 260
交雑 ……106
高次構造 ……032
甲状腺機能低下症 ……218
抗ヒスタミン薬 ……212, 214
好気性菌 ……045
抗菌剤 ……069
抗原 ……048
抗原抗体反応 ……048, 107, 214
抗原特異性 ……066
抗生物質 ……069, 153, 156, 190, 228
酵素 ……033, 037, 065, 197

酵素の固定化 065
向精神薬 250
抗体 048, 066, 233
抗体医薬品 233
光合成 037, 054, 257
光合成細菌 054
光周性 055
恒常性 057
口蹄疫 160
口蹄疫ウイルス 160
後天性免疫不全症候群 145
光子線 183
高脂血症 171
構成的生物学 298
合成生物学 298
高度好塩菌 108
高 LDL コレステロール血症 171
行動圏 127
酵母 046, 056
高密度リポタンパク質 172
好熱好酸菌 108
コウノトリ 122, 134
コウノトリの再導入 134
コエンザイムQ10 220, 259
小形球形ウイルス 163
古細菌 108
呼出煙 247
コスミド 036
コスモス 055
骨髄 203
骨髄異形成症候群 044
骨髄移植 285
骨髄バンク 285
骨粗鬆症 204
骨格筋 205
コッホ 144
孤独相 128
コドン 029
コドン表 029
ゴードン 079
コホート研究 280
コムギ 040, 055, 064, 112
コラーゲン 203, 264
コレステロール 171
コレラ 156
コレラ菌 156
コロナウイルス 140
コロニー 067
コロニーロス 130
ゴルジ体 021
根拠に基づいた医療 279
昆虫 296
コンピュータ断層撮影 098, 283, 289

さ行

サーチュイン 041
催奇形性 239
再興感染症 139, 145
最高血圧 169
さい帯血移植 285
さい帯血バンク 286
最低血圧 169
サイトカイン 054, 234
細菌 022, 045
細菌性赤痢 156
サイレントキラー 170
再生医療 062, 089, 090
最小養分律 057
再導入 134
栽培 053
細胞 020
細胞移植 092
細胞系 048
細胞群体 022
細胞口 022
細胞死 044, 054
細胞シート 089
細胞質 021
細胞周期 049
細胞寿命仮説 042, 221
細胞小器官 021
細胞性免疫 048
細胞増殖 051, 054
細胞分裂 038, 050
細胞膜 020
細胞壁 069
細胞融合 062, 069, 096
細胞老化 042, 221
潟湖干潟 123
酢酸 255
サザンプロット 084
錯覚 308
サッカリン 257, 262

サッカロマイセス・セレビシエ……046
殺菌……052, 267
雑種……106
雑種細胞……069, 096
砂糖……292
サトウキビ……064
里海……123
里地里山……121
里山……122, 302
サプリメント……032, 258, 263
サリドマイド……238
サルモネラ菌……051
サルファ剤……034
酸化ＬＤＬ……171
酸化防止剤……257
三環系抗うつ薬……232
サンガー法……081
サンゴ……126
三次構造……032
三叉神経……306
酸味……305
サンフォード……074
シアノバクテリア……021,
054, 119, 121
飼育……053
ジーンターゲッティング……079
ジェネリック医薬品……147, 230
シェーグレン症候群……211
ジェンナー……236
塩味……305
志賀潔……156
紫外線……270
時間治療……241
時間薬理……241
色覚異常……107
糸球体……308
子宮頸がん……202
脂質異常症……171
雌性生殖……056
シスプラチン……208
自然再生事業……124
失活……033
シックハウス症候群……255, 271
湿潤療法……221
実験動物……282
シトクロムＰ４５０……240
シトシン……024, 034
指紋……299
自己複製能……020
自動体外式除細動器……222
脂肪肝……199
脂肪酸メチルエステル……065
シナプス……186
社会性昆虫……130
弱毒性……148
若年性認知症……218
シャペロン……033
終止コドン……030
ジメチルニトロサミン……247
下村脩……080
宿主細胞……070
手術支援ロボット……099
腫瘍性ポリープ……196
腫瘍マーカー……096
充てん層型……065
受精卵……056
寿命……043, 055
出芽……046, 056
死滅期……052
自己消化……194
弱毒生ワクチン……236
ジャック・ゾスタック教授……095
ジャワ原人……105
ジャンクＤＮＡ……035
ジャンヌ・カルマン夫人……043
種……108
種小名……108
収縮胞……022
腫瘍マーカー……182, 195
主流煙……247
出生前診断……286
受精卵……092
受動喫煙……246, 290
受動喫煙防止条例……290
重金属……067, 272
重症急性呼吸器症候群……140
十二指腸潰瘍……190, 191, 228
重油……067
重粒子線がん治療……181, 183
出力型ＢＭＩ……312
ジュゴン……115
順位制……128
脂溶性……240, 254, 255, 260
脂溶性ビタミン……261
少子高齢化……132

消毒 ……… 267
消毒用アルコール ……… 254
消費者 ……… 110
小胞体 ……… 021, 240
小脳 ……… 185
ショウジョウバエ ……… 040, 041
生薬 ……… 232
症例対照研究 ……… 280
静脈 ……… 299
食塩 ……… 253, 292
食道 ……… 192
食道がん ……… 193
植物 ……… 054, 067, 077
植物アルカロイド ……… 226
植物細胞 ……… 075
植物状態 ……… 283
植物プランクトン ……… 126
植物ホルモン ……… 058, 077
食物アレルギー ……… 213
食物連鎖 ……… 110, 124, 314
食品衛生法 ……… 214
食品添加物 ……… 257, 262, 305
食胞 ……… 022
食胞口 ……… 022
除菌 ……… 267
ショットガン法 ……… 035
除草剤耐性 ……… 071
常在菌 ……… 269
常染色体 ……… 034, 039, 107
ジョセフ・バカンティ ……… 090
ジョン・ディック ……… 090
自律神経系 ……… 185
侵襲式 ……… 313
進化回路 ……… 312
進化学 ……… 105
進化生物学 ……… 105
進化論 ……… 105
新型インフルエンザ ……… 149
新型インフルエンザウイルス ……… 149
心筋 ……… 205
心停止 ……… 222
心室細動 ……… 222
神経原線維変化 ……… 218
神経細胞 ……… 186
神経線維 ……… 186
神経伝達物質 ……… 186
神経胚 ……… 056
神経板 ……… 056
真核細胞 ……… 020, 022
真核生物 ……… 108
新型肺炎 ……… 140
新興感染症 ……… 138
進行がん ……… 190
親水性 ……… 037
浸透圧 ……… 253, 292
シンナー ……… 250
人工甘味料 ……… 257
人工細菌 ……… 298
人工授精 ……… 286
人工生命 ……… 298, 310
人工多能性幹細胞 ……… 091, 093
人工知能 ……… 310
人工ニューラルネットワーク ……… 310
人口爆発 ……… 132
人口ボーナス ……… 132
人口オーナス ……… 132
人獣共通感染症 ……… 147, 157
真正細菌 ……… 108
浸潤 ……… 181
心臓移植 ……… 283
腎臓 ……… 199
腎臓移植 ……… 200
新薬 ……… 230
診療ガイドライン ……… 278
侵略的外来生物 ……… 117
人類の進化 ……… 104
膵液 ……… 193
膵炎 ……… 194
膵がん ……… 195
水酸基 ……… 254
水棲生物 ……… 069
水素結合 ……… 024, 032
膵臓 ……… 193
膵臓がん ……… 195
水平感染 ……… 142
垂直感染 ……… 142
水溶性ビタミン ……… 261
スーパーオキシドアニオンラジカル ……… 245
スーパー耐性菌 ……… 229
スクリーニング ……… 242
スタンレー・ミラー ……… 102
ステロイド化合物 ……… 171
ステロイド剤 ……… 212

ストレス……176, 191, 210, 216, 220, 267
ストレプトマイシン……228
スニップ……088
スフェロプラスト……070
スプライシング……040
スペイン風邪……149, 151
すみわけ……125
刷り込み……124
生活習慣病……169, 177
静菌……267
制限アミノ酸……264
制限酵素……035, 074, 077, 086
生産者……110
精子……056
正常圧水頭症……218
正常細胞……048
成人病……169
性染色体……034, 039
生殖……055
生殖医療……091, 286
生殖細胞……104
生殖細胞クローン……079
生体肝移植……285
成体幹細胞……092
生態系……067, 109, 302
生態系サービス……303
生態系サービス評価……304
生態的地位……126
生態ピラミッド……110
生体触媒……033, 065
生体情報認証システム……299
生体認証……298
生体反応器……065
生体模倣……296
生体ゆらぎ……297
成長ホルモン……233
性的刷り込み……125
生物活性……243
生物学的製剤……233, 234
生物検定法……068
生物資源……063, 113
生物情報科学……309
生物多様性……072, 110, 112, 118, 303
生物多様性条約……073, 112, 114
生物時計……309
生物の多様性に関する条約……112
生物濃縮……111
生物農薬……300
生物膜式活性汚泥法……068
生分解性プラスチック……301
生命……020
生命倫理……063
声紋……299
精油成分……266
生理活性物質……075
生理的錯覚……308
世界禁煙デー……289
世界保健機関……163
セカンドオピニオン……276
脊髄神経……185
赤痢菌……156
接合……056
赤血球……174
セサミン……257
摂食障害……211, 219
セルフメディケーション……279
セルラーゼ……070, 126
セルライン……048
セルロース……064
セロトニン……232
腺がん……187
線虫……041, 084
染色体……038, 050
染色体異常……039
染色体突然変異……103
繊毛……022
センチネルリンパ節生検……201
セントラルドグマ……028
ぜん動運動……188
全脳死……282
前立腺がん……200
前立腺肥大症……200
相加効果……242
総合説……105
桑実胚……056
相乗効果……242
相変異……128
創薬……097, 242
相利共生……126
早老病……042
臓器移植……091, 283
臓器移植法……282
造血幹細胞……203
造血幹細胞移植……285

増殖……051
増殖曲線……051
ゾウリムシ……020
属……108
属名……108
組織……020
組織培養……052
組織・細胞培養……062
疎水性……037
ソリブジン……281

た行

ターゲティング……244
ターミナルケア……278
ダーウィンの箱庭……116
体液……253
体外受精・胚移植……286
体脂肪……169
ダイエット……168, 209, 220
ダイオキシン……240, 248, 252
体細胞クローン……079
体細胞クローン牛……079
体細胞分裂……050
対数期……052
代謝……037, 240, 244
代謝機能……020
代謝拮抗剤……226
耐性結核菌……144
体内時計……241, 309
大麻……250
第1類医薬品……231
第2類医薬品……231
第3類医薬品……231
ダイズ……055, 072, 078
大豆イソフラボン……263
代替調剤……230
代替療法……181
大腸……195
大腸がん……196
大脳……185
代理出産……286
ダウン症……039
唾液……210
多細胞生物……023
多産多死……133
多産少死……133
多剤耐性菌……228
多剤併用療法……144, 146, 241
大腸菌……028, 034, 043, 082
多糖類……067
多発性骨髄腫……239
タバコ……246
タバコモザイクウイルス……047
ダ・ヴィンチ……099
タミフル……113, 149, 235
単クローン抗体……096
単細胞生物……022
単為生殖……056
炭酸同化……054
胆汁……197
炭素イオン……183
タンパク質……024, 032, 102, 213, 264
タンパク質ワールド仮説……103
タンパク製剤……244
短日植物……055
男性ホルモン……201
地球サミット……112
治験……242
チクングニヤ熱……155
チクングニヤウイルス……155
中性脂肪……172
中枢神経……185
窒素……067, 119
腸炎ビブリオ菌……051
長寿遺伝子……041
重複……103
チミン……024, 034
チャールズ・ダーウィン……105
中性植物……055
中性脂肪……176
中性脂肪検査……176
中性脂質……176
中脳……185
中皮腫……206, 208
超音波内視鏡……193
直腸……195
腸内細菌……267
長日植物……055
調味料……258
チンパンジー……034, 104
手足口病……161
定位放射線治療……181
低カロリー甘味料……262
定期健康診断……176

定常期……052
低密度リポタンパク質　172, 257
ティッシュ・エンジニアリング……090
データマイニング……311
テーラーメイド医療……087, 088, 233
デオキシリボ核酸……024
デオキシリボース……023
テストステロン……201
鉄欠乏性貧血……209
テトロドトキシン……249, 314
デノボがん……196
テリトリー……128
テロメア……095
テロメア説……042
テロメラーゼ……095
転移……181
転移因子……039
転移がん……226
転座……103
転写……027, 029
点滴……288
天敵農薬……300
天然系抗菌剤……268
天然痘……238
天然毒……248
電気泳動……082, 083
電気ショック……222, 288
電子カルテ……289
電子顕微鏡……021
デング熱……154
デングウイルス……154
デング出血熱……154
伝染病……138
糖……024, 026
透析療法……200
糖尿病……085, 094, 172, 194, 262
糖みつ……064
トウモロコシ……040, 055, 064, 112, 301
同化……037
ドーパミン……217, 246
ドーピング……250
動物介在活動……304
動物介在療法……304
動物介在教育……304
動物細胞……069, 070
動物由来感染症……147
動脈硬化……170, 179
トカゲ……090
トキ……134
トクホ……252
特定原材料……214
特定外来生物……118
特定保健用食品……252, 263
特別養護老人ホーム……288
時計遺伝子……309
独立の法則……106
土壌……067
土壌汚染対策基本法……067
突然変異……039, 040, 103, 180
ドナー……091, 285
ドナーカード……284
ドナリエラ……256
ドネペジル……217, 219
トマト……055
ドメイン……107
ドベネックの桶……057
トランス脂肪酸……071, 260
トランスジェニック生物……078
トランスジェニック植物……078
トランスジェニック動物……078
トランスジェニックマウス　079
トランスファーRNA……025
トランスフォーミング増殖因子……054
トランスポゾン……039
ドライマウス……210
トリインフルエンザ……149
トリグリセリド……176

な行

内視鏡的粘膜下層剥離術……191
ナイルパーチ……116
内臓脂肪症候群……179
菜種油……064
ナトリウムイオン濃度……216
ナトリウムチャンネル……249
ナノテク技術……296
縄張り……127
ナンセンスコドン……030
におい……307
苦味……305
肉腫……180

ニコチン……131, 246
ニコチン依存症……246, 291
ニコチノイド……131
二酸化炭素……255
二次構造……032
二重盲検法……245
二重らせん構造……024
日射病……215
日常生活動作……288
ニッチ……126
ニッチェ……126
ニトロソアミン……258
二本鎖環状ＤＮＡ分子……029
二名法……108
乳がん……090, 201
乳酸……301
乳酸菌……020
ニュートリゲノミクス……259
ニューバイオテクノロジー……062
入力型ＢＭＩ……312
ニューラルネットワーク……310
ニューロン……159, 186, 310
尿細管……200
尿素回路……053
人間ドック……175
認知症……217, 305
認知機能……217
ヌードマウス……282
ヌクレオチド……024, 026, 102
ネアンデルタール人……105
ネオニコチノイド系農薬……131
ネクローシス……044
熱射病……215
熱中症……214
ネフロン……199
ネンジュモ……020
ノイラミニダーゼ……148, 235
脳……185
脳幹……185, 282
脳幹死……282
脳死……282
脳腫瘍……218
脳神経……185
脳卒中……169, 253
脳ドック……176
脳貧血……210
ノックアウトマウス……079
ノロウイルス……163

は行

肺……186
肺がん……186, 206
肺結核……144
胚性幹細胞……091, 092
胚生殖細胞……092
配偶子……056
ハイスループットスクリーニング……243
ハイデルベルグ人……105
肺静脈……186
肺動脈……186
パーム油……064
パーティクルガン法……071, 074
バイオアッセイ……068
バイオ医薬品……233
バイオインフォマティクス……309
バイオインダストリー……062
バイオエタノール……063, 064
バイオセンサー……066
バイオテクノロジー……062, 114, 233
バイオディーゼル……063, 064
バイオ燃料……063, 064, 072, 120
バイオハザード……096
バイオバンク……089
バイオフィルム……067
バイオマス……063
バイオミメティクス……296
バイオメトリクス……298
バイオリアクター……062, 065
バイオレメディエーション……067
培養……052
培養液……052
ハエ……297
バガス……064
ハクラン……070
バクテリオファージ……047, 074, 076, 077
はすみワクチン……184
パターン認識……311
ハチ……214
ハチ毒……214
バチルス……045
白金ナノコロイド……221
白血球……174
白血病……227, 285

発がん……041
発がん性……258, 259, 262
発がん物質……026
発生……056
華岡青洲……314
バラスト水……117, 119
パレット食道……190
ハロルド・ユーリー……102
犯罪捜査……086
バンコマイシン耐性腸球菌
……228
半数致死濃度……069, 248
半数致死量……248
ハンセン病……161
ハンセン博士……161
伴性遺伝……107
ハンドフットシンドローム……227
パンデミック……151
万能細胞……093
ヒアルロン酸……264
ヒートアイランド……113, 214
ビオトープ……301
非顆粒球……175
皮下脂肪……179
干潟……123
光触媒……268
非侵襲式……313
ヒ素……020
非必須アミノ酸……031
非腫瘍性ポリープ……196
光非依存性反応……055
ヒスタミン……212
受容体拮抗剤……227
微生物……044, 067
微生物農薬……300
微生物膜……067
必須アミノ酸……031, 263
ビスフェノールA……252
ビタミン……261
ビタミンA……256
ビタミンC……257, 265
ビタミンD……205, 241, 270
ビタミンE……257
ヒトインスリン……233
ヒトゲノム……035, 039, 087, 088
ヒトゲノム計画……035
ヒトゲノム解析……074
ヒトパピローマウイルス……202
ヒト免疫不全ウイルス……145
ヒドラ……020, 056
ヒドロキシラジカル……245
非破壊検査……098
皮膚……052
皮膚がん……270
ビブリオ菌……045
肥満……177
肥満症……177
百日ぜき……152
百日ぜき菌……152
病害虫耐性……071
病原ウイルス……047
病原性大腸菌……051
病原性大腸菌O157……162, 267
ピロリ菌……189
貧血……209
ファイバー……075
ファイトレメディエーション
……067
ファージ……047, 076
ファージディスプレイ……076
ファージベクター……082
フィコビリン……054
フィーダー細胞……093
フィードバック……058
フードファディズム……265
富栄養化……119
フェイスエクササイズ……211
フェニルケトン症……262
フェリチン値……210
不活化ワクチン……236, 238
副作用……242
副腎皮質ホルモン……186
副反応……237
副流煙……247
フグ毒……314
不斉炭素原子……031
ブタ……282
ブタインフルエンザ……148, 150
不妊治療……286
フラボノイド……257, 263
プライマー……082
プライマリーケア……277
ブラウン運動……297
ブラックバス……117
プラスミド……028, 077, 078, 082
プラセボ……242

プラセボ効果……242, 245
プラテンシマイシン……228
プランクトン……111, 120
フリーラジカル……245
プリオン……159
プリオン病……159
ブルーギル……117
プルースト効果……308
ブレイン・マシン・インターフェース……312
フレンチ・パラドックス……257
プロカイン……220
プログラム説……042
プロテアーゼ……033
プロトプラスト……069, 070, 075
プロトンポンプ阻害薬……192
プロバイオティクス……267
プロビタミンA……256
フロン……270
分煙対策……290
分化……056
分解者……110
分子イメージング……097
分子コンピュータ……312
分子進化……103
分子進化の中立説……105
分子時計……104
分子標的薬……226, 227
分離の法則……106
分裂……056
分裂期……049
ベータカロテン……220, 256
平滑筋……205
平均寿命……168
ヘキソン……075
ペクチナーゼ……070
ベクター……029, 076, 077
ヘテロシスト……121
ペニシリン……228
ペプシン……188
ペプチド……033
ペプチド結合……032
ヘマグルチニン……148
ヘマトクリット値……174
ヘモグロビン……174, 209
ペルオキシソーム……021
ベロ毒素……162
便潜血検査……197
変異原性物質……026
変性……033
偏性嫌気性菌……045
変種……045
片利共生……126
ペントン……075
扁平上皮がん……187
ベンゾ[a]ピレン……247
べん毛……022, 045
蜂群崩壊症候群……130
胞子……045
放射線治療……181, 226
放線菌……228
法定伝染病……138
法的脳死……284
ホウレンソウ……055
防カビ剤……258
ボーマン嚢……200
補酵素……033, 260
補強……134
保健機能食品……258
保存料……258
ポジトロン断層法……097
ホスピス……277
ホッキョクグマ……115
ホットスポット……113
ボツリヌス菌……146
骨……203
骨代謝……203
骨ドック……176
ポマト……070
ホメオスタシス……057
ホメオパシー……181
ホモ・サピエンス……104
母細胞……050
ポリアクリルアミドゲル……084
ポリエチレングリコール……069
ポリ塩化ビフェニル……272
ポリオウイルス……237
ポリオワクチン……237
ポリクロナール抗体……096
ポリメラーゼ連鎖反応……082
ポリヌクレオチド……024
ポリプ……126
ポリープ……196
ポリペプチド……032
ポリフェノール……041, 257, 266
ホルムアルデヒド……255

ホルモン……023, 193, 204, 239
ホルモン療法……239
香港風邪……149, 151
本態性高血圧……170
翻訳……029
ポンティアック熱……158

ま行

マーティン・チャルフィー……080
前浜干潟……123
マクサム・ギルバート法……081
マクロファージ……144, 203, 246
末梢神経……185
マラリア……155
マラリア原虫……155
丸山ワクチン……184
マングース……118
慢性胃炎……188, 190
慢性肝炎……142
慢性硬膜下血腫……218
慢性閉塞性肺疾患……187
慢性毒性……248
マンモグラフィー……184, 201
味覚……305
味覚障害……306
ミジンコ……056
水中毒……215
水の華……119
密度効果……128
ミツバチ……056, 130
ミトコンドリア……021, 037, 240, 260
ミトコンドリアDNA……104
ミドリムシ……022, 056
ミハイルク……069
味蕾……305
ミラーの実験……102
むかご……056
無機系抗菌剤……268
無菌操作……052
無効造血……044
無症候性キャリアー……142
娘細胞……050
虫歯……262
無性生殖……055
胸やけ……192
群れ……129
明反応……054
メタノール……255
メタボ……179
メタボリックシンドローム……098, 179
メタンガス……063
メタン生成細菌……108
メタン発酵……063
メチシリン耐性黄色ブドウ球菌……228
滅菌……267
メッセンジャーRNA……024
メラトニン濃度……241
免疫機能……142, 203
免疫システム……184
免疫反応……233
メンデル……105
メンデルの法則……106
盲腸……195
網膜……299
目……108
モネラ界……108
モノクローナル抗体……096
門……108
門脈……197

や行

薬価……230
薬害……243
薬局医薬品……231
薬剤耐性菌……229
薬物依存症……250
薬物送達システム……244
薬物—受容体相互作用……048
薬物血中濃度モニタリングシステム……240
薬物代謝酵素……240
薬物乱用……250
薬理作用……245
野生復帰……134
山中伸弥教授……093
有害化学物質……067
有機系抗菌剤……268
優性遺伝子……107
優性の法則……106
有性生殖……055
雄性ホルモンの定量……069

誘導期……052
輸液……157
油脂……176
輸入動物由来感染症……147
ユビキノン……259
ゆらぎ……297
ユレモ……020
溶菌……076
四次構造……032
葉緑体……021
用量応答曲線……248

ら行

らい菌……161
ライノウイルス……152
ラセン菌……045
ラムサール条約……124
卵割……056
卵子……056
ランゲルハンス島……194
藍藻……021, 121
ランダム化比較試験……280
リービッヒ……057
リコピン……255
リソソーム……021
リチャード・アクセル博士……307
立体化学説……307
離乳食……263
リポタンパク……172
リボソーム……026, 029
リパーゼ……033
粒子線……183
緑色蛍光タンパク質……080
緑藻類……119
リレンザ……149, 235
リン……067, 119
リン酸……024, 026
リン脂質……037
臨床試験……242
リンダ・バック博士……307
リンパ液……202
リンパ球……175, 203, 237
リンパ管……192, 202
リンパ系……202
リンパ節……202
リンパ腺……202
リンホカイン……054
リンネの二名法……045, 108
レオナルド・ダ・ヴィンチ……296
レジオネラ菌……158
レジオネラ症……158
レジオネラ肺炎……158
レジオネラ・ニューモフィラ……158
レスベラトロール……041
レセプター……251
劣性遺伝子……107
レッドデータブック……115
レッドリスト……115
レトロポゾン……040
ローレンツ……124
老化……042, 095, 245, 264
老人斑……218
ロコモティブシンドローム……219
ロジャー・チエン……080
ロナルド・フィツシャー……105
ロバート・フック……020
ロバート・ランガー……090
ロボットセラピー……305
ロングフライト症候群……223

わ行

ワーカー……130
ワクチン……141, 149,152,202, 234, 236
渡り……129
渡り鳥……129
ワトソン……024

数字・欧字

1型糖尿病……173
2型糖尿病……173
3大合併症……173
5－フルオロウラシル……281
5－FU……197, 281
50％影響濃度……069
α－アミノ酸……031, 032
α－ヘリックス……032
β－シート……032
β－カロテン……255
A型肝炎……141
A型肝炎ウイルス……199
AAA……304
AAT……304

ＡＡＥ……304
ＡＢＯ式血液型……107, 175
ＡＤＬ……288
ＡＤＰ……037
ＡＥＤ……222
ＡＩ……310
ＡＩＤＳ……145
ＡＬ……310
ＡＬＳ……094
ＡＴＰ……021, 036, 053
Ｂ型肝炎……141
Ｂ型肝炎ウイルス……141, 199
Ｂ型肝炎訴訟……142
Ｂ型肝炎ワクチン……236
Ｂ細胞……203
Ｂ１００……065
Ｂ20……065
ＢＡＣ……036
ＢＣＧ接種……144
ＢＭ……168
ＢＭＩ……177, 312
ＢＲＣＡ１遺伝子……042
ＢＳＥ……159
Ｂｔ……300
Ｃ型肝炎……143, 199
Ｃ型肝炎ウイルス……143
ＣＣＤ……130
CO_2……053, 054
ＣＯＰＤ……186
ｃＤＮＡ……087
ＣＳＲ……304
ＣＴ……097, 098, 179, 283, 289
Ｄ体……031
ＤＤＳ……244
ＤＮＡ……024, 027, 029, 047, 085, 103, 299
ＤＮＡ型データベース……086
ＤＮＡ鑑定……062, 082, 085
ＤＮＡシークエンサー……081
ＤＮＡシークエンシング……081
ＤＮＡシンセサイザー……082
ＤＮＡ診断……082, 087
ＤＮＡチップ……089
ＤＮＡの複製……025
ＤＮＡフィンガープリント……085
ＤＮＡポリメラーゼ……025, 082
ＤＮＡマイクロアレイ……089
ＤＮＡリガーゼ……077
ＤＮＡワールド……103
Ｅ３……064
Ｅ８５……064
Ｅ１００……065
ＥＢＭ……279
*Eco*RI……074
EC_{50}……069
ＥＲ……251
ＥＳ細胞……078, 091, 093
ＥＳＤ……191
ＥＳＲ……304
G_1期……049
G_2期……049
ＧＡＤＶ仮説……103
ＧＦＰ……080
ＧＩ値……174
ＧＭＯ……071
ＧＯＴ……198
ＧＰＴ……198
γ－ＧＴＰ……198
H_2ブロッカー……227
H_2O……056
Ｈ５Ｎ１型トリインフルエンザウイルス……149
ＨＡ……148
ＨＢＶ……141
ＨＤＬコレステロール……171, 260
ＨｅＬａ細胞……049
ＨＦＭＤ……161
ＨＩＶ……146
ＨＩＶ感染者……145, 146
ＨＰＶ……202
ＨＳＰ60……033
ＨＳＰ70……033
ｉＰＳ細胞……081, 091, 093
ＩＰＶ……238
Ｌ体……031
LC_{50}……069, 248
LD_{50}……248
ＬＤＬコレステロール……171, 257, 260
ＬＨ比……172
Ｍ期……049
ｍＲＮＡ……026, 027, 029
ＭＤＭＡ……250
ＭＲＩ……097, 098
ＭＲＳＡ……228
ＮＡ……148

NBI……193
NK（ナチュラルキラー）細胞……185
O_2……054
OTC医薬品……231
OPV……238
PA……271
PAC……036
PCB……111, 240
PCR……082, 086, 087
PEG……069
PET……097
PKU……262
PSA……182
PSA検査……201
p53遺伝子……042, 094
QOL……091, 278
RB遺伝子……042
RNA……026, 047, 102, 103
RNAワールド……102
rRNA……026
siRNA……084
RNAウイルス……028, 163
RNA干渉……084
RNAポリメラーゼ……024, 027
S期……049
SARS……140
SARSコロナウイルス……140
SNRI……232
SNP……088
SOD……246
SPF……271
SRSV……163
SSRI……232
T系ファージ……047
T細胞……203
T－DNA……077
TDM……240
TG……176
TG検査……176
tRNA……026, 029
UFT……197
UV－A……270
UV－B……270
UV－C……270
VRE……228
YAC……036

著者略歴

鈴木《すずき》孝弘《たかひろ》（工学博士）

１９５６年……静岡県浜松市生まれ
１９８４年……東京工業大学大学院化学環境工学専攻博士課程修了
静岡県庁生活環境部主事
１９８６年……山形大学工学部情報工学科助手
１９８９年……東京工業大学工学部化学工学科助手
１９９４年……東京工業大学資源化学研究所（大学院化学環境工学専攻併任）助教授
２００２年……東洋大学経済学部経済学科教授（現職）

専門
環境科学、化学、生物工学、薬物の構造活性相関（ＱＳＡＲ）、計算科学（ニューラルネットワーク、サポートベクターマシンの応用など）、環境経済

著書
『新・地球環境百科』（駿河台出版社）
『新しい環境科学―環境問題の基礎知識をマスターする』（昭晃堂）
『新しい物質の科学―身のまわりを化学する』（昭晃堂）など

生命と健康百科

2011年10月20日　初版第一刷発行

著者……………………鈴木孝弘
発行者…………………井田洋二
発行所…………………株式会社 駿河台出版社
〒101-0062
東京都千代田区神田駿河台3丁目7番地
電話　03-3291-1676（代）
FAX　03-3291-1675
http://www.e-surugadai.com
振替東京………………00190-3-56669
製版所…………………株式会社 フォレスト

ISBN978-4-411-04015-2 C0545 ¥2800E

エディター……………石田和男
ブックデザイン………宗利淳一＋田中奈緒子

Encyclopedia of Bioscience and Human Health